D0805806

INGARDENIANA

ANALECTA HUSSERLIANA

THE YEARBOOK OF PHENOMENOLOGICAL RESEARCH

VOLUME IV

Editor:

ANNA-TERESA TYMIENIECKA

INGARDENIANA

A SPECTRUM OF SPECIALISED STUDIES ESTABLISHING
THE FIELD OF RESEARCH

Edited by

ANNA-TERESA TYMIENIECKA

D. REIDEL PUBLISHING COMPANY

DORDRECHT-HOLLAND / BOSTON-U.S.A.

Library of Congress Cataloging in Publication Data

Main entry under title:

Ingardeniana.

(Analecta Husserliana; v. 4)
English, French, or German.
Includes bibliographical references.
1. Ingarden, Roman, 1893– —Addresses, essays, lectures.
2. Husserl, Edmund, 1859–1938—Addresses, essays, lectures. 3. Phenomenology—Addresses, essays, lectures. I. Tymieniecka, Anna Teresa. II. Series. B3279.H94A129 vol. 4 [B4691.1534]
142'.7s [199.438] 76–17638
ISBN 90–277–0628–X

Published by D. Reidel Publishing Company
P.O. Box 17, Dordrecht, Holland

Sold and distributed in the U.S.A., Canada, and Mexico
by D. Reidel Publishing Company, Inc.
Lincoln Building, 160 Old Derby Street, Hingham,
Mass. 02043, U.S.A.

Printed in The Netherlands

TABLE OF CONTENTS

INTRODUCTION

Studies on different aspects of Roman Ingarden's Philosophy have been published during the last thirty years. They were meant partly to investigate the contribution of that thinker to phenomenological philosophy, which was then dominant in Western Europe, partly to arouse interest in a philosopher who was, at that time, practically unknown.

The publication by the present editor of *For Roman Ingarden: Nine Essays in Phenomenology*, a Festschrift for his 65th birthday, marked the beginning of an interest in his thought. Subsequently, Ingarden has lectured abroad, and a number of his hitherto inaccessible Polish works have been made available, some translated into German and some even into English. This has led to further studies of his thought.

However, the majority of the papers published have until now been mainly introductory. This volume offers for the first time a series of systematic studies in Ingardenian philosophy, which, it is hoped, will supply a general framework as well as a foundation for future research in this wide and difficult field.

The volume contains, in addition, a part of the Oslo Lectures by Ingarden, given toward the end of his life. They are made public here for the first time in their original German transcription, corrected by the author himself; printed with this lecture is the only preserved letter of Ingarden to Husserl, written during an early stage in the former's philosophical development. The lectures contain Ingarden's criticism of Husserl, enunciated within the context of Ingarden's clarification of the so-called 'phenomenological reduction'; and as such, they go beyond what was already known from the previously published correspondence between Ingarden and his master Husserl. The letter, written, on the contrary, at the early stage of Ingarden's development, shows criticism of the master in the perspective of the newly emerging intuition of a mind preparing in his own way to deal with the same issues. An English translation of the letter, made by Professor Helmut Girndt, is published here for the first time.

Fribourg, Switzerland, March 20, 1976 THE EDITOR

ACKNOWLEDGEMENT

I wish to express my sincere thanks to Professor Marie-Rose Barral for her expert and dedicated help in editing this volume.

THE EDITOR

ROMAN INGARDEN

ROMAN INGARDEN

PROBLEME DER HUSSERLSCHEN REDUKTION

Vorlesung gehalten an der Universität Oslo, Oktober/November 1967

ERSTE TEILAUSGABE DES ORIGINALTEXTES

PHÄNOMENOLOGIE

7. Vorlesung *27 Oktober 1967*

Ich werde heute meinem Plane gemäß über die natürliche Welt und die Generalthesis der natürlichen Welt sprechen und dann über die sogenannte transzendentale phänomenologische Reduktion. Es ist zur Zeit Sitte, daß man sagt, es gibt zwei Reduktionen, nämlich die eine ist die eidetische Reduktion und die andere ist eben diese 'transzendentale phänomenologische' Reduktion. Ich habe gesagt, es ist zur Zeit Sitte. Als ich noch in der Phänomenologie Anfänger war, sprach man in Göttingen nicht von zwei Reduktionen. Man sprach vor dem Jahre 1913, vor der Publikation der *Ideen* Husserls, im Allgemeinen von keiner eidetischen Reduktion, sondern bloß von der 'Einstellung' auf das Wesen, auf die 'Idee'. In den Vorlesungen von Husserl trat natürlich das Wort 'Reduktion' auch früher auf, vor dem Jahre 1913. Aber erst nach den *Ideen* hat man die Frage nach der Reduktion wirklich diskutiert; doch sprach man fast ausschließlich von derjenigen Reduktion, die man 'transzendentale' Reduktion nennt.

In den *Ideen I* steht der Ausdruck 'eidetische Reduktion' nur ein einziges Mal, und zwar in der Einleitung (S. 4). An einigen anderen Stellen kann man nur erraten, daß es sich darum handelt.

Später habe ich diesen Ausdruck 'eidetische Reduktion' u.a. bei Max Scheler gefunden – und zwar in dem Sinne, daß er nicht bereit war, die transzendentale Reduktion mitzumachen, die eidetische Reduktion dagegen fand er noch sinnvoll.

Beide Reduktionen sind unzweifelhaft zu berücksichtigen, weil Phänomenologie doch eine Wissenschaft vom Bewußtsein sein soll, die sich von anderen Wissenschaften, welche sich auch mit dem Bewußtsein beschäftigen – vor allem von der Psychologie – wesensmäßig unterscheiden

Tymieniecka (ed.), Analecta Husserliana, Vol. IV, 1–71.

soll. Und da, sagt man, gibt es zwei Unterschiede. Erstens, ist die Psychologie eine empirische Wissenschaft von Realitäten, von Menschen, die dies und jenes erleben und psychisch-physische Realitäten sind. Die Phänomenologie dagegen ist keine empirische Wissenschaft, so wie sie von Husserl geplant wurde. Denn es gibt am Anfang der *Ideen* eine Stelle, wo Husserl sagt, wir könnten auch eine nicht-eidetische Phänomenologie bilden, die sich auf Erlebnisse, Bewußtseinserlebnisse stützt, die dann aber *Irrealitäten* heißen. Eben dies ist der zweite Punkt, wodurch sich die Phänomenologie von der Psychologie unterscheidet. Die Psychologie beschäftigt sich mit Erlebnissen als Äußerungen eines realen psycho-physischen Individuums. Die Phänomenologie dagegen beschäftigt sich mit Erlebnissen, die, wie man sagt, 'gereinigt' sind. Wovon? Von der Auffassung, daß sie Realitäten innerhalb der Welt sind. Um diese Reinigung vollziehen zu können, muß man besondere Mittel haben, besondere technische Mittel, – das ist die ἐποχή und die 'transzendentale' Reduktion*. Wenn man von den Tatsächlichkeiten und, sagen wir, Realitäten zu etwas kommen will, was nur zufällig Realität ist, braucht man noch etwas anderes, muß man nämlich die Einstellung auf das Wesen vollziehen – und hier greift die zweite Reduktion ein, die eidetische Reduktion. Also das ist der Plan: Diese beiden Punkte sollen durch diese beiden Reduktionen irgendwie hergestellt, realisiert werden.

Nun, ich werde mit der Reduktion anfangen, die sozusagen an zweiter Stelle steht, d.h. die eidetische. Man kann zwar Phänomenologie betreiben ohne diese Reduktion, will man aber die Phänomenologie als eine eidetische Wissenschaft betreiben, so muß man über die individuellen Verläufe des reinen Bewußtseins hinausgehen, und somit die eidetische Reduktion anwenden. Um sie zu erklären, ist es notwendig, bei der Auffassung des Wesens bei Husserl anzuknüpfen. Halten wir also zunächst in den Schriften Husserls eine Umschau. Erstens, gibt es verschiedene Phasen der Auffassung des Wesens, und zweitens, gibt es auch verschiedene Auffassungen der Erlebnisse, die uns zu dem Wesen führen. Der erste Schritt wurde von Husserl in den *'Logischen Untersuchungen'* vorgenommen. In der 2. und 6. Untersuchung ist von der 'Species' die Rede. 'Species' – das ist die ideale Qualität, das ist das, was man hat, wenn man beim Vergleich von zwei weißen Dingen sagt: ja, sie sind

* In den *Ideen I* scheint es, daß Husserl diese beiden Ausdrücke promiscue verwendet, erst in der *Krisis* hat er diese beiden Funktionen deutlich unterschieden.

gleich weiß, – und zwar können sie es in Bezug auf *ein* bestimmtes Was, das Weiss, sein. Das 'Weiss' ist nicht das Individuelle, das eine oder das andere Ding, sondern es ist diese Species, die in den beiden verschiedenen Fällen identisch in Erscheinung tritt. Vom Wesen von Dingen, vom Wesen des Menschen wird da eigentlich nicht gesprochen. Es wird bloß auf diese Species hingewiesen, und das ist immer irgendeine einfache oder synthetische Qualität. In den späteren Publikationen Husserls erscheint in einem Moment das Wort 'Wesen', anstelle der 'Species'; neben dem 'Wesen' wird nicht mehr das Wort 'Species', sondern das griechische Wort 'Eidos' verwendet. Es ist von eidetischen Wissenschaften die Rede, insbesondere von der eidetischen Phänomenologie. Fragen wir uns, wie dieses 'Wesen' in den ersten Band der *Ideen* eingeführt wurde, so finden wir eine Reihe von ganz kurzen Behauptungen, die zum Teil nicht miteinander übereinstimmen und die zusammen auch sehr wenig darüber sagen, was dieses Wesen ist.

Ferner war in den *Logischen Untersuchungen* als ein Pendant zu der 'Species' auch von der Erfassung dieser Species die Rede, und sie hieß damals 'Ideation'. Ideation – das war dieser besondere Akt, in dem man diese Species erfassen konnte, eventuell wirklich erfaßte. In den *Ideen* verschwindet der Ausdruck 'Ideation', wird bloß manchmal in Parenthese gesetzt, und ein anderer Ausdruck tritt auf: Wesensschau oder Wesenserschauung. Eigentlich finden wir in den *Ideen* nur zwei nähere Bestimmungen davon, zunächst, daß diese Wesensschau wirklich ein anschaulicher Akt ist, daß sie wirklich Erschauung ist, – kein Gedanke, kein bloßes Denken, sondern 'Schauen'. – Dieses Wort 'Schauen' hat übrigens Scheler sehr geliebt. – Das ist also der eine Punkt. Es ist gerade so 'Anschauung', wie die sinnliche Erfahrung. Doch ist es von der sinnlichen Anschauung verschieden, es ist auch von der immanenten Wahrnehmung des Individuellen radikal verschieden. Aber wie? Das wird nicht gesagt. An Beispielen sollen wir uns orientieren, daß wir wissen: Jetzt haben wir es mit der Wesenserschauung zu tun und nicht mit einer empirischen Erfassung dieser Farbe, von diesem Tisch zum Beispiel. Es muß da irgendeine andere Einstellung geben, und dann bekommt man erst die Erschauung.

Später, viele Jahre nach den *Ideen*, nämlich im Jahre 1925, hat Husserl eine andere Theorie dazu in gewissem Sinne angebaut. Ich habe im Jahre 1927 das Manuskript gesehen, es war ungefähr 30–40 Seiten. Auf dem ersten Blatt stand mit blauem Bleistift geschrieben *Variation 1925*. Es wurde später aufgenommen in das Buch, das nach dem Tode Husserls unter dem Titel *Erfahrung und Urteil* erschienen ist. – Dort finden wir etwas mehr über diese, sagen wir, unmittelbare apriorische Erkenntnis, und es taucht auch dieser Begriff 'Variation' auf, als eine besondere Operation, die uns verhilft, das Wesen von etwas zu erfassen. Das ist also eine spätere Auffassung, die mit einer neuen, bei Husserl in den *Ideen* noch nicht vorhandenen Auffassung der Ideation zusammenhängt. Wir müssen uns also damit begnügen, zu erfahren: Es ist Anschauung, es ist wesentlich verschieden von der Erfahrung im engeren Sinne.

Weiter wird noch etwas gesagt: Es wird bei der Wesenserschauung auf die Zufälligkeit verzichtet, – zufällig ist das Reale, das Tatsächliche. Auch wird auf die Individualität dessen, was uns in der Erfahrung vorliegt, verzichtet, wenn wir zu dieser Anschauung übergehen. Warum soll da auf etwas verzichtet werden? Nun, weil hier mit einer empirischen Erfahrung oder empirischen Anschauung angefangen wird, mit einem, sagen wir, individuellen Ding, und erst als ein Überbau oder eine Transformation dieser ursprünglichen empirischen Erfassung tritt etwas anderes ein, nämlich die "Ideation", die Wesenserfassung. Es muß auf etwas verzichtet werden, was in der ersten Anschauung da war und in der zweiten gar nicht mehr vorhanden ist: eben diese Individualität, – die Individualität des zufälligen empirischen Dinges.

Und dazu gehört jetzt die Theorie: Es gibt individuelle, tatsächlich existierende Dinge, wirkliche Dinge, die eben als tatsächlich sich vor allem dadurch auszeichnen, daß sie zufällig sind. Zufällig worin? im Sein? im Beschaffensein? Es gibt da gar keine Notwendigkeiten, scheint es, als Gegensatz zum Zufall. Nun, da sagt der Naturwissenschaftler: es gibt doch Notwendigkeiten, – es gelten ja doch die empirischen Gesetze, Kausalgesetze, die ganze Physik usw. Was ist denn das Zufällige, in dieser Welt, wo nichts zufällig ist? fragt man. Es ist doch alles eindeutig bestimmt durch die Lage der kausalen Bedingungen, unter welchen es zu etwas kommt, nicht wahr. – Da sagt Husserl: Ja, ja, das sind empirische Regelungen, die eben gerade zufällig sind – sie könnten doch ganz anders sein. Es müßte nicht so eine Welt sein, wie diejenige, in der wir leben, eine solche Welt, in der solche kausale Gesetze gelten. Das sind bloß Regeln, das sind keine strengen Gesetze. Und er sagt weiter: Zum Wesen des Individuellen gehört es, daß es auch anders sein könnte. Es ist freilich so, wie es da ist, aber es könnte doch zerschlagen werden, es könnte nicht braun, sondern rot sein, es könnte nicht so durchsichtig, sondern undurchsichtig sein usw. Es gehört eben zu seinem Wesen, daß es anders sein könnte. Und dann noch weiter: Zu dem empirischen Ding da gehört es, daß es sich jetzt gerade hier befindet, gerade an dieser Stelle, – aber es müßte nicht unbedingt hier sein, es könnte dort sein, und es könnte in diesem Moment auch gar nicht da sein, – ich könnte ja z.B. mit dieser Brille dort hineingehen und sie unterwegs fallen lassen, sie würde zerbrechen und gar nicht mehr da sein, nicht wahr. Also zum Wesen des empirischen Dinges gehört es, daß es nicht so sein *muß*, wie es ist, und daß es auch in einem anderem Raum und in einer anderen Zeit sein könnte, als es tatsächlich ist. Daß es *tatsächlich* so ist und hier ist – dafür sind die kausalen Gesetze verantwortlich, sagt man. Aber es könnte doch ganz anders sein, nicht wahr, es brauchte nicht so zu sein.

Ja, und jetzt kommt dieser Kontrast zwischen dem individuellen zufälligen Gegenstand, der anders sein könnte, irgendwo anders sein könnte und in einer anderen Zeit sein könnte – und seinem Wesen. Dieses Wesen ist gerade so, daß es dem Gegenstand vorschreibt so zu sein, oder ihm ermöglicht, anders zu sein. Man fragt sich: Nun, was ist mit diesem 'Wesen', und zwar dem Wesen eines Dinges gemeint? Es kommt schon nicht mehr auf die Species an, auf eine besondere Qualität, im Hinblick auf welche zwei Dinge z.B. rot sind. Es kommt auf das Wesen eines Dinges, eines Menschen oder eines Vorgangs an, – und zwar dieses individuellen Dinges da. Ja, was ist aber dieses Wesen? Das wird bei Husserl nicht eindeutig gesagt. Zunächst – und das wird bei Husserl unterstrichen – zunächst ist es das *Was* des Dinges, – also *was* es eigentlich ist. Dieses Wort 'Was' bei Husserl hat sich dann bei anderen Leuten zu einem besonderen Substantivum gestaltet, z.B. Max Scheler spricht immer von 'Washeiten'. – Wenn wir in der Geschichte der Philosophie weit genug zurückgehen, finden wir etwas Ähnliches – das ist das *ti*, das *ti einai* von einem *tode ti*. Z.B. dieses Ding ist eine Brille, dessen *ti* ist 'Brillheit' (wenn Sie das Wort erlauben); und das ist ein Tisch, – dessen *ti* ist eben 'Tischheit' usw. Es scheint, daß dieses Was immer generell ist, – aber es soll in diesem Individuum verkörpert sein, nicht wahr. Einerseits dieses Etwas, was dieser Tisch zum Tische macht, – aber andererseits diese 'Tischheit' generell verstanden, die es auch zum Tisch macht. Das scheint dieselbe Situation zu sein, wie einst bei Aristoteles, nicht wahr, daß das Eine in dem betreffenden Ding selbst, in dem *tode ti*, in dem Individuum irgendwie verkörpert sein soll, und was zugleich *to katholou* ist, das heißt 'Das-im-Allgemeinen'. Wenn wir dabei bleiben sollten, dann würde es unverständlich sein, warum ich die Auffassung, von der 'Variation' als Operation des Entdeckens des Wesens erwähnt habe.

Doch gibt es eine andere Erklärung von Husserl über das Wesen: Ein individueller Gegenstand ist nicht bloß überhaupt ein individueller, ein dies da, *tode ti*, ein einmaliger, – er hat als in sich selbst so und so beschaffener *seine Eigenart*, seinen Bestand an wesentlichen Prädikabilien, die ihm als Seiendem zukommen müssen, wie er an sich selbst ist, damit ihm andere, sekundäre, zufällige Bestimmungen zukommen können. Also jetzt sieht die Sache ganz anders aus, es ist gar keine Washeit, – die Washeit, das ist bloß ein Moment, das ist die 'Tischheit', individuell oder nicht-individuell genommen. – Es ist demgegenüber ein Bestand von wesentlichen Prädikabilien, die ihm zukommen müssen, damit ihm andere, sekundäre zukommen können. Also in dem Gesamtbestand des Dinges, d.h. eines individuellen Gegenstandes, ist jetzt eine merkwürdige Scheidung vorgenommen worden. – Nicht alle Bestimmtheiten sind gleichwertig, kann man sagen, nicht jede Bestimmtheit ist in demselben Sinne verankert und – dürfen wir ein anderes Wort verwenden – nicht in demselben Sinne für das betreffende Ding konstitutiv, – sondern es gibt welche, die sekundär, konsekutiv sind. Da genügt also nicht diese Ideation, die mich zur Species führt, – es ist jetzt notwendig, zunächstmal das Was zu fassen und dann diese sogenannten wesentlichen Prädikabilien zu entdecken, die eine besondere Rolle in dem ganzen Gegenstand ausüben.

Nun, ich habe mir erlaubt, auf die Tradition zurückzugreifen. Wenn ich die *Metaphysik* von Aristoteles studiere, kann ich mich schon etwas orientieren. Das Was an einem *tode ti*, – das ist das *ti einai*, *was* es ist, nicht wahr, und das habe ich 'Natur' genannt. Und das Andere, diese wesentlichen Prädikabilien, ist das *poion eina; poion* – wie ist das, was Tisch ist, wie ist das weiter bestimmt? Ja, es gibt viele Bestimmtheiten, die alle zusammen dieses *poion* ausmachen, aber jetzt muß eine Scheidung vorgenommen werden. Innerhalb dieses *poion* müssen manche Bestimmtheiten als wesentlich und konstitutiv herausgewählt werden, damit andere als unwesentlich, zufällig, sekundär oder konsekutiv davon abgeschieden werden können.

Wofür wesentlich – muß ich fragen – sollen diese Prädikabilien sein? Wofür? Irgendetwas muß doch sozusagen diktieren, was dieses Grundlegende und dieses Konsekutive ist. Nun, ich kann das nur in dem Sinne verstehen, daß Beides zu dem Wesen zählt, und sagen: Das Was, das ist das dirigierende Moment. Dieses Was bestimmt, welche andere, nicht das Was bildende Bestimmtheiten da hinzugehören, so daß eine bestimmte innere Kohärenz, eine innere gegenseitige Abhängigkeit zwischen dem Was – dem *ti* – und einem Teil von *poion* – einem Teil von der Mitbestimmtheit – bestehen müßte. Da muß es irgendwelche strenge Abhängigkeiten geben, es muß etwas von dem anderen abhängen, es muß etwas in Bezug auf das andere unselbständig sein, damit es selbst existieren kann.

Andererseits kann oder auch muß Verschiedenes aus dem betreffenden Gegenstand ausgeschlossen werden, denn sonst würde er sozusagen 'explodieren', wie Husserl sagte. Ein Tisch kann keine solche Bestimmtheiten haben, wie sie z.B. für eine junge Dame charakteristisch sind, sondern er muß andere charakteristische Bestimmtheiten besitzen. Ein Tisch muß z.B. flach sein, sonst würde er nicht als Tisch dienen können.

Husserl schreibt vor: Ein Tisch kann rund oder rechteckig sein, er kann aus Holz oder aus Stein sein usw., aber er muß doch eine ganz bestimmte Form haben: Der obere Teil muß flach sein und er muß im Raum horizontal stehen, denn sonst würde er nicht als Tisch dienen können. Also da beginnt eine Segregation sich zu vollziehen aus der ganzen Menge aller Bestimmtheiten, – eine Wahl dieser Bestimmtheiten, die in engerem Zusammenhang mit der 'Tischheit' stehen, und der anderen, die wandelbar sind, d.h. es kann sowohl Tisch sein, wenn er rechteckig ist, als auch dann, wenn er rund ist, als auch dann, wenn er elliptisch ist usw. Es kann sowohl Tisch sein, wenn er aus Holz ist, als dann, wenn er aus Stein ist usw. Es gibt die mit dem *ti* zusammenhängenden konstanten Bestimmtheiten, – und es gibt andere Bestimmtheiten, die freilich im Einzelfall da sind, aber es ist Zufall, daß sie auch da sind, nicht wahr, sie *müssen* nicht da sein, sie sind eben *variabel*, sie können Verschiedenes sein.

Ja, dann gibt es noch Fragen. Es ist tatsächlich so, daß dieser Tisch da aus Holz und rechteckig ist, – und weil er aus Holz ist, macht er diesen Radau, wenn ich darauf klopfe. Wenn er aus Gold oder Silber wäre, würde das ganz anders klingen usw. Dieser Klang ist auch seine Bestimmtheit. – Es ist eine Tatsache, daß dieser Tisch gerade so ist, indem er, dieser individuelle Tisch, da ist. Und da muß gefragt werden: Warum ist er gerade so? Warum sind alle diese variablen Momente da, aus denen dieser Fall nun realisiert worden ist? Nun, da ist die Antwort: Er ist deswegen so rechteckig usw., weil ihn jemand so gemacht hat, nicht wahr. Ursachen, Kombinationen von Ursachen, haben es ermöglicht, daß dieses Individuum in dieser Mannigfaltigkeit von Bestimmtheiten existiert.

Wie soll es aber einem einfallen – wenn man mit diesem Tisch zu tun hat – daß die Tischheit konstitutiv ist, und daß sie dieses Flachsein, diese horizontale Stellung usw. vorschreibt, und daß die anderen Bestimmtheiten eben variabel sind? Nun, da sagt Husserl nach dieser ganzen Analyse, die bei ihm nicht steht, aber die er kennt: Ja, es gibt doch die Operation der 'Variation'. Ich halte die Tischheit fest, – und jetzt gibt es eine Operation, die ich in der Imagination ausführen kann – ich brauche mich nicht auf die Erfahrung zu stützen – nämlich: Diese rechteckige Gestalt kann ausgewechselt werden, in eine runde Gestalt, in eine elliptische usw., wie Sie wollen, – es wird noch immer Tisch sein. Wenn ich aber aus dieser flachen Oberfläche Berge mache, dann wird er aufhören, Tisch zu sein, nicht wahr, – es würde eine Rekonstruktion vom Matterhorn sein. Also das sind diese Operationen der Variation und der Erfassung dessen, was konstant sein muß, wenn das betreffende Individuum, das betreffende Ding, Tisch usw., ist, dieses *ti* hat.

Aber da kommt noch etwas hinzu. Dieses individuelle Ding existiert real und wandelt sich. Es gab einen Moment, wo es aus verschiedenen Stücken zusammengesetzt wurde, z.B. dieser Tisch: unten ist Eisen, oben ist Holz, und es ist Tisch geworden und bleibt das stets. Es gibt zwar verschiedene Wandlungen in diesem Realen: Wenn es wärmer wird, wird er etwas breiter, und wenn es kälter wird, zieht er sich zusammen. Wenn er alt wird, wird er nicht mehr so schön hell sein, sondern er wird schmutzig sein. Der Gegenstand wandelt sich auf verschiedene Weise. Aber trotz dieser Wandlung in seiner Geschichte bleibt er doch dasselbe Ding, und zwar derselbe Tisch. Wie muß also dieses *ti* sein, das diese wesentlichen Prädikabilien vorschreibt? Ja, es muß so sein, daß es sich in den Wandlungen der Geschichte des betreffenden Dinges als identisch erhält. Es muß so sein, wie es einst war. Wer spricht wiederum hier? Da spricht eben Aristoteles: Das *to ti en einai* – das ist das, was das Wesen vom Individuum konstituiert, nicht wahr?

Warum erzähle ich das so breit? Weil ich glaube, daß das, was in den *Ideen* über die sogenannte eidetische Reduktion gesagt wird, nicht ausreichend ist. Husserl sagt: Man muß auf die Individualität verzichten. (Es ist eine besondere Schwierigkeit, was Individualität heißt, – aber das kann ich schon beiseite legen!). Und ich muß auf die Tatsächlichkeit verzichten. Ich muß auf die Seinssetzung als wirklich existierend verzichten, – da ist diese Transformation, also das ist diese eidetische Reduktion. Es wird auf die Individualität und auf die Tatsächlichkeit verzichtet. Aber dies ist noch viel zu wenig, ich kann dadurch noch nicht zu dem Wesen des Individuellen kommen. Denn ich muß noch dieses Was herausfinden, und ich muß mit Hilfe neuer Operationen, z.B. mit Hilfe jener Variationsoperation, zu diesem Was die konstanten Momente entdecken, die da sein müssen, und die anderen, die da sein können, – die muß ich aus dem Ganzen herauslesen. Also man muß sehr weit über das hinausgehen, was in den *Ideen* 'eidetische Reduktion' heißt.

Natürlich, können wir sie noch auf doppelte Weise behandeln. Wenn wir ein individuelles Ding haben, dann ist sein Wesen ebenso individuell, wie das Ding selbst, – das ist das, was Husserl in den *Ideen* 'Wesen in der Konkretion' nennt. Wenn ich feststellen soll, wie dieses individuelle Ding sein individuelles Wesen hat, so stehe ich vor der schwierigsten Aufgabe, die es überhaupt gibt, – wie ich da aus dem Ganzen dieses Was herausfinden soll. Warum kann es nicht, sagen wir, 'hölzernes Ding' sein, das Was von diesem Gegenstand? Oder warum kann es nicht 'Eigentum der Universität von Oslo' sein? Warum gerade Tisch?

Dagegen, wenn ich schon diese Washeit habe, da kann ich schon versuchen, mit Hilfe der Variationsoperation und 'Konstantenoperation', diese dazugehörigen komplementären Momente in der Intuition herauszufinden, – das kann ich schon versuchen, mehr oder weniger auf die Gefahr hin, daß ich irren könnte – es besteht doch die Möglichkeit, daß es mir gelingen wird, diese zu finden.

Aber da bin ich schon über das Individuelle hinaus, da bin ich schon zu dem Punkt gekommen, worüber Husserl sagt: Jedes Individuelle hat ein Eidos, das an sich, generell, zu erschauen oder erfassen ist. Ja, da bin ich nicht mehr bei dem Wesen in der Konkretion dieses Dinges da, sondern da bin ich schon bei dem 'reinen' Eidos. Da befinde ich mich schon in einer ganz anderen Welt, nicht in der Welt der Individualitäten, sondern in einer ganz anderen Welt, – die man platonisch oder nichtplatonisch nennt, das ist ganz egal. Da gibt es jetzt die 'Tischheit überhaupt', – nicht diese Tischheit des individuellen Dinges, sondern Tischheit überhaupt. Und ob es *eine* Tischheit gibt, die Tischheit *dieses* Tisches da, und bloß dessen Tischheit, das ist eine große Frage. Existiert so etwas überhaupt? Wie Sie wissen, war das eine Frage, um die man im Mittelalter sehr kämpfte. Denn Duns Scott sagte: Ja, es gibt so etwas wie die ganz einmalige Wasbestimmtheit, ganz einmalige, nicht wiederholbare. Es könnte nicht ein anderes gerade dies sein; das Beispiel war 'Socratitas', das heißt dieses *ti* einer bestimmten Person. Ja, da kann man schon eventuell Duns Scott zustimmen und sagen: Vielleicht gibt es so etwas wie Socratitas, wie das, was Goethe konstituiert als Goethe, nämlich den großen Dichter Goethe, nicht seinen Sohn. Das ist das ganz Einmalige – *haeccaeitas* – gegenüber welchem die verschiedenen Washeiten gestellt werden, die gerade generell sind, so wie Tischheit, wie Röte usw. Das kann ich auch hier im Rahmen der Konkretionen sozusagen nicht herausfinden, ich muß es an sich erfassen, ich muß von dem Individuellen ganz abgehen, – ob es möglich ist (vielleicht ist es nicht möglich) das ist eine andere Frage. Jedenfalls kann ich dabei nicht bleiben, ich muß mich erst in einer anderen Welt befinden und besondere analytische anschauliche Operationen durchführen.

Spricht man z.B. über das Bewußtsein, so soll man doch nicht über das Bewußtsein des Erlebnisses, das ich gerade jetzt habe, sprechen, also nicht über das Wesen meines Erlebens in diesem Augenblick, in diesem Fall, denn ob ich darin diese *haecceitas* finden könnte, das ist eine sehr große Frage, aber ich kann es doch als Bewußtseinserlebnis überhaupt verfassen. Wenn ich z.B. denke und wenn ich dies oder jenes beobachte und erfasse, so kann ich an diesem als Beispiel ein *Generelles* irgendwie erschauen, nicht wahr, das ist durchaus möglich. Ich glaube also, wenn man propagiert, – und das ist doch bei Husserl natürlich ein Programm, das zu erfüllen ist! – daß man eine Wissenschaft vom Bewußtsein betreiben soll, die eine Wesenswissenschaft, eine 'eidetische' Wissenschaft ist, so würde ich sagen: Nun, es ist schön, es ist vielleicht möglich, dies zu tun, jedoch nur in der Einstellung auf das Generelle, nicht wahr, auf das Bewußtsein überhaupt, die Wahrnehmung überhaupt. Und das macht eben Husserl, das will er haben, das stellt er der Psychologie gegenüber, denn in der Psychologie heißt es: Herr X hat diese und jene sozusagen kausalen Eingriffe erlebt, und bei ihm ist dies und jenes passiert, – einmal gerade dieses, ein anderes Mal wird es anders sein, nicht wahr.

Wenn Sie mich nun persönlich fragen: Glauben Sie an die Möglichkeit und an die Idee einer Phänomenologie als einer eidetischen Wissenschaft über das Bewußtsein? – so würde ich sagen: Ja, ich glaube, daß es als Programm möglich ist. Es ist sehr schwierig zu realisieren, aber trotzdem verstehe ich die ganze Operation, die mich dazu führt, das zu analysieren und zu erschauen und die vorhandenen Abhängigkeiten von den entdeckten Momenten herauszustellen. Das würde ich glauben, – das kann ich verstehen, – daß es eine vernünftige, aber sehr schwierige, sehr Gefahren ausgesetzte Arbeit ist.

Und jetzt kommt die zweite Frage: das ist die transzendentale Reduktion. Wiederum müssen wir mit der (wie Husserl es nennt) Welt der natürlichen Einstellung oder mit der natürlichen Welt anfangen, – mit dieser Welt, in der wir uns alle befinden, d.h. Menschen, Tiere, physische Dinge, Vorgänge usw. Husserl sagt: Ich als Person bin ein Teil, ein Element eines Ganzen, das ich vorläufig Welt nenne. Ich gehöre zu dieser Welt, ich bin von dieser Welt abhängig. Wenn da solche oder andere Störungen sind, so könnte ich sofort verbrannt werden, das hängt lediglich von der Temperatur ab, nicht wahr. Und diese Welt – Husserl sagt relativ sehr wenig darüber – zieht sich ins Unendliche im Raum und ins Unendliche in der Zeit, in die Vergangenheit und die Zukunft, und dann in den dreidimensionalen Raum – euklidisch oder nicht-euklidisch, das ist ganz egal – aber immer weiter. Dabei war für Husserl die Welt noch viel kleiner als sie für uns jetzt ist, und zwar weil damals diese bewunderswerte Astronomie noch nicht existierte, noch nicht entdeckt war, diese ganz wahnsinnigen Entfernungen im Raum, die wir zur Zeit kennen. Husserl sagt: Nun, diese Welt, in der ich mich befinde, existiert für mich ständig, ob ich es will oder nicht will, ob ich gerade aufpasse oder nicht aufpasse. Wenn ich z.B. tief schlafe, kann ich nicht wissen, was los ist; wenn ich aber aufwache, ist die Welt schon da, – sie ist da als vorhandene noch bevor ich aufgewacht bin, nicht wahr. Sie ist immer da, wenn ich einschlafe, – und bleibt da, wenn ich schlafe, – ich wache auf in derselben Welt, wie gestern.

Wenn ich mich frage: Gibt es so etwas phänomenal wie diese ständige Selbstgegenwart einer realen Welt, einer realen Mannigfaltigkeit von zusammenhängenden Dingen und Prozessen? – dann müßte ich sagen: Nun, ja, es *ist* so – ob ich es will oder nicht will, die Welt ist für mich da – und zwar liegt der Nachdruck nicht auf 'für mich', sondern auf dem 'da'.

Was sagt Husserl dann weiter? Es gibt eine Thesis jeder einzelnen Wahrnehmung eines einzelnen Dinges. Wenn ich z.B. dieses Stück Papier sehe und es betrachte und sage: ja, es ist auf der einen Seite beschrieben und auf der anderen Seite ganz weiß, – dann ist diese Operation des Wahrnehmens, des Sehens so, daß sie am Korrelat mir den Charakter der Realität irgendwie zeigt, der phänomenal ist, ein Phänomen, und subjektiv – ein so vollzogener Akt, daß ich – wenn man so sagen darf – ganz sicher bin, daß dies da existiert. Das heißt nicht, daß ich lange Zeit eine Überzeugung davon habe, die sozusagen mir innerlich gegenwärtig ist, die in mir phänomenal da ist, sondern das Sichersein ist eben dieses von mir jetzt Erlebte. Wenn ich weiter feststelle: 'Es ist doch!' – dann vollzieht sich in diesem 'es ist doch' ein besonderer Akt der Zustimmung oder der Erfassung, der Feststellung, der Anerkennung – wie einst Brentano sagte – der Existenz dessen da. Also in diesem Sinne ist dieser Akt – Husserl würde sagen – 'thetisch', – es ist eine Thesis in diesem Akt enthalten. Wenn nun für mich die ganze Welt, so wie auch dieses Stück Papier, ist, ja da müßte ich sagen: Es gibt eine Generalthesis in mir, die sich auf die ganze Welt bezieht, nicht wahr, – und zwar ist diese Thesis nicht so, wie dieser Akt der Erfassung des Stücks Papier; – das hat begonnen, hat gedauert – sagen wir – so und so viel Sigmas, und ist verschwunden, – diese Generalthesis ist aber beständig.

Bei dieser Generalthesis, die in meinem ganzen Leben beständig sein soll, setzt nun die Operation der Reduktion ein. Es muß in der Thesis etwas passieren, etwas geändert werden oder nicht geändert werden. Wenn ich mich frage, was das ist, so muß ich persönlich zunächst sagen: Ich weiß es nicht. Ich kann zustimmen: Es gibt so etwas wie diesen thetischen Charakter meiner Wahrnehmung, thetischen Charakter meines Schließens, z.B. von A schließe ich auf dies und dies. Vollziehe ich jedoch ständig einen solchen Akt, der nicht vergeht und mir irgendwie ständig gegenwärtig ist? Kann ich es phänomenal aufzeigen, daß es wirklich so ist? Da weiß ich nicht, wo ich das suchen soll. Ich leugne nicht, daß die Welt, in der ich lebe, diesen ständigen Charakter der Realität hat, des autonomen Seins, mit dem ich von Angesicht zu Angesicht verkehre.

Aber soll ich da in meinem Bewußtsein, in meinem Bewußtseinsstrom so einen sich hinziehenden Akt der Annahme finden? Das kann ich nicht. Es ist schwierig für mich, zu diesem gegenständlichen Charakter der Realität der ganzen Welt, in meinem Bewußtsein einen sozusagen ständigen Annahmeprozeß zu finden. Ich gebe zu, es kann Momente geben, wo ich ausdrücklich den Akt der Feststellung vollziehe: Ja, die Welt ist doch da. Warum? Aus diesen oder anderen Gründen. Solche Akte kenne ich. Ich kann doch manchmal so etwas erleben wie Descartes unter der Einwirkung des bösen Geistes, daß ich doch im Zweifel bin: Gibt es diese Welt, oder ist sie nur eine Illusion, eine konsequente Illusion? Nun, dann kann ich das irgendwie lösen: Nein, nein, das ist keine Illusion, sie – die Welt – ist doch da! Das verstehe ich, es gibt solche Phänomene – richtig oder nicht richtig, begründet oder nicht begründet – es gibt solche Phänomene.

Soll man das also so sagen, wie es im Texte bei Husserl steht? Er sagt: Es ist eine potentielle Thesis, die sich in eine aktuelle Thesis verwandeln darf, wenn ich gerade solche Geschichten wie mit dem bösen Geist und dem Zweifel erlebe. Ist es eine potientielle Thesis, und ist dies der Grund, weshalb ich sie nicht in der Aktualität finden kann? Husserl sagt dann, eine potentielle Thesis kann ebenso behandelt werden wie die aktuelle Thesis. – Was 'potentielle Thesis' ist, weiß ich eigentlich nicht. Doch will ich nun nicht eine ziemlich schwierige Geschichte über die Möglichkeit, über die Potentialität entwickeln, um zu verstehen, worum es sich eigentlich handelt.

Auch will ich nicht sagen, daß diese aktuelle Generalthesis bei Husserl eine schöne Dichtung ist. Ich möchte sagen, es ist sehr schwierig, das irgendwie zu fassen, zu entdecken, obwohl es vielleicht Wege gibt. Die ständige Anwesenheit der Generalthesis erscheint uns so normal, daß wir es überhaupt nicht fassen, daß es so etwas gibt, nicht wahr?

Sie kennen vielleicht den Namen eines sehr bedeutenden Psychiaters und Philosophen in Frankreich, Pierre Janet. Er hat insbesondere die sogenannte 'Psychasthenie' studiert, das ist eine Krankheit. Er spricht nicht von der Generalthesis, sondern er spricht vom 'sens de réalité', also von einem gewissen Sinn der Realität. Psychasthenie ist für ihn eine Transformation dieses Sinnes der Realität, Sinnes für die Realität, – das ist diese Krankheit, die bei einem Menschen, der daran leidet, bewirkt, daß für ihn die ganze Welt auf einmal gar nicht real ist. Die Welt spricht ihn gar nicht als real an, – er hat den Sinn dafür verloren, diese Realität zu fassen. Alles ist irgendwie Phantasmagorie, irgendwie keine Realität an sich, sondern nur eine Phantasie. Ja, ich habe das nie in meinem Leben erlebt, war nie psychasthenisch und weiß nicht, wie das in concreto aussieht. Ich nehme an, daß Janet es auch nicht weiß, – das weiß nur ein Kranker. Aber die Beschreibung – es gibt ein ganzes Buch darüber, – die Beschreibungen, die er da gibt, sind sehr überzeugend; sie sind so, daß man glaubt: Nun, es gibt vielleicht so etwas, so ein ganz merkwürdiges Sichfühlen in der Welt, daß die Welt den Charakter der Autonomie verloren hat; wir sind dann entsetzlich unglücklich, wir haben gar keine Realität mehr. – Und wenn wir sie haben, so wissen wir nicht, daß wir sie haben. Das, was sich bei uns wandelt von psychasthenischer Einstellung zu normaler Einstellung, – das ist eben dies, was wir jetzt gewinnen, das ist eben diese Generalthesis. Das ist so etwas Selbstverständliches, so alltäglich und so natürlich, daß wir nicht wissen, daß wir das überhaupt haben. Erst in dem Moment wissen wir es, wo es verdorben wird.

Einst hat unser Dichter Mickiewicz über das Vaterland gesagt, daß das Vaterland so etwas wie die Gesundheit ist: Man weiß, was es ist, wenn man es verloren hat. Vielleicht ist es mit dem Sinn für die Realität ebenso, – man entdeckt erst dann, was das ist, wenn er ins Schwanken gekommen ist. Es ist nicht Potentialität. Was das positiv ist, wie man das finden soll, das bleibt für mich das Problem. Doch bin ich nicht skeptisch in dem Sinne, daß ich sage: Es gibt keine Generalthesis. Es ist aber etwas ganz anderes als dieser Akt, in dem eine Realitätserfassung vollzogen wird, in dem Etwas aus der Welt herausgefaßt und festgestellt wird, was es ist.

So müssen wir – sagt Husserl, – wenn wir nun in die transzendentale Phänomenologie kommen wollen, versuchen, gerade an diesem Punkte, der so unklar ist und doch irgendwie überzeugend, eine Wandlung durchzuführen, eine Wandlung, die uns, wie Husserl sagt, das Gebiet einer ganz neuen Forschung eröffnet. Diese Wandlung ist eben die transzendentale phänomenologische ἐποχή oder Reduktion. Und jetzt ist es sehr schwierig zu sagen, was diese Reduktion eigentlich ist. Husserl bedient sich da zunächst eines Vergleiches mit einer aus der Geschichte bekannten Sache, – das ist der Zweifelversuch von Descartes, die 1. und 2. Meditation von Descartes. Husserl sagt: Ja, ich werde mich dessen bedienen, um Ihnen Zugang zu verschaffen, zu dem, was gemacht wird oder gemacht werden muß, damit ich von der Generalthesis der natürlichen Welt zu der phänomenologischen Einstellung und zum reinen Bewußtsein kommen kann. Bei Descartes war das ganz anders; er wollte einen Generalzweifel zu einem bestimmten Zweck durchführen, nämlich um das absolut Sichere, das Gebiet des absolut Sicheren, Unbezweifelbaren zu finden. Das war, wie Sie alle wissen, das *Cogito*; der ganze Rest des Seins, verschieden vom *Cogito* – das war gerade bezweifelbar, ob es existiert oder nicht existiert. Da gibt es einen langen Weg, bevor Descartes es beweist, daß dieser Rest doch existiert, mit Hilfe Gottes usw.

Husserl sagt dagegen: Mein Ziel ist nicht dieses, ich will nicht so ein Gebiet des absolut Sicheren, des absolut Unbezweifelbaren finden. Aber – und darauf werde ich noch später zurückkommen – ich zweifle, ob es wirklich so ist, daß dieses Problem des absolut unbezweifelbaren Seins für Husserl ohne Bedeutung ist. Er sucht gewiß ein Gebiet von individuellen Tatsachen zu finden, das uns früher angeblich ohne diese Reduktion nicht zugänglich war, – das ist wahr. Hierfür könnte es zwei Motive geben – entweder: er möchte doch die Wirklichkeit des Geistes sehen, erfassen, – oder: er möchte außerdem das Gebiet des Geistes als des letzt Unbezweifelbaren haben. Forschen wir nach, was unter die Klausel der Reduktion fällt als das Reduzierte, das Nicht-Absolute, dann fühlen wir, es läuft doch darauf hinaus, daß das Bezweifelbare 'reduziert' wird und das Unbezweifelbare als Residuum übrigbleibt, nämlich das reine Bewußtsein.

Wie verhält es sich aber mit diesem Zweifelversuch, mit dem Husserl operiert – als Versuch, zu dieser transzendentalen Reduktion Zugang zu finden? – Ja, da sagt Husserl: Das ist so: Ich bin freilich davon überzeugt, daß die Welt da ist, aber ich werde an dieser Überzeugung von nun an nicht festhalten. Diese Überzeugung, daß die Welt da ist, setze ich 'außer Aktion', ich 'klammere sie ein', und in der Klammer bleibt nunmehr die Welt mit dem Wirklichkeitscharakter. Dies ist eben jene ἐποχή!

Eine Reihe von solchen Bildern werden benutzt: 'Einklammerung', 'außer Aktion setzen' usw. Alles, was da gesagt wird, ist metaphorisch. Dies kommt nicht nur in den *Ideen* vor, sondern auch in anderen Schriften von Husserl, späteren und früheren, bis zum Schluß, bis zu der *Krisis*, wie sie zur Zeit vorliegt (zu Lebzeiten Husserls ist nur der erste Teil der *Krisis* erschienen). Die Frage nach dem, was diese Reduktion ist, taucht immer wieder auf und Husserl macht immer wieder neue Versuche, um sie zu beschreiben, und immer wieder neue Versuche, um die Wichtigkeit dieser Operation hervorzuheben, – im Grunde handeln beide Bände der *Ersten Philosophie* nur davon.

Handelt es sich jedoch direkt um die Beschreibung dessen, was da passiert, wenn ich diese Reduktion vollziehe, so bekommen wir von Husserl nur die Wendung: 'ja, es wird eingeklammert'. Nichts mehr. Für Husserl war diese Operation von großer Bedeutung. Wer sie nicht nachvollziehen könne, der habe überhaupt keinen Zugang zur Philosophie. Das war der Punkt des ständigen Zwistes oder der jedenfalls nicht sehr guten Beziehungen zwischen Husserl und München, d.h. Pfänder usw. Husserl sagte immer: Pfänder und die anderen da sind doch Psychologen und keine Philosophen, sie haben keine Ahnung von der Philosophie. Erst wenn man diese Einklammerung mitmacht, dann erst sind wir auf gemeinsamen Boden, und können wir um Einzelheiten streiten. Ohne diesen Schritt, ist es keine Philosophie, – höchstens irgendeine Wissenschaft, positive Wissenschaft. Doch ist es nicht diese radikale Umwendung, die gemacht werden muß, wenn uns überhaupt philosophische Probleme auftauchen sollen. Die Schwierigkeit ist außerdem die, daß diese Einklammerung, dieses Außer-Aktion-Setzen an die Generalthesis angeknüpft werden soll, wobei gerade jene Schwierigkeiten auftauchen, die ich Ihnen eben zu skizzieren versucht habe.

Man weiß jedenfalls, was die Reduktion nicht ist. Es ist kein Zweifel, es ist kein Negieren der Existenz der Welt, es ist kein bloßes Sich-Denken, daß die Welt existiert oder nicht existiert. Bei jedem Zweifel, sagt Husserl, hat man den Ansatz des Nicht-Seins, und das machen wir nicht mit, sagt er, von diesem Ansatz gehen wir bei der Reduktion nicht aus. Wir zweifeln nicht einen Moment daran, daß die Welt existiert, da die Generalthesis nach der Reduktion unverändert bleibt, – und doch hat sich alles verändert. Aber was und woran? An der Thesis sollte sich nichts verändern, nicht wahr? Ich habe natürlich – wenn ich das sagen darf – viele Versuche gemacht, um doch zu verstehen, worum es sich für Husserl handelt. Denn das ist der erste Schritt, daß man 'ja' oder 'nein' sagt. Husserl hat doch verstanden, was er will: es ist keine Phantasie, es ist keine Dichtung, es ist doch irgendetwas da erforscht, entdeckt. So habe ich eine Zeit lang gedacht, es ist vielleicht das, was Husserl später in den *Ideen* 'Neutralitätsmodifikation' nennt, z.B. wir haben einen Satz, eine

Behauptung, sagen wir, den pythagoräischen Satz aus der Mathematik, doch ich habe keinen Beweis. Man hat mich diesen Satz gelehrt und hat gesagt: ja, es ist sicher wahr, also sei ruhig, es ist alles in Ordnung. Doch möchte ich mir das selbst ansehen, um zu wissen: ist das richtig, oder ist das nicht richtig? Dann würde ich nicht mehr zweifeln, daß es wahr ist. Jetzt aber ziehe ich mich von der aktiven Annahme, daß es richtig ist, daß dieser Satz gilt, zurück, 'neutralisiere' diesen Charakter des Wahrseins und diesen Charakter des Annehmens. So bekomme ich Sätze, die keine Behauptungsfunktion haben. Sie wissen, wie ein großer Gegner von Husserl, Bertrand Russell, hierzu Stellung genommen hat. Er sagte: Da haben wir einen Satz, und das ist noch kein Satz des Systems, noch keine Behauptung; wird es erst durch dieses Assertionszeichen ⊦ vor den Satz nicht wahr, $\vdash p$, das ist schon Behauptung. Ohne dieses Zeichen sind es reine Sätze – in philosophischem Sinne – es sind keine Thesen. Man kann also diese Behauptungsfunktion irgendwie neutralisieren. – Pfänder sagt, es gibt zwei Funktionen des 'ist': einerseits die Prädikatsfunktion '*A* ist *B*', und andererseits die Behauptungsfunktion '! *A* ist *B*' – das Ganze also. Diese zweite Funktion, diese Behauptungsfunktion, kann man neutralisieren, und dann bekommt man 'Annahmen' in Meinongschem Sinne, reine Sätze, Aussagesätze. – Ist es vielleicht so mit der phänomenologischen Reduktion, daß sie eine Neutralisierung der Generalthesis ist? Wenn das der Fall wäre, würde es bedeuten, daß die transzendentale Reduktion die Generalthesis änderte, und Husserl könnte dann nicht sagen, es bleibt alles so wie es war, es wird nichts geändert, es wird nichts modifiziert. Und es darf auch nichts modifiziert werden, denn diese Reduktion gibt mir doch erst den Zugang dazu, daß ich verstehen kann, was die Generalthesis ist: Sie ist doch eine Operation oder irgendwie eine Verhaltensweise des reinen Ich im reinen Bewußtsein. Bevor ich das entdeckt habe, kann ich nicht wissen, was das eigentlich ist. – Also es soll alles dasselbe bleiben, und es soll auch das Korrelat desselben bleiben – das ist der Seinscharakter, Realitätscharakter der Welt, der phänomenale Charakter. Somit ist die Reduktion – in Husserlschem Sinne – keine Neutralitätsmodifikation.

Ja, und nun wird es schwierig weiterzugehen. Ich glaube, man muß versuchen, das zu verstehen. Sicherlich ist es möglich, manche Schritte weiterzugehen als Husserl selbst getan hat. Vielleicht meinen Sie, daß meine Darlegung in gewissem Sinne auch metaphorisch ist, daß es nicht direkt und streng erfasst ist, was ich Ihnen nun sagen möchte. Ich werde zunächst versuchen zu erzählen, wie es eigentlich ist, wenn ich einen, sagen wir, Behauptungssatz schlicht als Behauptung aufstelle. Ich nehme ausdrücklich eine effektive Thesis: Ich behaupte, daß z.B. auf diesem Tische dieses Ding da liegt. Ich behaupte, daß der große Fermatsche Satz richtig ist, es liegt bloß kein Beweis vor. In Situationen, die sehr gefährlich sind, werden uns Fragen gestellt: Warst du damals an der Stelle? Hast du den Menschen gesehen, was hat er da getan? Der Betreffende steht als der Beklagte vor Gericht. Und ich muß bezeugen: Ja, ich habe es gesehen; er hat das und das getan. Da ist ein schlichter Vollzug in vollem Ernst: Es ist so! Was bedeutet dies? Ich vollziehe einen Akt, einen Urteilsakt. Als Erstes, – und das wird vielleicht wiederum eine Metapher für Sie – dieser Akt, den ich da vollziehe, ist sozusagen zentral in meinem Ich verankert, aus dem Zentrum meines Selbst quillt es heraus. Und nicht nur, daß es aus meinem Zentrum heraus vollzogen wird, sondern mein Zentrum – das heißt Ich – wird dabei persönlich engagiert, es tut es selbst. Als Nächstes: Wenn dies Urteil so persönlich, ernst, schlicht vollzogen wird, so bedeutet das nicht nur, daß ich engagiert bin, daß ich es tue und daß es zentral aus mir herauswächst, – es bedeutet mehr. Ich bin engagiert, das heißt, ich stehe dafür ein: Es ist so! Ich stehe dafür ein, das heißt, mit mir fällt und steht die ganze Sache; ich bin bereit, mich einzusetzen für das, was ich so vollzogen habe. Ich ziehe mich auf gar keine Weise davon zurück, ich distanziere mich nicht davon. Ich sage nicht: Ja, ich habe es gesehen, aber ich bin ganz unschuldig bei der ganzen Geschichte; ich weiß nicht, ob es so war, oder nicht so war. Nein, nein, ich weiß es: und ich behaupte dies.

Wie ist es nun, wenn ich mir sage: O ja, ich weiß, der große Fermatsche Satz ist doch wahr. Sie wissen, Fermat schrieb eine Behauptung an den Rand eines Buches und sagte: 'Nun, den Beweis habe ich nicht geschrieben, weil kein Platz da ist'. Und 200–300 Jahre lang haben die Mathematiker das beweisen wollen; sie glaubten alle, daß es richtig ist. Den Beweis gibt es nicht. Wenn ich mir das nun ansehe und sage: Ich weiß, daß es wahr ist, ich bin davon überzeugt, aber ich möchte doch den Beweis finden, – so distanziere ich mich zunächst von dem Akte, den ich vollziehe. Er hat das Zentrum meines Ich irgendwie verlassen, oder ich habe mich im Vergleich zu ihm zurückgezogen, ich bin schon irgendwo anders mit meinem Zentrum, – obwohl ich noch behaupte, aber dieses

Behaupten ist nicht so, daß ich dafür einstehe, daß ich engagiert bin. Ich habe mich von diesem Behaupten ein wenig zurückgezogen. Nun kann leicht gesagt werden – und Husserl benutzt leider auch diese Wendung, von der ich glaube, daß sie nicht zutreffend ist –: Es vollzieht sich eine Spaltung im Innern, nämlich das Ich, das behauptet, also die Generalthesis vollzieht, und das Ich, das diese Einklammerung macht; das Ich ist also in gewissem Sinne gespalten. Der Eine ist der Vollziehende, und der Andere ist der sich vom Vollzug irgendwie Zurückhaltende, Zurückziehende, seine Bürgschaft Verleugnende – Bürgschaft für die Echtheit des Urteils. Ich glaube nicht, daß alle Phänomenologen gespalten sind, wenn sie diesen Akt innerlich vollziehen, daß es Einen gibt, der erlebt, und einen Anderen, der zuschaut, daß sie zwei Verschiedene sind, so daß die Einheit des Ich verloren geht, – das glaube ich nicht. – Nach meiner Auffassung ist die Einheitlichkeit des Ich erhalten geblieben, aber das Ich ist irgendwie nicht so kondensiert, so vereinfacht zu einem Akt; es ist fähig, zwei verschiedene Funktionen auszuüben: das Vollziehen der Generalthesis und zugleich als zweiten Akt die gewisse Reservierung, eine Reserve, die man zu der ersten Thesis einnimmt, so daß Beides möglich ist. Dadurch hat das Ich irgendwie an Dimension gewonnen, es ist nicht diese letzte Spitze, sozusagen, des Ich, aus dem alles herausquillt. Mit einem neuen Wort möchte ich den Vorgang so umschreiben: Ich solidarisiere mich nicht in der gleichen Weise mit der Generalthesis, wie ich mich solidarisiere, wenn ich sie schlicht vollziehe. Denn dabei gibt es noch nicht die beiden Ich. Also, wenn das Ich sich mit etwas solidarisiert, – das ist Thesis. Es vollzieht zentral die Thesis, ist völlig eins mit ihr, es braucht da keinen Akt der besonderen Solidarisierung. Man kann sagen, es ist der Fall der höchsten Solidarisierung. Sobald ich aber die Reduktion mache, siehe ich mich etwas von dem gerade von mir vollzogenen Akt zurück. Die Solidarität mit dem Ich, das die Thesis vollzieht, ist schon nicht mehr vorhanden, – es ist eine Distanz da, es ist das Ansehen-wollen.

Ja, ich bin sehr wohl davon überzeugt, daß das, was ich Ihnen darzustellen versuchte, im Grunde sehr miserabel ist in Bezug auf das, was da zu beschreiben, was sich da bietet, um entdeckt zu werden daß es keineswegs adaequat, aber metaphorisch gesagt ist. Aber mich persönlich hat das doch an das Phänomen näher gebracht, das Husserl doch nicht aus der Luft gegriffen hat und das er doch viele Jahre zu fassen suchte. In diesem Sinne also würde ich sagen, es sei möglich, so etwas wie transzendentale Reduktion zu vollziehen, – es sei verständlich. Ob es zweckvoll ist, ob diese Reduktion das leistet, was Husserl von ihr erhofft, und ob sie so unentbehrlich ist, um das reine Bewußtsein zu entdecken, wie es Husserl glaubt, ja, das ist natürlich eine neue Frage. Wenn ich sage: ich versuche zu verstehen, so bedeutet das noch nicht: Es ist richtig, es muß so gemacht werden. Denn da gibt es große Unsicherheiten, was die Effekte des echten Vollzugs einer transzendentalen Reduktion bzw. ἐποχή sind. Sie müssen beachten, es handelt sich nicht um das, worüber Husserl später sagt: Ich klammere alle Wissenschaften ein. Es kommt nicht auf die Wissenschaft an, noch darauf wie ich mich zu Wissenschaften verhalte. Fortan nehme ich keinen naturwissenschaftlichen Satz mehr als Grund für meine Theorie in der Phänomenologie. Das ist leicht. Es handelt sich aber um eine erste prinzipielle radikale Wendung. Nun bin ich also anschaulich in dieser Welt da, – da ist der Saal, dann Oslo, das Meer, mein Vaterland usw. usw. Angesichts dieser Welt, dieser selbst gegenwärtigen Welt, soll ich jene 'Reduktion' zu vollziehen versuchen. Und das soll erst diese Wendung hervorrufen. Ich weiss nicht, ob ich Husserl richtig verstehe, aber ich glaube, ich müßte in der Richtung weitergehen, um herauszufinden, was sich da eigentlich abspielt, wenn so eine Reduktion vollzogen wird. – Eine andere, eine völlig andere Sache ist es – und da habe ich schon einen Zweifel – ob sie wirklich so bedeutend ist, wie Husserl meint, ob sie so leistungsfähig ist, wie Husserl meint, ob sie für die Philosophie so unentbehrlich ist, wie Husserl meint.

8. Vorlesung *3 November 1967*

Meine Damen und Herren. Ich möchte Sie zunächst um Verzeihung bitten, wenn das, was ich heute sagen möchte oder sagen werde, schwierig oder nicht ganz klar sein wird. Denn die Probleme, um die es sich handelt, liegen sozusagen in der ganzen philosophischen Problematik sehr weit, sie setzen verschiedene Analysen voraus und da ich hier die Sache kurz fassen muß, wird manches noch einer näheren Erklärung bedürfen, die ich jedoch momentan nicht geben kann.

Was ich heute behandeln möchte, sind im Grunde verschiedene Fragen,

Fragen an Husserl, an den Text von Husserl, mit gewissen Perspektiven auf die Konsequenzen der Antworten auf diese Fragen. Es handelt sich natürlich wieder um die transzendentale Reduktion, welche Husserl für entscheidend für die ganze Philosophie hielt. Er wußte, daß ich kein Freund der Reduktion bin, und er war in unserer Korrespondenz viele Jahre sehr traurig, daß ich seine Forderung nach der Durchführung der Reduktion nicht mitmachen konnte, während er immer wieder die Bedeutung der Reduktion betonte. Über einige Jahre, zwischen 1928 und 1933, zieht sich der Briefwechsel hin, Briefe von ihm, Antworten von mir, und da schreibt er immer ungefähr so: "Wenn Sie die transzendentale Reduktion mitmachen, dann erst haben Sie den Weg offen zur Philosophie. Solange man das nicht tut, ist man nur an der Tür der Philosophie; das ist noch keine Philosophie".

Für ihn handelte es sich vor allem in der Diskussion mit mir darum, daß ich – darauf werde ich heute auch eingehen – in einem Moment sagte: Nun schön, ich verstehe die Problematik, die sich eröffnet, sobald man den Weg geht, – nicht nur verstehe, sondern ich glaube (oder glaubte damals) überzeugt zu sein, daß das wirklich eine sehr wichtige Sache ist, die da im Gange ist, zum Sprunge ansetzt. Aber ich dachte mir zugleich, daß diese Problematik, die sich dann eröffnet, wenn man den Weg der transzendentalen Betrachtung des reinen Bewußtseins einschlägt, und insbesondere wenn man die sogenannten konstitutiven Probleme behandelt, auf die ich noch zurückkommen werde, – daß diese Problematik zunächst einer anderen Vorbereitung bedarf, – und zwar aufgrund einer Erfahrung, die ich selbst in meinem Leben gemacht habe. Nach meiner Doktorprüfung im Jahre 1918, als ich schon mit dem Examen und der Dissertation fertig war und selbständig weiter arbeiten konnte, habe ich nämlich mehrere Jahre versucht, eine Analyse des Bewußtseins und insbesondere der äußeren Wahrnehmung durchzuführen und die konstitutiven Probleme zu behandeln. Mit den konstitutiven Problemen hatte ich mich schon mehrere Jahre vorher dank Husserl bekanntgemacht; das ganze Jahr 1916 habe ich fast jeden Tag über die konstitutiven Probleme mit Husserl gesprochen. Daher wollte ich diese Probleme weiter behandeln.

Ich war davon überzeugt, daß die idealistisch klingenden Ergebnisse Husserls zu schnell erarbeitet worden waren, daß manche Tatbestände der weiteren Ausarbeitung bedürfen, da immer irgendetwas noch unklar blieb. Und wenn man es klärte, wenn man dann die Fragen präziser stellte, so würde man doch zu einem ganz anderen Resultat kommen. Es waren ungefähr 4–5 Jahre, in denen ich versuchte, die verschiedenen Analysen der äußeren Wahrnehmung durchzuführen, so ungefähr zwischen 1918 und 1922. Ich kam zu der Überzeugung, daß schon der Versuch des Entwurfs einer transzendentalen konstitutiven Problematik etwas voraussetzt, nämlich vor allem die Klärung der gegenständlichen Struktur dessen, was da konstituiert wird, die Klärung der formalen Struktur der Welt, die Klärung des Sinnes der Existenz, des Seins, eine Ausarbeitung des Sinnes der Kategorien, Kategorien in Kantischem Sinne oder, wenn Sie wollen, in Aristotelischem Sinne.

Ich begann somit formal ontologisch zu arbeiten. Und da sagte mir Husserl: Das ist eben falsch! – Sie sind Ontologe geworden, aber Sie sollten doch die Reduktion vollziehen, sich ins Wasser stürzen, um im Fluß der konstitutiven Probleme die Leistung der Konstitution zu erfassen. Da werden Sie entdecken, daß die Ontologie doch ein gesperrter Weg ist, daß alles doch schließlich reduziert werden muß, dann zeigt es sich, daß die ganze ontologische Betrachtung eine verlorene Mühe ist! In diesem Sinne hat er mir immer wieder von der Wichtigkeit der transzendentalen Reduktion geschrieben. Nicht nur die Briefe zeugen davon, sondern überhaupt die Entwicklung seiner Arbeit nach den *Ideen I*. Schon die *Ideen II* hat er nicht akzeptieren wollen, nachdem sie von Edith Stein redigiert worden waren. Dann nahm Landgrebe eine zweite Bearbeitung vor, die Husserl aber auch zurückgewiesen hat: Nein, es ist nicht fertig, es ist nicht gut! In mehreren Vorträgen – das fing, so viel ich weiß, mit den sogenannten 'Londoner Vorträgen' an, dann kamen die 'Amsterdamer Vorträge', dann die 'Pariser Vorträge' – hat er immer wieder aufs neue und von Anfang an versucht, den Sinn und die Unentbehrlichkeit der Reduktion aufzuzeigen. Augenscheinlich meinte Husserl, müßte man doch dazu kommen, die Wichtigkeit und die Funktion der transzendentalen Reduktion und der transzendentalen Analyse anzuerkennen. Dann erst würde sich die ganz neue, echte philosophische Problematik eröffnen. Schließlich waren die *Méditations Cartésiennes* – auf Grund der Pariser Vorträge ausgearbeitet – abgeschlossen, sie wurden übersetzt. Ich schrieb an Husserl, er solle sie doch auf deutsch publizieren, sie waren doch in der Sprache fertig geschrieben. Aber Husserl schrieb nur: Nein, nein, das werde ich jetzt nicht publizieren. – Es ist nicht fertig, es ist in diesem Moment für das deutsche Publikum nicht publizierbar, es muß ganz aufs neue gemacht werden. So hat er seit der Pariser Zeit – das war 1929 – bis ungefähr 1932–33, also beinahe fünf Jahre, weiter gearbeitet und hat mir immer wieder geschrieben: Jetzt kommt mein Hauptwerk! – Das ist die neue Bearbeitung der *Méditations Cartésiennes*, dachte ich. Aber sie kam doch nicht zustande. Voriges Jahr war ich in Louvain und wollte die Papiere dieser neuen Bearbeitung der *Méditations Cartésiennes* aufspüren, denn ich war überzeugt, es gäbe eine solche. Deswegen war ich auch sehr verwundert, daß man im Jahre 1952 die alte Bearbeitung publizierte, die Husserl gar nicht publizieren wollte. Es hat sich jedoch gezeigt, daß die neue Bearbeitung gar nicht vorhanden war. Ich fand eine große Menge von Manuskripten, – etwa 50–60, jedes von etwa 20 Seiten – die aus mehreren Jahren stammten. Jedesmal war die Behandlung eines Problems angefangen worden, ohne aber vollendet zu werden. Zur Vollendung einer einheitlichen Bearbeitung kam es nicht.

Irgendwie, aus einem anderen Gesichtswinkel ist im Winter 1928/29 die *Formale und transzendentale Logik* entstanden. Ursprünglich war dies eine von Husserl gehaltene Vorlesung, die er dann einige Monate vor seinem siebzigsten Geburtstag niedergeschrieben hat. Eine gelungene Arbeit, – aber nicht das, was er wollte, nicht das, was er von Anfang an, von der *Prima Philosophia*, von der natürlichen Einstellung – über die Konstitutionsprobleme zu entwickeln versuchte. Es kam zwar die neue Problematik, des konstitutiven Ursprungs der logischen Gebilde, die in einer um mehrere Jahre älteren Vorlesung zuerst behandelt worden war, zu einer konsequenten Entfaltung und Bearbeitung. Die vorbereitenden Einzelarbeiten zu einer systematischen Entwicklung der transzendentalen konstitutiven Betrachtung von der richtigen Durchführung der phänomenologischen Reduktion dauerten bis etwa zum Jahre 1934, aber die ersehnte systematische Bearbeitung kam nicht zustande.

Dann kam schließlich die letzte Phase mit der Entstehung der *Krisis*, wovon der erste Teil von etwa 100 Seiten, wie Sie wissen, vor dem Tode Husserls erschienen ist. Die Problematik, die da ersteht, hat mit einem Briefe Husserls an den 8. Internationalen Kongreß in Prag angefangen. Er hat mir das selbst geschrieben. Und bei allen Wandlungen ist da auch dieselbe Grundidee: Man muß doch endlich auf überzeugende Weise darlegen: Wenn man die transzendentale Reduktion richtig durchführt, erst dann entwickelt sich die ganze Philosophie, und erst dann hat man das System der transzendentalen konstitutiven Probleme, und zwar bis zum Schluß. – Nun, leider wurde Husserl krank, die *Krisis* wurde nicht vollendet und ist auch zu Lebzeiten Husserls nicht mehr erschienen. Aber Vorarbeiten dazu befinden sich in Menge in Louvain.

Ich möchte mich also mit dieser transzendentalen Reduktion etwas beschäftigen. Ich habe schon gefragt, was sie ist. Ob der Versuch, den ich da vor einer Woche gemacht habe, gelungen ist, – ob es richtig und im Sinne Husserls ist, wie ich die Sache verstehe, das weiß ich nicht. Und leider kann ich mit ihm nicht mehr sprechen. Aber es ist ein Versuch, vielleicht ist er richtig. Ich möchte meinerseits alles unternehmen, um die Sache richtig zu verstehen, mich dann mit mir selbst auseinandersetzen, mit meinen eigenen Fragen, die ich dazu zu stellen habe.

Meine erste Frage ist nun diese: Wie kann ich das Problem hier in dieser Vorlesung am besten anfassen? Soll ich zunächst über die Reduktion, über ihre Funktion und über ihre Konsequenzen sprechen? Oder soll ich erst darüber sprechen, was man, als den Standpunkt Husserls in den *Ideen* bezeichnet, den man kurz gesagt, 'transzendentaler Idealismus' nennt? Soll ich die Reduktion entwickeln und dann den Idealismus? Oder soll ich mit dem Idealismus anfangen und dann zu der Reduktion zurückkehren? Wenn Sie die *Ideen I* lesen, entdecken Sie nämlich, daß die Abschnitte, die man gewöhnlich als die den sogenannten transzendentalen Idealismus Husserls in dieser Phase beinhaltende betrachtet, *vor* der Durchführung der Reduktion auftreten. Und ferner: Die Ergebnisse, die einzelnen Behauptungen, welche in diesen Abschnitten angeführt werden, dienen als Argument dafür, daß die Reduktion durchgeführt werden kann. Das Wichtigste, aber, was die Durchführung der Reduktion ermöglicht, ist im Grunde nichts anderes als die scharfe Scheidung zwischen dem reinen Bewußtsein und dessen Wesen einerseits und andererseits dem, was da dem Bewußtsein gegenübersteht und ihm transzendent ist, also insbesondere der realen Welt. Man muß also zunächst das Wesen des reinen Bewußtseins erfassen und dann sehen, daß dasjenige, was nicht reines Bewußtsein ist, dem reinen Bewußtsein im ontischen Sinne transzendent ist. Infolgedessen ist es möglich, die Reduktion durchzuführen und die Sphäre des reinen Bewußtseins für sich als Residuum, als dasjenige zu haben, was bleibt. Und außerdem gibt es auch das Andere, das ist das Transzendente.

Oder ist es umgekehrt: Muß man zunächst die Reduktion vollziehen, damit sie uns erst das reine Bewußtsein enthülle? Solange wir 'natürlich' eingestellt sind, haben wir noch nicht das reine Bewußtsein, sondern nur das psychische, das menschliche Bewußtsein. Was ist nun sozusagen die Hoffnung Husserls, und was bildet den Zweck der transzendentalen Reduktion? Es ist eben – sagt Husserl doch selbst ganz genau im Text – die Enthüllung eines neuen Seinsgebietes, und zwar eines Gebietes individuellen Seins. Was für ein Seinsgebiet ist es aber? Das Seinsgebiet des reinen Bewußtseins, *meines* reinen Bewußtseins, meines reinen *Ich*. Erst die Reduktion also soll mir überhaupt die Augen dafür öffnen, was das reine Bewußtsein ist, sie soll mir das Wesen des reinen Bewußtseins zeigen. Nun, wenn ich schon weiß, was es ist, dann weiß ich auch, was mir nach Vollzug der Reduktion bleibt, und was das Transzendente ist, was ich da jetzt irgendwie durch Analyse des reinen Bewußtseins hervorbringen soll, diese Welt. Wenn ich es aber nicht weiß, kann mir dies die Reduktion selbst sagen?

Ich habe es nun so gemacht – in diesem Gang – daß ich doch zuerst über die Reduktion gesprochen habe. Diejenigen Abschnitte, welche die idealistische Entscheidung Husserls in den *Ideen* enthalten, und die auch die Thesis über das reine Bewußtsein enthalten, habe ich zunächst bei Seite geschoben. Habe ich da Husserl gefälscht? Ja, in Bezug auf den Text von Husserl in den *Ideen* habe ich etwas verschoben. Aber – Husserl hat mir einst während eines Gespräches selbst gesagt: "Natürlich, wenn ich das schreiben sollte, so müßte ich doch zunächst den Weg der Reduktion sehen. Tatsächlich ist all das, was im Text der *Ideen vor* der Reduktion steht – über das Bewußtsein, über das Wesen, über die Welt – schon auf Grund der Reduktion gesagt worden". Nun, das ist also seine Erklärung über seinen tatsächlichen Gang der Betrachtung und im gewissen Sinne glaube ich, daß das richtig ist. Es muß so sein, wenn die Funktion der Reduktion wirklich die Eröffnung eines Ausblicks auf ein neues Seinsgebiet sein soll, – Seinsgebiet des individuellen Seins zunächst, dieser sogenannten 'Irrealitäten', die dann eidetisch erfaßt werden. Es ist so richtig, ich habe also Husserl doch nicht gefälscht. Das ist doch der Sinn der Reduktion, daß sie das leistet bzw. leisten soll, und das hat Husserl mir selbst gesagt.

Also werde ich jetzt so weiter verfahren, daß ich mich zuerst mit der Reduktion beschäftige. Alle Bedenken, die ich dagegen habe, werde ich

Ihnen kurz andeuten. Und dann erst werde ich zu dem Standpunkt des Idealismus kommen, zur Beschreibung des sogenannten Idealismus von Husserl, wie er in den *Ideen I* zum Ausdruck kommt. Denn der Standpunkt des Husserlschen Idealismus in den *Ideen* ist nicht identisch mit dem Standpunkt, den Husserl *später* als transzendentaler Idealist eingenommen hat – in den *Méditations Cartésiennes*, in der *Formalen und transzendentalen Logik* und auch nachher. In den *Ideen I* sind die Hauptthesen dieses Idealismus so formuliert, daß manche von ihnen auch später ohne Änderung auftreten. Andere Behauptungen sind aber so formuliert, daß man bei dieser Formulierung noch bei dem sogenannten 'Realismus' bleiben kann. Das ist zum Teil Formulierung der Argumentation, der Thesis, zum Teil ist das auch in dem Sinn der einzelnen Begriffe verdeckt, die Husserl verwendet. Der erste Begriff, auf den es zunächst ankommt, ist der Begriff der 'Setzung', den ich schon ganz am Anfang erwähnt habe und der zuerst so viel bedeutet als 'Im-Sein-Anerkennen'. – Später, also schon in den späten zwanziger Jahren, in den *Méditations Cartésiennes* und in der *Formalen und transzendentalen Logik* ist das schon konsequent in einem anderen Sinne gemeint. Es kommt nicht so sehr auf 'Setzung', als auf 'Stiftung' an, – die Welt wird 'gestiftet'. Und damit ändert sich jetzt der Sinn der Funktion jedes transzendenten Erkenntnisaktes. In jedem solchen Akte ist dieses Moment der Stiftung enthalten. Alle transzendenten Gegenstände werden von dem Jahre 1929 ab 'gestiftet', das heißt, kurz gesagt, transzendental intentional *geschaffen*.

Wenn ich hier über den 'transzendentalen Idealismus' von Husserl spreche, so geschieht das ausschließlich von dem Standpunkt aus, der in den *Ideen I* enthalten ist, und zwar genauer sogar nur in einem Teil der *Ideen*. Denn, wenn Sie die *Ideen I* bis zum Schluß lesen, werden Sie sehen, daß, sobald Husserl die konstitutive Problematik entwickelt – die sogenannten Vernunftfragen, die 'Rechtsfragen' – sich da schon eine Problematik eröffnet, die ihn dann später zu einem idealistischen Schluß führt. Dieser Weg ist da schon vorgezeichnet. Er wußte in dem Moment, wo er das schrieb, daß ein Gebiet des reinen Bewußtseins vorliegt, welches in den *Ideen I* noch gar nicht behandelt wird, und zwar das ursprüngliche, das sogenannte 'innere' Bewußtsein, das Bewußtsein im Fluß, wo es noch keine – wie muß ich das sagen? – konstituierten Erlebnisse gibt. In den *Ideen* wird zunächst lediglich dargestellt: Es sind im Bewußtsein

Akte vorhanden, es sind alles Einheiten, Bewußtseinseinheiten. Es ist nicht dieser letzte Fluß des Bewußtseins, der da behandelt wird, dieser wird auf eine bewußte Weise zurückgeschoben, und wird erst später in den *Vorlesungen zur Phänomenologie des inneren Zeitbewußtseins* seinen literarischen Niederschlag finden.

Jetzt aber zurück zu den Fragen, die ich stellen will. Es besteht vor allem für mich das folgende Problem: Was ist die Reduktion – strukturell? Ist sie ein einzelner Akt, und zwar ein Akt, in dem sie vollzogen wird, – und zugleich eine Entscheidung, ein Entschluss? Mit anderen Worten, ich vollziehe jetzt die Reduktion und entschließe mich daran festzuhalten. Warum soll ich daran festhalten? Nun, weil ich erst dann eine Untersuchung nach der Einstellung der Reduktion durchführen kann. Natürlich, der Anfang der Reduktion – das ist ein Akt, das ist ein Beschluß. Aber wie ist das nun: Geht dieser Entschluß vorüber? Oder bleiben Spuren davon? Erhält sich diese besondere Einstellung, die ich willentlich und mit einem Akt erzwinge? Oder geht sie vorüber? Welche 'Auswirkungen' hat dieser Akt der Reduktion für mich selbst? Laufen meine Erlebnisse so ab, daß sie alle in der Reduktion fungieren? Oder geht dies vorüber, kehre ich zu der natürlichen Einstellung, die ich vor der Reduktion einnahm, zurück? Ich weiß es nicht. Ich erinnere mich jedoch, wie schwierig es war, als wir damals, 1913 oder 1914, alle versuchten, es zu tun. Wenn man das ganz ernst nimmt, wie junge Leute das gewöhnlich tun, so ist das wie ein Traum, in den man sich hineinversetzt. Man kehrt zurück zum täglichen Leben, aber sobald man arbeitet, muß man diese Einstellung annehmen, sonst wäre es falsch, sagt Husserl. Es scheint, daß der Effekt dieses Aktes der Reduktion in gewissem Sinne ein Zustand ist. Nicht wahr? Es müßte eigentlich ein Zustand sein. Denn sonst müßte man sich jeden Moment von Neuem sagen: Jetzt mache ich Reduktion, jetzt reduziere ich, jetzt ziehe ich mich zurück usw. Dann ist also die Reduktion nicht als Akt zu verstehen, sondern als Wandel des Bewußtseins überhaupt, und zwar durch und durch. Ist es aber richtig, wenn ich 'durch und durch' sage? Nein, das ist nicht richtig. Es sollte eigentlich so sein. Aber Husserl selbst sagt: Nein, ich will die Reduktion, die ich da als Operation benutze, nicht so weit durchführen. Sie könnte so weit gehen, daß alles, mein ganzes Bewußtsein, reduziert wird, alles in der Position 'der Einklammerung', oder besser des 'Einklammerns' verläuft. Ich vollziehe freilich die Setzungen der realen Welt, meiner Bekannten usw., aber trotzdem immer mit der Einschränkung der 'Ausschaltung', ich ziehe mich etwas davon zurück. Dieses Erlebnis des Sich-Zurückziehens und auch die Erlebnisse, die ich auf meine Erlebnisse richte, immanente Wahrnehmungen also, mit denen ich die Analyse des reinen Bewußtseins treiben soll, sind 'thetische' Akte. Sollen sie auch reduziert werden? Nein, sagt Husserl, so weit geht es nicht. Das kann man tun, wenn man will. Aber ich will doch, sagt Husserl, gerade eine Wissenschaft vom reinen Bewußtsein treiben, – mit immanenten Wahrnehmungen als thetischen Akten, und darauf gegründeten Urteilen über meine Erlebnisse, die wiederum thetisch sein sollen, alles also 'thetisch'. Das Merkwürdige ist nun: Ich bin in gewissem Sinne gespalten. Nämlich das, was sich auf die transzendente Welt und auf Transzendentes überhaupt bezieht, ist reduziert, und da muß ich jene besondere Stellung einnehmen, wenn es gelingen soll. Und zugleich muß ich sozusagen den Rest, das heißt die wirkliche wissenschaftliche philosophische Arbeit in der thetischen Einstellung, also ohne Reduktion durchführen.

Die Situation ist jetzt kompliziert, nicht wahr? Denn einerseits habe ich zunächst die natürliche Generalthesis der Welt; die wird reduziert, es wird Distanz dazu genommen, so als ob ich mir überhaupt verbieten würde, irgendetwas zu behaupten, zu Thesen zu führen. Zugleich soll sich jedoch wiederum eine Wandlung vollziehen. Ich muß also meine auf meine Erlebnisse gerichtete immanente Wahrnehmung, die Analyse des in ihr Gegebenen usw. wiederum ganz seriös machen, nämlich in der natürlichen thetischen Einstellung. Dies wird doch von Husserl gefordert, nicht wahr? Sonst kann er keine Phänomenologie als Wissenschaft treiben.

Das ist also die erste Gruppe von Fragen, die sich auf die Struktur und auf die Funktion der Reduktion beziehen. Ich glaube, man muß Beides sagen: Es ist ein Akt, und es gibt mehrere solcher Akte, wenn man zurückkehrt zu der Arbeit, und dann gibt es eine dauerhafte Einstellung. Wie dies möglich ist, das ist eine andere Frage. Das muß jeder bei sich selbst erfahren.

Die zweite Frage – eine Frage, die sogleich ein Punkt des Streites sein wird, lautet: Ist die transzendentale Reduktion die unentbehrliche und natürlich hinreichende Bedingung jeder philosophischen Betrachtung? Oder ist sie nur eine Übergangsphase einer philosophischen Betrachtung?

Viele meiner Freunde, ältere Freunde von mir, waren der Meinung: Nun schön, machen wir also diese Reduktion, und nehmen wir an, daß es uns gelungen ist, das reine Bewußtsein zu beschreiben, zu analysieren, die Funktionen der verschiedenen Erlebnisse zu erfassen, Leistungen zu erfassen, die durch diese Funktionen zustandekamen. Schließlich kommt der Moment daß wir schon wissen, was da in unserem Bewußtsein geschieht, z.B. wenn ich diesen Saal sehe und ihn als Realität annehme. Und so geht es weiter in Bezug auf die ganze Welt. Also habe ich das Erkennen der realen Welt analysiert, und zwar, sagen wir zunächst, der physischen Welt, um die Situation zu vereinfachen. Ja, was dann? Da war ich die ganze Zeit mit der Analyse der Erkenntnisoperationen, der Leistungen, Erkenntnisleistungen beschäftigt. Es ist alles in gewissem Sinne Erkenntnistheorie, nur, daß sie auf dem Grunde des reinen Bewußtseins und innerhalb des Immanenten behandelt wird. Soll ich nun einfach sagen: Nun, es ist mir gelungen zu zeigen, daß die Konstitution des physischen Dinges in diesen Wahrnehmungen rechtmäßig ist, und so ist es Schluß mit der ganzen philosophischen Problematik? Oder soll ich sagen: Nein, es ist nicht Schluß. Wenn die Erkenntnis der äußeren Wahrnehmung sich so abspielt und rechtmäßig ist, nun, was heißt das? Das heißt, daß das, was da in der Erfahrung festgestellt wird, wirklich so *ist*, wie es erfaßt wird. Nicht wahr? Und das Schlußergebnis lautet: Nun, es gibt eine Welt dieser Dinge, die in der sinnlichen Erfahrung analysiert wurden. Ist das so einfach zu machen? Oder sind da mehrere Komplikationen vorhanden? Jedenfalls fragt es sich: Ja, um Gottes Willen, wozu haben wir diese ganze Analyse des reinen Bewußtseins betrieben – diese Analysen, wie das beim Erkennen verläuft, welche Funktionen da ausgeübt werden – ist das alles richtig oder unrichtig? Ja, um zu wissen, ob die Welt wirklich ist und wie sie ist. – Das war eben, was uns berührte. Es eröffnet sich nach der ganzen Analyse das Postulat, eine metaphysische Entscheidung zu erzielen. Nicht wahr? Wenigstens eine ontologische Entscheidung – die Ontologien sind ja auch eingeklammert, wie es sich gezeigt hat. Ist also die Reduktion vielleicht nur eine notwendige *Phase* des Philosophierens? Und soll sie dann in einem Moment dem Aufheben unterliegen? Man muß sich doch einmal entschließen, über die Welt zu urteilen und dann Metaphysik zu treiben und Ontologie zu treiben, was um so wichtiger ist, als ja die ganze phänomenologische Analyse unter der Klausel der Reduktion doch eidetisch getrieben wird. Sie wird nicht an Individuen, an gerade vollzogenen Wahrnehmungen betrieben. Was ich am Ende erhalte, das ist, wenn es positiv ist, nur dies: Es ist prinzipiell möglich, daß eine in ihrem Wesen so und so verlaufende Erfahrung zu einem positiven Ergebnis führt. Damit ist noch nicht gesagt, was ich faktisch tue, ob das wirklich eine Erfahrung ist. Nicht wahr? Damit ist auch noch nicht gesagt, womit ich es individuell in dieser Welt zu tun habe, ob es wirklich real und so beschaffen ist, wie es mir in individuo erscheint? In der Phänomenologie ist immer nur von einer *möglichen* Welt die Rede, – einer möglichen, realen Welt. Aber das interessiert mich letzten Endes gar wenig. Ich möchte doch wissen, wie *diese* Welt wirklich ist, in der ich noch lebe.

Was war die Antwort Husserls? Ich weiß jetzt nicht genau, ob er mir das wirklich persönlich gesagt hat oder ob ich das bei ihm nur gelesen habe. Es ist nicht nötig, die Reduktion aufzuheben und auf die natürliche Einstellung zurückzugreifen, und Metaphysik zu treiben, denn alles wird erledigt in der Analyse, die unter der Klausel der Reduktion durchgeführt wird. Die Reduktion soll eine, für jede Philosophie unentbehrliche und für immer unentbehrliche Bedingung eines Philosophierens über das Sein sein. Die in dieser Einstellung gewonnenen Ergebnisse lösen alles, alle Probleme auf, man braucht keine Metaphysik mehr. Denn in gewissem Sinne ist die Entscheidung, die man auf diesem Gebiet erreicht, schon eine metaphysische Entscheidung. Und es ist natürlich klar: Wenn die Lösung transzendental-idealistisch ist, wenn Realität nichts anderes als Korrelat einer unendlichen Mannigfaltigkeit von bestimmt geregelten Wahrnehmungen und Gedankenoperationen ist, nun, dann kann man alles schon in der Analyse des reinen Bewußtseins am Akt und am Korrelat finden. Nur eines ist wahr, wie das die Neokantisten auch sagen, daß es eine unendliche Aufgabe ist. Aber der Effekt ist doch eindeutig. Das war also der andere strittige Punkt zwischen Husserl und manchen seiner älteren Schüler. Denn die späten Schüler Husserls, d.h. seine Schüler aus der Freiburger Zeit, sahen schon keine Schwierigkeit darin, sie sind irgendwie in das ganze Fahrwasser der transzendentalen Phänomenologie gekommen und waren überzeugt, es sei alles in Ordnung, und es sei auch nichts mehr zu machen. Das dauerte übrigens nicht lange. Dann kam es zu einer Katastrophe in der Entwicklung der sogenannten Freiburger phänomenologischen Schule. Das war die Wirkung Heideggers, der eine ganz andere Problematik eingeführt hat, welche für die jungen Leute damals besser verständlich war und ihnen auch näher stand, weil er aus derselben Nachkriegs-Generation war und sich deswegen viel besser mit der Jugend, die aus dem Krieg zurückkehrte, verstand. Heidegger war auch sicher ein größeres Rednertalent als Husserl. Komplikationen traten ein. Diejenigen Probleme, die früher, infolge der *Logischen Untersuchungen* und des ersten Bandes der *Ideen* lebendig waren, sind eigentlich verschwunden. Husserl, der sich nach dem Kriege entschieden zu dem transzendentalen Idealismus bekannt hatte, kannte mit den neuen Schülern keine Schwierigkeiten auf dem Gebiete der transzendentalen Reduktion. Im Herbst 1927 kam ich zu Husserl – ich zitiere nicht ein Gespräch mit ihm, sondern mit einem Schüler, der Husserl damals sehr nahe stand, es war jedoch nicht Heidegger, – und ich stellte die Frage: Wie ist das mit der Konstitution? Gibt es da nicht ein Gebiet, das vor der Konstitution liegt? Und gibt es nicht auch Probleme, die vor der Konstitution problematisch behandelt werden müssen? – Da sagte er mir: Nein, alles ist konstituiert. Es gibt nichts, was nicht konstituiert wäre. Alles ist Effekt einer Konstitution, und alles als solches geht in gewissem Sinne über die letzte ursprüngliche immanente Sphäre hinaus. Alles ist konstituiert. Zu dem Nicht-Konstituierten, also zu dem, woraus diese ganze Konstitution sich entwickelt, bzw. sich entwickeln soll, kann man im Grunde nicht vordringen. So weit war das.

Nichtsdestoweniger glaube ich, daß die Frage besteht: Soll die transzendentale Reduktion und die transzendentale Analyse die letzte, die erste und letzte Operation in der Philosophie sein? Oder ist sie nur ein Weg, manche höchstwichtigen Probleme zu lösen, um dann mit dem Apparat, den man da gewonnen hat, doch zu den alten metaphysischen Problemen zurückzukehren?

Ich habe das schon erwähnt und werde es kurz behandeln. Ich glaube, daß es als Operation zweierlei ist, die transzendentale Reduktion durchzuführen und die positiven Wissenschaften bei den phänomenologischen Analysen 'auszuschalten'. Die Reduktion, die bei der Generalthesis der natürlichen Einstellung einsetzt oder sie irgendwie 'reduziert', bringt eine radikale Wandlung in der allgemeinen Einstellung und in der Behandlungsweise hervor und dasjenige, was in den *Ideen* und sonst von Husserl mit Recht gefordert wird, daß man die positive Wissenschaft bei bestimmten Problemen der Philosophie und insbesondere bei allen richtig formulierten erkenntnistheoretischen Problemen ausschalten muß, bedeutet nur, daß man sich in der Philosophie auf gar keine positiv wissenschaftliche Behauptung berufen darf. Es heißt nur dies, daß kein Satz der positiven Wissenschaft, also Naturwissenschaft, Geisteswissenschaft, Mathematik usw., dem man nichts vorzuwerfen hat, und für den die Physiker, Chemiker, Mathematiker usw. verantwortlich sind, vorausgesetzt werden darf. Wir, Philosophen, bedienen uns dessen nicht als Voraussetzung unserer Analysen. Reinach hat im Herbst 1913 in seinem Seminar das Problem der Bewegung gestellt. Er hat es in Zusammenhang mit den Paradoxien von Zenon, nämlich dieses Problem mit Achilles und der Schildkröte usw. gebracht. Er wollte die Schwierigkeiten, die den Paradoxien zugrundeliegen, irgendwie überwinden. Er entwickelte selbst die Paradoxien viel weiter, als das Zenon gemacht hatte, und hat gesagt, das Achilles Paradoxon sei doch nicht zu überwinden, der Vorsprung des Tieres sei nicht annullierbar. Ja, das sagt im Grunde auch die Mathematik. Natürlich: die Reihe 1, $\frac{1}{2}$, $\frac{1}{4}$,... usw. enthält keine Null. Der Vorsprung wäre annullierbar, dies ließe sich mathematisch so ausdrücken, daß es in der Reihe der Vorgänge eine Null gäbe, aber die gibt es eben nicht. Was war nun die Lehre Reinachs? Er hat diese These aufgestellt: Es sei falsch, daß ein Körper bei einer Bewegung in einem Moment – und zwar in einem physikalischen Moment – in einem Punkt ist. Das sei falsch. Man muß annehmen, daß der sich bewegende Körper in einem Moment einen kleinen Abschnitt, eine kleine Strecke passiert. Diese These hat Reinach mehrere Monate verteidigt, dann hat er sie zurückgezogen. Aber die erste Reaktion von meinem Freunde und Kollegen Professor Ajdukiewicz, der damals junger Doktor war und in der Mathematik, Physik usw. weit fortgeschritten war, war die: Er sagte zu Reinach: "Herr Doktor, wie können Sie da so etwas behaupten? Es steht doch im Widerspruch mit der Axiomatik der Mengenlehre – in krassem Widerspruch! Kennen Sie nicht die Mengenlehre?" – Reinach antwortete: "Ja, es tut mir sehr leid, Herr Doktor, aber das ist Mathematik, und ich bin Philosoph. Ich darf nicht die Axiomatik der Mengenlehre voraussetzen. Vielleicht ist es sehr weise, aber in meinen Analysen darf das nicht angenommen werden". Es ist Schluß, alle positiven Wissenschaften werden ausgeschaltet. Ich meine, diese Forderung muß angenommen werden. Wir müssen uns sagen: Auch die schönste, die best begründete Wissenschaft nehmen wir nicht als Prinzip, als Voraussetzung unserer weiteren

Erwägungen an. Der Physiker und der Physiologe sagen, es geschieht dies und dies im Raum, nämlich eine Welle oder ein kosmischer Strahl, und dieser Vorgang trifft den Endpunkt meines Nervs, und daraus entsteht dies und dies in dem zentralen Nervenapparat, und dann sehe ich rot, nicht wahr? Das behauptet man immer wieder, neue Entdeckungen auf diesem Gebiet sind gerade gemacht worden. Dann sagt der Phänomenologe: Ja, das ist schön und gut, aber da haben Sie schon vorausgesetzt, daß physikalische Dinge überhaupt existieren. Damit haben Sie zugleich vorausgesetzt, daß die Erkenntnis der physikalischen Dinge rechtmäßig ist. Ja, wenn Sie das getan haben, so brauchen Sie nicht weiter zu philosophieren, es ist entweder ein Widerspruch, oder eine *petitio principii* – und Schluß. Und in dem Sinne glaube ich, ist es möglich und notwendig in gewissen Problemen der Erkenntnistheorie, nämlich in der Erkenntniskritik, diese Reduktion, diese Ausschaltung der sogar schönsten positiven Wissenschaft zu vollziehen. – Aber das ist nicht dasselbe und nicht so schwierig wie die Reduktion der Generalthesis der realen Welt in der natürliche Einstellung. In der Anschauung muß jetzt etwas ganz Besonderes passieren, nicht wahr?

Eine weitere Frage ist: *Worauf* soll die transzendentale Reduktion, die phänomenologische Reduktion angewendet werden? Dies ist natürlich bei Husserl gesagt worden. Nämlich zunächst soll die Generalthesis der realen Welt reduziert werden. Deswegen habe ich ja gefragt, was die Generalthesis ist. Und Husserl hat selbst gesagt, und zwar in den *Ideen*, daß die Generalthesis kein Akt ist, kein Urteilsakt, sondern etwas, was irgendwie beständig ist. Ja, wie soll ich jetzt die Reduktion auf diese beständig da seiende Stellungnahme (oder wie Sie das nennen wollen) anwenden? Ich habe versucht – durch Kontrast mit Phychastenie usw. – das irgendwie aufzuklären. Aber wie geht das zu? Wie kann dieser ständige Zustand nun modifiziert werden? Vielleicht gelingt es. Aber diese Reduktion bezieht sich nicht nur auf die Generalthesis selbst, auf meinen Zustand, – sie bezieht sich auf das unter der Generalthesis Stehende. Was ist das, was unter der Generalthesis steht? Das ist die Welt – ja, und da sagt Husserl: die Welt der natürlichen Einstellung. Das soll reduziert werden. Was soll da reduziert werden? Der Seinscharakter, das Korrelat zu der Generalthesis, der Seinscharakter der realen Welt, der Seinscharakter jedes Dinges, das ich wahrnehme? Das soll irgendwie doch modifiziert werden.

Aber es kommt mir auf etwas anderes an: Wie weit reicht diese Welt? Was gehört zu dieser realen Welt? Es wird gesagt: die räumlich-zeitliche Mannigfaltigkeit von Dingen – und von Menschen und Tieren, mich auch eingerechnet. Gehört dazu auch das physikalische Ding, und zwar das, was wir heute darüber wissen? Was Husserl wußte, hat sich inzwischen verändert, nicht wahr? – Auf welchem Stand war damals, also vor 1913, die Theorie des Atoms? Die Borsche Theorie war schon da, – vieles hat sich auf verschiedene Weise gewandelt, – und dann kam die Zerstörung des Atoms usw. – Gehört das auch zu der realen Welt der natürlichen Einstellung? Und analog – wenn Sie an die Astronomie denken, an die Astronomie, die Astrophysik insbesondere, die verschiedenen Theorien, was z.B. in unserer Sonne geschieht usw. Gerade hat irgendein Herr einen Nobelpreis dafür bekommen – gehört das auch zu der natürlichen Welt? Oder ist es nur Produkt eines weiteren Konstitutionsvorgangs, das aber zu unserer Welt in gewissem Sinne nicht gehört? Husserl wollte das später genauer bestimmen. Denn in der *Krisis* hat er an Stelle des Begriffes der 'natürlichen Welt' doch einen anderen Begriff eingeführt, nämlich den der Lebenswelt. Die Lebenswelt, das ist zwar auch die Welt in der natürlichen Einstellung, – aber es ist doch nicht dasselbe, nicht so ganz ungenau gesagt, wie die natürliche Welt. Denn es wird gesagt: die Lebenswelt – das ist das, was noch bleibt, wenn ich alle Theorien beiseite schaffe, alle Theorien sozusagen ausschalte, also die theoretische Physik, die Biochemie, die Mikrobiologie usw. Das soll ich alles ausschalten. Aber das ist zugleich die Welt, in der wir leben, das ist die zweite Bestimmung; die Welt mit der wir hantieren – die ganze Technik gehört dazu, meine Technik auch. Ist es wirklich so, daß wir in einer Welt leben, eine Lebenswelt gemeinsam haben, in der die Atome nichts zu sagen haben, in der es noch keine Atome – keine Atomkerne gibt? Rechnen wir damit nicht in unseren Handlungen? Konnten wir unsere Technik aufbauen, ohne das zu berücksichtigen? Ja, wenn man so einen 'Sputnik' baut, der von außen her nicht verbrannt werden darf – ja, da muß er an der Außenseite mit einer besonderen Substanz belegt sein, welche Strahlen verschiedener Art zurückwirft. Er enthält in sich eine große Menge höchst präziser Apparate, deren Konstruktion die Gültigkeit der modernsten Ergebnisse der heutigen Naturwissenschaft voraussetzt. Ganze Zweige der hochleistungsfähigen Industrie sind im Zusammenhang damit entstanden und bereichern unsere Lebenswelt mit ihren Erzeugnissen. Dasselbe gilt in Bezug auf die moderne Biologie, Biochemie und deren praktische Anwendungen in der Medizin, in der Zootechnik usw. usw. Das alles ist etwas, was zu unserer heutigen Lebenswelt gehört – in ständigem Wandel begriffen. Im Zusammenhang damit und in dem Sinne ist zunächst der Umfang dessen, woran die Reduktion angewendet werden soll, irgendwie unbestimmt. Später, nach der Einführung der Reduktion, sagt Husserl freilich, daß die positiven Wissenschaften reduziert, 'ausgeschaltet' werden sollen. Aber jetzt frage ich: mit welchem Recht? Denn dieser ganze Bereich geht schon über die Generalthesis vieler von uns hinaus. Es muß ihn bei diesem ganzen Verfahren etwas leiten, wenn er, im Endeffekt, sagt, daß ich auch dies ausschalten soll. Was ist das? was ihn da leitet? – Husserl spricht von verschiedenen 'Ausschaltungen', der Naturwissenschaften, der Geisteswissenschaften, Mathematik, Logik als formaler *mathesis universalis*. Dann sollen auch alle materialen Ontologien ausgeschaltet werden. Warum? Ja, das sind doch Wissenschaften, die ohne Reduktion durchgeführt wurden – und womit beschäftigen sie sich? Mit transzendenten Wesen. Und alle transzendenten Wesen sind eben nicht immanent. Aber wenn die formalen und materialen Ontologien ausgeschaltet würden, dann ist doch der Grund vieler phänomenologischer Entscheidungen fortgefallen. Es läßt sich dann das reine Bewußtsein von allen transzendenten Gebieten nicht abscheiden. Es soll auch die Transzendenz Gottes ausgeschaltet werden. Dies alles hat mit der Generalthesis nichts zu tun. Es entscheidet die 'Transzendenz' im ontischen Sinne dem reinen Bewußtsein gegenüber. Dann hat aber Husserl Schwierigkeiten: Wie steht es mit 'meinem' reinen Ich? Das reine Ich – ist doch kein Erlebnis, ist auch kein beständiges Datum im Erlebnisstrom, es ist ihm doch transzendent. Soll mein reines Ich auch unter die Klausel der Reduktion fallen? Da sagt Husserl: Nein, nein, das nicht, – das Ich gehört also zur Struktur des Bewußtseins. Dann zitiert er Kant und im Grunde auch Descartes. Ich sage das etwas anders: Jedes Erlebnis hat eine besondere Ich-Form, Form der ersten Person. Alle meine Erlebnisse sind 'Erste-Person-Erlebnisse'. – nicht Er-Erlebnisse und Sie-Erlebnisse, und Du-Erlebnisse, sondern Ich-Erlebnisse. Also an der Struktur liegt es, – obwohl das reine Ich kein Element des Bewußtseins ist; die Struktur des Bewußtseins weist eindeutig darauf hin, es ist nicht möglich anders zu verfahren als das reine Ich mit seinen reinen Erlebnissen absolut anzuerkennen. Das sind also die Antworten Husserls darauf, was reduziert werden soll, der Reihe nach. So weit geht das, – also nicht nur die natürliche Welt, auch verschiedenes andere, auch die Gegenstände der Mathematik, der Logik, der formalen Ontologie usw., und Gott auch.

Was leitet ihn da? Leitet ihn das Wesen des reinen Bewußtseins? Ja, aber das Wesen des reinen Bewußtseins soll doch erst vermittels der Reduktion entdeckt werden, nicht umgekehrt, – das habe ich schon nach Husserl gesagt. Wenn man dann sozusagen nachspürt, wenn man schon weiß, worin seine Stellung besteht, die man den transzendentalen Idealismus nennt, dann glaube ich, daß der Begriff, der da dirigierend ist, der zu der Abscheidung dessen führt, was als das Residuum der Reduktion bleiben soll, der Begriff der ontischen Transzendenz ist. Deswegen habe ich hier die verschiedenen Begriffe, erkenntnistheoretische Begriffe, ontische Transzendenz-Begriffe usw. unterschieden. Das ist die Entscheidung: immanent ist bloß dies, was reelles Element meines Bewußtseins ist, Element meines Bewußtseinsstroms, – immanent gerichtete Erkenntnisakte, Bewußtseinsakte sind solche, die sich auf etwas beziehen, was Element meines Bewußtseinsstromes ist, reeller Teil, reelles Bestandstück dieses Bewußtseins. Und transzendent gerichtete – das sind diejenigen, wo das nicht stattfindet, das ist kurz gesagt.

Ich erinnere: Die immanente Wahrnehmung – das ist ein besonderer Akt von den immanent gerichteten Akten, nämlich derjenige Akt, in dem eine unvermittelte Einheit zwischen dem Wahrgenommenen, meinem Erlebnis und meiner immanenten Wahrnehmung, meinem Wahrnehmen besteht. Das Wahrnehmen meines Erlebnisses ist sozusagen aufgebaut auf dem Erlebnis, worauf das Wahrnehmen gerichtet ist. Es ist relativ zu diesem wahrgenommenen Erlebnis, seinsunselbständig. Es existiert nur dann, wenn das Erlebnis existiert, worauf sich die Wahrnehmung richtet. Wo das nicht stattfindet, also z.B. bei Erinnerungen an Erlebnisse des die Erinnerung vollziehenden Ich, ist schon diese Immanenz nicht vorhanden. Denn vergangene Erlebnisse bilden keine unvermittelte Einheit mit meinem Erinnern, nicht wahr, und mit der Reflexion in der Erinnerung auch nicht. Da sind schon Distanzen vorhanden. Streng immanent ist eigentlich nur das, was sich im Bereich des *aktuellen Jetzt* der immanenten Wahrnehmung vollzieht – und wo das nicht stattfindet, dort ist schon Transzendenz. Das Transzendente in diesem Sinne – in diesem Sinne, daß es nicht zu meinem Bewußtseinstrom reell gehört, ist – jetzt kommen die anderen Begriffe der Transzendenz ins Spiel – nur durch Abschattungen, durch Erscheinungen gegeben, und es ist immer einseitig gegeben, – es ist immer in einem Wahrnehmen gegeben, das transzendierend ist über das eigentlich Gegebene an der Vorderseite. Und was hinten ist, was im Innern ist, das ist nicht gegeben, es kann beim nächsten Schritt gezeigt werden. Also ich schneide den Apfel in zwei Teile und sehe, was im Innern ist. Aber das Innere ist nicht zu beseitigen, ich muß ins Unendliche schneiden, es bleibt aber immer das Innere und die andere Seite.

Es könnte passieren, daß nach 100 Jahren, wie Husserl sagt, alles explodiert, und es sich zeigte, daß es im Grunde gar keinen Apfel gab, und alles bisher Gegebene, das waren lediglich geregelte Täuschungen in gewissem Sinne. Es ist nie sicher, absolut sicher, daß das existiert, was transzendent erkannt wird. Das absolut Sichere ist ausschließlich das eigene momentan wahrgenommene Erlebnis in seiner Existenz. In Bezug auf alles Andere kann prinzipiell Zweifel erhoben werden, das ist prinzipiell denkbar, – ja, und deswegen eröffnet es zunächst einen Ausblick auf neue Probleme. Da ist Descartes mit im Spiel, nicht wahr? Nur das immanent Wahrgenommene ist absolut selbstgegeben, nicht durch Erscheinungen, und es ist nicht einseitig gegeben, sondern voll, und es ist absolut gesichert in seiner Existenz. Das ist dieses Motiv, das Husserl diktiert, was ausgeschaltet werden soll, was reduziert werden soll, – das, was nicht absolut seinsmäßig notwendig ist, was sich aus der Struktur desselben Aktes oder deren Mannigfaltigkeit nicht ergibt. Die äußere Wahrnehmung ist so strukturiert, daß sich aus dieser Struktur die Existenz des Wahrgenommenen nicht ergibt, es kann trotzdem, obwohl es wahrgenommen wird, nicht sein. Es ist sehr unwahrscheinlich, daß es es nicht gäbe, – aber es kann doch nicht sein. Und als solches soll es eben der Reduktion verfallen. Da bleibt bloß das aktuelle reine Bewußtsein übrig.

Nun, es scheint, da haben wir sozusagen die Lösung gefunden: Der dirigierende Begriff der Abgrenzung des reinen Bewußtseins von allem Anderen – ist zunächst der Begriff der ontischen Transzendenz und dann diese Begriffe der erkenntnistheoretischen Transzendenzen, die wir in Bezug auf das Einseitige usw. erfassen. Warum aber verwendet Husserl die beiden Transzendenzbegriffe, die er freilich zwar inhaltlich – wie das aus dem Obigen deutlich hervorgeht – auseinanderhält, aber terminologisch nicht voneinander abgrenzt. Konnte er sich nicht mit dem ontischen Begriff zufrieden stellen? Diese Transzendenz entscheidet ja über die rein sachliche Differenz zwischen Bewußtsein und Nicht-Bewußtsein. Um aber zu wissen, daß etwas – wie z.B. das materielle Ding, von dem ja Husserl *expressis verbis* dies behauptet – so wesensverschieden von dem Bewußtsein ist, daß es kein 'reelles Bestandstück' von demselben ist und sein kann, muß man doch wissen, was dieses Etwas und insbesondere welchen Wesens es ist. Wie kann man aber – von Husserls Standpunkt aus – so etwas wissen? Auf Grund der Erfahrung bzw. der Ergebnisse der positiven Wissenschaft. Ja, aber darauf konnte sich Husserl nur *vor* der Durchführung der Reduktion berufen. Sobald aber die Reduktion durchgeführt wird, muß all dieses Wissen über das ontisch Transzendente 'eingeklammert' werden, man darf sich nicht darauf berufen. Das Fundament der Scheidung zwischen Bewußtsein und Nicht-Bewußtsein und damit mindestens der Grund der Reichweite der Reduktion ist hinfällig geworden. Man muß gewissermaßen alles aufs neue anfangen. Aber wie? Oder soll man das Wissen über das Wesen des Transzendenten auf dem ontologischen Wege gewinnen. Zunächst scheint es, daß dem wirklich so ist, die Ontologie im Husserlschen Sinne sei dazu berufen, uns das apriorische Wissen über das Wesen (bzw. über die Idee) der Gegenstände zu liefern. Ja, aber die Ontologien verfallen doch auch der Reduktion, man darf sich also nach der Reduktion auf sie nicht berufen. Die Situation ändert sich also nicht im mindesten. Auf Grund der Einsicht in das Wesen eines Gegenstandes darf man also auf dem transzendental reduzierten Boden nicht behaupten, daß dieser Gegenstand dem Bewußtsein gegenüber ontisch transzendent ist. Es muß also ein anderer Weg gesucht werden. Er eröffnet sich – wie es scheint – wenn man auf die Berufung auf das Wesen (die Idee) dieses Gegenstandes verzichtet und sich nach der Weise seiner Gegebenheit in entsprechenden Erlebnissen befragt. Dieser Weg schlägt Husserl tatsächlich ein und er bringt ihn zu den von mir hier auseinandergesetzten erkenntnistheoretischen Begriffen der Transzendenz. Von da aus, durch die Analyse z.B. der äußeren Wahrnehmung, kann man wissen, daß das physische Ding im erkenntnistheoretischen Sinne 'transzendent' ist, also mit seinen Beschaffenheiten über das in der jeweiligen Wahrnehmung Gegebene hinausreicht. Von da aus, wenn man schon weiß, was ein 'reelles Bestandstück' des Erlebnisses bildet bzw. bilden kann, könnte man auch entscheiden, was – wenn es überhaupt existierte – *kein* 'reelles Bestandstück' des Erlebnisses bilden kann.

Nun, auf diese Weise würde es sich klären, warum Husserl zwei Transzendenzbegriffe verwendet und gewissermaßen zwischen ihnen schwankt. Das bedeutet noch nicht, daß auf dem neu eingeschlagenen Wege schon alle Schwierigkeiten überwunden sind. Denn es gilt auch hier: man muß wissen, was zum Wesen des reinen Bewußtsein gehört, um die Reduktion richtig durchzuführen, aber erst die Reduktion soll uns den erkenntnismäßigen Zugang zur Erfassung des reinen Bewußtseins seinem Wesen nach ermöglichen, sie kann uns erst zu entscheiden erlauben, was reelles Bestandstück des reinen Bewußtseins ist, und was nicht, sie kann also erst die Entscheidung über die Reichweite ihrer selbst ermöglichen. Müßte man nicht sagen, daß die Reduktion selbst sozusagen zuerst nur probeweise durchgeführt wird und erst im Laufe der Betrachtung nachkontrolliert wird und auch den Sinn und die Reichweite der Anwendung des Begriffes der ontischen Transzendenz festlegt?

Sagen wir, daß der Begriff eines 'reellen Bestandstückes' des reinen Bewußtseins festgelegt ist. Ist aber damit bereits entschieden, was denn ein solches 'Bestandstück' des Erlebnisses jeweils bildet? Mit nichten. Denn erst jetzt steht vor mir die Frage: Was ist das, was in der immanenten Wahrnehmung erfaßbar ist? Was ist das wirklich immanent Gegebene, und zwar so Gegebene, daß es sicher ist, daß es ein reelles Bestandstück meines momentanen Erlebnisses ist? Was gehört zu der Einheit des Erlebnisses? Also das wahrgenommene Ding gehört nicht dazu – das ist transzendent, sagt Husserl. Und die Ansicht, die ich von dem Ding habe? Nun, die ist nicht physisch, – aber ist sie schon *ipso facto* ein Element des Bewußtseins? Die Ansicht, die ich habe, ist nicht das wahrgenommene physische Ding, sie ist das, was ich erlebe, wenn ich das betreffende Ding wahrnehme; entscheidet dies aber, daß sie ein reelles Bestandstück der Wahrnehmung ist? Da sie in ihrem Gehalt Farbelemente enthält, würde Brentano sie vielleicht 'ein physisches Phänomen' nennen. Es ist bekannt, daß Farben nach Brentano 'physische Phänomene' und nicht 'psychische Phänomene' sind. Psychisch sind nur diese intentionalen (Intention habenden) Erlebnisse; dagegen physische Phänomene – das sind Farben, Töne usw. usw. Aber die physischen Phänomene sind doch nichts Physisches, nichts Materielles im Sinne der Physik, der Naturwissenschaft. Und das sagt Brentano. Er ist im Grunde, sagen wir, kritischer Realist. Dasjenige aber, was er 'Farbe' nennt, sind nichts anderes, als besondere, qualitative Momente, die in der Wahrnehmung als konkrete Bestimmtheiten (Eigenschaften) des wahrgenommenen farbigen Dinges, z.B. des weißen Papiers oder des grauen Anzugs, gegeben sind. Daß es so etwas wie eine 'Ansicht' gibt, die sowohl von dem farbigen Ding, als von dem Akt des Sehens verschieden ist, weiß Brentano überhaupt nicht und es ist nicht sicher, ob er sie zu den 'physischen' Phänomenen, oder zu dem Psychischen rechnen würde. Aber schon seine 'physischen' Phänomene bilden sozusagen ein Zwischending zwischen dem realen und materiellen Ding und dem 'psychischen Phänomen', die das Psychische bilden. Warum würde aber Brentano über z.B. die visuellen Ansichten *nicht* sagen, daß sie 'psychische Phänomene' sind? Weil sie keine 'intentionalen', eine Intention in sich bergenden Phänomene sind. So werden auch wir sagen müssen, eine Ansicht ist nicht 'Bewußtsein', nicht 'Erlebnis'. Husserl sagt zwar früher 'Abschattung ist Erlebnis' (*Ideen I*), aber auch er würde nicht sagen, 'Abschattung' sei ein 'intentionaler Akt'. Sie ist ein 'Erlebtes', sie *wird* von demjenigen, der einen Akt der Wahrnehmung vollzieht, 'erlebt'. Entscheidet dies aber, daß sie ein 'reelles Bestandstück' des Erlebnisses ist, oder daß sie die Grenze, die durch 'reelle Bestandstücke' des Erlebnisses gezogen sind, schon überschreitet?

Da muß ich auf das hier schon früher Besprochene zurückgreifen. Eine 'Ansicht von' hat in ihrem Untergrund eine Mannigfaltigkeit von Empfindungsdaten, die mit den qualitativen Bestimmungen des wahrgenommenen Dinges nicht identisch sind. Es sind fließende Daten, die ich erlebe, von denen ich nichts weiß, wenn ich Dinge sehe, aber die doch für mich irgendwie da sind und die mich in meiner Verhaltensweise bestimmen, und die auch bestimmen, was ich eigentlich sehe und höre und wie ich es sehe. Sie sind nicht physisch, sind keine physischen Realitäten. Husserl sagt von ihnen ganz deutlich: Die jetzt von mir gehabten fließenden Sinnesdaten sind reelle Bestandstücke des Erlebnisses.

Nun, ich habe sehr viele Stunden mit Husserl zusammen verbracht, und ich stellte immer wieder die Frage – Ist das wirklich 'Bewußtsein' – dieser rote Fleck da an der Peripherie meines Blickfeldes? Ist das Erlebnis? Hat es eine Ich-Struktur? Ist es Vollzug eines Aktes? Ist es ein Wissen von etwas? Husserl sagte mir: Eins kann ich Ihnen zugeben: Das Empfindungsdatum ist nicht ich-lich, es ist ich-fremd. Ein Akt ist ich-lich. – Jemand hat mich verbessert, es sollte 'ich-haft' heißen; aber 'ich-lich' ist ein origineller Ausdruck Husserls. – Akt, Bewußtseinsakt, das Meinen, das Denken, das Wahrnehmen – das alles quillt aus meinem Ich, und ich bin daran nicht nur beteiligt, sondern ich lebe damit, – obwohl ich nicht mit dem Akte identisch bin. Aber der rote Fleck, an der Peripherie oder hier im Zentrum, alles, was sich im Blickfeld ändert – das ist etwas davon völlig Verschiedenes. Husserl hat das auch zugegeben: Sie sind ich-fremd und doch hat er weiter behauptet, sie sind Bestandteile, reelle Bestandstücke des Bewußtseins. Warum? Da sagte mir Husserl: Ja, denken Sie, daß solche Flecke selbst sozusagen in der Welt spazieren? Gewiß nicht! Daraus folgt aber nicht, daß sie mit einem Akt des Sehens oder Tastens so verbunden sein sollten, daß sie mit ihm ein Ganzes bilden und dessen reeller Bestandteil sein würden? Oder anders gesagt: Sind die erlebten Empfindungsdaten, die ich irgendwie empfange und von denen ich – indem ich sie empfange – doch ein gewisses Wissen habe – sind sie seinsunselbständig in Bezug auf meinen Akt des Wahrnehmens? Denn ich müßte sagen: Bewußtseinsakte sind in Bezug auf die Empfindungsdaten nicht seinsunselbständig. Ich kann Akte vollziehen ohne die Empfindungsdaten zu haben. Die Empfindungsdaten ändern sich auf verschiedene Weise, – trotzdem vollzieht sich der Wahrnehmungsakt als ein Ganzes für sich.... Oder ist es vielleicht umgekehrt? Ist es so, daß die Empfindungsdaten seinsunselbständig sind, daß sie also nur dann existieren, wenn es ein erlebendes Ich gibt, wenn es ein Erleben von ihnen gibt? Das müsste jetzt nachgewiesen werden, es ist aber noch nicht nachgewiesen worden. Die Behauptung, daß sie 'reelle Bestandstücke' des Bewußtseins sind, würde entschieden werden, ohne daß man weiter gefragt hätte.

Nach Husserl umfaßt das reine Bewußtsein Akte, Empfindungsdaten und auch die auf diesen Empfindungsdaten aufgebauten Sinneinheiten, das heißt die 'Ansichten von'. Zwar gibt es, wie eine genauere Analyse zeigt, verschiedene Typen oder Stufen dieser Ansichten, die mehr oder weniger über die zugrundeliegenden Empfindungsdaten hinausgehen oder durch sie erfüllt werden. Schon im Jahre 1914 habe ich mit Husserl und unter Husserls Einfluß gesehen, daß es da viele 'Schichten' solcher immer höher konstituierten Ansichten gibt. Die Tatbestände, die da vorliegen, sind sehr kompliziert und es ist unmöglich, sie hier zu entwickeln. Aber in Bezug auf alle konstitutiven Schichten der 'Ansichten' ist dieselbe Frage zu stellen, ob und inwiefern sie 'reelle Bestandstücke' des Bewußtseins sind, und bei allen diesen Ansichtenschichten müßte man diese Frage verneinen solang nicht erwiesen ist, daß sie alle in Bezug auf das Erleben seinsunselbständig sind; aber dies wurde bisher nicht erwiesen.

Schließlich stoßen wir auf Folgendes: Das ist das vermeinte Ding, das erscheinende Ding, wenn man diese Ansichten erlebt – in natürlicher Einstellung, nun, da ist z.B. diese Uhr, sie zeigt halb acht, sie ist ein physisches Ding, ein Werkzeug. Und jetzt führe ich die Reduktion durch. Dann bleibt diese Uhr, diese reale Uhr, weiter im Blickfeld, obwohl ich die Reduktion vollzogen habe. Husserl sagt, es bleibt alles, wie es war, es fällt nichts fort. Aber das Ding selbst habe ich reduziert, darf darüber nichts aussagen. Was bleibt, was mir noch zugänglich ist, ist das *Phänomen* der Uhr, und zwar Phänomen nicht im Sinne dieser oder jener Ansicht, sondern der Sinn dieser anschaulich bzw. wahrnehmungsmäßig vermeinten Uhr, derselben Uhr, die ich seit 20 Jahren trage. Das ist der aus einer großen Mannigfaltigkeit von Erfahrungen, die ich auf Grund dieser Uhr gehabt habe, irgendwie resultierende Sinn, der vermeint wird, und der dem Realen zugeschrieben wird, auf dieses Reale aufgelegt wird, das angeblich existiert bzw. als existierend sich mir gibt. Ob es wirklich existiert, weiß ich zunächst nicht, – das darf ich auch nicht sagen, vor allem da ich die phänomenologische Reduktion durchgeführt habe. Aber eins weiß ich: So ein Vermeintes habe ich – 'Vermeintes', das ist nicht selbst real, sondern nur als real vermeint, das Vermeinte, das ist das, was Husserl das Ding-Noema nennt, das ist 'Ding im Anführungszeichen', wie Husserl sagt, – das ist das *Cogitatum* als solches, vermöge welches ich mit der realen Welt zu tun habe. Das *Cogitatum*, sagt Husserl ganz ausdrücklich, ist unabtrennbar von meinem Erleben, insbesondere von meinem Wahrnehmen, von der ganzen Mannigfaltigkeit, in der es sich konstituiert hat. Das *Cogitatum* bildet irgendeine Einheit mit dem *Cogitare*, – zwar nicht diejenige Einheit, die zwischen Akten und Akten besteht – und auch nicht diejenige Einheit, die nach Husserl angeblich zwischen Ich und den Empfindungsdaten, Ich und den Ansichten besteht. Es ist transzendent, es ist kein Stück von mir, – und doch als Sinn ist es in gewissem Sinne auch Teil von dem ganzen Erleben. Es gehört dazu, sagt man. Wenn man nun dem nachgeht, wie ein bestimmtes *Cogitatum* im Fluß des Bewußtseinsstroms sich konstituiert, also wenn man von der Geschichte der Erkenntnis dieser Uhr eine Erfahrung macht, dann sieht man, daß dieses Vermeinte, dieser doch gegenständliche Sinn dieser Uhr sich ständig in gewissem Sinne wandelt. Je reicher meine Erkenntnis ist, desto mehr bereichert sich und wandelt sich der Sinn des vermeinten Gegenstandes. Diese 'Sinne', die gegenständlichen Sinne, die noematischen Sinne, – das sind doch Bildungen meiner Erfahrung. Sie sind empfindlich in Bezug auf das, was ich gerade erlebe und wie ich da dabei denke und schließe, welche Analysen und welche syntetischen Bildungen dabei entstehen. Der noematische Sinn ist von mir in hohem Maße abhängig: Je nachdem, wie ich erfahre, wie ich darüber meine, modifiziert sich das Vermeinte, obwohl es vor allem davon abhängig ist, welche Mannigfaltigkeiten von Empfindungsdaten mich bedrängen und wie sie aufeinanderfolgen. Dem gegenüber scheinen die physischen Dinge selbst von mir, von meinem bewußtseinsmäßigen Verhalten, unabhängig zu sein*.

Alles zusammen genommen, also: der intentionale Akt, die Empfindungsdaten, die sich darauf aufbauenden Ansichten (Abschattungen) verschiedener Stufen und die gegenständlichen Sinne (das Ding-Noema) – all das gehört zum reinen Bewußtsein, und gehört zu dem Residuum, das erhalten bleibt, wenn wir die Reduktion durchgeführt haben.

Sie sehen, im Laufe der Entwicklung der Husserlschen Phänomenologie wandelt sich der Sinn des Bewußtseins. Denn zunächst, als Husserl sozusagen noch Schüler von Brentano war, – und das war er noch in den *Logischen Untersuchungen* – war für ihn 'Bewußtsein' natürlich das psychische Phänomen, – das war also das, was Intention in sich enthält, was somit in diesem Sinne 'intentional' ist. Das andere war 'physisches Phänomen'. – Dann ist aber etwas geschehen, was Husserl zur Änderung des Bewußtseinsbegriffes gebracht hat. Und zwar sicher war es vor den *Ideen*, vor dem Jahre 1913, wahrscheinlich nämlich in den Jahren 1905–1908, als Husserl die großen Analysen der Wahrnehmung, der wahrgenommenen Zeit und des wahrgenommenen Raumes durchführte. Da hat sich der Begriff des Bewußtseins gewandelt und umfaßt in der Folge fast alles, worüber gesprochen werden darf, auch das, was angeblich ontisch transzendent ist; denn das *Cogitatum* ist doch nicht 'immanent', aber

* Wie darf ich aber nach Vollzug der phänomenologischen Reduktion noch zwischen 'Ding-Noema' (noematischem Sinn), also dem *Cogitatum*, und dem 'Ding selbst' unterscheiden?

es gehört nach Husserl irgendwie notwendig zu der Ganzheit des Erlebnisses. Husserl sagt: Natürlich, zwischen *Cogitatum* und *Cogitatio* besteht eine andere Einheit, als diejenige zwischen Akt und Akt, es ist aber doch eine Einheit. Wenn wir über dieses so mannigfache und in seinem Aufbau komplizierte Feld des reinen Bewußtseins, das sich als das Residuum nach dem Vollzug der phänomenologischen Reduktion ergab, nachdenken, so fällt uns ein, daß da ein völlig anderes Prinzip der Abgrenzung dessen, was das reine Bewußtsein ist, auftaucht, als es dasjenige war, das *vor* der Reduktion zur Abgrenzung zwischen Bewußtsein und Nicht-Bewußtsein diente. Denn früher war das die ontische Transzendenz im Gegensatz zur Immanenz. Was ontisch transzendent war, gehörte *nicht* zum Bewußtsein und verfiel der Reduktion. Und jetzt wird nicht nach dem, was ontisch 'transzendent' oder nicht-transzendent ist*, gefragt, sondern nach dem, was noch mit dem Bewußtseinsakt in einer Einheit besteht. Dabei werden noch verschiedene derartige 'Einheiten' einander gegenübergestellt, obwohl keine von ihnen von Husserl befriedigend geklärt und präzisiert wurde. Und gerade das Auftauchen dieses neuen Abgrenzungsprinzips und die dabei belassenen Elemente analysieren, die auf dem Bewußtseinsfelde auftreten, Akte, Erlebnisse, Empfindungsdaten und -felder, Ansichten verschiedener Unklarheiten machen uns stutzig und erschweren es uns, eine Stellung dieser Auffassung des reinen Bewußtseins gegenüber einzunehmen.

Wir müssen aber zunächst zur Kenntnis nehmen, daß uns ein solches Residuum bleibt, also nach Vollzug der phänomenologischen Reduktion erhalten ist. Und jetzt – sagt uns Husserl – sollen wir da die Stufe, gegenständliche Sinne usw. Das also müssen wir analysieren, und dann die Zusammenhänge sowie die Abhängigkeiten finden und u.a. danach fragen, nach welchem Verlauf von Akten, Empfindungsdaten und Ansichten sich so ein gegenständlicher Sinn aufbaut ('konstituiert'). Weiter müssen wir nachforschen: Geschieht das alles vernunftmäßig,

* Man müßte vielleicht behaupten, daß jede obere konstitutive Schicht der jeweils niederer Schicht gegenüber (ein wahrgenommener Gegenstand als solcher (Ding) im Gegensatz zu der Mannigfaltigkeit der Ansichten, eine Ansicht im Gegensatz zu der zugrundeliegenden Mannigfaltigkeit der Empfindungsdaten) transzendent ist und zwar im ontischen Sinne. Diese Transzendenz muß anerkannt werden, da man sonst zugeben müßte, daß im Bereich des – soweit verstandenen – 'Bewußtseins' lauter Widersprüche effektiv bestehen (wie das z.B. Hegel behauptet hat, der über den Begriff der ontischen Transzendenz nicht verfügt).

rechtmäßig? Da eröffnen sich die – so von Husserl in den *Ideen I* genannten – 'Rechtsfragen' der Konstitution. Konstitutionsprozesse sind – würde Husserl sagen – keine rein mechanischen oder kausalen Vorgänge, es herrscht überall Sinn, vernünftige Motivierung oder auch Widerstreit, überall Nachdenken, überall Erwägen usw. Es muß gezeigt werden, wann alle diese Operationen vernünftig sind und zu einem positiven gültigen Ergebnis führen. Zu diesem Zwecke brauchen wir nicht die reale Welt, die Physik zu verwenden. Hier, auf dem Felde des reinen Bewußtseins, haben wir alles, was wir nötig haben.

Ich versuche darzulegen, wie Husserl das sah und wie er das auch behauptete. Ich darf aber nicht verschweigen, daß in mir die Frage entsteht, ob es wirklich so ist, daß da alles so zusammenhängt und eine Ganzheit bildet. Ich weiß: Wenn ich sage: Dinge sind keine Ansichten, Dingansichten, materielle Dinge sind keine Empfindungsdaten und sind nicht Akte, nicht Bestandteile, reelle Stücke der Akte, der Erlebnisse selbst, sondern sie sind 'ich-fremd', – dann habe ich große Schwierigkeiten, was ich mit all dem machen soll. Alles Physikalische ist schon 'draußen', und damit beschäftigt sich die Physik usw. Die Aufgabe der Phänomenologie besteht darin, die Akte selbst zu analysieren. Da kann ich nun entscheiden: Ist das absolute Realität, absolutes Sein – oder nicht? Was soll ich aber mit den Ansichten machen? Was soll ich mit den gegenständlichen Sinnen machen? Das ist, meiner Ansicht nach, kein Bewußtsein. Bewußtsein in meiner Analyse ist nur das Aktmäßige und das Ich; es ist bewußt dadurch, daß es aktmäßig durchlebt wird. Aber die Farbenflecke, die Ansichten von Dingen, der vermeinte Sinn? – Die Frage geht sehr weit. Die Begriffe sind auch 'Sinne' und Sätze und ganze Theorien sind ebenfalls 'Sinne'. – Nun, wenn ich sage, daß das alles 'Bewußtsein' ist, dann komme ich auf den psychologistischen Standpunkt zurück. Aber was soll ich damit machen? Ist das ein selbständiges Sein, unabhängig von mir und von der realen Welt? Oder ist es ein Ergebnis einer Konfrontation zwischen zwei Realitäten, zwischen mir und der realen Welt? So wie ich das z.B. beim literarischen Kunstwerk sage, beim Bild: Physisches Fundament existiert für sich, von mir, von meinen Erlebnissen seinsunabhängig. Dagegen das Bild, das sich auf diesem Fundament aufbaut, braucht zu seiner Existenz *zwei* seinsautonome Gegenständlichkeiten: das physische Fundament und mich, den Betrachter, – sonst ist es nicht faßbar, es ist in seinem Sein irgendwie auf mich *und* auf das Reale relativ. Ist es nicht ebenso mit dem noematischen gegenständlichen Sinn?

Es ist sehr schwierig, dies weiter darzulegen und zu begründen. Aber das ist die andere Lösung, wo ich kein Idealist bin und doch fast alle positiven Analysen von Husserl annehme. – Nur, daß ich hier und dort manche neue Fragen stelle, in der Hoffnung, daß dies oder jenes doch irgendwie geändert werde. Aber es gibt natürlich Akte, es gibt Empfindungsdaten, es gibt Ansichten, es gibt Sinne, gegenständliche Sinne, und es gibt Gegenstände, d.h. besser Dinge, es gibt Realitäten. Und aus diesem Ganzen muß der ganze Prozeß des Erkennens herausgearbeitet werden, und zwar *ohne* die Berufung auf die Realität.

9. Vorlesung *10 November 1967*

Die Zeit, die ich noch habe, d.h. heute und das nächste Mal, möchte ich noch zwei Problemen widmen, nämlich einer Reihe von Fragen, eventuell Vorwürfen im Zusammenhang mit der transzendentalen Reduktion bei Husserl, und dann der Konsequenz, d.h. dem transzendentalen Idealismus in der Gestalt, wie er sich uns in den *Ideen* von Husserl darstellt. Ich werde mich auf Darstellung und deren Ausdeutung beschränken – höchstens noch einige Fragezeichen dem Ergebnis hinzufügen. Heute werde ich mit den Bemerkungen zu dem Idealismus vielleicht nur anfangen. Dagegen möchte ich für die Reduktion noch etwas mehr Zeit haben.

Die erste Frage ist: Was hat Husserl erhofft, vermöge der Reduktion zu erreichen? Und die zweite Frage, die damit im Zusammenhang steht: Was leistet die transzendentale Reduktion? Hat sie die Hoffnung von Husserl erfüllt, und kann sie sie überhaupt erfüllen? Um es gleich zu sagen: Es scheint, daß die Reduktion in der Gestalt, in welcher sie in den *Ideen I* dargestellt wurde, nicht zu dem Zwecke ausreicht, zu dem sie dienen sollte. Es ist nicht verwunderlich, daß Husserl später mehrmals versuchte, die Reduktion aufs neue anzugreifen, um sie irgendwie besser oder ausführlicher darzustellen, weil er doch zu der Überzeugung gekommen war, daß in der ganzen Darstellung noch etwas ergänzungsbedürftig war. Freilich das, was mir ein gewisses Manko zu sein scheint

– praktisch freilich nicht, aber theoretisch – das hat er später doch nicht mehr berührt.

Also was hat Husserl erhofft? Das ist kurz gesagt: Entdeckung, Enthüllung – um es Heideggerisch zu sagen – des transzendentalen reinen Bewußtseins, – und zwar zunächst des Bewußtseins im Sinne des intentionalen Aktes, des Erlebnisses. Nach Husserls Auffassung geht aber dieser Akt mit einer Mannigfaltigkeit von Empfindungsdaten oder – wie er sich auch ausdrückte – hyletischen Daten zusammen und bildet mit ihnen eine gewisse Einheit. So sollen auch diese Daten vermöge der Reduktion zur Entdeckung gebracht werden. Aber das ist nicht alles, was entdeckt werden soll. Denn es kommt noch etwas hinzu, was ich früher erwähnt habe, und zwar das sogenannte *Cogitatum* oder das *Noema*, oder das Vermeinte, – wie es vermeint ist, das soll auch entdeckt werden. Am Hintergrund der Mannigfaltigkeiten von Erlebnissen, Empfindungsdaten, Ansichten bzw. Abschattungen soll entdeckt werden, was das Letzte ist, das Vermeinte als solches. Das soll also vermöge lediglich jener sogenannten Ausschaltung oder Einklammerung, oder eines Sich-nicht-Solidarisierens mit dem Vollzug der Generalthesis entdeckt werden. Nicht mehr soll gemacht werden, – bloß dieses. Beim Vollzug der Generalthesis in Bezug auf die äußere Welt soll noch etwas geleistet werden oder nicht geleistet werden: Das ist dieses Sich-Zurückziehen, dieses Sich-irgendwie-Distanzieren von dieser Thesis selbst, – aber sie soll doch da sein.

Dieses 'Vermeinte' – das muss man beachten – ist etwas, wovon Husserl sagt, es sei unzertrennlich von dem Akt und eventuell von den Empfindungsdaten. Es ist nichts separat für sich Existierendes, obwohl es – und das ist jetzt die Frage – doch dem Akte selbst und den Empfindungsdaten transzendent ist. Dies ist sehr gefährlich zu sagen. Transzendent ist zunächst das wahrgenommene Ding, also das als Räumliches, Physisches usw. Gegebene. Wenn ich nun die Reduktion durchführe, bleibt alles anscheinend als dasselbe weiter bestehen, und doch ist es schon *Noema*. Was ist eigentlich transzendent? Das Ding selbst? Ja. Und das *Noema* – das Vermeinte als solches? Danach ist jetzt zu fragen, das ist noch zu erwägen. Aber jedenfalls ist es etwas irgendwie im Verhältnis zu dem Akt selbst und zu den Empfindungsdaten, und auch zu den Abschattungen durchaus Neues, – das Vermeinte als solches.

Es ist eine merkwürdige Auffassung dieser ganzen Situation. Denn zunächst scheint es, daß es zwei verschiedene Seinsgebiete gibt: Das eine ist die reale Welt, dem Bewußtsein überhaupt transzendent und das Andere, das reine Bewußtsein. Dann wird das eingeklammert, die transzendente Welt ist irgendwie als nicht vorhanden zu rechnen, und doch irgendwie mitzunehmen. Es bleibt doch eine Dualität in dem, was noch geblieben ist, eine ganz besondere Art Dualismus, und zwar Dualismus in einer Einheit zugleich, weil man sagt: Zu jedem Akte gehört das *Noema*, und das *Noema* bzw. das Vermeinte, das *Cogitatum*, ist von dem Akt nicht abzutrennen. Und dann wird das alles so gemacht, daß es doch zu einer Gestalt von Monismus kommt – trotz des Dualismus, trotz der Transzendenz, und zwar der Möglichkeit von zwei Transzendenzen, des Dinges selbst und des vermeinten Dinges – des Dinges 'im Anführungszeichen', wie Husserl auch sagt, d.h. des Vermeinten.

Was kann aber diese Reduktion wirklich leisten? Die Reduktion – das ist nichts anderes als eine gewisse – um es lateinisch zu sagen – *reservatio mentis* in Bezug auf die Existenz und das Sosein, wie das auch manche sagen, des zur Welt Gehörenden, insbesondere des realen Dinges. Soll das jedoch schon ausreichen, um etwas zu entdecken? Die Akte, die Erlebnisse, die irgendwie mit diesen Akten verbundenen Empfindungsdaten? Ja, gemäß der alten Tradition, die auch für Husserl gar nicht fremd ist, – war nicht sein geistiger Vater Franz Brentano? Brentano würde sagen: Was soll da entdeckt werden? Zunächst sollen die psychischen Phänomene entdeckt werden. Was braucht man dazu, um das zu entdecken? Ja, die ganz gewöhnliche Reflexion muß man haben. Das aber ist etwas mehr und etwas anderes als lediglich die 'Reduktion'. Also abgesehen von der Reduktion muß noch etwas Neues, nämlich das Reflektieren, anders gesagt die immanente Wahrnehmung, vollzogen werden, – sie selbst ist durch den Vollzug der Reduktion allein noch nicht da. In diesem Sinne zeigt es sich, daß das Wichtigste, was da zu entdecken ist, mittels der Reduktion nicht entdeckbar ist. Man muß einen wirklich neuen Akt vollziehen, nicht nur den schon bestehenden reduzieren. Wir müssen also dann die immanente Wahrnehmung vollziehen; selbstverständlich, würde Husserl sagen, müssen wir das tun. Ich habe diese Frage einst in Royanmont gestellt – das war 1957, so ein kleiner Kongreß der Phänomenologen – und da sagte man mir damals: Nun ja, Husserl dachte, daß natürlich das eine mit dem anderen zusammengeht, es ist ganz natürlich, daß wir da diese Reflexion vollziehen. Vielleicht aber ist es doch nicht das Ergebnis der Reduktion selbst. Reicht aber wiederum die Reflexion dazu aus, um die reinen Erlebnisse wahrzunehmen, zu erfassen? Nein, dazu reicht sie nicht aus, da braucht man auch die Reduktion. Denn wenn man nur reflektiert, so wie ich hier jetzt tue, wenn ich auf meinen Gedanken reflektiere, – so ist das Gegebene in dieser Reflexion mein psychisches Verhalten, ich selbst als ein Mensch; psychisches Verhalten, d.h. meine Bewußtseinsverläufe, die bei der normalen Auffassung Phänomene sind, aber zugleich Symptome meiner Seele, meines Geistes und auch meines Leibes natürlich, – sie sind Symptome von etwas, was in mir als in einem Ganzen passiert, und als solche sind sie doch irgendwelche Elemente des realen Menschen und des weiteren der realen Welt.

Die normale tägliche Reflexion bringt mich nicht von selbst zum reinen Bewußtsein, zu meinem reinen Erlebnis. Ich muß die Reduktion zu Hilfe nehmen. Da meint Husserl: Wenn ich einmal die ganze reale Welt reduziert habe, und ich als Mensch mit meinen psychischen Tatsachen zusammen zu dieser Welt gehöre, dann genügt schon diese Reduktion, daß ich nicht nur die äußeren Dinge als das Vermeinte nehme, sondern auch mich selbst mit meinen Erlebnissen, also mit Erlebnissen als Symptome von meinem Selbst. Aber das wird dann so gesagt: Ich als Mensch mit meinen psychischen Tatsachen, mit meinen physiologischen Tatsachen, mit meinen Beziehungen zu der äußeren Welt, also kausalen Beziehungen – das ist alles 'im Anführungszeichen', das ist das Vermeinte. Schön. Aber nun soll ich in dem Vermeinten oder aus dem Vermeinten irgendwie das reine Erlebnis von mir selbst herausfassen, das reine Bewußtsein aus diesen – wie Husserl sagt – 'Auffassungen' sozusagen herausschälen, wobei nicht unbeachtet bleiben darf, daß dieses Erlebnis gerade Symptom meiner psycho-physischen Situation ist. Da genügt es wiederum nicht zu sagen, daß ich Mensch bin und daß meine Erlebnisse Symptome meiner psycho-physischen Organisation sind. Es genügt nicht zu sagen: Es wird reduziert. Es muß dieser Charakter der Realität und der Charakter des Hineingehörens in eine konkrete Welt, der Verflechtung in alle möglichen, verschiedenen kausalen Beziehungen, in denen ich gerade stehe, und endlich das Gepräge der 'Menschlichkeit' meiner Erlebnisse von der 'Bewußtmäßigkeit' dieser Erlebnisse abgehoben werden, damit das Bewußtsein aus allen diesen Charakteren 'abgeschält', 'gereinigt' werde. Es genügt nicht, Distanz davon zu nehmen.

Husserl sagt an einer Stelle, daß all dies schon nicht immanent ist – dieser Realitätscharakter, dieses als realer Vorgang in die ganze Welt Verwoben-Sein. Sobald ich mich also auf das Immanente konzentriere, fällt das Nicht-immanente fort. Genügt aber die Reduktion, daß es dann von selbst zu der Konzentration auf das Immanente kommt? Ich muß doch irgendwie das Immanente vom Nicht-immanenten unterscheiden können. – Ja, wie soll ich wissen, was ich da tun soll? Von selbst fallen jene Charaktere gar nicht ab, sondern ich muß das reine Bewußtsein von ihnen abschälen, sie von ihm irgendwie abnehmen oder entwerten. Da hilft weder die Reflexion – denn die Reflexion nimmt natürlich alles mit – noch die Reduktion, weil ich ihr zufolge nur weiß, das Reale sei nur als das Vermeinte zu nehmen, es sei irgendwie in Frage zu stellen. Es müssen also verschiedene Charaktere*, die bloßen Realisierungscharaktere, aber auch der Charakter dessen, daß das Erlebnis Element eines realen Menschen, Symptom von Vorgängen ist, die in dessen Gehirn geschehen, irgendwie beseitigt oder sozusagen entkräftet werden. Wie soll man das aber machen? Diese Aufgabe bereitet gewisse Schwierigkeiten für Leute, die in die Phänomenologie hereinkommen wollen. Ich kann das gut verstehen. Nach meiner Habilitation kam ich nach Lemberg, wo Twardowski der Meister war. Er war Brentanist, sein ganzes Leben lang war er im Grunde deskriptiver Psychologe, obwohl er sich für einen Philosophen hielt. Seine Schüler haben mich damals immer gefragt: Nun, was ist das 'reine Bewußtsein'? Ist es dasselbe, wie mein individuelles psychisches Bewußtsein – oder ist es ein anderes Bewußtsein? – Da ist man versucht, den Leuten zu sagen, es sei dasselbe, nur sei es irgendwie mit einer Menge von Charakteren umkleidet. Nach den Texten in den *Ideen* scheint es, daß dies bei Husserl auch so gedacht wird, daß das originelle reine Bewußtsein durch gewisse Auffassungen sozusagen beschattet wird, die fortfallen sollen, sobald man die Reduktion gemacht hat.

Damals war ich überzeugt, daß es so bei Husserl tatsächlich ist, daß immer derselbe Kern, ein Bewußtseinskern, da ist und daß an ihm nur diese verschiedenen Charaktere, wie gewisse Schalen auftreten. Aber

* Husserl verwendet den Ausdruck 'Auffassung'. Dieses Wort präjudiziert aber, daß die Quelle dieser 'Auffassung' im transzendentalen Subjekt liegt, was auf dieser Stufe der Betrachtung nicht einmal suggeriert werden darf.

doch gibt es später, nach den *Ideen*, bei Husserl manche Stellen, die das in Frage stellen, als ob dieses reine Bewußtsein doch als Bewußtsein etwas ganz anderes wäre, als nur das gereinigte psychische Bewußtsein. Es gibt solche Stellen in der *Krisis* und auch in manchen nach dem Kriege publizierten Schriften Husserls. Das ist aber nicht ganz klar. Insbesondere, wenn ich z.B. höre, daß der Strom des reinen Bewußtseins doppelseitig unendlich ist, und daß sozusagen im Verlaufe dieses Stroms Kontinuität besteht. In Bezug auf mein psychisches Bewußtsein ist das nicht wahr. Ich schlafe jeden Abend ein und wenn ich ganz gut schlafe, habe ich gar kein Bewußtsein. Ich schlafe einfach, ich träume nicht. Es gibt da also ständig, jeden Tag oder jede Nacht, Unterbrechungen. Auch wenn ich nachmittags etwas müde bin, schlafe ich wiederum ein. Manchmal kann es auch passieren, daß ich während der Stunde, in der ich vortrage, schlafe. Wenn es z.B. halb drei nachmittags ist, kann ich während eines Gespräches einschlafen.

Und dann, wie kann ich sagen, daß ich ein sich nach rückwärts unendlich erstreckendes Bewußtsein habe. Ja, ich kann sehr weit zurückreichen, aber dann verschwimmt alles, wird ausgelöscht. Bis zu meinem zweiten Lebensjahr kann ich zurückkehren, aber weiter zurück weiß ich unmittelbar aus meinem Leben nichts, was ich weiß, ist nur Überlieferung. Es gab das Jahr 1893, in dem ich geboren wurde, sagt man mir; früher gab es irgendeine Zeit, eine Welt, aber das ist für mich bloß Gedanke, erlernte Geschichte, das ist kein Erlebnis. Was aber vor mir in der Zeit liegt, das ist ganz unklar, glücklicherweise oder unglücklicherweise. Kann ich diese Unendlichkeit der Zeit annehmen – wie Husserl behauptet – und zwar die Unendlichkeit der erlebten Zeit, nicht der berechneten Zeit oder der astronomischen Zeit, oder auch der historischen Zeit.

Wenn man dies nicht konstruiert, sondern vermutet, daß bei Husserl irgendwelche Intuitionen zugrunde lagen, dann, glaube ich, muß man die Sache ganz anders stellen und fragen: Ist dieses reine Bewußtsein wirklich mit meinem psychischen Bewußtsein identisch? Bestreitet man diese Identität, so kommt man in Schwierigkeiten mit der Reduktion und der Reflexion, in wie weit sie es nämlich vermögen, uns zu diesem anderen Bewußtsein zu überführen.

Etwas anderes wird nun in Betracht gezogen, was meiner Ansicht nach, Husserl mittels der Reduktion zu entdecken gelungen ist. Das ist nämlich das Folgende: Sobald ich die Reduktion in Bezug auf die Umwelt von mir, auf die reale Welt, auf die Generalthesis der Welt durchführe, bringe ich mir zum ersten Mal zum Bewußtsein, daß ich nicht schlechthin mit Dingen zu tun habe, die ich wahrnehme, sondern, daß ich mit Dingen zu tun habe, die durch 'Abschattungen' erscheinen, welche ich mir 'nach Vollzug der Reduktion' zum Bewußtsein bringe, obwohl die Abschattungen nicht das Ding selbst sind.

Eines wird sicher auf diesem Wege ermöglicht: Das ist der Übergang vom Ding zum Vermeinten, zum vermeinten Ding, vom Ding zum Dingsinn, Ding*noema*. Ich nehme diesen Tisch wahr, ich bin in einer normalen Situation, so wie ich in der natürlichen Einstellung lebe, habe ich mit Dingen zu tun, die mir direkt gegeben, selbst gegeben sind, obwohl vermittels der Abschattungen, wie Husserl sagt, der Ansichten. Möge folgende Wendung erlaubt sein: Vom intentionalen Objekt meiner Wahrnehmung weiß ich in natürlicher Einstellung nichts, es ist mir nicht zugänglich. Wenn ich sage: Ich sehe diesen Saal, ich sehe da meine Bekannten und ich ziehe mich dann von der Generalthesis irgendwie zurück, dann kann ich auch sagen: Ich weiß nicht, ob das, was ich da sehe, Wirklichkeit ist. Aber eins weiß ich doch, daß sich mir etwas als Wirklichkeit phänomenal zeigt. Dieses Sich-phänomenal-Zeigen dessen, was da ist, entdecke ich vermittels der Reduktion. Ich könnte dies vielleicht auch ohne besondere Methode erlangen, aber wenn man es methodisch erfassen will, und das möchte Husserl eben erreichen, so muß diese Operation durchgeführt werden, die er transzendentale Reduktion nennt. Da wird es wirklich enthüllt, wir werden darauf aufmerksam, daß es so etwas wie Erscheinung von etwas, eine Ansicht von etwas gibt, und zwar nicht nur in einem Zeitmoment, sondern auch in der Wandlung. Wenn ich z.B. diesen Saal sehe und sehe, es ist derselbe Saal, den ich vor einer Woche gesehen habe, oder in dem ich vor einem Jahr auch Vorträge gehalten habe, – dann ziehe ich mich auf die Position der Reduktion zurück, und bringe mir zum Bewußtsein, wie sich der Sinn dieses Saales langsam wandelt. Sagen wir, er hat jetzt für mich die sogenannte 'Bekanntheitsqualität' an sich, früher hatte er das nicht. Als ich hier vor einem Jahr zum ersten Mal einen Vortrag hielt, geschah es am Tage, um 11 Uhr vormittags, und ich war fest überzeugt, daß das Licht durch dieses Fenster fiel. Daß der Saal auch elektrisch beleuchtet war, merkte ich gar nicht. Der Saal hatte damals einen ganz anderen Sinn für mich als jetzt. Ich hatte z.B. nicht gesehen, daß da rote Wände sind und daß diese Ziegel aus der Mauer heraustreten. Denn ich war auf das Thema konzentriert, das ich vorzutragen hatte, und ich war in einer ganz fremden Gesellschaft, so daß ich den Saal selbst nicht sah. Also Sie sehen, der Sinn dessen, was ich gesehen habe, wandelt sich im Laufe meiner Erfahrung. Und zwar ist diese Wandlung des Sinnes in jeder neuen Phase der Wahrnehmung eine andere Wandlung, als die Wandlung der Dinge, die da sind, – ihre physische Wandlung ist etwas völlig anderes.

Auf diesem Wege also, sobald ich die Reduktion vollzogen habe, entdecke ich nicht nur das Vermeinte als solches, sondern auch besondere, eigentümliche, neue, nicht in der realen Welt sich abspielende Vorgänge, Verwandlungen des Sinnes, des Vermeinten als solchen. Da gebe ich also zu, daß hier die Reduktion wirklich leistungsfähig ist, daß sie mir dieses Gebiet entdeckt, – das Gebiet dessen, was einst Brentano 'physische Phänomene' nannte, obwohl es nicht nur physische Phänomene sind, denn es sind außerdem – ich nehme ja meine Bekannten wahr, ich lebe mit ihnen zusammen – auch fremde psychische Phänomene vorhanden. Damit war bei Brentano die Sache schon beendigt, und er sagte im Geiste des kritischen Realismus: Das Wirkliche – das sind die physischen Dinge; und die physischen Phänomene – das sind Illusionen, das sind Phantome in gewissem Sinne. Und Husserl sagte: Ja, ja, das sind eben die Phantome, mit denen wir uns beschäftigen müssen, damit wir erfahren können, wie aus diesen Phantomen sich hier der Sinn der Welt, der Sinn der realen Welt ergibt, wie ich da zu dieser Welt einen Zugang gewinne.

Ich bekomme also infolge der Reduktion ein reiches Material von Phänomenen, von sehr komplizierten, oft zusammengewachsenen Phänomenen, aus denen ich alles herauslesen und sie analysieren muß. Mag das erst einmal getan sein. Husserl hat uns den Weg gewiesen – ich glaube in einer Weise, wie niemand sonst in der Philosophie – er hat gezeigt, wie der Sinn des Vermeinten, das Vermeinte, das Ding 'im Anführungszeichen', wie er sagt, sich selbst in den Mannigfaltigkeiten von Abschattungen präsentiert, in den Mannigfaltigkeiten von Ansichten, wie ich lieber sagen möchte. Husserl hat, meiner Ansicht nach, als erster diese Abschattungen, diese Ansichten in ihrer Mannigfaltigkeit wirklich analysiert, so daß wir nicht mehr im Dunkeln wandeln; wir wissen den Weg zu verfolgen, bis zu den Empfindungsdaten, zu den 'hyletischen Daten' zurück.

Wiederum entsteht die Frage: Leistet dies die Reduktion, daß ich nicht nur das Vermeinte entdecke, also das gegenständliche *Noema*, sondern auch die Abschattungen, und genauer, die Abschattungen verschiedener Schichten, daß ich also mehr oder weniger in den Vorgang der Objektivation Einblick gewinne, wenn dieser Ausdruck verständlich ist. Da muß ich sagen: Nein, nein, das wird nicht durch die Reduktion selbst entdeckt. Man muß, wie Husserl auch selbst behauptete, auf eine besondere Weise 'reflektieren', und zwar nicht auf meine Akte, sondern auf den phänomenalen Hintergrund reflektieren, aus dem das Vermeinte als solches entspringt. Das ist wiederum eine ganz besondere Operation, und es ist zugleich auch eine andere Art, die 'Reduktion' anzuwenden, nach einem in gewissem Sinne ganz anderen Prinzip. Man kann sagen, wenn man das analysiert, daß eine Reihe von Reduktionen durchzuführen ist, damit man erst in das komplizierte Material des Erlebten im fließenden ursprünglichen Bewußtsein eindringt. Jetzt wird das Immanente und das Transzendente nicht nach demselben Prinzip, wie früher, geschieden. Das Transzendente, das erste Transzendente, die reale Welt, ist schon nicht mehr da, es ist schon eingeklammert, es ist nur die Welt der Sinne, insbesondere der Dingsinne geblieben. Wenn ich mich mit einem besonderen Ding, das ich wahrnehme, beschäftige und mich frage, wie nehme ich eigentlich dieses Vermeinte wahr, oder besser: Wie habe ich dieses Vermeinte? – Was ist an diesem Vermeinten? – ja, dann komme ich auf diese Sachen, von denen ich schon früher bei der Analyse der Wahrnehmung gesprochen habe: Das Vermeinte wird zum Teil in erfüllten Qualitäten und zum Teil in nicht erfüllten Qualitäten gezeigt. Es gibt, wie Husserl sagt, anschauliche Intentionen. Das, was ich da vor mir sehe, das weist mich auf den Hintergrund, auf das Innere, weist mich auch manchmal auf das Psychische, das Fremd-Psychische hin. Das von mir in erfüllten Qualitäten Gesehene scheint durch diese Erfüllung der Qualitäten, die mich da bedrängen, sozusagen bewahrheitet zu sein, scheint begründet zu sein. Dagegen das, was da alles noch zum Vermeinten gehört, das Innere, die Hinterseite, das Fremd-Psychische – das wird leer, obwohl doch phänomenal vermeint; und die Erfahrung lehrt: Wenn ich das Ding von der anderen Seite sehe, wenn der betreffende Herr sich zu mir umkehrt, dann zeigt sich die vermeinte Hinterseite oft doch ganz anders, als sie früher war. Also es ist ein anderes Geltungsgewicht dessen, was sich uns da von dem Vermeinten an der Vorderseite zeigt, als dessen, was da bloß leer mitgegeben, mitvermeint wird. Das Geltungsgewicht des ersten überwiegt das Gewicht des zweiten – und was das zweite postuliert, das ist schon nicht sicher, das kann doch irgendwie anders sein, das erfordert eine Verifizierung im weiteren Verlauf der Erfahrung. Also Vorsicht! Glauben wir nicht alles, was wir angeblich sehen! Und ja, jetzt führen wir aufs neue die Reduktion durch, jedoch nicht mit Rücksicht darauf, daß es *prima facie* ontisch transzendent ist, sondern mit Rücksicht darauf, daß es 'transzendent' im erkenntnistheoretischen Sinne ist, das heißt, daß es nur vermeint und nicht gesehen wird, nicht auf erfüllte Weise gegeben wird. Also alle *unerfüllten* Qualitäten, die ich dem wahrgenommenen Dinge zuschreibe, die 'klammere' ich ein, 'schalte' ich aus, – und da bleibt mir von dem vollen vermeinten Ding, genauer gesagt vom Sinn des vollen Dinges, nur ein Teil, und das andere ist eine noch zu verifizierende Intention. Da mache ich also die Reduktion zum zweiten Mal, nicht in Bezug auf die Generalthesis, sondern in Bezug auf die Geltung dessen, was in der Wahrnehmung nur mitvermeint wird. Ja, ich ziehe mich bei dieser zweiten Reduktion weiter zurück und ich bringe mir zum aktuellen Bewußtsein die bis jetzt nur schlicht erlebten Ansichten, Abschattungen, also z.B. nur die 'perspektivischen Verkürzungen'. An der Vorderseite gibt es auch nicht-erfüllte Qualitäten, obwohl sie besser erfüllt sind, als diejenigen, die der Hinterseite zugedeutet werden. Wenn ich eine rote Kugel sehe, so sind die Hinterseite und das Innere dieser Kugel nur mitvermeint, fast leer vermeint auf Grund dessen, was ich da in erfüllten Qualitäten sehe. Aber, wenn ich mich auf die Vorderseite, auf die Ansicht der Vorderseite reduziere, so bemerke ich noch etwas Merkwürdiges, was die Maler entdeckt haben: Die Kugel sehe ich rot, ganz einheitlich rot, und dazu sehe ich sie glatt und lichtspiegelnd. Da frage ich mich: Ja, sehe ich wirklich, daß sie so einheitlich rot ist? Wenn ich genau hinsehe, bemerke ich: Hier ist es heller, dort ist es dunkler, dort tritt ein Reflex auf, da ist ein Licht usw. Die einheitliche Farbe des Dinges als solche ist auch nicht voll erfüllt, sie ist lediglich anschaulich vermeint. Es ist die Frage, ob ich das wirklich richtig vermeine, ob diese Vermeinung der einheitlichen Farbe durch die erfüllten Qualitäten, also die verschiedenen Abschattungen der Farbe begründet ist. In der normalen, nicht reduzierten Wahrnehmung ist das natürlich vermeint als gültig. Ich sage zu jemandem: Gibt mir diese rote Kugel da! Und man gibt mir die 'rote' Kugel. Ich sage nicht: 'diese vielfarbige' Kugel, das würde man vielleicht nicht verstehen, man würde mir dann vielleicht eine ganz andere Kugel bringen, die eben wirklich vielfarbig ist. So, wie man z.B. Krawatten mit vielfarbigen Flecken kauft.

Ich muß also eine neue Reduktion durchführen – nicht nur in Bezug auf die Hinterseite, sondern auch auf die Vorderseite, auf diese vereinheitlichte einzige Farbe, – dieses, was hier wiederum nicht voll erfüllt ist. Wenn man das ganz genau macht und konsequent durchführt, dann zeigt es sich, daß bei normaler Wahrnehmung, wo ich auf Dinge eingestellt bin, sehr viele verschiedene Schichten von verschiedenen Typen von Ansichten vorhanden sind, – immer mehr und mehr erfüllt, je weiter ich zum Untergrund zurückgehe. Und immer weniger enthalten sie dann Intentionen, intentionale Momente, anschauliche Intentionen. Je mehr anschauliche Intentionen die jeweilige Ansichten-Schicht enthält, desto mehr 'fraglich' scheint sie zu sein und veranlaßt uns zum Vollzug einer 'Reduktion'. Mehrere solcher Reduktionsschritte muß man dann vollziehen. Alle diese Vorkehrungen liegen in erster Linie nicht im Rahmen der Entdeckung des reinen Bewußtseins, sondern vielmehr im Rahmen einer Entdeckung immer neuer Phänomene, die zunächst im Hintergrund irgendwie verborgen zu sein scheinen und die man zu Zwecken einer Erkenntnistheorie analysieren muß.

Eine neue Reduktion und eine neue besondere 'Reflexion' bezieht sich nicht auf Akte, sondern auf die Untergründe der Ansichten, bis man zu dem kommt, was die Engländer 'sense data' nennen und was bei Husserl 'hyletische Daten' genannt wird. Da scheint es wiederum, daß ich sozusagen eine Kombination von Flecken bekomme, die für sich ein Ganzes bilden; sie bilden z.B. den Untergrund einer Ansicht von der Kugel. Wenn ich diese intentionalen Momente, diese intendierten Farben nur reduziere und dahinter sehe, so zeigt es sich, daß es wiederum eine besondere Auffassung gibt, und zwar einen Ganzheitscharakter, der innerhalb des ganzen Feldes verschiedener Flecke, besondere Farbenerscheinungen als zusammengehörig von dem Rest des Feldes abscheidet und ihnen Einheit verleiht. Diese Erscheinungsganzheit, von uns empfunden, bildet den Untergrund einer Ansicht, die von uns erlebt die Kugel zur Gegebenheit bringt. Es fragt sich aber, ob und wenn ja, worin dieser Ganzheitscharakter einer Mannigfaltigkeit von fließenden Farbendaten begründet ist. Im Allgemeinen gibt es gar keine Konturen, welche dies in manchen Fällen bewerkstelligen. Manche Maler verwenden derartige Konturen, um eine Ansicht eines Dinges mit technischen Mitteln zu rekonstruieren, aber andere brauchen gar keine Konturen, sondern legen Flecke, Flecke, Flecke nebeneinander. Dann ist es die Frage, was diese Einheitsbildungen innerhalb des Feldes begründet bzw. ermöglicht. Hat das seinen Grund in den Farbendaten selbst, oder ist dies lediglich von den empfindenden Subjekt als eine Einheitsauffassung aufgeworfen. Da ist also wiederum eine 'Reduktion' zu vollziehen, d.h. diesen Einheits- oder Ganzheitscharakter 'einklammern' und zugleich zu dem Empfindungsdatenfeld reflektiv zurückkehren. Es zeigt sich aber beim behutsamen Erfassen dieses Feldes, daß da die Rede von Empfindungsdaten unkorrekt ist, was zuerst Bergson sich zum Bewußtsein gebracht hat, obwohl er hier auch die Zeitform des Pluralis verwendet. Es ist aber nicht eintönig, und deswegen spricht Bergson von einer 'continuité hétérogène'. Dies scheint während einiger Zeit stabil zu sein, sich als identisches Ganze zu erhalten. Aber dieser Konstanz und Stabilitätscharakter kann in Frage gestellt werden. Ist er im Gehalt des Empfindungsdatenfeldes genügend begründet oder ist er nur eine von dem empfundenen Subjekt aufgeworfene Auffassung? So ist zunächst dieser 'Konstanz'- und Stabilitätscharakter wiederum zu 'reduzieren', einzuklammern und es muß versucht werden, nicht in dem Gegenwartsmoment des Empfindens zu verharren und sozusagen den Wandel, den Fluß des Geschehens der Zeit (des Dauerns) zu übersehen und zu dem ursprünglichen Zeitfluß, zu der reinen, im unaufhörlichen Werden begriffenen Dauer zurückzukehren und mit dem sich immer neu gebärenden Jetzt zu fließen und korrelativ den fließenden, werdenden Strom der ursprünglichen Daten in seinem ständigen Wandel zu erfassen. Dann ist man Zeuge dessen, wie gewisse Daten aktuell werden, die Kulmination der Aktualität erlangen und dann in die retentionalen Modifikationen übergehen und sich als das soeben Vorübergehende mit den neuen aktuell werdenden verschmelzen. Da kommen wir zu dem letzten Fluß der Daten, aber zugleich gibt es innerhalb dieses Stroms das empfindende und sich auch anders verhaltende Ich, aus dem jetzt Akte, Intentionen in sich enthaltende Akte hervorquellen und in diesem ganzen Strom gewissermaßen pulsieren. Wobei das Auftreten dieser Akte und ihre Funktionen für die Gestalt des fließenden Stromes der Daten nicht irrelevant sind. Es gibt also eine ganze

Reihe von Reduktionsschritten, in denen immer das 'eingeklammert' wird, was nur vermeint ist, oder nicht letztens 'erfüllt' wird und den Ausgangspunkt eines Rückganges zu dem bildet, was mehr und mehr erfüllt, mehr und mehr ursprünglich 'erlebt' oder nur 'empfangen' wird. Es ist also nicht nur die erste Reduktion, die die Generalthesis reduziert, zu vollziehen, sondern immer neue Reduktionen in Bezug auf das nur Vermeinte in jedem eventuellen neuen, tieferen Niveau der Erfahrung.

All das, was ich da zuletzt sagte, wäre für Husserl gar keine Neuigkeit. Er hat dieses ganze Gebiet selbst erforscht und selbst große Entdeckungen gemacht, ohne aber darauf hingewiesen zu haben, daß da neue und andere Reduktionen vorhanden sind. In dem II. Bande der *Ersten Philosophie* hat er dieses ganze Problemgebiet betreten, es gibt dort sehr komplizierte Situationen, die ich hier nicht auseinandersetzen kann.

Ein Problem möchte ich doch mit einigen Sätzen andeuten: Muß man den Strom des reinen Bewußtseins im Fluß der Zeit nehmen, in der ursprünglichen Zeit? Es zeigt sich, daß die intentionalen Akte selbst, die sich zunächst als Einheiten im Fluß irgendwie abgrenzen, selbst im Fluß erst werden, oder selbst einen besonderen Fluß hinter sich haben, so daß man dann diese *Einheitlichkeit* des Aktes in der echten letzten Reflexion, die auf sich selbst gerichtet ist und sich im Durchleben vollzieht, wiederum 'reduzieren' muß, da gefragt werden kann, ob sie, voll erfüllt, letztlich begründet ist. Hier kommt man letzten Endes zu dem, was Bergson *la durée pure* genannt hat und was er z.B. in den Vorträgen in Oxford unter dem Titel 'Perception du Changement' behandelt hat. Dieses Gebiet, das auch von Husserl entdeckt und in vielen höchst wichtigen Untersuchungen durchforscht worden ist, bildet das Thema der tiefsten philosophischen Probleme, aber auch die Quelle der größten Schwierigkeiten, die zu überwinden sind. Als ein schwieriges Problem ergibt sich die soeben erwähnte Situation, in welcher sich zeigt, daß intentionale Akte selbst in der ursprünglichen Dauer im Werden begriffen sind und in diesem fließenden Werden nur Einheitsbildungen sich entwickeln: Sie zeichnen sich dann in dem ursprünglichen Fluß als Einheiten, als Ganzheiten ab. Um aber diese Einheitsbildung der Akte – die letzte Genese der Akte im reflektiven Durchleben zu erschauen und die Reichmäßigkeit dieser Genese zu durchforschen, muß man – nicht nur einfach in der ursprünglichen Zeit den Fluß selbst, sondern bereits einen *Akt* – also eine über den kontinuierlichen Fluß hinausragende Einheit haben. Auf diesen Tatbestand bin ich einst (1916) bei der kritischen Vorbereitung zu Bergsons Intuitionstheorie gestoßen und habe auch damals mit Husserl darüber gesprochen. Es zeigte sich, daß Husserl über die da drohende Gefahr gut unterrichtet war. Er sagte nur: "Ja, es droht da ein teuflicher Zirkel". Wie aber dieser Zirkel zu lösen bzw. zu vermeiden ist – das habe ich damals und später von Husserl nicht erfahren.

Alle diese in neuen, noch zu bestimmenden Sinnen, verschiedenen 'Reduktionen' sind hilfreich bei allen sich eröffnenden Analysen. Sie sind aber nie allein zu vollziehen, sondern müssen immer mit neuen Reflexionsoperationen zusammengehen. Dann eröffnet sich wirklich das komplizierte, weite, mehrstufige Feld des reinen Bewußtseins, wenn das überhaupt nur 'Bewußtsein' ist.

Dann noch ein paar kleinere Probleme, die ich hier in einigen Sätzen erledigen möchte: Husserl postuliert, daß die transzendentale Reduktion auf verschiedene Wissenschaften angewendet werden soll. Es ist ziemlich klar, daß die Naturwissenschaft nicht vorausgesetzt werden darf und daß dasselbe die Mathematik betrifft. Aber Husserl geht dann weiter und sagt, man darf auch die Logik, die *mathesis universalis* nicht voraussetzen. Sie wissen, bei Husserl sind die Logik und die formale Ontologie sozusagen zwei Spiegelbilder, die streng zueinander gehören. Also es ist nicht nur die Logik in der Sphäre der Sätze, der Sinne, in der Sprache, sondern auch irgendwie die formale Struktur der Welt als solche zu 'reduzieren'.

Zuerst kommt es hier auf die Logik an. Die Phänomenologie soll doch eine 'strenge' Wissenschaft sein. Wenn wir fragen, was zu einer strengen Wissenschaft gehört, so muß man in erster Linie anführen: Natürlich gehört dazu eine regelrecht durchgeführte Erfahrung, eine Interpretation der Erfahrung, – und dann verschiedene Denkoperationen, logische Operationen, das Schließen, Vergleichen usw. Das alles soll ich 'reduzieren'. Was heißt reduzieren? Das heißt, daß ich mich der Anwendung der logischen Gesetze enthalte. Ich muß die Stellung einnehmen, indem ich mich frage: Ist die ganze Logik wahr oder falsch? Ist sie richtig, oder ist sie ein Phantasma des verrückten Menschen, der sich so eine Logik ausgedacht hat? Wenn ich das nicht entscheiden darf, so fragt es sich: Kann ich eine Wissenschaft aufbauen, wenn ich keine logischen Operationen vollziehe? Husserl selbst hat natürlich viele logische Operationen vollzogen, sonst könnte er keine Bücher schreiben. Er mußte aufpassen, daß er sich nicht wiederholte, daß sich alles konsequent entwickelte, daß in dem Ganzen eine logische Ordnung herrschte. Husserl sagt da: Was für uns eigentlich wichtig ist, das sind lediglich die logischen Axiome, nicht die ganze Logik mit ihren komplizierten Operationen. Denn die Phänomenologie soll eine nur deskriptive Wissenschaft sein, sie braucht nicht und soll auch nicht schließen, Schlüsse ziehen, – sie soll beschreiben. Was wir da brauchen, nun, das sind vielleicht die logischen Axiome, z.B. der Satz des Widerspruchs. Dieses Prinzip kann man logisch verstehen, man kann es auch ontologisch verstehen. Es gab bekanntlich bereits bei Aristoteles diese verschiedenen Deutungen. Husserl sagt: Nun, das ist leicht, – Axiom ist intuitiv einsichtig. An einem Beispielsfall können wir seine Geltung jedesmal aufs neue einsehen, zur Intuition bringen. Das logische Axiom wird dann nicht nur rein gedanklich vermeint, sondern wir haben dann den betreffenden Seinszusammenhang der sich ausschließenden widersprechenden Sachverhalte zur schlichten Gegebenheit gebracht. So ist die Antwort von Husserl. Also kann man die Phänomenologie als eine deskriptive Wissenschaft treiben, man muß nur aufpassen, daß keine Widersprüche auftreten. Und wenn sie drohen, dann muß man sich das Prinzip wieder anschaulich machen und am individuellen Fall erschauen.

Ich möchte das nicht speziell weiter entwickeln, aber ich sehe da eine Gefahr. Ich bin etwas skeptisch: Kann man sich wirklich an *einem individuellen* Fall das Widerspruchsprinzip anschaulich machen? Das ist wiederum ein großes Thema, das ich hier nicht entwickeln möchte. Ich fürchte jedoch, daß wenn man konsequent die Logik ausschaltet, sich daraus eine Gefahr für die Phänomenologie als Wissenschaft ergibt. Wie kann man sie dann betreiben? Ich weiß das momentan nicht, aber die Antwort Husserls scheint mir nicht befriedigend zu sein.

Schwieriger ist etwas anderes. Husserl sagt nämlich: Nicht nur die *mathesis universalis* als eine formale Wissenschaft, sondern auch die materialen Ontologien sollen 'reduziert' werden. Das bringt jedoch die Gefahr mit sich, den Grund der phänomenologischen Reduktion selbst zu unterminieren.

Was veranlaßte Husserl zu der Durchführung der Reduktion? Was war das Motiv? Es war die Scheidung zwischen dem (ontisch) Transzendenten und dem Immanenten. Er sagte: Ja, so etwas wie ein physisches Ding kann seinem Wesen nach nicht reelles Bestandstück des Bewußtseins sein. So ist sein Wesen, daß es sozusagen in das Bewußtsein nicht eindringen kann, es bleibt immer außerhalb desselben. Später wiederholt sich diese Behauptung, bei der Aufstellung des Idealismus kommt sie sehr scharf zum Ausdruck: Nichts, was nicht Erlebnis ist, kann mit einem Erlebnis in Einheit zusammen sein, in Einheit d.h. so, daß es mit ihm eins ist. So ist das Wesen des Transzendenten, daß nichts aus der Welt in den Strom des Bewußtseins hineingefügt werden kann. Nichts, was transzendent ist, kann, seinem Wesen nach, das Bewußtsein oder irgendetwas im Bewußtsein kausal bedingen. So ist auch das Wesen des Bewußtseins, daß es nicht von außen her kausal bedingbar ist. Das Wesen der Vorgänge, die in der transzendenten Welt vorgehen, ist es, daß sie das, was im Bewußtseinsstrom auftritt, nicht kausal zu bedingen oder zu verändern vermögen.

Schalten wir jedoch alle Ontologien aus! Es ist doch einerseits Ontologie des Bewußtseins und andererseits Ontologie der realen Welt, des Physischen usw., der kulturellen Gebilde usw., die da in Betracht gezogen werden. In Bezug auf das Erste würde Husserl sagen: Nun gewiß, das schalten wir aus, das betrifft das Immanente, genauer etwas, dessen Wesen selbst immanent ist. Husserl unterscheidet zwischen immanenten und transzendenten Wesen. Die verschiedenen Ergebnisse, die wir bisher in Bezug auf das Bewußtsein verwendet haben, können wir also ausschalten, denn wir kommen nach der Reduktion doch noch darauf zurück. Wir können nunmehr bewußt, absichtlich und korrekt die entsprechenden Analysen des Immanenten durchführen und das Wesentliche aus dem konkreten Material herausschälen. Husserl sagt: Ja, da schäle ich eben das Reine aus dem zunächst als psychisch Aufgefaßten heraus.

Lassen wir das zu. Nichtsdestoweniger ist der Grund dessen, was uns erlaubt hat, die Reduktion durchzuführen, jetzt selbst unterminiert und so ist auch die Scheidung zwischen Bewußtsein und Nicht-Bewußtsein durch die Ausschaltung der materiellen Ontologien in Frage gestellt und müßte nach der bereits vollzogenen Reduktion aufs neue erwogen werden. Denn alles, was über das Wesen des physischen Dinges und über die materielle Welt ontologisch behauptet wurde, ist durch den Vollzug der Reduktion der Welt-Ontologie zu etwas geworden, worauf man sich nicht berufen darf – also auch dann nicht, wenn die Grenze zwischen Welt und Bewußtsein gezogen werden soll – insbesondere, wenn also die ontische Transzendenz der materiellen Welt dem reinen Bewußtsein gegenüber entschieden werden soll. Und die Entscheidung ist für die Durchführung der Reduktion unentbehrlich. Als ich Husserl z.B. das Buch *Das literarische Kunstwerk* schickte, forderte er von mir: Sie müssen doch die Ontologie des Kunstwerks zurückstellen, wenn Sie zu einer letzten Entscheidung kommen wollen. Sie müssen Ihre Ergebnisse der Reduktion unterziehen und eine konstitutive Betrachtung des literarischen Kunstwerks auf dem Boden des reinen Bewußtseins durchführen. – Sachlich wäre dagegen nichts zu sagen. Aber bei mir handelte es sich nicht um die letzte Abgrenzung zwischen dem literarischen Kunstwerk und dem es erfassenden Bewußtsein. Ich habe auch nicht versucht, das Wesen des Bewußtseins z.B. aus dem Gegensatz zwischen ihm und dem Kunstwerk zu bestimmen. Gerade darum geht es jedoch bei Husserl, wenn er vermittels der transzendentalen Reduktion den Zugang zum reinen Bewußtsein gewinnen will. Die Auffassung dieses Bewußtseins, wie sie sich bei Husserl seit den *Ideen* anzeichnet, ist gerade der strittige Punkt, von dessen Betrachtung man einen neuen Zugriff zur Behandlung des transzendentalen Idealismus bei Husserl finden könnte. Husserl sagt, daß zum reinen Bewußtsein sowohl Akte als Empfindungsdaten, als auch Ansichten und die Dingnoemata hinzugerechnet werden sollen. Demgegenüber entsteht der Gedanke, daß es vielleicht ganz anders ist. Vielleicht bilden das Bewußtsein im strengen Sinne nur die intentionalen Akte und gar kein Vermeintes, gar keine Ansichten, oder Empfindungsdaten. Das muß man aufs neue durchdenken. Aber in diesen Vorlesungen kann ich dies nicht weiter entwickeln.

Ich komme jetzt zu der letzten Frage, die ich noch zu besprechen habe: Husserl behauptet: Wenn ich zunächst natürlich eingestellt bin, da lebt in mir irgendwie die Generalthesis der natürlichen Welt, und als Korrelat dessen ist das Phänomen des Real-Seins. Die materiellen Dinge, die Menschen, die ganze Umgebung, – die Welt überhaupt gibt sich mir im Charakter des Realseins. Das ist für mich etwas ganz Selbstverständliches, so selbstverständlich und so angeblich klar, daß ich am Ende nicht weiß, was es eigentlich ist. Ja, das (angeblich) Evidente ist immer das Dunkelste. Husserl sagt: Damit ich klar weiß, was Realität oder Real-Sein eigentlich ist, muß ich zunächst die Reduktion durchführen, und erst danach entdecke ich das Phänomen der Realität oder des Real-Seins. Das Vermeinte im Sinne des als Real-Vermeinten soll also vermöge der Reduktion geklärt werden. Und ich habe zugegeben, die Reduktion ermöglicht es mir, daß ich von den Dingen zu dem Vermeinten und weiter zu dem vermeinten Sein, zu der vermeinten Realität übergehe. Aus dem Sinngehalt des Vermeinten als solchem soll sich der Sinn des Real-Seins ergeben.

Ich möchte mich nicht näher mit der Frage beschäftigen, ob sich durch die Reduktion nichts geändert hat in dem Beschaffensein der Dinge (genauer gesagt: in dem Sinn dieses Beschaffenseins), von denen ich wahrnehme, daß sie rot sind, daß sie hart sind, daß sie süß sind usw. Denn es scheint, daß nach der Reduktion die Phänomene, das Phänomen des Rotseins, des Hartseins usw. erhalten bleiben und ich kann sie mir zur deutlichen Erschauung bringen. Aber wie ist das mit dem Sein, mit dem Real-Sein und mit dem Sinn des Real-Seins?

Ändert sich an dem *Sinn der Realität* nichts, wenn ich die Reduktion vollzogen habe? Ich kann mich in die Position eines Psychastenikers in gewissem Sinne zurückversetzen. Der arme Psychasteniker ist unglücklich deswegen, weil er nicht glauben kann, daß das, womit er verkehrt, wirklich ist. Und ich bin ein künstlicher Psychasteniker in gewissem Sinne, ich mache es absichtlich, daß ich nicht alles so naiv hinnehme, was als real gegeben wird, – denn ich habe die Reduktion durchgeführt. Hat sich an dem Phänomen des Real-Seins denn nichts geändert? Husserl sagt: Nein, die Generalthesis ist geblieben, ich habe mich nur etwas von ihr zurückgezogen.

Ich muß jetzt an die vielen Diskussionen zwischen Husserl und seinen Schülern denken, die immer wieder gerade dies als das Peinlichste empfunden haben, daß das Realsein als Realsein durch die Reduktion in seinem spezifischen Charakter, in seinem Sinn modifiziert wird. Da haben wir z.B. den Streit zwischen Husserl und Frau Conrad Martius. Husserl sagt: Das Reale ist nicht selbständig, das ist irgendwie nur vermeint, nur intentional. Im Gegensatz zum Bewußtsein hat es kein absolutes Wesen, es ist in Bezug auf das Bewußtsein nicht unabhängig, d.h. daß es ohne das Bewußtsein nicht sein kann. Frau Conrad Martius sagt: Was ist das Grundphänomen des Real-Seins? Das ist, wie sie es nannte, 'Seinsautonomie'. Husserl war sehr gegen diese Auffassung. Es ist sogar zu einem gewissen Bruch zwischen ihm und Frau Conrad-Martius gekommen. Der Realität Autonomie zuzuschreiben – sagte Husserl – das ist eine absurde Verabsolutierung der Realität. Autonom im echten Sinne ist nur das reine Bewußtsein, – jedoch alles, was sich im Bewußtsein konstituiert, ist nicht autonom, es ist gerade seinsabhängig, es kann in sich selbst kein Seinsfundament haben. Wir können natürlich fragen: Ist es nicht so, daß Husserl die Reduktion wirklich vollzogen hat und daß die schlechten Schüler es nicht zu tun vermochten? Husserl meinte, sie hätten es doch nicht verstanden, wie man die Reduktion richtig vollziehen soll. Vielleicht, aber wenn dem so ist, dann frage ich: Wird das Phänomen der Realität, um das es sich handelt, nicht doch durch Reduktion irgendwie modifiziert? Denn z.B. für Frau Conrad-Martius ist es nicht möglich zuzugeben, daß die Realität in Bezug auf die Wahrnehmung seinsabhängig ist. Sie spricht auch von einer anderen Transzendenz als alle, die hier bisher besprochen wurden, von einer Transzendenz, die sie für wesentlich für die Realität hält. Und zwar führte sie den Begriff der 'realen Transzendenz' ein, indem sie sagte: Kein Bewußtseinsakt, keine Bewußtseinsoperation vermag irgendetwas an dem Realen zu ändern, kann es weder vernichten noch schaffen, kann es weder blau machen noch hart machen usw. Die Realität ist untangierbar durch meine Bewußtseinsoperation, – so autonom, so unabhängig ist sie. Diese 'reale Transzendenz' ist sozusagen eine existentiale Transzendenz, sie setzt, wie es scheint, die ontische Transzendenz voraus.

Die letzte Frage ist also, wie es da mit der Wandlung oder Nicht-Wandlung des Phänomens des Seins steht, wenn man die transzendentale Reduktion wirklich vollzogen hat.

Besteht die Gefahr daß das Phänomen der Realität durch die Reduktion geändert wird, so kann ich sie nicht und darf ich sie nicht durchführen. Denn sie brächte eine gewisse Verfälschung in der Analyse der Realität.

Das sind also alles nur Fragen. Vielleicht kann man diese Fragen so beantworten, daß man in der transzendentalen Reduktion alles in Ordnung fände und daß wir sie durchführen dürfen und sollen. Aber alle Bedenken, die ich selbst und meine Kollegen und Freunde öfters erhoben haben, sind es doch wert, daß man sie durchdenkt. Und darauf wollte ich hier nur hinweisen.

Was ist aber das Ergebnis der Durchführung der transzendentalen Reduktion? Es gibt unzweifelhaft sehr viel Gutes. Vor allem die sehr reichen und wirklich wertvollen Analysen des Bewußtseins und der verschiedenen Gestaltungen des Bewußtseins, die Husserl, und nicht nur Husserl, durchgeführt hat und die im Vergleich mit den vorphänomenologischen Analysen einen reellen Fortschritt bedeuten. Vielleicht waren sie gerade nur auf diesem Wege zu erreichen. Oder vielleicht hat die Reduktion uns wenigstens verholfen, all das zu entdecken. Es gibt aber unter dem allen noch ein besonderes Ergebnis, nämlich dasjenige, was man so kurz und natürlich vieldeutig unter dem transzendentalen Idealismus von Husserl versteht. Ich möchte noch alle jene Behauptungen kurz zusammenfassen, die alle zusammen die besondere Theorie von diesem Idealismus bilden; ein Standpunkt für Husserl so wichtig und so heilig, daß er fast bereit war, die Freundschaft aufzulösen, wenn man in diesem Punkte nicht mit ihm zusammenging. Und tatsächlich ist es zwischen ihm und manchem seiner nahen Schüler doch am Ende zum Bruch gekommen.

Nun ist die Sache die, daß der sogenannte 'transzendentale Idealismus' auch in einem historischen Prozeß befangen war, daß er sich im Laufe der fast 30 Jahre, in denen Husserl noch weiter daran gearbeitet hat, also von ungefähr 1910 an bis zu seinem Tode, noch auf verschiedene Weise gewandelt hat. Ich beschränke mich hier auf die Darstellung seines Standpunktes, wie er in den *Ideen I* angedeutet wurde. Das bedeutet, ich beschränke mich auf den transzendentalen Idealismus, wie er sich auf die reale Welt bezieht. Denn bei Husserl ist in den *Ideen I* noch kein voller, umfassender Idealismus da. Ich habe in einer Abhandlung, die einige Monate nach dem Tode Husserl im Polnischen publiziert wurde, gezeigt, daß Husserl in den *Logischen Untersuchungen* noch kein 'Idealist' war, obwohl er bereits Phänomenologe war. – In den *Ideen I* ist er – wenn Sie mir das Wort erlauben – noch Halb-Idealist, und zwar in dem Sinne, daß nicht alles als intentionale Leistung verschiedener Konstitutionsprozesse behandelt wird.

Die *Ideen I* bestehen aus vier Abschnitten. Der erste Abschnitt, ungefähr 40 Seiten, behandelt das Wesen und die Wesenserkenntnis. Er dient als Einleitung zur Phänomenologie, die als eine 'eidetische' Wissenschaft, d.h. Wissenschaft über das Wesen des Bewußtseins, behandelt und entwickelt werden soll. Man mußte also zunächst etwas über das Wesen wissen. Diese Auffassung des Wesens und der Wesenserkenntnis ist in einem wesentlichen Punkte dieselbe, wie diejenige, welche Husserl früher – vor den *Ideen* – vor allem in den *Logischen Untersuchungen* vertreten hat. Sie ist sozusagen 'realistisch' vermeint. Das heißt: 'Wesen', *eidós*, ideale Gegenständlichkeiten existieren autonom. Sie werden also nicht 'gestiftet' oder geschaffen, wie dies in der späteren Sprache Husserls ausgedrückt wird, sie sind nicht nur Phänomene, identisch vermeinte Gegenständlichkeiten, die aus konstitutiven Prozessen hervorgehen. Sie werden rein ontologisch behandelt – wenigstens in der sich andeutenden Thesis: Es gibt so etwas! Das ist ganz deutlich fühlbar, wenn man den ersten Abschnitt der *Ideen I* mit den darauf folgenden Abschnitten vergleicht, wo die Lehre von dem reinen Bewußtsein und der transzendentalen Reduktion durchgeführt wird. Ich habe während der Phänomenologen-Tagung in Royaumont aus den Kreisen des Husserl Archivs in Louvain vernommen, daß der erste Abschnitt der *Ideen* aus einem älteren Manuskript, als der Rest der *Ideen I* stammt, und daß er dann bei dem Verfassen der *Ideen* ohne jede Andeutung den *Ideen* beigefügt wurde. Das mag natürlich historisch stimmen und interessant sein, aber es bekräftigt nur die Behauptung über den Unterschied des prinzipiellen Standpunktes bei Husserls betreffs der eidos im Vergleich mit der Auffassung der realen Welt.

Im Zusammenhang mit dem angedeuteten Charakter der Wesensauffassung steht eine ganz bestimmte Idee der Wahrheit bei Husserl. Diese Idee der Wahrheit tritt am Schluß des ersten Bandes der *Logischen Untersuchungen* auf. Da wird die Logik auf eine besondere Weise aufgefaßt und mit einer streng realistisch verstandenen Theorie der Wahrheit in Beziehung gebracht. Als ich zehn Jahre nach meinem Doktorat zu Husserl nach Freiburg kam, hat er mich eines Tages gefragt: "Was lesen Sie mit Ihren Studenten im Seminar"? "Ich habe Verschiedenes getan. Unter anderem habe ich den ersten Band der *Logischen Untersuchungen* mit meinen Studenten durchgenommen." – "Ach, wozu machen Sie das? Das ist doch alles am Ende nicht richtig – diese ganze Theorie der Wahrheit, diese ganze Theorie der Sätze als idealer Gegenständlichkeiten. Ich habe schon längst eingesehen, daß dies alles falsch ist." So ungefähr hat er sich damals ausgedrückt. Das sieht man aber nicht in den *Ideen I*. Man ersieht es erst aus der im Jahre 1929 publizierten *Transzendentalen und formalen Logik*. Das Wort 'ideale Gegenständlichkeiten' ist zwar geblieben, aber die idealen Gegenständlichkeiten wurden da gerade so 'gestiftet', wie es Husserl damals sagte, wie die realen. Es gehört nur eine andere Mannigfaltigkeit von intentionalen Erlebnissen bzw. Operationen dazu, wenn man sogenannte ideale Gegenständlichkeiten 'schafft', als bei Operationen welche zu realen Gegenständlichkeiten führen.

Wenn man in Bezug auf den ersten Band der *Logischen Untersuchungen* Husserl den Vorwurf machen könnte, daß er da 'Platoniker' sei, so kann man ihm diesen Vorwurf in Bezug auf die spätere Phase, also auf die *Formale und transzendentale Logik* nicht machen. Ich glaube übrigens, daß Husserl auch in der ersten Phase kein Platoniker war, weil die sogenannte Ideenlehre von Plato, so berühmt sie auch ist, tatsächlich nur ein erster Anfang einer Theorie ist. Es sind lediglich verschiedene literarisch gefaßte Erzählungen von den *Ideen*, die doch streng gefaßt nicht haltbar sind. Das Einzige, was Husserl in der Phase der *Logischen Untersuchungen* mit Plato verbindet, ist die Behauptung: Es gibt zwei verschiedene Seinsgebiete, das Reale und das Ideale. In den *Ideen I* ist das Ideale als Seinsautonom erhalten geblieben, dagegen die reale Welt wird im Sinne des transzendentalen Idealismus gedeutet. In der *Formalen und transzendentalen Logik* werden schon beide Seinsgebiete als in Erlebnissen konstituiert aufgefaßt. Beide werden 'gestiftet'. In den *Ideen I* ist Idealismus also auf die Sphäre der Realität der Welt beschränkt, – und es besteht kein 'Idealismus' in Bezug auf die Idealität und Seinsautonomie der idealen Gegenständlichkeiten.

Ich werde jetzt den sogenannten transzendentalen 'Idealismus' in eine Reihe von Behauptungen zusammenfassen, von denen einige gar nicht so 'idealistisch' klingen und nur im Zusammenhang mit den übrigen Behauptungen diesen Charakter annehmen. Fast alle diese Behauptungen wurden hier bereits angegeben. Es handelt sich also jetzt um eine Zusammenfassung.

Die grundlegende Scheidung ist natürlich die zwischen Immanentem und Transzendentem, und zwar im ontischen Sinne verstanden; das Transzendente ist das, was kein reelles Bestandstück des Erlebnisses ist. Die zweite These lautet: Das Real-Dingliche ist dem reinen Wahrnehmungsbewußtsein gegenüber transzendent, – transzendent, weil es seinem Wesen nach kein reelles Bestandstück des Erlebnisses sein kann. Die beiden Thesen als solche sind im Grunde gar nicht 'idealistisch'. Sie lauten vielmehr wie objektive Feststellungen über zwei Seinsgebiete, die zunächst gleich real, gleich existierend, seinsmäßig gleichwertig zu sein scheinen. Bei naiver Einstellung – besonders bei naiver vorphilosophischer Einstellung – hat dabei diese Sphäre des Transzendenten in der Seinsautonomie eine gewisse Priorität, während das Bewußtsein irgendwie sekundär, nicht so selbständig in Bezug auf das Reale, aber doch gleich real zu sein scheint. Also ist die reale Welt in ihrer Existenz sozusagen 'stärker', und das Bewußtsein ist irgendwie schwächer, wenn Sie mir erlauben, das so bildlich zu sagen. Und dann, sagt Husserl, sobald man den ganzen Tatbestand nach Vollzug der transzendentalen Reduktion analysiert, kehrt sich die Sache um; die reale (transzendente) Welt ist das Sekundäre, gewissermaßen Abgeleitete von dem reinen Bewußtsein.

Worin bestehen nun die Schritte, die zu dieser neuen Auffassung führen, daß nämlich das Ursprüngliche, wirklich Absolute das Bewußtsein ist, daß aber das Andere – die reale Welt – nicht mehr diesen Seinscharakter hat? Man fängt wiederum mit gewissen Behauptungen an, die man ohne Zögern annehmen kann: Das reale Ding und alles Reale wird erfahren, wird erkannt in Abschattungen, in Ansichten, in Erscheinungen und zeigt sich als das Identische in diesen Erscheinungen. Das Bewußtsein dagegen zeigt sich uns nicht in Erscheinungen, sondern wird ohne diese Erscheinungen immanent, gewissermaßen direkt schlicht erlebt; es ist absolut selbst da. Das ist eine Behauptung über die verschiedenen Gegebenheitsweisen des Realen und des Bewußtseins, – verschiedene Gegebenheitsweisen oder verschiedene Erkenntnisweisen, wenn Sie wollen. Das ist also eine erkenntnistheoretische Behauptung, die sich aus der Analyse des Wahrnehmungsvorgangs ergibt. Und hierin steckt ohne Zweifel etwas Wichtiges. Das reine Bewußtsein 'schattet sich nicht ab', 'das Reale' 'schattet sich ab', sagt Husserl.

Nun tritt eine ganz merkwürdige Verschiebung ein, ein Übergang zu einer ganz anderen Auffassung, als ob Gegebenheitsweise und Seinsweise dasselbe wären. Dies geschieht bei Husserl ohne eine besondere Erwägung. Sobald er von einem Gegenstande gezeigt hat, daß er anders gegeben wird, anders erkannt wird, stellt Husserl ohne weiteres fest, daß er anders existiert. Da erhebt sich gleich die Frage, ob dies richtig ist. Denn die erste Feststellung ist erkenntnistheoretisch und die zweite dagegen ontologisch oder besser metaphysisch. Wenn man sinnlich wahrgenommen wird, existiert man auf eine ganz andere Weise, als dann, wenn man immanent erfahren wird. Darin liegt der Grund dessen, daß Husserl so schockiert war, wenn jemand behauptete, daß die reale Welt gerade so gut wie das reine Bewußtsein existiert. Nein, nein, das ist eine Verfälschung, sagt Husserl, das ist eine Verabsolutierung. Warum? Ja, weil doch das Eine in Abschattungen gegeben wird, und das Andere immanent, direkt, absolut wahrgenommen wird. Der Unterschied in der Gegebenheitsweise ist irgendwie bei Husserl mit dem Unterschied in der Existenzweise so verbunden, daß die Feststellung des ersten für ihn das intuitiv einsehbare Argument für die Behauptung des zweiten zu sein scheint.

Eine weitere Thesis soll nun klären, in welchem Maß das Reale anders ist als das reine Bewußtsein. Husserl sagt ungefähr: Wissen Sie, die äußere Wahrnehmung ist doch ein transzendierendes Erlebnis – das habe ich schon dargelegt, – es hat so eine Struktur, daß sich aus ihr das notwendige Sein des Wahrgenommenen nicht ergibt. Es könnte alles so verlaufen, wie es tatsächlich verläuft, und das Wahrgenommene – besser gesagt das reale Ding, das da wahrgenommen wird – könnte doch trotzdem nicht existieren. Worin liegt der Grund dieses 'könnte es nicht existieren'? Er liegt darin, daß die Wahrnehmung partiell ist, daß sie mehr vermeint als in ihr voll erfüllt gegeben wird und auch gegeben werden kann. Sie ist eine in dem Wahrgenommenen Lücken lassende Wahrnehmung. In dem Wahrgenommenen bleiben unausgefüllte Unbestimmtheitsstellen stehen, die in anderen Wahrnehmungen derselben Dinge beseitigt werden könnten, aber nicht beseitigt werden müssen. Die äußere Wahrnehmung gleicht dem Versuch, irgendetwas von außen her zu fassen, aber das Fassende ist nicht so konstruiert, daß das Gefaßte nicht doch entschlüpfen und überhaupt ganz illusionär sein könnte.

In der immanenten Wahrnehmung von meinem momentanen Erleben ist die Situation ganz anders. Hier ist das Wahrnehmen aufgebaut über dem Wahrgenommenen, und zwar so, daß es dem Wahrgenommenen gegenüber seinsunselbständig ist; es ist nur ein Etwas des ganzen zusammengesetzten Erlebnisses des Wahrgenommenen und des Wahrnehmenden was sich nur abstraktiv hervorheben läßt. Das immanente Wahrnehmen könnte nicht sein, wenn es das immanent Wahrgenommene nicht gäbe. Ich habe bereits referiert: Zwischen dem immanent wahrgenommenen Erlebnis und dem wahrnehmenden Erlebnis besteht eine, wie Husserl sagt, 'unvermittelte Einheit'. D.h. es gibt keine Vermittlung der Abschattungen usw., es gibt keine Unbestimmtheitsstellen, es gibt gar kein bloß Vermeintes, also leer Vermeintes. Ihrer Struktur wegen verbürgt die immanente Wahrnehmung die Existenz des eben wahrgenommenen Erlebnisses. Es könnte nicht so sein, daß die immanente Wahrnehmung existieren und das immanent Wahrgenommene nicht existieren würde. Dies ist durch die Struktur des Erlebnisses selbst ausgeschlossen. Ganz anders also, als dort, bei der äußeren Wahrnehmung, wo es wesensmäßig so ist, daß die Struktur des Wahrnehmens zuläßt, in gewissem Sinne erlaubt, daß das, was da wahrgenommen wird, nicht existiert, – obwohl alles sonst unverändert verläuft.

Worauf erklärt Husserl: Ja, sehen Sie, das wahrgenommene Erlebnis existiert notwendig, – es ist Widersinn zu denken, daß das wahrgenommene Erlebnis nicht existiert, wenn es wahrgenommen wird. Und es ist nicht widersinnig zu denken, daß das wahrgenommene Ding nicht existiert, obwohl ich es wahrnehme. Husserl geht sogar weiter: Wenn ich andere Menschen wahrnehme, und zwar mich in das fremde Psychische einfühle, so entdecke ich ein zweites reines Ich, einen zweiten Bewußtseinstrom in gewissem Sinne. Ich gewinne einen Einblick in das, was bei dem Anderen erlebnismäßig passiert. – So wird die Einfühlung bei Husserl verstanden. Es ist nicht die Lippssche 'Einfühlung'. Es kann sein, daß es diesen anderen Menschen gar nicht gibt und daß es gar keine Erlebnisse von ihm gibt. Dagegen mein Einfühlen, wenn ich es zugleich noch immanent erlebe, muß notwendig existieren, wenn ich es erlebe. Es würde in den *Ideen I* ausdrücklich festgestellt, daß die anderen Ichs gerade nicht existieren könnten, obwohl sie wahrgenommen werden. (Später in den *Meditationen* ändert sich die Problemlage wesentlich in der 5. Meditation. Da werden die anderen Ichs, die *alter ego*, in das Problem der Konstitution der realen Welt mit hineingezogen).

Aus der Struktur der verschiedenen Erkenntniserlebnisse selbst ergibt sich also wiederum ein Seinsunterschied: Das Eine existiert notwendig, das Andere zufällig. In welcher Beziehung notwendig und in welcher Beziehung zufällig? Etwas muß immer in Bezug auf etwas anderes notwendig bzw. zufällig sein. Notwendig ist das Sein des Bewußtseins in Bezug auf das immanente Wahrnehmen. Zufällig dagegen ist das reale dingliche Sein in Bezug auf das äußere sinnliche Wahrnehmen, – es muß nicht bestehen, wenn das erfassende Bewußtsein existiert.

So gefaßt scheint dieser Satz richtig zu sein. Im Grunde ist er nicht weit entfernt von dem Standpunkt Descartes in den *Meditationen*, mit dem indessen wesentlichen Unterschied, daß bei Husserl die Analyse der verschiedenen Strukturen des Bewußtseins wesentlich weiter durchgeführt wurde und damit auch der Satz selbst eine Begründung erlangt, die es bei Descartes nicht gibt. Es besteht wirklich ein Unterschied der

Struktur und – wenn Sie das Wort erlauben – ein Unterschied der Leistungsfähigkeit der äußeren Wahrnehmung einerseits und der Leistungsfähigkeit der immanenten Wahrnehmung andererseits. Das kann man also zugeben. Es gibt hier aber zwei Punkte, auf die noch hingewiesen werden muß. Erstens, kann man die Notwendigkeit der Existenz des wahrgenommenen Erlebnisses zugeben, wenn man weiß, daß das immanente Wahrnehmen existiert. Wenn es existiert und wenn ein anderes Erlebnis in ihm immanent wahrgenommen wird, dann existiert unzweifelhaft auch das wahrgenommene Erlebnis wirklich. Ja, woher weiß ich denn aber, daß mein immanentes Wahrnehmen existiert? Die Frage habe ich schon berührt, – da muß ich, wie es scheint, ein neues, sozusagen eine Stufe höher sich abspielendes Wahrnehmen haben, aus dem sich dann ein unendlicher Regressus ergibt, falls man die Existenz des Durchlebens nicht zugibt, was aber Husserl nicht tut.

Das sind vielleicht schwierige, aber jedenfalls einleuchtende Thesen über das Erkennen, die man annehmen kann. Ob die Welt existiert, kann bezweifelt werden. Ob die gerade jetzt von mir erlebten wahrgenommenen Erlebnisse existieren, kann nicht bezweifelt werden – das wäre Widersinn. Aber das hat noch nichts zu tun mit dem Idealismus, – das ist eine erkenntnistheoretische Frage. Es ist vielleicht wirklich so, daß wir nicht sicher sein können, in aller Erkenntnis der Welt, daß sie doch so ist und daß sie ist, – es bleibt immer nur eine Annäherung. Es könnte doch eines Tages passieren, daß es anders wäre.

Der zweite Punkt liegt darin, daß die Behauptung Husserls über die Notwendigkeit der Existenz des reinen Bewußtseins und der Zufälligkeit der realen physischen Dinge (Welt) zwar unzweifelhaft sich aus der hier rekonstruierten Analyse der Erkenntniserlebnisse ergibt, aber in letzter Fassung so formuliert wird, daß dieser Seinsunterschied auf diese Erlebnisse *nicht* relativiert wird. Und dann gewinnt er den Charakter eines Unterschiedes, der einerseits in dem *Wesen* des Realen als solchem, andererseits in dem des reinen Bewußtseins fundiert ist. Damit beginnt aber diese Behauptung zweifelhaft zu werden und erfordert eine andere, nicht erkenntnistheoretische Begründung.

MARIA GOŁASZEWSKA

ROMAN INGARDEN'S MORAL PHILOSOPHY

Two publications of Roman Ingarden deal directly and exclusively with ethical problems: 'An Inquiry into Moral Values'[1] (this is almost an exact record of one of his lectures on ethics held at the Jagiellonian University in 1961/62) and *Ueber die Verantwortung*[2] (an extended version of his lecture delivered at the International Philosophical Congress in Vienna in 1968). There are two more essays closely connected with those problems: 'Remarks on the Relativity of Values' (*Uwagi o względności wartości*)[3] and 'What We Do Not Know about Values' (*Czego nie wiemy o wartościach*); though they are devoted to the general theory of value, many considerations in them refer to the moral values. The way in which Ingarden approached ethics, its subject and aims, allows us to include his considerations on ontology and epistemology to the reconstruction on his ethics. To those materials there may be added several chapters from the book *The Controversy about the Existence of the World*[4] and two articles: 'Man and His Reality' (*Człowiek i jego rzeczywistość*)[5] as well as 'Man and Time'[6]. As to the above-mentioned lectures, only one of them was authorized and published by the author.

In Ingarden's whole scientific output, some special groups of ethical problems may be distinguished: (1) strictly ethical problems, such as man's moral activity, moral values, the so-called virtues and imperfections; (2) a larger group, connected with the general theory of value; here belong the problems of ethics considered as the theory of moral values discussed on the ontological basis (the way of existence of values, their formal structure, etc.); (3) strictly ontological problems, as the basis of problems of moral values; (4) considerations on philosophical anthropology, more or less closely linked with ethical problems (they contain many suggestions as questions and solutions of ethical problems).

The above-mentioned groups of ethical question, are narrowly intertwined – as those ethical considerations have here a special orientation. After Ingarden's opinion (as he put it in the introduction of his lectures

Tymieniecka (ed.), Analecta Husserliana, Vol. IV, 73–103. *All Rights Reserved.*

on ethics) ethics should consider human activity in view of the possibility of realization of moral values. And the realization of moral values requires – as a necessary condition – certain features of the structure of the world and of human consciousness. Those matters have been largely discussed in the book *Ueber die Verantwortung*. Many conditions have been listed there which must be fulfilled so that it is possible to speak about man's responsibility at all. Such problems as freedom and necessity, identity of the acting subject, occurrence of causal relations in the world or in relatively isolated systems – are discussed on the basis of philosophy and the results find application in Ingarden's investigations on ethics.

Ingarden has not worked out the whole of ethics. Therefore, in order to reconstruct his ideas on the subject, it is sometimes necessary to look for analogical problems discussed fully in his works on aesthetics.

I. PLACE OF MORAL VALUES AMONG OTHER VALUES

On the general theory of value, Ingarden represents the point of view of axiological pluralism: there exist many kinds of values and it cannot be decided beforehand whether they have anything in common or whether they are absolutely different, whether their mode of existence and the formal structure are the same in all cases or not. There has not been established hitherto any special method of classification and ranging of values of different kinds. Therefore, making a suggestion in this matter, Ingarden introduces a restriction that it is only a preliminary proposition which will probably have to be changed according to further analyses. The preliminary list of values is to be found in the essays entitled 'Remarks on the Relativity of Values'[7] and 'What We Do Not Know about Values'.[8] The groups of values mentioned there are as follows: (1) vital values (related with utilitarian, economical and pleasure-producing values); (2) culture values (especially cognitive, aesthetical and social values); (3) moral values. Thus the moral values form a separate group. Ingarden stands in opposition to a widely spread opinion that the moral values can be treated as sort of utilitarian or social values, and that they can be reduced to man's estimations and norms of customs and habits approved by a given society. For instance, an act which seems to be harmful from the point of view of society need not be thereby an act charging the man with a moral blame; on the other hand, an act highly positive in its results has not always a moral value.[9] The moral values are autonomous: their formal structure and way of existence are of special character. However they have something in common with other values: they belong to the human reality, to the world created by man beyond his biological necessities. Ingarden discusses those problems in the article 'Man and His Reality'. This article does not deal directly with moral problems but with their bases and the background against which they occur. The author presents here a conception of man as a being able to create values, responsible for their persistence and augmentation. The most important feature distinguishing man from other creatures is not so much his faculty to change his reality and become independent of it (this is a very important but secondary phenomenon) as his ability to create a fully new reality which once created persists and forms an essential element of the world. There belong here works of art, scientific theories, philosophical and theological systems, languages as the way for recording and transmitting of thoughts, states, institutions, systems of law, money and so on. If man suddenly missed all that, his reality would not only become poorer but his life would stop being a natural human life. It is characteristic that man in the course of his development did not satisfy himself to produce merely the practical tools but started to produce goods not necessary from the biological point of view: they are indispensable for his psyche, they are a manifestation of his spiritual forces and they enrich his world as well. If man reduced his activity to the satisfaction of his biological needs and to the facilitation of his life, he would miss the reason for his life to be taken care of. "Would the abundance of food, sensual pleasure and comfort attach us so much to life as to make it worth while facing all its troubles, dangers and sufferings?"[10]

The reality created by man affects and forms him. This reality includes also such values as goodness, beauty, justice, truth – hence the moral value too. Ingarden makes it clear, however, that this does not mean that those values are being created by man. It can only be stated that man may reach them through the reality created by himself. The good, in the moral sense, manifests itself through the created reality and also needs the creation of that reality to get – as Ingarden puts it – its embodiment. Therefore if man did not create that reality, proper for human being, there would not be any truth, good, beauty, justice – there would not be any values. By embodying, augmenting and serving them, mankind reaches its proper, full humanity. Man 'mediates between the world of nature and the world of values'. Neither of those two worlds gives man full satisfaction, in neither of them man feels at home. He creates a new reality because the physical and biological world does not satisfy all his needs. That new reality opens for him such perspectives as he could not foresee and is not able to reach.

It is therefore to assume, that creation of a new reality – the world of culture – is the moral duty of man. Its existence and development form the necessary conditions for the existence and development of moral values. The refusal to support and develop culture threatens man with the loss of his specific human features. Thus all creative work, the participation in and contribution to the development of the spiritual culture, the augmentation of such goods as art or science have the moral character. It can be considered as the most general condition of human moral behaviour (in his further considerations on ethics Ingarden does not return to that condition). Let us keep it in mind as we find here the reference to human society. In this relation, though the moral values are different from the others and their existence is autonomous, they are linked with and – what is more – depending upon the other values: if there were no other values in the world of man there could not be any moral values either. Ingarden will return to that matter many times, it will recur as a question what relations and conditionings occur between values of different kinds.

II. THE SUBJECT OF MORAL VALUES

Ingarden attaches much importance to the specific character of moral values. He refers to it in his article 'What We Do Not Know about Values', while analysing it in the more detailed way in his lectures on ethics. To have an insight into what this peculiarity consists of, one must realize what is the bearer of moral values, what are the conditions of their occurrence, what is their formal structure and their way of existence. All those problems are closely linked with one another. Ingarden assumes that perhaps not only values of different kind but even some varieties of values of the same kind may have different formal structures and different ways of existence. Let us start with the matter of the bearer of moral values. To find the solution one must consider what sort of objects exclude the possibility for moral values to occur, what objects are doubtful in this respect, what allow the occurrence of moral values; finally Ingarden proposes to set a list of objects which are always connected with moral values.[12]

One thing can be undoubtedly stated, that material objects cannot possess moral values (material things can possess some values but not any moral ones). Ingarden calls them after Scheler – goods. Some of them serve man's biological needs, his pleasures and so on, they are the so-called material goods; the others are spiritual goods as scientific works, works of art and so on covering his spiritual needs. Moral values are to be sought in the sphere of the personal values, man's deeds, acts of will, resolutions, decisions. The essential question here is what can be the subject of moral values in a human being. It is obvious that not everything in man can be included here. There must be excluded not only the physical side of man but also some of his psychic qualities, and in addition not all the personal values are moral values. Ingarden takes into consideration the possibility that the bearers of moral values can be various according to the kind of value; it may be a person, personal properties, acts of will, or it is possible that the bearer of moral values is to be sought in a combination of all those elements.[13] Moral values are probably most closely related with personal values. In Ingarden's considerations we can find clear suggestions that the quality, intensity, and height of moral values depend on the character of personal values which are their foundation and condition. He discusses those matters in a close relation with the conception of man which he sketches while considering the subject of pure consciousness and its form in the book *The Controversy about the Existence of the World*, and in the essay 'Man and Time' (discussing two different ways of experiencing time and their practical consequences), as well as in his book *Ueber die Verantwortung* (chapter VIII: 'The Substantial Structure of Person and the Responsibility'). The question of the bearer of moral values, in this case a human person, is especially important here because in his formal-ontological considerations on the general theory of value (comp. 'What We Do Not Know about Values') Ingarden states that a value is not self-contained in relation with its carrier. Therefore the qualities of that object (more precisely: the subject serving as a bearer of value) cannot be meaningless for the qualitative determination of value.

In his conception of the human person, Ingarden stands in opposition both to psychologistic and positivistic approach (confining a person to a 'bundle of experiences' and reducing the subject to a sum of psychic states) as well as to Husserl's transcendental idealism which assumes that the subject, the so-called 'pure ego', is being constituted in acts of consciousness, in a stream of experiences. It is indispensable to distinguish many layers and sides in a human person, to assume the existence of one identical root, i.e. an 'ego' or subject. Ingarden distinguishes the stream of experiences from the pure subject, and also man's nature from changeable experiences. Man's nature is a constant factor endowed with forces which only sometimes and often unexpectedly are manifested in experiences, making a man able to undertake acts and fulfil them surpassing common abilities. Finally, he distinguishes the human person formed on the basis of all those elements.[14] Some connections between those elements are of consequence for the way of treating ethical problems.

The subject of acts, the pure 'ego' plays an important role in the structure of the human person. The subject is the source of experiences; they are not independent, they are determined by the subject. As a matter of fact, "... the 'ego' need not manifest itself in acts, it need not experience anything, but only by doing so it fully realizes its proper essence, and only in experiences it gains its proper form of existence."[15] The experiences, however, are not something accidental to the subject, they represent 'the fulfilment of its proper way of existence'.[16] The subject may exist without any experiences (e.g. when sleeping, in states of unconsciousness), but then it is in a paralysed state. Its accomplishment lies in its conscious life, in its self-recognition included in each conscious experience. That self-recognition enables the subject to perform acts characteristic of a human person, without which it could not develop itself according to its individual nature. Finally Ingarden states that the consideration of responsible acts should not be restricted only to the sphere of the pure 'ego' and pure experience. There must be respected also the real acting in the real world – the real man with his determined character.[17] Let us add that under an 'act' Ingarden understands not only the behaviour manifested in psycho-physical processes but also the inner acts, e.g. acts of love or hate, contempt or admiration, humility, repentance, obstinacy, etc. Those inner and outer acts form at the same time the man's 'ego'. "The final inner structure of the subject (its soul or spirit) depends on inner acts it has managed to accomplish. The subject creates itself in a way by its acts, and, at any rate – transforms itself."[18]

Those considerations suggest that Ingarden's point of view oscillates between two hypotheses: all what constitutes man, whoever he becomes in the course of his life, is rooted in his nature because all his experience bears the stamp of the qualitative determination of his nature; on the other hand, as far as acts form the subject, one can assume that a new factor is introduced from outside into man's personality. Due to this fact, man is not confined only to develop the elements rooted in his nature but he may actually form himself, his personality and his moral character. Ingarden does not distinguish the mentioned factor in 'The Controversy over the Existence of the World' but only in *Ueber die Verantwortung* where he points out the effects of acts on man's personality.

Let us stress the role of the subject of consciousness: it is the basis of the unity of a person and a leading factor, it permeates all man's qualities, the powers of his soul and its nature, everything that gets manifested in acts of man's consciousness and acts of conscious behaviour. The subject is the actual executor of acts, the carrier and doer of acts of will, it decides itself about everything. However if it is unable to decide and yields to some forces of the soul, as it were, against its will – it is responsible for it.[19] Let us note another factor connected with the structure of consciousness which Ingarden calls 'nature'. In his paper 'Man and Time' he puts it in opposition to variable experiences and psychic states and processes as well as to man's psychic and physical features. Nature is a constant qualification determining 'the whole of myself as a man', it is specific and unique, different with every man.[20] Human nature is unchangeable all one's life; due to it man feels himself in spite of all changes occurring in him. It is extremely difficult to get to know one's own nature as well as that of anybody else. What we recognize of other people and of ourselves are only certain characteristics of human behaviour.[21] Therefore we usually determine the characteristics of human nature through one's behaviour.

Ingarden stands in opposition to such a way of approaching man's characteristics, because they derive from his nature. He says that a man is not malicious because he teases people and hurts them but he does so because he is malicious. Someone is not stupid because he does not understand some simple problems of life and theory, but he does not understand them because he is stupid. Someone is honest not because he does not swindle and steal, but he behaves like that because he is honest. "What he is in his deepest essence existing beyond his experiences he manifests himself as such in his acts and experiences, getting through them more or less exact self-recognition and the final shaping of his soul."[22] The shape and course of experiences seem to depend upon the features of the soul and its actual state (...) "The richer the soul is and the greater its inner powers, the more diversified, lively and intensive is its stream of consciousness, the greater tension it has and the better is the self-recognition gained by the subject on the basis of current experiences. Thanks to that, the inner structure of a person getting crystallized in one soul is growing the more harmonious."[23] Thus between the soul of man,[24] the pure subject, the stream of consciousness and the human person getting crystallized on their foundation, there is not only the relation of existential heterarchy, but also the relations of functional dependence.[25] The existence of the subject, a constant basis of experiences and the identity of the human person – this is one of the conditions to be established by Ingarden later on while listing the conditionings of moral acts.

Let us refer also to the article 'Man and Time', where Ingarden presents almost the same conception of man's consciousness, intertwining it with the problem of the relation of man to time. He discusses there two different ways of experiencing time, one of them builds man and innerly integrates him, the other destroys and ruins him. As the basis of the first experience Ingarden introduces the conception of person assumed in his 'Controversy...', whereas the other way of experiencing time is the consequence of the conception of man as a 'bundle of experiences' in which there is no single core of human person, and where the personality is being formed by a changeable stream of experiences. In the first case – man feels himself as something more stable in relation to his changeable experiences – in the other one – as being constituted in the course of his experiences. The latter attitude to one's ego is being set against the other one not only as a radically different one, excluding the former, but also resulting in negative, disastrous moral consequences.

In his considerations Ingarden does not respect the possibility that in different periods of his life man can experience the passing time in different ways, and that not always the latter way of experiencing time is so destructive, and the former so constructive. He does not pay attention to the fact that human experiences are not only the result of one's nature and one's special character but they are under the impact of outer events and as such they can break man's nature and sometimes transform it radically.

III. PERSONAL VALUES AND MORAL VALUES

Ingarden states that the subject of moral values in man are personal factors, that moral values may belong to the person getting crystallized during his life (the human person being a certain value in itself), that they can be found in man's acts, decisions and conduct. Not all the personal values are moral values. Ingarden mentions some personal values which are not moral yet, though closely linked with moral values (such as happiness, freedom, independence, intelligence, etc.); some of them may be treated as the conditions for the occurrence of moral values, others are indifferent on that score.

Some reflection included in the article 'Man and Time' may be interpreted as a discussion of conditions which determine the appearance of moral values in man, though Ingarden does not introduce explicitly those problems. Sometimes we have the impression as if moral phenomena were the main problem of the paper whereas the considerations on the two ways of experiencing time were only a pretext to raise the problem of man and his behaviour.

After all it is striking how much importance Ingarden attaches to the so-called self-knowledge in shaping man's personality, in reaching a higher level of inner integration (the lack of self-knowledge causes the disintegration of man's personality). When man finds occupations to make time pass, when he concentrates himself on what he is doing so as to forget himself – time kills him, crushes and annihilates him. In such a case man "leaves aside himself to serve other purposes."[26] Thus the "abiding by oneself in all possible states of joy or despair" is the condition to avoid emptiness and a necessary factor for man's development. An 'empty' man, directed exclusively outside is not yet morally bad (as one is tempted to assume) just like a man who is innerly rich and directed inside is not necessarily good. The problem gets however a special importance at the time of trial. In the first case the difficulties cause the inner breakdown as one does not find in oneself enough strength to endure, to oppose the evil. Therefore self-knowledge can be considered as a personal value being a base and condition of at least some moral values, such as faithfulness to ideals, self-mastery and endurance at the time of trial. This value facilitates man's inner integration and harmony which function assimilates it to moral values. In his lectures on ethics Ingarden points to inner integration of man as to the value approaching the field of moral problems. The inner harmony is conditioned by the many-sided development of man's powers, by the versatility of his interests and activities, by the depth of his emotional and intellectual file: it is opposed to superficiality, to inability to experience deeper emotions.

Other values, and at the same time the conditions for occurrence of moral values are to be found in the achievement of inner power, in the inner 'strength' of man. "To stay at someone's self – that is not only to enrich someone's self-knowledge in various circumstances, but also to master oneself in the struggle with the adversities of fate, with one's own conflicts, with the problems of life, it is to build oneself as a constantly increasing inner power. It is to rely on oneself and one's own existence."[27] Man's strength gets increased by the fulfilment of acts with the sense of full responsibility and absolute conviction of their justness; by accomplishing voluntary acts, in spite of resistance and conventions, acts in which one's 'ego' is most fully manifested. When man is weak, he is unable to solve practical problems which require moral decisions. If man gets lost in meaningless trifles, if he cannot concentrate and undertake an effort, if he betrays his own self – then he gets crushed, the passing time destroys him and by little he becomes 'nothing'.[28] Man is a force – says Ingarden – which builds itself, multiplies and overgrows itself if he can only concentrate and does not get distracted.[29] The question is about the personal value connected with psychic strength, sometimes linked with physical strength and man's resistance. Analysing such a value as courage, Ingarden states that a man physically weak breaks down in difficult situations because his system does not serve him well, thus he is not to be blamed and does not execute any moral acting.[30] Therefore we find here the conditioning of some moral values not only by man's psyche, his character and personal values but also by his physical constitution. The ability of perseverance and concentration, the possibility to undertake an effort, faithfulness to one's self – these are the personal qualities in which man's strength gets most fully manifested. A man must have the necessary strength to perform a moral act, to do something that is good or bad. He must also have strength to contradict the inner forces which are strange to him and which he does not approve. In his lectures on ethics Ingarden speaks about the qualitative individuality and uniqueness as a value in itself. When a man keeps his individuality – he keeps his freedom; he loses it when he becomes like a mechanism surrendering to the command of the moment, when he himself is not the source of his decisions. However, this value of individuality is not of an absolute character, it involves the danger of a too excessive attachment to oneself, which attitude results in the lack of freedom. In his conclusions on the relation of man to time, Ingarden says that man can persist and be free only when he devotes himself to produce goodness, beauty and truth. Then, and only then, he exists fully.[31]

From other personal values Ingarden mentions (in his lectures on ethics) freedom i.e. undertaking decisions conforming with one's own conviction (he deals with this subject while discussing the conditions of a moral act), intelligence (especially with some moral values this condition is indispensable) – when it is necessary to recognize the values, to be able to foresee the effects of one's own acts and to plan the ways of their realizations; with this there is linked an inner criticism which is in opposition to the inner dogmatism, the independence of thinking, of decisions and acting. Ingarden speaks here also about the value of happiness (which, although not being the condition of moral values, is closely linked with them) because there exist the merited happiness and the happiness to which man has no right – e.g. in the sphere of Eros. From the 'Controversy...' one can also infer that the care for one's inner development is a value closely linked with the moral sphere (in his lectures on ethics, Ingarden speaks about the many-sided development and about the depth of interests); it is this very development of the inner character that makes man fully human.[32]

The question is whether this development occurs spontaneously or whether man must strive for it, whether the development of some potentialities of his nature belongs to moral duties, is subject to responsibility or whether it lies beyond the sphere of moral acts and presents only one of 'natural' personal values. There still remains here a large margin of problems connected with negative moral values. Ingarden points to it in his lectures on ethics. Negative features are certain qualities estimated negatively from the moral point of view: the weakness of character is not the same as the lack of strength, intellectual dullness is not merely the lack of intelligence, dishonesty is not only the lack of honesty, and so on. It can be added that many personal values constituting the basis for moral values may be, at the same time, the basis of both negative and positive values – the already mentioned strength of man, the ability of persistence, inner development, inner integration, etc., all that may spin around the moral positive or negative values (when man serves the evil).

The consideration of all these characteristics of man, though of special type, not of moral nature yet, involves many problems which cannot be fully discussed here. Some of those characteristics are considered as values because of their contribution to the occurrence of other values, on account of their being a constitutive element of moral values, as well as on account of the possibility to be developed is such a way as to intensify some other values. It may be doubtful if man's individuality, uniqueness, qualitative specifity are to be considered as values. If all that belongs to the structure of consciousness, if everybody possesses all those individual qualities within the framework of human nature, can this be called a separate value? Such an approach to the problem reveals many unexplained assumptions, such as the fact that man's individuality may be annihilated or intensified ('Man and Time'), that the special characteristic feature of man's nature may be more or less distinct, that it may be stressed or suppressed, etc. From Ingarden's examples we may infer that all those features considered as personal values must have their own proper dimension and that they must occur in common with some other factors to be considered as values.

IV. THE CHARACTERISTICS OF MORAL VALUES

In his lectures on ethics, according to his methodology, Ingarden mentions a number of man's qualities called traditionally virtues, generally accepted as moral qualities. They may be treated as different kinds of moral values. They are as follows: justice, courage, ability for taking responsibility, honesty, fidelity, modesty, inner submissiveness, mercy, altruism, disinterestedness, self-control; and their negatives, i.e. faults: injustice, cowardice, avoiding responsibility, dishonesty, treachery, exaggerated ambition, conceit, haughtiness, selfishness, indifference towards other people's sufferings, mercenariness, lack of self-control, wickedness.

What are those virtues and faults? On the basis of what principles are they considered as moral values? Those questions can be answered only after a proper analysis of the mode of existence and of the formal structure of moral values. Ingarden does it in his lectures on ethics and also in 'What We Do Not Know about Values'.

At the beginning some terminological problems must be cleared up: Ingarden separates a moral value from a moral conduct. The latter is value-creative because it is the source of moral values. It fulfils some special conditions to be discussed later. The final factors for the occurrence of moral values are: The decision of a conscious subject concerning the undertaking of a determined conduct and the acceptance or non-acceptance of one's own behaviour. But the formal conditions alone are insufficient to determine what the value is. Ingarden's attitude in ethics is definitely antiformalistic. It is not a set of formal conditions that decides if something is a value or not but a special qualitative determination differentiating kinds of values and particular species of values within a kind. Since Kant's times formalism has become a master of ethical considerations. Some traces of formalism Ingarden finds even in Scheler's conception of moral values though the latter wanted to oppose himself to Kant and create 'material ethics'.[33] Scheler, while defining what a moral behaviour is, puts forward two conditions, and namely: An action is morally positive if a proper estimation of values not belonging to the category of morality has been taken into account and if in a possible conflict between values the higher one has been chosen. Thus the moral value of human behaviour occurs when a man, having the choice among some values (which are not of moral character), chooses the higher one. This implies the existence of some other than moral values, and also a certain hierarchy among them, recognizable for man. If we know that the given value is lower than another one and when we choose the lower one, our conduct is morally negative. "A morally positive conduct does not introduce any new separate value, it is only the right 'vorziehen', as Acheler puts it – it means the preference of the value *A* to the value *B* and its realization even in unfavourable circumstances".[34] For Ingarden this condition is insufficient. When we make a choice between two utilitarian values, e.g. when we choose between two projects of the regulation of a river, from which the one is advantageous for the building of electricity works and the other is moreover favourable for agriculture, and when we choose the latter – after Scheler's conception, our conduct would be morally valuable. In opposition to this Ingarden states that such a choice has nothing to do with moral conduct as it has no impact on the subject making the choice, it does not render the subject any better.[35] By the way it is worth while noting that Ingarden leaves out that condition while listing the conditions of the moral behaviours.[36] That condition, however, seems to be particularly important. The reflex of the accomplished act on the person, on the acting subject, on human nature, making the man himself better or worse – this is something very characteristic of moral behaviours, of the values belonging to this sphere.

So, after Ingarden, the formal conditions alone are not enough for the occurrence of moral values. A moral value has a specific qualitative determination which decides that the given value is of this or other species, e.g. that it is justice, faithfulness, courage, etc. There exists something common which characterizes all moral values in the opposition to other values, e.g. aesthetic or utilitarian ones. This problem will get clearer in the light of Ingarden's considerations on the formal structure of moral values ('What We Do Not Know about Values'). Values – moral ones included – are not of independent existence, it means that they always belong to something. Thus they are not objects and as such, according to Ingarden's results of ontological analyses, they cannot be subjects of properties. If they are not objects perhaps are they a sort of relation between objects or are they some properties or qualities of objects? Ingarden states that none of those propositions can be maintained. Values must be finally considered as particular characteristics of quite different nature and linked with the objects in a completely different way than any other properties.

There are perhaps such values which consist in a certain relation between one determinate object and another or between a subject and an object, but this is certainly not the case with moral or aesthetic values.[37]

They are neither relative nor relational.[38] They are absolute. 'Charm', 'grace', 'nobleness', are not relations. In everything that exists one may distinguish some form, matter and mode of existence. When values are concerned there is also to be distinguished a special moment, not encountered anywhere else, and namely their 'valuableness' (Wertigkeit) which implies the difference between the form of value and the form of object which is not a value itself. In this 'valuableness' of values we may distinguish a certain 'height', different in various cases, the 'positiveness' or 'negativeness' of values, and also – after Hartmann – their 'strength'. Moreover, the valuableness of values includes a certain moment, namely the 'obligatoriness', which means that the values ought to exist. This obligatoriness of existence depends upon the kind of value: it is different in the case of moral values and different in the case of aesthetic or utilitarian values.[39] As concerns the moral values their obligatoriness is absolute to such an extent that the neglect of their realization results in realization of a negative moral value, i.e. the evil. The valuableness of moral values depends upon the valuableness of other values because both the obligatoriness of moral values and those values themselves are conditioned by some other value. Ingarden makes a restriction that this characteristic of the valuableness of values has nothing to do with the relativity – the question is here in a tight intertwining of different values qualitatively determined. Some examples can be found in the considerations (presented in the lectures on ethics) on particular values: to determine a given moral value such as justice, courage, honesty, etc., we must unavoidably refer to a number of other values of moral character or of different kinds.

That matter is extremely complicated and raises many theoretical doubts. If a moral value is absolute in its obligatoriness and if it contains in itself a qualitative determination deciding about its valuableness (e.g. 'justiceness' of justice, as Ingarden puts it), there suggests itself a conclusion that it is a value itself, independently of the existence or non-existence of any other values. But such a conclusion would go too far in the light of Ingarden's considerations. And further on: the realization of a certain value occurs only when it is being realized for the purpose of the realization of another value: thus, that other value would include again in itself the postulate of being realized in view of still another one. The only way out of this vicious circle seems to be to admit that a value has a definitive qualitative determination and to assume, at the same time, that it is not this determination alone that decides about the value but a number of intertwined factors which may be distinguished in the structure of the value and which are functionally interrelated.

Thus, value has a special form which does not occur within any other being. If it belongs to something, being both existentially derivative and not self-contained, if it cannot appear otherwise than as a moment underlain by a number of other moments it 'belongs' to the object in a different way than any other property. Because it qualifies the object, it makes it valuable, it causes the object to be distinguished by a peculiar 'dignity' raising it over other objects deprived of value.

Ingarden assumes that the moment deciding about the structure of a value is its matter (i.e. its qualitative determination); it decides about the height of value, the way of its existence and of its being conditioned by the object to which it belongs. This thesis has been developed and commented in his lectures on ethics. The moral valuableness of an act is finally determined by the qualitative determination and not by the set of conditions indispensable for an act to be moral. For instance, about justice he says: "Justice as such is a certain qualitatively specified determination of the value of a certain decision or conduct."[40] Therefore the moral value should be sought in qualitative determinations of human acts not in the formal conditions.

V. THE MODE OF EXISTENCE OF MORAL VALUES

Ingarden stands in opposition to all the theories which consider moral values as subjective or relative and according to which there is neither good nor evil in the human world: there exist only human estimations and conventionally accepted norms. Valuations are derivative from values, they have a sense only as far as there exist values. Also the norms functioning in social life have a sense only as far as they are formulated with respect to values, and their obligatory character. We appraise a certain conduct as positively valuable from the moral point of view because it fulfils certain conditions and is distinguished by the given species of valuableness of a special qualitative determination (e.g. honesty is characterized by 'honestiness' just like the real green is characterized by 'greenness'). Even the utilitarian or vital values which are of relational character cannot be fully reduced to the subjective reactions of the subject. If we say, for instance, that a certain plant is nutritious for a certain kind of animal, this means that it possesses a determined nutritive value, thanks to which it gets a new peculiar qualification, i.e. value. If we say that a special conduct is good or bad, we say so with respect to some special characteristics of this conduct and not because of the arbitrary decision of the estimator. One of the proofs for the existence of moral values is human conscience – a psychic anxiety felt when, estimating our own conduct, we get convinced that it was unjust, dishonest, etc. If we considered the rightness of our estimation to be a fiction, an arbitrary invention, we should not feel any anxiety and the compensation for injustice or harm would be an action deprived of every sense. Only because we find values (and do not invent them) there may arise the problem of justice or injustice of our behaviour, that of honesty or dishonesty of our conduct, etc.

Representing the point of view that moral values are objective, Ingarden does not, however, ascribe to them the mode of existence similar to that of things; moreover, the mode of existence of values is different from that of objects (beings) of any kind, because values are neither real nor ideal nor purely intentional objects. The goodness is real, but not in the same way as, for instance, this table here. Values are anchored in what is real, but their reality is not the same as the reality of human psyche or that of bodies. If moral values were purely intentional beings or if they were derivative from human estimations, people could not be called to account, rewarded or punished, and a great deal of human actions would be unjustified. Ingarden manifests here his rationalistic attitude (significant for the constructing of ontology) also with regard to moral problems (the structure of the real world which is the background of moral actions is also rational). Just as the world has its rational structure, so the human behaviours, socially approved, do not occur arbitrarily, casually, disorderly. After this approach, the values in their objective existence acquire a postulate of rationality of human behaviours. Ingarden realizes the tremendous difficulties connected with the defence of the objective existence of values. He says that man is keen on the reality of values, that we would like to recognize them as such. What is more, in the human world the values function as real, and it is proved by the fact that man fights for values and is able to die for them. There are a lot of human behaviours which would be irrational or quite absurd if the values were recognized as nonexisting, being only a fiction of human mind.

The way of existence of value is relatively independent of the way of existence of the bearer of that value. If a value, for instance, is a value of something that exists really, it does not mean necessarily that the value itself is a real one. If a value is linked with something that is an intentional being, it does not mean that the value itself is an intentional being either. It is also probable that values exist in various ways, depending on their kinds, depending on their matter (qualitative determination), according to Ingarden's thesis that the basic moment of a value is its matter which determines the way of its existence and the height of value. Moral values exist perhaps in another way than aesthetic or utilitarian values. "The aesthetic value of an aesthetic object (let us remember that it is an intentional object – M.G.) as well as the utilitarian values of a tool, are in their role of qualifying their bearers conditioned in another way than a moral value."[41] Because a moral value has as a basis of its existence exclusively the object it qualifies, while an aesthetic value and an utilitarian one have as a basis of their existence both the properties of their bearers and the subjects (in the case of aesthetic values there is concerned a subject perceiving in an aesthetic attitude a work of art, in the case of utilitarian values the question is of a subject using a tool).

Thus, after Ingarden, moral values are set exclusively in the subject which is their bearer, in opposition to other values, which have their basis of existence both in their bearers and in the perceiving subject. Does it mean that a moral value is absolute in that sense that it is dependent upon nothing but the subject (its acting, its personality)? Ingarden's suggestions follow this direction although some considerations may be mentioned which seem to admit the participation of some extra-subjective factors in the constitution of moral values. The considerations in question concern mainly justice.

To determine the way of existence of moral values, two questions should be taken into account: the way of existence of the bearers of values and the way in which values are founded in the objects they qualify.[42] Supporters of the axiological relativism tend to assume that values are founded in something else beside their bearer; they assume that if an object is real, the values qualifying it are also real. On the other hand they assume that if values are founded not only in the object – the bearer of values – but also in something else, their connection with the object is somewhat 'looser', the values are relative then. Ingarden challenges those assumptions. There are some arguments for the view that values – at least some of them – exist in another way than their bearers. For instance, the moral values qualifying human acts and realized in the course of human life are not the objects persisting in time, changing, developing, though their bearers are of such character (e.g., honesty, disinterestedness, heroism – though they occur in changing human acts – they themselves exist in another way, they do not sink into the past once an act and its consequences have ceased to exist, they do not change).

The moral value of a given act originates at the moment of its accomplishment[43] – at that moment a man gains a merit or becomes guilty. There are also such moral values (connected with man's character, his talent, skills, knowledge or experience) which get annihilated at the moment of death of the man who is their bearer. Such are the facts; the question of the mode of existence of moral values concerns their existence from the moment they emerge to the moment they become annihilated. Ingarden asks: "Should they be considered as changeable and transient in time like everything that is real – or should they be recognized as something not submitted to change in time in its mode of existence? Does the value of an act pass in the same way as the act itself (...) or does it last when the act is over?"[44]

This problem is closely linked with the question of the bearer of moral values (as we have seen, Ingarden takes into consideration three possibilities: it is the human person, his acts and behaviour, or an act of will). If it is an act or an activity that is the bearer of value, the question arises whether the value perishes when the act is done. Does the value of a person get annihilated with the death of the man? Does the value of a decision, of an act of will exist only at the moment of the decision? Though a definite answer to those questions cannot be given in the present state of analyses, it seems probable that values have the character of extra-temporal persistence. This is, after Ingarden, the condition of responsibility: if a man is responsible for his act this is because the value of that act does not pass with the moment of its accomplishment, it is more lasting. The trace of a merit or a guilt remains in man, i.e. the trace of something that is positively or negatively valuable. Who has committed a crime or a heroic act remains a criminal or a hero, and only under this condition does a reward or a punishment have any sense. The condition of bearing responsibility is that one is identical with the man who has committed the crime and that the value of the given act continues to exist.

To determine the special mode of existence of moral values, Ingarden refers to the thesis that it is the 'obligatory' character of values that is specific for them, that one cannot say that they exist but rather that "they are valid" (Lotze) or that they "ought to exist" (Rickert).[45] As a result of the critical estimate of this view (one cannot speak of the validity or obligatoriness of something that does not exist), Ingarden states that this obligatory character may be ascribed to values in a special sense. The fact that the moral values exist, introduces a new state of things which is in itself a realization of a positive value. But when Scheler states that the existence of a positive value is already a positive value, he goes too far: after Ingarden, no new value emerges then but "the valuableness of a realized value includes in itself, as it were, the existence of the value, or putting it better, it has in this existence one of its foundation, therefore it has its source not only in the very matter of the value, but also in the fact of its realization."[46] Thus the view concerned here seems to be that a certain value is a moral one not only because it possesses a certain matter, i.e. qualitative determination, but also thanks to the fact that it has been realized, that a 'command', a 'duty' or an obligation has been fulfilled. Therefore a moral value exists only and as far as it is realized in a real act or a person.

VI. CONDITIONS OF MORAL CONDUCT

Ingarden makes a preliminary list of conditions which must be fulfilled for human conduct to be included in the sphere of moral behaviours; these are at the same time the conditions of the realization of values commonly called virtues.[47] Are those conditions satisfactory or only necessary? This question can be answered, after Ingarden, only when some particular analyses have been carried out. It may turn out that a certain conduct does not fulfil those conditions; in this case this does not mean that the conduct does not belong to the sphere of moral behaviours; perhaps if it were possible to find similar examples, something in those conditions should have to be changed. This is a preliminary list including what is most obvious when the foundations of human moral behaviours are concerned. Ingarden formulates the six basic conditions of moral behaviour, and namely:

(1) Participation of a conscious subject in acting, which means that a conscious subject must manage its conduct and recognize some facts as well as values. This requires the existence of both a subject of acting and its consciousness. Where there is no consciousness one cannot speak of a moral conduct. Neither is a conduct to be estimated morally when a man is mentally diseased, when his consciousness becomes dissociated, when he has no feeling of identity and of the unity of himself as an acting subject. In moral behaviour there must be made a conscious choice of a certain conduct.

(2) Conduct of a conscious subject, understood in a large meaning of this word as inner or outer behaviour. In a particular case it will be an action introducing some changes in the world. Here belongs, as one can suppose, the 'inner act' discussed in the article 'Man and Time'. The examples analyzed by Ingarden seem to admit the following interpretation: the moral values are realized not only in an outer action but also when man undertakes a decision only for himself, when he makes a resolution, e.g., when he decides to be faithful to his ideals. However, if Ingarden assumes that various moral values may be linked with various sides of man, one must ask whether this condition is valid for all values, whether in the case of a value found in a person, the value in question emerges in an action of the subject (more generally, in his behaviour)? It is possible that a moral value emerges when an action of the subject takes place, when he takes a decision, when he changes his attitude, when he gets moved, when he becomes conscious of something, when he experiences an inner struggle, etc. Ingarden speaks of a psychic action, e.g. when one is forgiving something which act has a moral value. The psychic behaviour occurring here is not always linked with a psycho-physical one (sometimes merely a certain action is given up, e.g. an act of vengeance planned before). Undoubtedly various moral values fulfil this condition in various ways. For instance, speaking about honesty, Ingarden says that though honesty is a feature of a person belonging to the so-called features of character, if it had never been manifested in an

exterior behaviour of a man there would be no reason to ascribe it to him.[48] And one may ask if it is only the manifestation of certain moral values that depends on external situations, if it is not also their very existence that is conditioned by the external, casual circumstances?

(3) In a moral conduct there must be involved some values. They may be of different kinds, i.e. vital, economical, cultural, or also moral. For instance, in justice there is the question of assigning some goods to someone; in courage one aims at the realization or protecting of some vital values (e.g. life), of utilitarian or cultural ones (if a man persisted in his opinions in spite of a physical or a psychical danger, not having in view any values, such a conduct would be nonsensical, it would have no character of moral behaviour, there would be no real courage then, at best its semblance, if anything, or venturesomeness).

(4) The assumption of responsibility for the undertaken conduct. If someone's conduct has the appearance of courage but it has taken place under conditions in which the man is not responsible for it, the moral value in question, i.e. courage, has not been realized. There is no merit in that man's action. With the idea of responsibility there is linked a recognition of some merit or guilt (followed by punishment); a responsible conduct affects its author in a positive or a negative way. The question of responsibility has been considered by Ingarden in a pretty detailed way.[49] He treats this phenomenon more comprehensively than only in the aspect of moral values. What conditions must be fulfilled for responsibility to be spoken of at all, for a man to be made responsible for his behaviour and conduct? Ingarden seeks those conditions in the structure of the world and in that of man's psyche, of his conscious life. To personal conditions there belong, among other things, the identity of the acting subject in time and his freedom; on the other hand, there is decisive the structure of the world (as far as it admits any changes and provides a possibility for a free act of man). If the world were ruled by determinism there would be no real freedom and one could say that man is responsible for his acts (because he would be acting under the force of circumstances).

On the one hand, Ingarden speaks of responsibility as a condition of moral behaviour in general, and on the other hand, he treats it as one of moral values (virtues).[50] There may be distinguished four situations in which responsibility manifests itself: (a) someone bears responsibility for something, he is for something responsible; (b) someone takes responsibility for something; (c) someone is called to account for something; (d) someone acts with responsibility.[51] Here one may speak of responsibility as a fact: a man is responsible because he is called to account, he gets rewarded or punished, he feels qualms of conscience or an inner satisfaction at the accomplished act. One may also speak of responsibility as a value: when a man, feeling responsible for his decisions and acts, performs them in such a way as to be ready to accept all the consequences of them and when he really accepts them.

(5) The freedom of decision and conduct. A man must be free in his decisions and conduct; if he acts under force he does not accomplish any moral act. This is, at the same time, a condition of responsibility. If one is to be responsible for his conduct he must have the possibility to back out of an undertaken action, he must have a free choice in every moment. The freedom itself is considered as a value belonging to the sphere of personal values.

Ingarden analyses in his lectures the sense of the concept of freedom. In philosophy and ethics there dominates a negative concept of freedom: as a freedom from something, from the causal determination, from low, from social norms; in the intellectual sphere a freedom from dogmas, superstitions, authorities. Besides, freedom may be distinguished as a wellknown phenomenon of everyday life. It is therefore necessary to detect the phenomenon of a real freedom of man and differentiate it from the feeling of freedom as well as from the conditions indispensable for man to be free.

For Ingarden man's freedom does not lie in the want of determination, freedom does not mean being free from the external conditioning; freedom which has any importance in the moral sphere is not a freedom from necessities forced on someone by the external world. In his acting man must take the world into consideration. Every situation gives many possibilities of acting; man's decisions and acts should be a reasonable reaction to what happens in the world. Ingarden says that to postulate man's independence of the situation in which his action is to take place is an ontological and moral mistake.

The question of freedom and responsibility is closely connected with that of the structure of the world. If we assume after Laplace that the world is one consistent system of causal relations and that every event is determined by the previous state of the world we must acknowledge that in a world constructed like that there is no place for real acting, no place for freedom. Ingarden represents another point of view: the world is a unity of systems relatively isolated; the decision of the subject to undertake an act is not determined by the state of the whole world but it is confined within a given (relatively independent) system. Acts of decisions are determined by a certain arrangement of states of things occurring in man's environment and by a certain arrangement of facts occurring in his psyche. The problem if the will is free is to be discussed in another way: as a matter of fact, it is not the question if the will is free (because the will is always partly determined) but the question is if it is *my own* will and if I mean something in the world as a subject of acts. The outer and inner determination always exist within certain limits, beyond those limits there may be some place for my own will. Man is partly determined by the world but, at the same time, not everything that occurs in him is determined. After this conception, there is good reason for attributing to man the freedom of action and responsibility. Thus man becomes one of such wholes, one of the systems relatively isolated from the rest of the world: he allows reactions with the outer world, he is partly determined but, at the same time, he is himself a source of changes he introduces into the world.

The source of decisions and the basis of responsibility is the 'ego', the person. The person is the source of both making up one's mind and upholding the decision in the course of action. Ingarden supposes that one of the conditions of moral acts is disinterestedness of conduct (however, he does not state unhesitatingly that this is the case with all kinds of moral values). An obvious condition of the occurrence of moral values is the existence of the bearer of those values, i.e. the person.

Are those conditions satisfactory? Ingarden does not judge it beforehand. A definite solution of these questions could be obtained only after a thorough analysis of possibly many different moral values. Apart from the fulfilling of these conditions the moral conduct is characterized by a special qualitative determination (discussed above) which makes a given conduct, e.g. just, brave, honest, faithful.

From this there may be inferred a conclusion concerning the way of cognition of moral values: they are given finally in experience, of course in a specific one, i.e. in a moral experience, in an experience of values.

Just as it is impossible to learn an aesthetic value, e.g. the beauty of a given work of art, by merely enumerating the formal conditions fulfilled by it and one must perceive and experience that beauty, so is the case also with moral values; for example, it may be stated beyond every doubt that a given conduct fulfils the conditions of a moral conduct yet, at the same time, it is deprived of the specific qualitative determination that would make it morally valuable. Such are the consequences of the 'material' ethics. Therefore studies on a large scale should be undertaken to investigate the experience of moral values and to determine the specific reactions-responses to various values belonging to a determined group (of this response to values Ingarden speaks after Hildebrandt in 'What We Do Not Know about Values'). Could the reaching of that specific experience alone enable us to see which of the experiences in question are valid and which are illusive?

VII. THE FOUNDATION THE MORAL VALUES HAVE IN THE PROPERTIES OF AN OBJECT

The problem of the foundation the moral values find in the objective states of things belongs to the most essential questions concerning values and it implies important methodological consequences; the way of posing those problems suggests the direction of investigating the particular ethical problems and presents an analogy with the way of approaching similar problems in aesthetics. As aesthetics has been elaborated by Ingarden in a much more detailed way, it may supply some hints and be of use to explain some questions which have not been finally explained in the sphere of ethics. The fundamental statement here is that values are not self-contained in relation to the object they qualify. The value therefore – as it has been already said – exists if, and as far as there exists an object which "can meet the existential heterarchy of the value by supplying it, as a foundation, with such properties as would be sufficient for the embodiment of a certain quality of value."[52] This is a complementary factor which removes the existential heterarchy of value, supplying, at the same time, a necessary condition for the actual emergence of a value of a given quality (matter). It is therefore necessary to find an answer to the question what this factor really is, to make sure, at the same time, if a value really qualifies an object. This problem is especially important in the sphere of values – moral and aesthetic ones – because there exists a commonly known phenomenon of illusion; there is the danger of accepting illusionary values, the danger of 'experiencing' the values which do not really exist. There arises therefore the question if a value given in experience has a sufficient foundation in the object which seems to be its bearer. It is known that what is given in experience as disinterestedness, faithfulness, honesty, may have in reality the qualifications morally negative; what causes delight is not always really beautiful; what causes our moral approval need not always be approvable. With the acceptance of the thesis that values have their foundation in the properties of an object, it is possible to find a test enabling us to determine if something which appears in experience as a value (moral or aesthetic one) is of such a character in reality. To make sure – Ingarden says – if a value has a satisfactory and, at the same time, an indispensable foundation in an object, there must be found in this object those properties which, while occurring in it, imply the appearance in reality of a given quality. Two questions are here concerned: first of all, one must know what kind of properties of an object must be realized for it to be a satisfactory foundation for a value of a certain quality (matter). In other words, there must be sought here "a necessary and, at the same time, a satisfactory correlation between a certain selection of properties of a possible bearer of values and the values of a determined quality."[53] If one accepted the thesis that there is no necessary correlation between the qualities then the conclusion should be also accepted that the appearing value has no effective foundation in the object which underlies it. Such a standpoint, after Ingarden, would be unjustified. But the acceptance of the point of view that values in every case have their foundation in an object would be unjustified as well. This question needs some detailed analyses to state in the case of occurrence of values what properties (if any) of the corresponding object entail their occurrence and are related to them in a necessary way. The next question would be if the object changes the matter of value or annihilates this value. Those analyses may lead to the answer to the question "if and to what an equipment of the object there corresponds a given value, what necessary and satisfactory conditioning in those properties it requires and can be satisfied in its requirement."[54]

Another methodological postulate is an investigation of these problems in the case of particular objects: works of art as to aesthetic values, and moral facts as to ethical values. Such analyses would be of importance for the construction and enrichment of a positive knowledge of art and morality.

The method of finding the properties of an object which is a bearer of values and of stating the necessary connection and relations between them is applied by Ingarden fully in his analyses concerning aesthetical values. This direction of investigations has also been followed in the fragments of ethics worked out by him. In particular, there has been laid out a perspective of investigating the laws of co-occurrence of different ethical values and of their co-realization. In some cases some values can be realized simultaneously, in other cases they exclude one another – the realization of one value makes impossible the realization of another one, etc. It happens that in order to realize one value one must destroy another one. It can also occur that one value cannot be realized without a previous realization of another one. This problem is very important for the investigation of values of one kind (e.g., moral values of different varieties) as well as of values of different kinds (e.g. is this always the case that what is good in the moral sense is at the same time useful?)

As an example of a detailed research of moral problems may serve the analysis of justice. Justice is usually treated as a social value par excellence; such an attitude goes too far, after Ingarden, because it is possible to pass a judgement in a just way and it would be unjust in itself, and vice versa. The mistake does not mean injustice here because justice as a moral value is linked directly with the motivation of the decision, whereas the fact that justice takes place in the proceedings of human interactions has a secondary character. It is also assumed that justice is a social virtue because for its realization at least two persons are needed for goods to be divided between them. But Ingarden states that I myself may be a partner beside someone else and what is more I myself can be an object and a subject of justice. I can evaluate and judge myself, and give a verdict on myself. Then, though I am the only partner of justice, there comes to the opposition between the 'ego' accomplishing the act of justice and the 'ego' identical with the person who is being judged. There exist many kinds of inner conflicts and in them there occur decisions of moral character. An act objectively just need not be, at the same time, an act subjectively just, and vice versa (i.e. an act objectively just may be subjectively unjust, when the motive of action is not the accomplishment of an act of justice but vengeance, comfort, business, etc.). A moral value gets realized by a just act if it is both objectively and subjectively just. It implies therefore some determined personal values: ability of foreseeing the effects of an act, recognition of a given situation and therefore intelligence, impartiality, etc. Further conditions for a just act to be a moral value are disinterestedness of the person performing a just act, the exclusion of compulsion, freedom of decision, and readiness to take up responsibility for the decision, etc.

VIII. MORAL VALUES IN AN ETHICAL SITUATION

The considerations on Ingarden's ethical researches may be completed with an attempt at a new explanation of the elements of his theory. It seems useful from the methodological point of view to devise a model of an ethical situation.[55] Thanks to this device a greater methodological clearness may be achieved (systematization and schematization of elements, determination of the superior whole, insight into the connections between the distinguished elements) and a facilitation in determining the subject of ethics as a science.

Let us take as a starting point the graphic schema on p. 101 presenting the 'ethical situation'.

The proper subject of research in ethics may be an ethical situation, consisting of three essential elements: the acting man, his acts and the results of those acts. Some determinate conditions are necessary for an ethical situation to occur, otherwise the above mentioned elements (really existing) acquire a different, not ethical meaning (e.g. an abnormal man cannot be author of a morally valuable act). Those elements of the situation get their proper ethical meaning only in determinate conditions, moreover (and first of all, because those conditions are only indispensable and not sufficient) with reference to a determinate system of values considered as a reference system (those elements get a morally valuable character by their reference to and connection with values; if values were considered as fictions all problems of morality would come down).

Ethics should also consider what in detailed researches is given directly, intuitively and really: actual activity. This activity involves the

NECESSARY CONDITIONS

Subjective: psychic normality, consciousness, responsibility
Objective: existence of relatively isolated systems, temporary structure of reality

REFERENCE SYSTEM

Values: ideas, individual, another man, society

MAN	ACTS	RESULTS
personal values	moral immoral	subjective-objective
ability for acting	measures taken for realization	model of change

ACTUAL ACTIVITY

Changes in the real world, realization of good or evil, taking of responsibility, changes in personality

conditions, the values and the basic elements (together with derivative elements, such as ability of acting on the part of the subject, measures taken for realization and the model of attempted changes). Thus the problems of morality are being considered with reference to concrete reality. Ingarden writes on that subject: "In the matter of bearing or taking responsibility I cannot confine myself to the pure 'ego' and to the pure experience. It must be a real acting in a real world; the whole man with his definite character must be taken into consideration. Only the reality of an act permits us to speak of responsibility of its author at all. The accomplishment of an act is conditioned in two ways: (1) by the real circumstances in which the act takes place (real causes in the world) and (2) by the acting human nature shaped at the moment of the act (where the body has also an influence on the course of the act)."[56]

There is still one problem, which I think should be considered here.

One could think that Ingarden's theory has an individualistic shade, that it takes too little into consideration the social character of moral values. Ingarden's theses seem not to deny that social aspect of morality. Firstly, he does not deal with the genesis of moral values (where, as it seems, the social aspect is most obvious); secondly, Ingarden himself considered his work as only a preliminary investigation of those problems from the ontological point of view, whereas more detailed investigations and analyses must lead necessarily to the sphere of social reality, as man's acts – and also ethical qualifications of those acts – take place in a social environment. In most cases they concern the community (they are directed to the community, the changes refer to the community, and besides the community estimates those acts as to their moral quality).

Jagiellonian University, Kraków

NOTES

[1] R. Ingarden, *'Z rozważań nad wartościami moralnymi'*, in: L. Gumański (red), *Rozprawy filozoficzne*, Toruń, 1969, pp. 105–117.
[2] R. Ingarden, *Ueber die Verantwortung. Ihre ontische Fundamente*, Stuttgart, 1970.
[3] R. Ingarden, *'Uwagi o względności wartości'*, and 'Czego nie wiemy o wartościach', in: *Przeżycie, dzielo, wartość*, Kraków, 1966.
[4] R. Ingarden, *Spór o istnienie świata*, vol. I, Warszawa, 1947, vol. II, Warszawa, 1948.
[5] R. Ingarden, *'Człowiek i jego rzeczywistość* (1939), in: *Książeczka o człowieku (A booklet on man)*, Kraków, 1972, pp. 29–40.
[6] R. Ingarden, *'Człowiek i czas'* (1938–1946), in: *Książeczka o człowieku*, Kraków, 1972, pp. 43–74.
[7] R. Ingarden, *Przeżycie, dzieło, wartość*, pp. 67–82.
[8] *Ibid.*, pp. 83–127.
[9] *Ibid.*, p. 87.
[10] *'Człowiek i jego rzeczywistość', Książecka o człowieku*, p. 34.
[11] *Ibid.*, pp. 35–36.
[12] After the notes of the lectures on ethics.
[13] *'Z rozważań nad wartościami moralnymi'*, p. 106.
[14] *Spór o istnienie świata*, vol. II, chapter XVII.
[15] *Ibid.*, p. 760.
[16] *Ibid.*, p. 761.
[17] But that conclusion appears only in the essay *Ueber die Verantwortung*, p. 64.
[18] *Spór o istnienie świata*, vol. II, p. 762, note.
[19] *Ibid.*, p. 777.
[20] *'Człowiek i czas'*, in: *Książeczka o człowieku*, p. 44.
[21] *Spór o istnienie świata*, vol. II, p. 772.
[22] *Ibid.*, p. 778.
[23] *Ibid.*

[24] The soul is called by Ingarden also 'person', rather inconsequently, because he states, at the same time, that the person is crystallized only in the course of accomplishing conscious acts.
[25] *Spór o istnienie świata*, vol. II, p. 779.
[26] *'Człowiek i czas'*, in: *Książeczka o człowieku*, p. 65.
[27] *Ibid.*, p. 68.
[28] *Ibid.*, p. 71.
[29] *Ibid.*, p. 73.
[30] *'Z rozważań nad wartościami moralnymi'.*
[31] *Człowiek i czas'*, in: *Książeczka o człowieku*, p. 74.
[32] *Spór o istnienie świata*, vol. II, p. 760.
[33] *Formalismus in der Ethik und materiale Wertethik*, Halle, 1916.
[34] *'Z rozważań nad wartościami moralnymi'*, pp. 106–108.
[35] *Ibid.*
[36] This condition Ingarden mentions in: *'Ueber die Verantwortung'*, where he says that by performing an act of negative value man burdens himself with a negative moral value, and in this does his guilt consist, whereas by performing a good act man acquires a positive moral value and gains a merit.
[37] Ingarden carries out a detailed argumentation on that subject in: *'Czego nie wiemy o wartościach'.*
[38] Compare: *'Uwagi o względności wartości'*, where Ingarden distinguishes relativity from the so-called relationality.
[39] *'Czego nie wiemy o wartościach'.*
[40] *'Z rozważań nad wartościami moralnymi'.*
[41] *'Czego nie wiemy o wartościach'*, p. 103.
[42] *Ibid.*, p. 104.
[43] *Ibid.*, p. 106.
[44] *Ibid.*, p. 109.
[45] *Ibid.*
[46] *Ibid.*, p. 111.
[47] *'Z rozważań nad wartościami moralnymi'*, pp. 105–106.
[48] *Ibid.*
[49] *Ueber die Verantwortung.*
[50] *Ibid.*, p. 5.
[51] *Ibid.*
[52] *'Czego nie wiemy o wartościach'*, p. 125.
[53] *Ibid.*
[54] *Ibid.*
[55] *Per analogiam* to the aesthetic situation, described in: M. Gołaszewska, *'Swiadomość piękna. Problematyka genezy, funkcji, struktury i wartości w estetyce'*, Warszawa 1970, and in the article: *'I due poli dell'estetica', Rivista di estetica*, fasc. III, 1967.
[56] *Ueber die Verantwortung*, pp. 64–65.

HANS H. RUDNICK

ROMAN INGARDEN'S LITERARY THEORY*

Ingarden was one of the closest and most devoted disciples of Edmund Husserl.[1] But this does not mean that he submitted completely to his teacher's thinking. It is characteristic of the 'phenomenological school' and at the same time to a much lesser degree tragic that Husserl did not have disciples who were willing to continue directly on his path. There were times, when Husserl was rightfully stating "Phenomenology, that means myself and Heidegger"; there were times when Husserl expressed his sadness about Ingarden's philosophical disagreements with him;[2] and there were times, close to the end of Husserl's life, when he wrote about his concern that 'philosophy is in jeopardy' and that only a concentration on its historical aspects would be able to save it.[3] From a broader perspective, Heidegger and Ingarden are among the most prominent offspring from Husserl's phenomenological 'school' which taught all its many students that one could not learn the phenomenological method from books and that one should return 'to the objects themselves' (*zu den Sachen selbst*), so that one can learn to see, observe, describe, and analyze nature's phenomena without prejudice.

Max Scheler, Moritz Geiger, and Nicolai Hartmann called Husserl's method one-sided because of its primarily subject-related interpretation of phenomena. Geiger even proposed in 1914 that Husserl's phenomenology of action (*Aktphänomenologie*) be supplemented with a phenomenology of the object (*Gegenstandsphänomenologie*). But it is Heidegger who still in his *Sein und Zeit* (1927) repeats the slogan of Husserl's phenomenology: *zu den Sachen selbst*. The object (*Sache*) is not to be understood as a static thing, but rather as a phenomenon which establishes its existence as a logical object (*Gegenstand*) only through the manner of its identity with itself and the particular perception by the observing individual. The individual perceives the object always as a subject by taking regress to the analysis of the 'intentional acts' performed by the perceiving individual's consciousness. Husserl's primary concern has always been to show that phenomenology has overcome the division be-

Tymieniecka (ed.), Analecta Husserliana, Vol. IV, 105–119.

tween the existing object and the perceiving subject. For Husserl the action of the interpreting individual and the existence of the object have been interrelated so that an immense new field of activity was opened by the phenomenological approach to philosophical studies.

Husserl, who was a disciple of Franz Brentano, moved in his intellectual development from the descriptive and empirical psychologism of his teacher to a transcendental phenomenology with idealistic leanings toward neo-Kantianism. Husserl's idealism is to be understood as a distrust in the prevalence of theoretical constructs. His philosophy is directed against the self-confidence of psychologistic positivism which manifested itself in the mechanics, that were thought to be governing the elements of the imagination, and in the theory of archetypal images (*Abbilder*) which was to solve the problem of cognition (*Erkenntnis*) Husserl sees in the 'intentional act' (*intentionaler Akt*) an act of individual perception which constitutes itself in direct relation to the evidence available to the observing subject. Without the observing subject's search for meaning, the observed object will not fulfil the observer's expectation for meaning. Therefore, the objects are not conceived as objective objects within a transcendental framework but, rather, the objects are subjectively perceived by the observer as fulfilling certain characteristics which can be 'recognized' (*erschaut*) directly (*unmittelbar*) through the observer's individual 'intentional act' of perception which establishes the meaning of the specific object.

The emergence of Husserl's phenomenology has to be understood primarily as a polemic reaction against positivism (mostly associated in those days with the philosophy of David Hume), and only secondarily against the dogmatic outgrowths from neo-Kantianism. Husserl claimed that his phenomenology was 'the real positivism' which would lead via his 'reduction' back to the objects as they present themselves as independent phenomena to the observer. Husserl's phenomenological or 'transcendental reduction' (*transzendentale Reduktion*), therefore, abolishes all pre-established ideas about an object so that the pure phenomenon can be studied without prejudice. Husserl's phenomenological reduction does intentionally not seek to establish another dogmatic system. It rather tries to investigate the richness of the available phenomena with a neutral method. The result of such a method cannot be a clear-cut and dogmatic system but instead an inventory of perceived examples of evidence which leads, in the last consequence, to the question of the transcendental subjectivity (*transzendentale Subjektivität*) as the source for all meaning. Husserl wanted to be an honest philosopher, for him honesty had to manifest itself in the acceptance of a transcendental phenomenology which constantly referred itself to Kant. Furthermore, Husserl insisted to bring the idea of transcendental philosophy to a full and universal completion by surpassing Kant's dissolution of the contrast between realism and idealism through his more direct observation of the phenomena themselves.

Ingarden followed Husserl's thinking to this point, and he made the problem of idealism and realism the center of his philosophical writings even though Husserl never considered this problem a major issue. As early as 1918 Ingarden decided that he could not accept Husserl's transcendental idealism because it seemed no longer to cover satisfactorily the 'eidetic' phenomenology and especially the closely related problem of ontology. Consequently, Husserl's transcendental phenomenology was declared with all respect to be prejudicial and inadequate. From now on the 'problem of the existence of the world' became Roman Ingarden's major philosophical concern.[4] Ingarden's disagreement with Husserl on this subject is profound. He considered his own method "as the methodically exclusively correct approach to the problem"[5] and henceforth the disagreement between both philosophers concerning the problem of idealism and realism, transcendence and immanence, essence of an object and empirical experience of an object by an individual has deepened considerably, especially since we do not know in detail what the third volume of Ingarden's major work on this subject offers as an answer to this question. One observation is certainly correct at this time, namely that Ingarden has mapped the course for the philosophical investigation of the idealism-realism problem. The first results are already beginning to show in interdisciplinary systems approaches to the question of ontology.

The groundwork for Ingarden's more analytical and therefore typically philosophical major work was laid already in early publications like the article *'Essentielle Fragen'*[6] and in the more descriptive but nevertheless philosophical masterwork *Das literarische Kunstwerk*.[7] Literature and the work of art in general play a most significant role in Ingarden's philosophy and aesthetics. For him the work of art contains 'purely intentional objects' which do not have a direct equivalent in the world of reality. The literary work exists as 'fiction' with no objective reality in itself nor in the observer. The characteristics of 'fiction' keep the literary work of art in limbo between the identity with itself and the limited intersubjective variants of its meaning. The work of art exists in a quasi-reality which is called by Ingarden the 'heteronomy of being' (Seinsheteronomie). In his effort to explain this heteronomy of being as it reveals itself in the literary work of art, Ingarden presents a fundamental-ontology (*Fundamental Ontologie*) which in a larger context is designed to solve the dispute about the existence of the world on the basis of the fundamental structures of all objects and the fundamental relations that can be established by an observer of an object. Ingarden proceeds to submit all philosophical terms, which are generally accepted by other philosophers, to a thorough eidetic analysis since he rejects Husserl's transcendental reduction as circular. Ingarden favors the eidetic reduction which rests all its insights on the evidence of the objects in the world in which the observer lives.

Therefore, Ingarden's major philosophical concern remains directed toward the larger problem of idealism and realism. What makes Ingarden a major aesthetician is his epistemological concern which applies itself to the heteronomous structure of the literary work of art. Ingarden decided that an investigation of the literary work with its fictitious characteristics would offer the most rewarding answers to his larger concern. The route which Ingarden was determined to take was intended to lead him via the work of art to ontology, that larger network of meaning which would constitute its reality on the basis of clearly observable evidence.

To take such a work-orientated road toward the philosophical interpretation of meaning in our modern world is not surprising even if it might at first sight seem so. Husserl, who was a mathematician rather than a philosopher as far as his education was concerned, seems to have directed his students' attention accidentally toward the function of language in his *Cartesian Meditations*. Ingarden's response to Husserl's thoughts on this subject seems indicative of this influence.[8] Other Husserl students like Heidegger and Hans Lipps have also based an important portion of their philosophical premises on a special study of language. Every one of these thinkers has recognized that all human insight and all processes of thought are obtained from within the framework of the universality of language. Language is the linguistic tool with which the schematization of the experience of the world can be attained. Language thus becomes the focus of philosophical attention; and phenomenologists take frequent recourse to an etymologically interpretative and figuratively descriptive approach to meaning in order to illustrate the intentional acts of artistic language which reflect the broader anonymous intentions underlying the otherwise inaccessible 'life-world' (*Lebenswelt*).

Because of Ingarden's primary interest in the problem of realism and idealism, his analyses of literary language given in *The Literary Work of Art* are actually only of secondary importance from the philosopher's point of view. Ingarden is really searching for 'ideal and autonomous' notions which he finds to be revealing their existence in the nature of the language used in a literary work of art. Ingarden investigates the actual and potential range of a word's meaning,[9] and he describes the intersubjective identity of the sentence and its ontic foundation of being[10] with the objective of proving the existence of 'ideal notions'. He thinks that only in this way the language of the literary artwork with its basic similarities as a means of communication and its differences as to its function can establish a corresponding conciseness of language as contained in the 'scientific report'.[11] For Ingarden, there is no other way to save the language of the literary work of art from sheer subjectivism.

Ingarden follows Husserl when he speaks of the multi-layeredness of the literary work. The layers are sound, meaning, presented objects, and schematized opinion.[12] However, Ingarden uses Husserl's strata system against Husserl's own transcendental idealism by claiming autonomy of being not only for the world of objects but also for the logical constructs even though the logical constructs as intentional acts do vary with regard to the observer's ability of awareness as Husserl had already pointed out. Ingarden disregards Husserl's modifying statement since he relies strongly on the assumption that the literary work of art is not only a phenomenological entity but at the same time an ontological entity which reveals 'purely intentional objectivations' (*rein intentionale Gegenständlichkeiten*) characterizing the abstract essence of an object within the framework of its concrete existence. In his *The Controversy about the*

Existence of the World Ingarden distinguishes modes of being from moments of being.[13] Again we find the familiar division into four major groups in each instance. The modes of being refer (a) to the absolute and timeless being, (b) to the ideal being, (c) to the time-related real being, and (d) to the purely intentional, the potentiality of, being.

There are four mutually exclusive components of being, (a) the autonomy of being and the heteronomy of being, (b) self-sufficiency of being and absence of self-sufficiency of being, (c) independence of being and absence of independence of being, and (d) originality of being and derivation from being. As indicated above, the components of each pair are considered to be mutually exclusive because of the rules of ideal ontological composition which seem to determine *a priori* how the moments of being have to be structurally arranged. Another important factor in this system is the structure of the time sequence which is also governed by the events that constitute the structure of being. However, at this point it appears not advisable to speculate about the ultimate framework of Ingarden's epistemological phenomenology as it may present itself in the still not completely published *The Controversy about the Existence of the World.* It is better to focus our attention on *The Literary Work of Art* because in this work Ingarden's well-developed ideas about the nature of literature and aesthetics are illustrated in an exemplary fashion.

In *The Literary Work of Art* Ingarden wants to demonstrate that the literary work of art is an 'intentional object' created by an artist. Such an intentional object is considered to be the model of a material object as it exists in the reality of the world. Here lies already the profound difference to Husserl who considered even material objects as intentional objects because they were given their existence through the perception of the observing individual. Such an interpretation, which negates any existence of material objects to the perception of man, is considered by Ingarden as a grave error.[14] Ingarden wants to show that the work of art is a schematized entity created by an artist with the intention that the work of art will become an object of aesthetic pleasure for the observer. The observer, on the other hand, has also to contribute important parts of his experience of life to the interpretative process. The observer has to perform the 'concretization' (*Konkretisation*) which relates the abstract intentional object created by the artist to the material object of which it is a model. The aesthetic object, therefore, contains three major constituents. Firstly, there is the existence of the material object in nature; secondly, there is the creating artist's abstracted model of the material object, the so-called intentional object; and thirdly, there is the recreating observer who reduces in his mind through his own concretization the abstract model of the material object, which has been created by the artist, back to the original object in nature.

The only really independent entity in this system is the material world. It has its own reality, whereas the intentional object, the work of art, is from the beginning of its existence removed from this reality by the creative act of the artist. The observer, in his effort to understand the work of art, will then have to use all his experience in order to relate the intentional object to the material object in the concretization process.

If the operation of the concretization process is examined closely, it is still obvious that Ingarden's primary concern about realism and idealism shines through. For Ingarden the literary work of art refers to a given reality. It is the observer's task to concretize the model which it represents into concrete reality. It is also obvious at this point why Ingarden cannot accept Husserl's transcendental idealism which does not permit such a direct relation to the material object. On the other hand, it should also be pointed out that in spite of Ingarden's strong rejection of Husserl's transcendental idealism, he never adopted empiricism, materialism, or neo-positivism; the latter of which he always vehemently attacked, while he kept his opposition to the others mostly silent, but obvious enough for those who wanted to see.

In all of Ingarden's philosophy of art three basic premises will always recur. Firstly, it will continually be stated that the work of art is an intentional object. Secondly, the work of art will always be divided into 'strata' (*Schichten*). Thirdly, the observer, listener, or reader will have to perform the concretization process in order to relate the intentional object to the material object. The work of art itself as an intentional object has no independent existence with relation to concrete reality. But the work of art is by itself autonomous. As soon as the question of reality arises, the work of art as an 'artifact', is an intentional object created by an artist. The work of art as intentional object has its basis in the material object of which the work of art is a model created by an individual. The work of art, therefore, cannot be an ideal object with consistent qualities which are so typical for the definition of geometrical objects like the circle.

The literary work of art contains the most elaborate stratification of all works of art in Ingarden's system. If the strata should be neglected during the concretization process, incorrect interpretations of the relation of the work to reality will occur with the result that a wrong meaning will be attributed to the work of art by the observer since the basic relation which "constitutes" the bond between the macrophysical idea of the material object and the microphysical idea of the intentional object has been misrepresented.

Ingarden posits that there are four strata in a literary work of Art: (1) the sound of the words, (2) the meaning of the sentences which has been established by combining words (The layer of meanings), (3) the represented objects themselves as they are shown in the work of art by the artist (The layer of represented objects), (4) the schematized aspects of the objects presented by the artist in the work of art (The layer of schematized views). René Wellek claims [15] that Ingarden has divided the literary work of art into five strata. The fifth stratum is supposed to be the stratum of 'metaphysical qualities' comprising 'the sublime, the tragic, the terrible, the holy'. However, Ingarden has emphatically and repeatedly rejected the existence of a fifth stratum in his system. The metaphysical qualities do not belong to the basic structure of the literary work. They emerge too rarely from the world of intentional objects in order to be incorporated into the strata system. [16] The distortion of Ingarden's strata system originating from Wellek's interpretation is still evident in a recent publication [17] in which the metaphysical qualities are explained as a fifth stratum with only reference to Wellek.

Ingarden's strata can be grouped into two pairs of related levels which not only refer to the semantic, but also to the formal aspects of meaning. The first relation is the sound-meaning relation, and the second is the object-meaning relation. In both cases a step from a smaller unit to a larger context is taken. This fourfold strata system, as found in Ingarden's work, attributes a particular form, or better, an ontology to every work of art; it allows the work of art to become a structured intentional object for the observer. Such a system is also flexible enough to allow for the specific multiplicity of structural arrangement which makes one work of art so very different from any other (even if it should deal with the same subject), and it also allows the multiplicity of varying degrees of understanding which express themselves in several observers' concretizations of the same work. Every stratum contributes to the autonomous whole of the entire work. The 'polyphony' of all four strata determines the aesthetic value of the work of art. The artistic achievement can be read from the interaction of the strata, the more organic the structure of the work is, the more artistically and aesthetically valuable will it be judged.

The first stratum, the stratum of sound, is a very fundamental component of literature even though we do not generally read aloud. However, the importance of sound becomes apparent when we look at literature before it became associated with the written or printed word. Literature was once sung or recited by bards; and the sound of a word, of a line, or a sentence was very significant for an effective presentation. Literature was mainly epic verse poetry in those days, and the importance of sound as a vehicle of communication would be equal to the role of sound in a radio play in our days. The most relevant characteristics of the sound stratum are rhythm and rhyme, which compose the specific linguistic traits of every literary work of art.

The most important of all strata is the second stratum which relates to the meaning of sentences, because this stratum is the condition for the existence of the literary work as a whole, and also the condition for strata three and four which develop their specific quality on the basis of the stratum of meaning. The units of meaning established in the verbal network of sentences determine whether a work is historical, naturalistic, symbolic, etc. The arrangement and form of the sentences also determines whether a work's content can be clearly established. This kind of clarity does not exclude the ambiguity of figurative language as undesirable in the literary work. The obscurity of figurative statements may have been intended by the artist and will therefore be accepted as an essential characteristic of literary language. The literary sentence does not follow the rules of logical argumentation as they are used exclusively in scientific language and objective reports. Literary language makes subjective quasistatements which are specifically different from the logic of scientific statements. Consequently, statements, wishes, orders, and questions in literature are in reality only *quasi*-statements, *quasi*-wishes, *quasi*-orders, and *quasi*-questions since literature is not the real world but 'fiction'.

The third stratum of the represented objects plays an important role in the establishment of meaning within the context of the literary work. It also determines what Ingarden calls the 'metaphysical qualities' of a literary work of art, namely whether a work's character is primarily tragic, comic, charming, etc. The sequence of the represented objects has a definite influence on the range of meaning, not only limited to the sentence, paragraph, and chapter, but extending to the entire literary context. The richness of meaning can be contained or expanded just as much as the author wishes. The artist establishes the larger context of meaning in the third stratum. Here he maps the strategy of his discourse with the observer. He organizes a sequence of objects and events, which has a dominating effect on the resulting meaning. The order of the sequence of objects and events determines the particular meaning in a work of art. The author of the intentional work of art has to construct his representative objects in a series of aspects since the reader will not always understand the artist's strategy of meaning in every instance. Therefore, the message of the work of art will be coded for the reader from the perspective of different aspects, with the assumption that the reader will understand the implied purpose and thusly find also access to those related aspects which previously remained obscure.

According to phenomenological principles, an object can never be described satisfactorily merely from one perspective. Many perspectives, one next to the other, will be able to supply the closest descriptions possible. In the real world, the multiplicity of aspects is incorporated in one particular unit of meaning which we perceive as the material object. In the literary world, the multiplicity of aspects does not converge with the same intensity on the intentional object. The artistic imagination foreshortens the perspective toward the material object, consequently many vital characteristics of the material object have to be neglected by the artist, which later have to be filled in during the concretization by the observer. The intentional object has to remain piecework because of the artist's foreshortening.

The apparent 'piecework' is, however, not really as incoherent as it may seem. The fourth stratum, concerning the schematized aspects of the objects presented, makes the observer close the lacunae which the third stratum has largely left unexplained. In the fourth stratum the observer performs the reduction from the intentional object to the material object. The observer uses the 'ficticious area of operation', which the third stratum has offered him, as the 'area of orientation' (*Orientierungsraum*). From this basis the observer begins his concretization. He applies his own experience, which he has gathered during his lifetime, in order to fill in those lacunae which the literary work has left open. Only through this personal and interpretative engagement by the observer will any meaningful access to the work of art be found.

Such personal access to the work of art does not guarantee an exhaustive understanding of the work of art. The work of art will present itself from different aspects to the observer since the observer himself uses a particular perspective in his approach. Especially since the observer's own experience differs to a degree intellectually and educationally from the experience of other observers, the moment of the observation of the intentional object plays also an important part with regard to the validity and depth of the concretization. Even though Ingarden allows a certain range as to the depth of concretization, the process of concretization is by far not an arbitrary procedure to which the observer submits the work of art. The work of art is understood to be a polyphonous entity consisting in the case of the literary work of art of four strata. All strata are interrelated, they support each other in such a way that they present the observer with a 'schema', or less philosophically, with a pattern, which will direct the course of the concretization despite the apparent lacunae.

Abstractly speaking, all human experience is essentially the same, disregarding all the different aspects and possibilities which will provide an individual with experience. The individual must gather experience since otherwise he would not be able to exist in his environment. The degree of differing experience found in observers depends not only on the age of the observer, but also on the degree to which he has been able to abstract concrete events into abstract experience. The creative artist addresses himself directly to this analytical process which is constantly performed by every individual. The artist tries to help make the observer more aware of the gathering of such 'abstract' experience. The artist tries to make the observer more sensitive to experience and thereby heighten the level of awareness.

The 'concretization' involves the observer's experience in order to fill in the lacunae contained in a literary work of art. How to relate the intentional object to the material object is predetermined by the artist through the schema which is concretely established by the objects represented in the work of art. The artist has prearranged a pattern with gaps, which may puzzle the observer, but at the same time the observer is encouraged to apply his experience, which he shares with all other human beings, in order to fill these lacunae. The artist has already mapped the course of the concretization through the form of the artwork and the succession of the objects contained in it. The schema of interpretation has been pointed out, the observer must only be willing to submit himself to the communication with the work of art through the provided schema. The observer is encouraged to commit himself to the work of art, and it invites him to concretize since it lays its nature open (*parat halten*) to scrutiny.

In such a system the problem of subjectivity and objectivity attains a new dimension in the area of the evaluation of literature. The close interrelation between the literary work of art and its observer during the concretization process makes the procedure of gaining experience from a literary work of art visible in the creative giving and taking which has to occur between the observer and the intentional object. If the concretization is not correct, the aesthetic judgment will also be incorrect. The literary work is an intersubjective object which is concretized by observers on an individual or monosubjective basis. For this reason there will have to occur differing aesthetic judgments concerning a literary work of art. However, this is not to be considered as a weakness in Ingarden's system, but rather eloquent proof of the flexibility of his system. The observer cannot judge the aesthetic value of a work of art as such, he can only judge the work of art on the grounds of his personal concretization.

Ingarden's sensitive and most adequate literary theory denies the division of the work of art into form and content. For him the artwork is an organic unity which draws its life from the 'polyphonous' interrelation between all four strata on the one hand, and from the concretization of the particular intentional object through the observer on the other. Ingarden also rejects the view of some Russian formalists (e.g. Tomashevski) that poetic language is just an artistic variety of common speech. He stresses that artistic language is specifically different from the language of science and common speech. The language of art has a principle of its own, the figurative language, which presents itself to the observer in the artwork and demands concretization from him.

As a philosopher, Ingarden has never distracted his reader from his argument by giving more than a bare minimum of concrete references to actual literary works of art. He knew that real meaning lies behind the cramped and superficial adherence to the obvious and the concrete. Real meaning lies in the essence which is merely disguised by the material object. The schema which speaks in a language of its own to the observer through the presented objects in the work of art is the real essence of an artwork's meaning. The *schema* has to be discovered by every observer at the very moment when he encounters the work of art. Meaning speaks only to the observer through the particular schema contained in the work of art. The observer can concretize the covert meaning by applying his own experience to the represented objects. The resulting meaning will be more than just a particular finding that is valid merely for the certain concrete situation in which it is first experienced. Reality has many aspects, but what counts is the ability of the observer to see them within context and perspective. Only then will a useful meaning be reached which is valid beyond the fleeting circumstances of particulars.

In this sense Ingarden is also a metaphysical philosopher who denies skepticism and relativism. He is above all, however, an epistemological phenomenologist who tries to provide an answer to the idealism-realism problem. He has applied his strata system and his concretization process to literature, music, architecture, and film. He has suffered during the most creative years of his life continuous interference, threats, and harassment from the Nazis and later from dogmatic Communists. Twice in his life he was, for political reasons, not allowed to teach, even though Ingarden had never challenged any political powers. He stoically faced the political storms of his lifetime, and he wisely weathered them because of his prudence and wisdom. The work of this outstanding thinker has not yet reached its full impact. Since the publication of *Das literarische Kunstwerk* in 1931, literary theory and aesthetics have been enriched by a workable and ambitious system which grants literature a well-reasoned autonomy from all other utterances of human communication. It is hoped that in the future further findings inspired by Ingarden's thinking will provide additional insight into the nature of literature.

Southern Illinois University at Carbondale

NOTES

* This article is an expanded version of a paper delivered in the Comparative Literature I section (Chairman Eugene Timpe) of the 1974 Modern Language Association of America convention in New York.

[1] Cf. the fascinating record of the close friendship and intellectual relationship between Ingarden and Husserl in *Edmund Husserl: Briefe an Roman Ingarden* (ed. by Roman Ingarden), *Phaenomenologica*, Vol. 25, Nijhoff, Den Haag, 1968.

[2] See especially *ibid.*, p. 74, letter no. LV of September 13, 1931.

[3] *Krisis*, Belgrade, 1935.

[4] See Vol. I, p. 5 of Ingarden's ambitious major work *The Controversy about the Existence of the World* which was first published in Polish, Cracow, 1947 and 1948. As with most of Ingarden's works, a greatly revised version was published in German, 3 vols. Tübingen (Niemeyer), 1964. The published volumes contain an existential-ontology (Vol. I), which clarifies the historical and philosophical preliminaries of the investigation, and a formal-ontology (Vols. II^1, and Vol. II^2). Volume no. III, the crucial material-ontology, has not yet been published. The ontological section of the third volume concerning the structure of the world had been completed by 1954 (cf. Vol. I, p. XII), but these results had still to be confronted with the material findings of the natural sciences according to a statement made by Ingarden in 1962 (cf. *ibid.*, p. XIII). – Quotes and references in this article refer to the authorized German versions of Ingarden's publications. For the most recent English translations of Ingarden's works concerned with literature see note 7.

[5] *Ibid.*, Vol. I, p. 5.

[6] *Jahrbuch für Philosophie und phänomenologische Forschung* VII (1925) 125–304.

[7] Niemeyer, Halle, 1931. Further material dealing with the musical, pictorial, architectural, and cinematic work of art, which could not be included in *Das literarische Kunstwerk* was published in 1962 in German under the title *Untersuchungen zur Ontologie der Kunst*. The first volume has recently been published in an English translation, *The Literary Work of Art: An Investigation of the Borderlines of Ontology, Logic, and Theory of Literature* (transl. by George G. Grabowicz), Northwestern University Press, Evanston, 1974; the second volume *Investigations into the Ontology of Art: The Musical Work, Painting, Architecture, the Film* (transl. by John T. Goldthwait and Raymond Meyer) is unfortunately held in abeyance by Northwestern University Press, whereas *The Cognition of the Literary Work of Art* (German title *Vom Erkennen des literarischen Kunstwerks*, Niemeyer, Tübingen, 1968) translated by Ruth Ann Crowley and Kenneth Olson, has also been published by Northwestern University Press during 1974.

[8] See Roman Ingarden, *'Kritische Bemerkungen zu Husserls Cartesianischen Meditationen'*, in Edmund Husserl, *Gesammelte Schriften* (ed. by S. Strasser), Vol. I, Nijhoff, Den Haag, 1950, pp. 203–218.

[9] *Das literarische Kunstwerk*, § 16.

[10] *Ibid.*, § 66.

[11] *Ibid.*, § 60.

[12] Cf. A.-T. Tymieniecka, *Phenomenology and Science in Contemporary European Thought*, Farrer, Strauss and Giraux, New York 1960, Part I.
[13] A.-T. Tymieniecka, 'The Controversy about the Existence of the World', *Mind* **66**.
[14] See also Ingarden's comment to Husserl's letter of Sept. 16, 1918 in *Edmund Husserl: Briefe an Roman Ingarden*, pp. 140–141.
[15] In *The Theory of Literature*, New York, 1942, pp. 139–140.
[16] Cf. Ingarden's reaction in the preface to the third edition of *Das literarische Kunstwerk*, Niemeyer, Tübingen, 1965, pp. XX–XXI, and in the special article dealing with this matter 'Werte, Normen und Strukturen nach René Wellek', *DVjS* (1966) 43–55.
[17] See Ewa M. Thompson, *Russian Formalism and Anglo-American New Criticism*, Mouton, Den Haag, 1971, pp. 112–113.

JOHN FIZER

INGARDEN'S PHASES, BERGSON'S DURÉE RÉELLE, AND WILLIAM JAMES' STREAM: METAPHORIC VARIANTS OR MUTUALLY EXCLUSIVE CONCEPTS ON THE THEME OF TIME

"Time is the first and fundamental form, the form of all forms, the presupposition of all other connections capable of establishing unity."

Edmund Husserl

1. Temporality (czasowość, zeitlichkeit) as the primary form of consciousness

It was not by chance or accident that the problem of time was one among the myriad of problems to which Roman Ingarden addressed himself. In his incessant search for a discerning delineation of the world as it is mediated through our consciousness he simply could not elude the lived experiences of time. Irrespective of whether the objects of this world were enduring in time, whether they were processes or events, and whether their mode of existence was absolute, temporal, ideal or purely intentional, Ingarden, a phenomenologist like his mentor Husserl, had to conceive of them as constituted in the temporal phases of our consciousness.[1] These objects, he concluded, are but instances of perceivedness (Wahrgenommenheiten) in the flowing present (die fliessende Gegenwart), grasped and retained through the lived experience, such as an act of judgment, enjoyment, observation and the like. In other words, Ingarden's concern with time was an essential part of his overall ontological and phenomenological inquiry into the contents of our consciousness.

In this study I shall consider Ingarden's treatment of time-consciousness of intentional objects and refer to the time of other objects only *in passim*. It should be observed at the outset that even though Ingarden does offer a series of perceptive definitions of this issue, his is not an original view on time if judged against the background of the enormous literature on this subject. Prior to considering this problem on his own he had two alternative positions: the empirical and the transcendental.

Tymieniecka (ed.), Analecta Husserliana, Vol. IV, 121–139.

If he had chosen the first he would have had to treat time, its duration, change and the order of its sequence only in terms of measurable quanta and thereby to reject the very essence of its transcendental character as well as to give it up as the immediate object of philosophical reflection; and in choosing the second he had to willy-nilly adhere to the position that held duration as a transcendental unity of apperception. Yet, unlike the followers of these two approaches to time, Ingarden came to distinguish sharply between the phenomenon of the representation of time and ontically real time, or between the synthetic presentification (Vergegenwärtigung) of these temporal modalities in our consciousness (praetecitum, praesens et futurum) and what Husserl calls all temporal transcendencies concerning existents.

Departing from the fundamental phenomenological axiom that the 'givenness of the object' is to be achieved through the 'givenness of its appearing' in our consciousness, Ingarden concluded that it was through consciousness or, it might be better to say, through the all-enveloping unity of all the experiences of a stream of experience that we become cognizant of the phenomenological and eventually its correlate, mathematically ideal or immanent time. Through its intentional acts our consciousness progresses from the accomplished to the accomplishable, and hence from past to future. The experience of the actual 'now' receives a continually fresh content or, as Husserl observed, to an ever new point of duration, is continually 'annexing itself' a new impression and that impression continuously transforms itself into retention, and this continuously into modified retention, and so forth. Therefore, consciousness, suspended in the 'actual now', is also steeped in the retentional and protentional continua, and conversely time is graspable only for him who is there, at the present moment, creating (sinnbildende) and imparting (sinngebende) sense to the ever-changing stream of phenomena. Outside these acts there is no experience of time. Ergo, consciousness in inseparable from temporality. It binds consciousness with consciousness, one noesis with another, and thereby is its essential form. Each perceptive act by which consciousness constitutes itself sinks back in time together with the object in the appearance, be it that of an extra-temporal or enduring object, event or process; be it consciousness of something external or internal or even consciousness of consciousness. It follows that consciousness is always time-consciousness operating in accordance with the following 'self-evident laws' of temporality: (1) fixed temporal order is that of an infinite, two-dimensional series; (2) two different times can never be conjoint; (3) their relation is a nonsimultaneous one; (4) there is transitivity, i.e. to every time belongs an earlier and a later time.[2] Time-consciousness, being directed at something (Gerichtetsein auf etwas), is always to be comprehended in conjunction with this something in the appearance. In 'this something' in the appearance Ingarden distinguishes three basic types of objects. These are: (1) objects enduring in time, (2) processes, and (3) events.[3] These objects are localized in their own spatiotemporalities as well as in our particular *Lebenswelt* that encompasses our immediate experience. The enduring objects which exist to the full extent of their being with all the properties that pertain to them tend to last beyond the *fliessende Gegenwart* and thus retain their 'identity'. Our experience of time in regard to enduring objects is predicated upon their continuously changing and mutually incompatible states. Even though these objects retain their identity in the ever new present, passing from state to state, they "lose successively all those properties that belong to the past states and retain only those that are indispensable to the occurrence of variant states."[4] It is in this sense that they go through 'history'. In this category to be singled out as a type in itself is a living individual and particularly a living human person which is "something *more* than and something *different* from the sum of the events and processes taking place in it.... This more... is the basis and in part the only source of both the generically determined way in which the vital discourse between the living individuum (a human being especially) and its environing world is conducted. This 'more', the basis of behavior, forms not only the *essential core* of the individuum, but also what persists in it that *survives* in spite of all the vicissitudes of time and the destructive power of history.... Only when this core... suffers decay and annihilation does the given individual succumb to disintegration and destruction."[5] Unlike enduring objects in time, processes are both temporally extensive aggregates of phases and absolutely non-recurrent temporal objects. They cannot be contained in one instance, since by their very mode of existence they transcend every 'now' that is a part of their temporal totality. In the continuous transcience of their phases "(1) *one and only one* phase is always actual; (2) *one* new phase after another is always becoming actual; (3) an actual phase is continuously losing its actuality and a new phase, just then oncoming, is becoming actual; (4) in the instant that the then actual phase occurs, the phases antecedent to it are already extinct (more accurately, they are no longer actual), but have existed previously, while the phases subsequent to it are *not yet* in existence, but *are going* to exist (will be actual); (5) in that instant when the *last* phase attains actuality, the process has already passed. But not every process has to have a final phase."[6] Events, on the other hand, do not occur through phases and do not require 'synthetic presentification' to constitute themselves. They "appear *at once* as a ready creation, coming into existence and vanishing from it as if *in one sweep*."[7] They are often the end result of processes. In living experience all three types of objects are to be understood as moments in the flux. Yet, in terms of the ultimate nature of this experience, we must distinguish in it at all times, as Husserl observed, "consciousness (flux), appearance (immanent object), and transcendent object (if it is not the primary content of an immanent object)."[8]

2. Time and Purely Intentional Objects

From the various intentional objects I choose to consider here only works of art and particularly of literary creation. In contrast to other temporal objects, an object of art has its own *modus existentiae* and thus its own spatiotemporality. Unlike enduring objects, processes and events which are self-dependent and autonomous, artistic and aesthetic objects are heteronomous, derivative and contingent. They do not possess *an essence of their own*. "All their material determination, formal moments, and even their existential moments, which appear in their contents, are in some way only *ascribed* [to them], but they are not *embodied* in them...."[9]

Specifically, the work of creative art is, as an intentional object: (1) multi-stratal, (2) structurally unified, (3) harmoniously polyphonous, (4) fictitious or quasi-true, (5) temporally extensive from beginning to end and hence multi-phasal, (6) schematic with undetermined places in practically all of its strata, (7) at variance with its aesthetic concretion, (8) more comprehensive in its aesthetic becoming than in its artistic readiness (Parathaltung), and (9) grounded both in its material substance and its signification as well as in the creative acts of its author and perceiver.[10]

Due to this ontological and structural complexity of the work of creative art, it is therefore logical to posit three different possibilities of time experience about it and in it.

First, it can be conceived as an enduring object with all the attributes thereof. Its intentionality could be bracketed for the time being or excluded from the lived experience. In this case the work of literary art as a purely spatiotemporal fact will exist in the flux of our consciousness like any other object enduring in time. It will outlast individual moments, will remain identical through succeeding ones, and will progressively suffer modifications in its material endowment. Of course, a fundamental objection could be made that in this bracketed mode it is not a work of art but merely another variant of the physically enduring object. To this I may answer that the intentionality of the object prior to its unveiling (enthüllte) is to be assumed by us. Hence, the actual unveiling is predicated upon our intentionality toward the intentional object. As long as there is no such unveiling, we are not in a position to fully experience its intentional nature. At the same time, due to the fact that the work of literary art is to be read, we cannot simply lump it together with unintentional objects. In our perception, for example, we do distinguish between the vase on the table as an existentially self-dependent object and the work of literary art next to it, which we have not yet had a chance to read, as a potentially heteronomous and contingent object. As long as its intentionality remains unfulfilled (unerfüllt), this work is to be regarded as an enduring object *in statu expectandi* or, as Ingarden says, at readiness. It seems to me that this view agrees with the following observation of Husserl: Husserl classifies 'all cultural objectivities', including literary art (he refers to Goethe's *Faust* and Raphael's Madonna), that are intended to be experienced in a special way, as 'irreal objectivities'. A book, for example, is produced by men and intended to be read: "It is already a determination of significance.... This mental sense which determines the work of art, the mental structure as such, is certainly 'embodied' in the real world, but is not individualized by this embodiment."[11] The experience of time in this case will be similar to that of the enduring objects.

Second, as an *artistic object*, with all its schematically presented structural components, it exists simultaneously (*zugleich*). None of its components, presented in different temporal phases, exists earlier or later.

They are all there at once. "Das Werk selbst ist somit in der Richtung von seinem 'Anfang' bis zu seinem 'Ende' kein zeitlich sich entfaltendes und ausgedehntes Gebilde."[12] Its beginning, middle and end, or its before, now and after, are given at the same time. It is only when these simultaneously given phases are perceived that they appear in an orderly temporal sequence (*Aufeinanderfolge*). There is, however, a substantial difference between their and the concrete temporal *continuum*. While there is always an explicit phase of 'now' in the latter which achieves the particular existential actuality *by itself* and which cannot be shifted backward or forward, the continuum of artistic phases rests upon all the components in question and thereby might not have such a 'now'. Each phase with the exception of the first one contains in itself (a) moments which are based outside themselves, i.e., in moments of the previous phase, (b) moments which have no basis in the previous phase, and (c) moments which constitute the basis for the oncoming phase. It is in this sense that each 'previous' phase exists or may exist simultaneously with each subsequent phase of the work. In sum, the 'temporal sequence' of the literary work is not to be compared or confused with the one in which the work exists as an enduring object. In the 'sequence' of artistic phases the 'now' can be shifted in accordance with the work's artistic necessities or aims. Thus the actual continuum of phases ($A \rightarrow B \rightarrow C \rightarrow \rightarrow D \rightarrow \ldots N$) in literary art may be (a) preserved in its unilinear progession ($a \rightarrow b \rightarrow c$), or (b) inverted ($c \rightarrow a \rightarrow b$, $b \rightarrow c \rightarrow a$, $a \rightarrow c \rightarrow b$), (c) amplified ($+a \rightarrow +b \rightarrow +c$, $+c \rightarrow +a \rightarrow +b$), (d) reduced in duration ($-a \rightarrow -b \rightarrow -c$, $-c \rightarrow -a \rightarrow -b$), or (e) all these together. In brief, it may be *intentionally* manipulated. The contingency of phases upon the writer's creative act renders the work of literary art *internally dynamic*. Ingarden observed: "Das Vorhandensein der 'Aufeinanderfolge' der Phasen des Werkes hat zur Folge, dass jedes Werk eine bestimmte Entfaltungslinie und im Zusammenhang damit eine innere Dynamik hat."[13] Thus the factor which determines the 'orderly sequence of phases' in literary art is the 'order of foundation' *'die Ordnung der Fundierung*) of the phases rather than the order of their occurrence and disappearance in time (*die Ordnung des Entstehens und Vergehens in der Zeit*).[14]

Third, in the literary work as an *aesthetic object* time again assumes a substantially different character.[15] Unlike the artistic object whose components exist simultaneously, the aesthetic object emerges in phases that *necessarily* follow each other and which exist serially one after the other in our experience, i.e. in their experienced presentification. Due to our 'living memory' (*das lebendige Gedächtnis*), presentification includes past and present phases. The phases that follow appear in it either "als leere Zeitschemata, die eher bloss gedacht werden und uns nicht phänomenal gegenwärtig sind" or "schweben uns unter der Gestalt nur nebelhaft sich anzeigender Qualitäten der Zeitphasen vor."[16] Past and future phases participate in this 'extended present' in a limited way and contain only those elements which add in some way to the 'vividness' of the current presentification. This means that the past phases in the aesthetic duration are necessarily shorter than they were originally. Their phenomenological longevity (*Länge*) depends upon both the object in question and the psychological condition in which the living memory occurs, i.e. upon the intensity of our emphatic participation in the 'life' of the work. Seized by the dynamic presentification of the emerging aesthetic object, we cease to discern its temporal moments, we ourselves become subject to its dynamic process, and only when the whole process reaches its end do we synoptically recreate its course. By that point, however, the aesthetic object is no longer *in statu nascendi* but rather an object of our retentive momory. Time in recollection becomes 'time perspective'. Now the temporal sequence is experienced as something static or atemporal. "In einem statischen Erfassen erschauen wir die 'erstarrte' Dynamik des Vorganges. Sie erscheint in einer synthetischen, kondensierten Gestaltqualität. Wir erfassen dann vielleicht ihre specifische Eigenheit am deutlichsten, fühlen dann aber das Pulsieren des sich dynamisch entwickelnden Vorgangs nicht mehr, zittern nicht mit in den Phasen der Spannung, folgen nicht dem Wechsel des Tempos und der Kulmination des Vorgangs."[17] In sum, the experience of time is considerably different during and after the reading of the work. During the reading the presentification of the aesthetic object is, to use St. Augustine's terminology, mostly *praesens de praesentibus* with some modicum of *praesens de praeteritis*, while after the reading it is mostly the latter.

The synthetic nature of presentification poses yet another question: What happens to the past phases once they are 'integrated' with the 'flowing presence' (*die fliessende Gegenwart*) in which an aesthetic concretion takes place? Does this content (objects, meanings, aspects, etc.)

remain the same or does it alter in any way? Ingarden believes that the integration of past and present phases exposed them as a rule to mutual influences and hence changes and modifications. Ergo, aesthetic presentification of the intentional object is a temporal cycle within which past and present exist dialectically rather than unidirectionally. It is for this reason that past phases can either assume new significance or lose it completely, can be enriched with new elements or freed from 'superfluous' details. In sum, as Ingarden observed, "in dieser sich phänomenal konstituierender Vergangenheit sind die vorkommenden Ereignisse und Vorgänge gar nicht ein für alle Male 'fertig' und unabänderlich." [18] Thus the proverbial dictum that there is nothing one can do about his past is "die sprachliche Inkorrektheit." [19] Aesthetic qualifications of the artistic object are possible due to the thematic flexibility and open structure of past phases. At the same time this does not mean that the ever new present in which they appear alter them radically. Should this be the case, we thus would not have a sense of time continuum. Zeno's paradox would indeed become true. [20] In representative cases retention of past phases is not seriously impeded by fantasy, the facticity of the present moment or expectation. As Husserl observed, "phenomenologically speaking, the now-consciousness that is constituted on the basis of a content A changes continuously to a consciousness of the past, while at the same time an ever new now-consciousness is built up. With this transformation (and this is part of the essence of time-consciousness) the self-modifying consciousness *preserves its objective intention*." [21] [italics J. F.] In brief, it is this objective intention that preserves the essential identity of past phases.

When applied to various literary genres, presentification as a synthesis of past and present phases becomes different structurally. For example, in the perception of lyrical poetry the two-dimensional time perspective extending toward the past and the future is replaced by the unidimensional 'now' without retention and protention. Its aesthetic object exists in this 'now' in its totality rather than in its serial protraction. The perceiver of this object must practically cut himself off from past and future in order to seize it, must literally drown himself (*das völlige Sich-Versenken*) in the poem's imaginative now (*in das fingierte Jetz des Gedichts*). [22]

All this brings us to the conclusion that the work of literary art as an artistic and aesthetic object is transcended both in respect to the conscious acts through which we cognize it and in respect to the multiple phases through which it assumes its phenomenological *modus existentiae*.[23]

3. Concept of phases in retrospect

Ingarden's concept of phases stands in close relation to Husserl's phenomenology of internal time-consciousness. There are, of course, substantial differences between the two, inasmuch as both philosophers held different views as to the existence of the real world.[24] If I understand Husserl's transcendental subjectivity correctly, the real world is, according to this philosophy, "the product of pure, totally self-sufficient and self-reliant consciousness." According to Husserl, in the dichotomy of the world versus pure consciousness the priority of the latter assumes a metaphysical character and thus posits the total dependence of the real world upon it. "The objective world," Husserl wrote, "which exists for me, which was and will be for me and which with all its objects can be, derives from me its sense and its entire existential value which it holds for me as a transcendental 'I'."[25] Out of this fundamental assumption, i.e. absolute intentionality of consciousness, emanates Husserl's notion of time and temporality. On the other hand, as I observed earlier, Ingarden assumed the possibility of the existence of the real world with its varied multiplicity of the objects in it independent of pure consciousness. Moreover, in addition to pure consciousness he believed in the existence of empirical consciousness with different degrees of intentionality oscillating between total passivity and total activity.[26] In passive consciousness, we might say that we swim along with everything that surrounds and penetrates us without being aware of ourselves of the process (noesis) and the object (noema) of our cognition. Here, in this type of consciousness, we are to assume that the degree of intentionality is nil and that we are unable to create purely intentional objects. In active consciousness, the degree of intentionality is high and therefore we not only seize the world but also impregnate it with inner sense and value. Here our consciousness creates purely intentional objects of art, i.e. creates reality dependent upon itself.

In his analysis of time and phases Ingarden frequently refers to Bergson's theory of duration.[27] His lack of explicit criticism of this theory might imply that Ingarden agreed with it. In my view Ingarden's and Bergson's theories differ both specifically and substantially. This difference originates out of their varying epistemological and ontological positions. Like Heraclitus, Bergson postulates an absolute variability of being and hence man's inability to establish a correlation between its constancy and change. Ingarden, on the other hand, assumed like Husserl and endlessly searched for a structural constancy of the real and phenomenal worlds.[28] Bergson's thesis concerning the ceaseless fluidity of our inner life, very much like the ancient τιάντα ρεῖ, prevented him, from its exact discernment. Since ultimate reality is permanently in flux, in becoming it "cannot be expressed in the fixed terms of language,"[29] it "cannot receive a fixed form or be expressed in words without becoming public property,"[30] it "cannot be represented by symbols derived from extensity."[31] All we can say is that this 'inner life' endures or succeeds. How do we know this? We know it through feeling, through intuition. In a dream, for example, when our organic functions are relaxed, when the circle of external objects surrounding our ego is removed, when we no longer measure duration, we intuit the internal flow, the internal interpenetration of its successive phases, we do indeed feel duration or time. Therefore, time is the primary quality of the inner flow of man's *élan vital.* Specifically, pure duration is 'a continuous or qualitative multiplicity' ('une multiplicité de fusion ou de pénétration mutuelle') which melt themselves into one another and out of which grows our ego. Since it cannot be quantified or materialized, it cannot be measured. However, there is what Bergson calls 'a homogeneous time' for which quantitative categories of space are used. This time is used in astronomy, physics, etc. Yet it is the "illusory form of a homogeneous medium" rather than pure duration. Science "cannot deal with time"[32] because it situates its objects in space, i.e. in the realm of simultaneities where there is no duration. Pure duration or pure heterogeneity is mutual externality without succession. Duration is quality, space quantity. They cannot be comprehended through one and the same representation. Duration divorced from spatial externality can be contemplated by pure vision or pure self-consciousness.

Ingarden's treatment of time does precisely what Bergson is against, i.e. he reflects upon the temporal stream of consciousness and locates in it its structural components. Husserl also utilized a whole series of diagrammatic schemes and mathematical formulae (e.g. the recollection of the succession is rendered as $[(A-B)-(A-\mathrm{B})']'$, or the continuity of retentions as $Rp(s).P(s)$, etc.). In their penetrating analysis Husserl and Ingarden *temporalized* space and *geometrized* time.

There is, to be sure, a superficial affinity between Bergson's *durée réelle* and Ingarden's phases, namely that in the intuition of time past, present and future are given to us as an immediate datum, as an interpenetrating continuum. But that is where the affinity begins and ends. Bergson refuses to distinguish in the datum its three temporal modalities and refuses to discuss them in terms of the presentifical objects. Ingarden, on the other hand, sees objects in the context of their existential moments and duration in terms of its varying modes of existence – in brief, in their dialectical relationship. For Bergson there seem to be no temporal objects (events and processes) which begin and terminate both objectively and phenomenologically; no purely intentional objects which have both externality and temporal succession. All objects seemed to him to be extra-temporal, changing without ever succeeding, existing without ever enduring.[33] Apprehensive of relating duration to space, i.e. apprehensive of the 'homogeneous time' in which duration is related to external reality, Bergson proposed to reverse our stream of consciousness, to float it backwards and thus divorce ourselves from the *praesens de praesentibus*, from futurity, from space, and thus, as Proust would say, the *"recherche du temps perdu."* In the active withdrawal from a forward-striving movement we have a chance to return into the depth of ourselves, into the life that has been, in which there is no coercive necessity of spatial things but freedom and pure vision. "To call up the past in the form of an image, we must be able to withdraw ourselves from the action of the moment, we must have the power to value the useless, we must have the will to dream.... But even in [man] the past to which he returns is fugitive, ever on the point of escaping him, as though his backward turning memory were thwarted by the other, more natural, memory, of which the forward movement bears him on the action and the life."[34] This then clearly suggests that in Bergson's speculation about time Husserl's notion of 'presentification' (*Vergegenwärtigung*) would have to be replaced by 'pastification'. In fact, according to Bergson, there is hardly such a thing as the perception of the present. As he says, "practically every perception is already memory. *Practically we perceive only the past, the pure present being the invisible progress of the past growing into the future.*"[35] Therefore, the most we can say about the present is that it is an immediate past. The rest remains in the dark.

It seems to me that at this point Bergson no longer offers a perceptual or ideational cognition of duration but postulates a program of mystical 'oughtness'. Unlike Georges Poulet, I would not regard him as "a philosopher of memory" but rather as a promoter of the past. Needless to say, Ingarden's position on the same issue was free from any theological tendency. Bergson's theory of *durée réelle* brings *res extensa* and *res cogitans* to a complete rupture, while Ingarden's theory of time attempts to unite them *in uno expressio*.[36]

Finally, there is still another concept which is fundamental to Ingarden's and Bergson's theories of time. This concept is stream of consciousness. As a phenomenologist, Ingarden treats reality as it occurs immediately in our conscious experience. Logically this treatment comprises three distinct yet functionally integrated phenomena – ego, cogitation or noesis, and cogitata or noema. A description of one necessarily implies a description of the other two. It is through cogitation, according to Ingarden, which functions as a stream of consciousness (*strumień swiadomości*), that we, as tightly built conscious monads,[37] become aware of our identity, 'acquire self-knowledge', establish contact with the external world, partake in the intersubjective processes and events, and finally reflect upon the essences of the true eidos situated in the various realms of existence. Stream of consciousness emanates out of the pure subject, out of the centrum of our essence, i.e. out of our soul which plays a dominant role in the hierarchy of our structure.[38] Without the soul we "would become a naked skeleton, an abstraction, a disfigured and incomprehensible torso, unable to exist."[39]

What is this stream of consciousness? It is a continuously enveloping process of particular and mutually interpenetrating psychic experiences in their becoming. The 'cross section' of the presentified past stream (static position) as well as comparison of its succeeding phases (dynamic states) reveals the distinct particuliarity of its individual components occupying a set of relations with each other and with those in preceding and succeeding phases. The fusion of these components into a homogeneous process depends upon the existential moments of the experienced object and upon the primordial unity (pierwotna jednośc) of our intending consciousness with it. In brief, the past and present components of the stream yield, in spite of their incompletion, becoming, interdependence, interpenetration and fusion, to our reflective discernment and definition. At the same time this stream is not merely a conglomerate or a mosaic of multiple ready-made elements but an organic whole.

Bergson's view of the stream or, as he called it, 'continuous flow' (*Matter and Memory*, p. 193), does in some way resemble that of Ingarden in that it concerns itself with duration as lived by our consciousness rather than with personal duration, the same for everything and for everyone, an indifferent void, external to all that endures. For Bergson, however, the inner stream is synonymous with the *durée réelle* [40] which is the same thing as pure spiritual memory, pure vision or pure self-consciousness, experienced as an immediate unity with no discerning temporal beginning and end, a continuity of becoming, a present which is always beginning again. In brief, it is the antithesis to the 'specious present' and 'presentified space' of Ingarden's temporal phases. Here time and space are mutually exclusive, while according to Ingarden they are mutually coextensive phenomena.

One finds a somewhat closer affinity in Ingarden's view of time with that of William James, even though James wrote his major work several decades prior to the emergence of phenomenology.[41] To be sure, his *Principles of Psychology* reveal a remarkable closeness to the core concepts of phenomenology. For example, his differentiation among the several constituents of the 'phenomenal Self' (the material, social, spiritual self and the pure Ego) stands in close proximity to the phenomenological distinction between empirical and transcendental egos;[42] his concept of 'fringes and horizons' had been adopted by Husserl himself;[43] his crediting of consciousness with 'selective attention and of deliberate will' to the phenomenological concept of intentionality;[44] and his qualification and restriction of the introspective method in psychology to the concept of *epoché*.[45] But, as far as our topic is concerned, James' theory of the stream of consciousness or thought is central to both Husserl's and Ingarden's discussion of time.

Like Ingarden, James agreed that we cannot intuit duration and temporal extension devoid of all sensible content, i.e. we cannot sense 'empty time'.[46] Intuition of time or time consciousness is necessarily object-consciousness, which constitutes itself through the stream of our psychic life. As he said, "duration and events together form our intuition of the specious present with its content."[47] Acts of consciousness, retaining lingerings of old objects on the one hand and reaching for the oncoming of new ones on the other, provide us with a sense of duration and continuity. The stream of consciousness is in an endless process of completion. It is not "a string of bead-like sensations and images," all separate and complete, but a 'synthetic datum' of the past and future, near and remote experiences, always mixed in with our knowledge of the present thing. Therefore, the past is to be comprehended through the present. But what is the present? In an absolute sense it is "an altogether ideal abstraction, not only never realized in sense, but probably never even conceived of by those unaccustomed to philosophic meditation."[48] It can "never be a fact of our immediate experience."[49] Yet, while there is no 'pure present', there is, James observed, an extended or 'specious present', i.e., that "short duration of which we are immediately and incessantly sensible"[50] and which varies in length from a few seconds to probably not more than a minute. It "stands permanent, like the rainbow on the waterfall with its own quality unchanged by the events that stream through it."[51] This 'specious present' seems to have 'a rearward and a forward-looking end' or a fringe which allows us to look back into the past or ahead into the future. However, looking only backward or forward may "easily decompose the experience and distinguish its beginning from its end."[52]

James' notion of the 'specious present'[53] or 'duration block'[54] is close to several of Husserl's ideas such as 'temporal modes of appearance',[55] 'present enduring actuality' and 'the actual now'. Accordingly, that 'enduring actuality' does not sink into the past but is retained for a while 'in primary memory'[56] and, 'having just been present' (James' 'not quite yet' or 'a penumbra of mere dim memory'), it continues to be a part of immediate memory.

Like the phenomenologists,[57] James assumes a quasi-spatial dimension of time experience when he speaks of the 'element of voluminousness'[58] or the feeling of extensity of our sensations. As we have seen, Bergson rejects the very idea of conceiving of *durée réelle* as also having a spatial dimension.

While the Jamesian and Bergsonian concepts, i.e. stream of consciousness and *durée réelle*, respectively, have been widely accepted as general psychological and philosophical insights into the mysteries of our mind, Ingarden's concept of phases has not yet had this privilege.[59] However, it is my feeling that Ingarden's concept, especially as applied to literary art, is an improvement on both James' and Bergson's views inasmuch as it stresses the intentional arrangement and thus quasi-temporal nature of phases. Failing to differentiate between intentional and non-intentional objects, neither James nor Bergson could adequately describe the causal relationship and interdependence of phases in the literary structure. They leave us with the impression that phases in this structure do not differ from those in any other structure. When looking at literary art from their vantage points, we could easily come to a false impression, as many creators and scholars already have, namely that literary events, processes, themes and the like unfold in accordance with the same ontological dicta as they do in the 'real world'. Yet, as we know, even in those works in which there is supposedly an intention to suspend creative intentionality and thus submerge in passive becoming, such as, for example, Joyce's *Ulysses*, the temporal phases do not correspond to those in the real world. Like the entire creation, they are manipulated, even if only subliminally, by the creator's mind. Therefore, creative reproduction of a dream or of passive observation of the backward or forward-floating stream of consciousness is *ipso facto* an intentionally reconstructed artistic noema which possesses its own duration and its own existential and aesthetic value. Ingarden describes precisely the *differentia specifica* between objective/intersubjective and intentional times of the autonomous and intentionally contingent worlds. In sum, Bergson's, James' and Ingarden's positions on time reveal some resemblances as well as some substantial differences in terminology, methods, and depth of intellectual penetration. These differences are to be related to Bergson's 'vitalism', James' 'radical empiricism', and Ingarden's phenomenology.

Rutgers University

NOTES

[1] Danuta Gierulanka (*'Filozofia Romana Ingardena'*, in *Fenomenologia Romana Ingardena*, Warszaw, 1972, p. 88) lists the following works in which Ingarden treated time as part of his comprehensive inquiry into the ontology of different objects: *Spór o istnienie*

świata (time as a moment in the existential mode of the real world and its decisive role in the final categorization of the object – event, process, enduring object in time); *Das Kausalproblem* (the temporal relationship between cause and effect); *Das literarische Kunstwerk* (the quasi-temporal structure in the literary work, changes or the life of the work in its temporal concretion); *O poznawaniu dzieła literackiego* (temporal abbreviations and perspectives in the perception of literary art); *Utwór muzyczny i sprawa jego tożsamości* (music as an organization of time); *Kilka uwag o sztuce filmowej* (organization of time in film); *Człowiek i czas* (two different experiences of time and their connection with the experience of the 'I'); *O odpowiedzialności* (retention of the identity of the object in time as a condition for responsibility, temporal structure as a basis of responsibility); *Intuicja i intelekt u H. Bergsona* (the so-called tension of duration, geometrical time and pure duration); and *Rozważania dotyczace zagadnienia obiektywności* (variants of the ontic objectivity for the objects in different phases of time).

[2] Edmund Husserl, *The Phenomenology of Internal Time-Consciousness*, The Hague, 1964, pp. 28–29.

[3] *Time and Modes of Being* (trans. by Helen R. Michejda), Springfield, Ill., 1964, p. 101.

[4] *Time and Modes of Being*, p. 134.

[5] *Ibid.*, pp. 143–44.

[6] *Ibid.*, p. 108.

[7] *Ibid.*, p. 102.

[8] Husserl, *op. cit.*, p. 101.

[9] Ingarden, *op. cit.*, p. 49. On this point Ingarden differs from Husserl in that Husserl assigns 'constructions of fine literature' to the same category as "all scientific constructions, which means that the work of literature, like, for example, the Pythagorean theorem, is not repeatable in any like examples and consequently is an ideal object (ideale Gegenständlichkeit). It further follows that from its very creation such a work assumes a supertemporal existence and becomes potentially accessible to all men in its original identity." (*The Crisis of European Sciences and Transcendental Phenomenology*, Evanston, Ill., 1970, pp. 356–57.)

[10] See 4, 'Grundbehauptungen über den wesenseitigen Aufbau des literarischen Kunstwerks', *Vom Erkennen des literarischen Kunstwerks*, Tübingen, 1968, pp. 10–12.

[11] *Experience and Judgment: Investigations in a Genaeology of Logic*, Evanston, Ill., 1973, p. 266.

[12] *Das literarische Kunstwerk*, 4th ed., Tübingen, 1972, p. 327.

[13] *Ibid.*, p. 335.

[14] *Ibid.*, p. 334.

[15] Ingarden distinguishes between artistic and aesthetic objects and thereby artistic and aesthetic values. The first comprises only those constituents of the work that are manifestly there (*in actualitate*) and the second those that are there *explicitly*, *implicitly* and *potentially* (in potentieller Bereitschaft). The second converts the artistic schemes into relatively completed images *via* concretion and fills the undetermined places with material which corresponds to the work's aesthetic goal. Hence artistic analysis aims at as exact a description of the work's structure as it is explicitly given. All the complementary and non-complementary derivatives that emerge in one's perception under the impetus of the artistic *datum* are to be suspended in this type of analysis or bracketed by *epoché*. Aesthetic analysis, on the other hand, describes the work as it constitutes itself in a living experience, i.e., as it unfolds and completes itself in the perceiving consciousness. An aesthetic object is therefore always the artistic datum *plus* the complementary creative addenda. This does not mean, however, that aesthetics investigates nothing but 'monosubjective' experiences of

art perception. Aesthetic concretion is not to be confused with the subjective conditions in which it occurred. Here 'psychological', as opposed to phenomenological, research "plays merely an *auxiliary* role ... and *per se* is neither a research of the literary work nor of its concretion...." (Roman Ingarden, 'Psychologism and Psychology in Literary Scholarship', *New Literary History* V (1973–74) 221.)

[16] *Vom Erkennen...*, p. 107.

[17] *Vom Erkennen...*, p. 117.

[18] *Ibid.*, p. 122.

[19] *Idem.*

[20] On this point I feel Ingarden's view stands some correction. While it might be applicable to certain groups of people, it is inapplicable to others. The psychologists studying modes of human behavior have pointed out that people direct their psychic energies differently. Some do indeed preserve and modify past experience through current perceptive acts, but others constantly obliterate their past and literally live in the unidimensional present. Others divorce themselves from both past and present and live entirely in the future. Conventional language refers to them as conservative, traditional or expedient, visionary, etc. One may object to this criticism by saying that, except in psychopathology (retroactive and general amnesia), there is no such thing as complete absence of retentive memory. Perhaps it is true in an absolute sense, but in real life situations the intentional acts of different people are oriented toward the past, present or future, if only to a degree. As Johannes Volkelt conjectured, this orientation "emanates out of fundamental human predispositions." (*Zeitschrift für Ästhetik* S (1913) 209.)

[21] *The Phenomenology of Internal Time-Consciousness*, p. 86.

[22] *Vom Erkennen...*, p. 139.

[23] By transcendence Ingarden means the following: "No component of the real world – whether a thing or any of its properties, or an event or a process – constitutes an actual part of the conscious experience in which it is given; and conversely, no element of that experience constitutes an actual part of that which is given in it as an object to the experiencing subject." (*Time and Modes of Being*, *op. cit.*, p. 13.)

[24] Ingarden stated: "Husserlian transcendental idealism is one of the most profound and significant attempts to solve the controversy between idealism and realism in contemporary philosophy. To avoid misunderstanding, I must immediately note here that it seems very improbable to me that the solution proposed by Husserl is correct." (*Time and Modes of Being*, p. 9.)

[25] *Cartesianische Meditationen*, Haag, 1950, Vol. I, p. 65.

[26] *Spór o isnienie swiata*, Vol. II, §44.

[27] E.g. "Die Zeitphasen treten deswegen als konkrete Phänomeme auf, weil sie – wie Bergson nachgewiesen hat – auf eigentümliche Weise qualitativ bestimmt sind." Or: "Auch gewisse Ausführungen Bergsons gehören hierher." (*Vom Erkennen...*, pp. 107, 112, 113, etc.).

[28] See Ingarden's critique of Bergson in his inaugural dissertation, *Intuition und Intellekt bei Henri Bergson. Darstellung und Versuch einer Kritik*, Halle, 1921.

[29] *Time and Free Will: An Essay on the Immediate Data of Consciousness*, New York, 1960, p. 235.

[30] *Idem.*

[31] *Ibid.*, p. 127.

[32] *Ibid.*, p. 115.

[33] This is completely opposite to Husserl's and Ingarden's views, according to which there is duration in the object and change in the phenomenon.

[34] *Matter and Memory*, London, 1911, p. 94.
[35] *Ibid.*, p. 194.
[36] *Vorlesungen zur Phänomenologie des inneren Zeitbewusstseins*, Halle, 1928, pp. 466–67.
[37] "It seems that the stream of experiences, subject, soul and personality of the person is nothing else than certain moments or aspects of a tightly built conscious being, the so-called monad." (*Spór* ..., Vol. II, p. 523.)
[38] *Ibid.*, p. 520. The problem of schematism and 'undetermined places in it' is in my opinion genetically related to what James called 'aching gaps' in the stream of consciousness. ("In all our voluntary thinking there is some topic or subject about which all the members of the thought revolve. Half the time this topic is a problem, a gap we cannot yet fill with a definite picture, word or phrase, but which... influences us in an intensely active and determinate psychic way. Whatever may be the images and phases that pass before us, we feel their relation to this aching gap. To fill it up is our thought's destiny." *Principles of Psychology*, Vol. I, p. 259). Ingarden, on the other hand, assumes that schematism of literary works results from two basic situations: (a) essential disproportion between the lexical means of representation and the object intended, and (b) conditions of the aesthetic perception of the literary work. I hold that the genesis of schematism must be sought in our stream of consciousness. See my 'Schematism: Aesthetic Device or Psychological Necessity' in *The Journal of Aesthetics and Art Criticism* XXVII/4 (1969) 417–423, and Ingarden's reply to it – 'Letters Pro and Con', *ibid.*, XXVIII/4 (1970) 451–52.
[39] *Idem.* Ingarden also refers to the soul as an essential core that "survives in spite of all the vicissitudes of time and the dialectic power of history. This kind of essential core of a living individuum, and particularly of man, precludes neither the appearance in the individuum of systems, properties and states that are produced as a result of the processes that occur in it, nor the constitution of the respective processes as objects peculiar to it, with it as their ground.... When this core suffers decay and annihilation does the given individual succumb to disintegration and destruction." (*Time and Modes of Being*, p. 143.)
[40] To William James' claim that Bergson borrowed this concept from him and Ward, Bergson replied: "The theory of the inner stream or rather of the *durée réelle*... could not have been due to the influence of Ward, for I knew nothing of the philosopher, nor even his name, when I wrote the *Essai sur les données immediates de la conscience*.... I hasten to add that the conception of the *durée réelle* developed in my *Essai* coincides on many points with James' description of the stream of thought.... But if one examines the texts one will easily see that the description of the "stream of thought" and the theory of the *durée réelle* have not the same significance and cannot spring from the same source. The first is a critique of the idea of *homogeneous time* as one finds it among philosophers and mathematicians." (*Revue philosophique* **IX** (1905) 229–30.)
[41] James borrowed a few key 'phenomenological' concepts from Carl Stumpf, founder of experimental phenomenology. The most important of these is Stumpf's differentiation between phenomena and functions (Erscheinungen und psychische Funktionen).
[42] *Principles of Psychology*, New York, 1890, Vol. I, Ch. X. However, James failed to define the role of the pure ego in the overall scheme of our consciousness. He thought that "the parts of experience hold together from next to next by relations that are themselves parts of experience" and thus do not need any extraneous, transempirical, connective support. Hence he differs from the phenomenologists who assumed an active role for the transcendental ego in the unification of conscious experiences. David Bidney observed. "From the perspective of phenomenology James' empiricism is not radical enough." ('Phenomenological Method and the Anthropological Science of the Cultural Life-World', in *Phenomenology and the Social Sciences* (ed. by Maurice Natanson), Evanston, Ill., 1973, Vol. V, pp. 125–26.)

[43] Husserl wrote: "W. James was alone, as far as I know, in becoming aware of the phenomena of horizon – under the title of 'fringes' – but how could he inquire into it without the phenomenologically acquired understanding of intentional objectivity and of implication?" (*The Crisis of European Sciences and Transcendental Phenomenology*, Northwestern University Press, Evanston, Ill., 1970, p. 264.)
[44] *Ibid.*, p. 284.
[45] By this I do not want to create the impression that James was a forerunner of phenomenology. For his views on time he relies upon the opinions of many British and continental thinkers, among them James Mill, S. H. Hodgson, Herbart, Wundt, Dietze, E. P. Clay, Lazarus, Paul Janet, Kollert, Mehner, Stevens and Mach. James was still heavily oriented toward objectivism and scientism or, as Husserl would say, toward 'irrelevant opinions' (sachferne Meinungen). Unlike the phenomenologists, he constantly looked for the physiological correlates of our mental experiences, including the experience of time. He wrote: "We must suppose that *this amount of duration is pictured fairly steadily in each passing instant of consciousness* by virtue of some fairly constant feature in the brain process to which the consciousness is tied. This feature of the brain process, whatever it may be, must be the cause of our perceiving the fact of time at all." (*Principles*..., Vol. I, p. 630.)
[46] *Ibid.*, p. 620.
[47] *Ibid.*, p. 636.
[48] *Ibid.*, p. 608.
[49] *Ibid.*, p. 609.
[50] *Ibid.*, p. 631.
[51] *Ibid.*, p. 630.
[52] *Ibid.*, p. 610.
[53] Actually he borrowed the term from E. R. Clay who distinguishes it from the obvious past, the real present, and the future. By this he actually means 'a time that intervenes between the past and the future'. (*Principles of Psychology*, Vol. I, p. 609.)
[54] *Ibid.*, p. 610.
[55] *Vorlesungen*..., sec. 30–31, Supplement IV.
[56] *Ibid.*, par. 19.
[57] Husserl's 'spatio-temporality' or spatiotemporal horizon, whereby we localize our subjective formations in worldliness (*Experience and Judgment: Investigation in a Geneaology of Logic*, Evanston, Ill., 1973, pp. 33, 260, 266.
[58] *Ibid.*, Vol. II, Ch. XX.
[59] Ingarden's definition of phases in literary art has been acknowledged by a number of aestheticians and literary scholars, such as Wellek and Warren, M. C. Beardsley, Michael Dufrenne, Käte Hamburger, Herbert Wutz, Joseph Strelka and others. On the other hand, Georges Poulet, Gustav Berger and Gaston Bachelard who discuss time *mutatis mutandis* phenomenologically do not even refer to Ingarden's definition.

MARIO SANCIPRIANO

R. INGARDEN ET LE 'VRAI' BERGSONISME

Roman Ingarden et Henri Bergson: c'est à dire la rencontre de la philosophie théoretique et de la philosophie de la vie. L'étude de l'analyse critique, que Roman Ingarden (élève de Husserl à Göttingen de 1912 à 1914, et à Fribourg après 1916) a fait de la philosophie bergsonienne de la vie, est une occasion pour comprendre les liaisons entre ces deux courants, qui, à première vue, semblent décidément opposés [1]. La phénoménologie de Husserl, en tant que doctrine de la 'réduction eidétique', s'oppose à la philosophie bergsonienne de *"l'élan vital"*, au fur et à mesure que l''eidos' s'éloigne du profond *"bathos"* et s'élève sur le flux de la vie. C'est là naturellement un schème 'scolastique' partiel comme tout schème et destiné à un dépassement dans le milieu de la culture franco-allemande, même au temps de l'école husserlienne de Göttingen. En effet, la distance entre ces deux courants semble raccourcie si l'on considère les ressemblances entre les 'données immédiates de la conscience' de Bergson (1889) et le *'inneres Zeitbewusstsein'* de Husserl (1904–1905), entre les moments de l' *'élan originel de la vie'* et les *Erlebnisse*, dans le flux de la vie consciente [2]. D'après le témoignage de Spiegelberg, à l'occasion d'une conférence tenue par A. Koyré, en 1911, au Cercle de Göttingen, pour y exposer la philosophie de Bergson, Husserl aurait affirmé: "Les vrais bergsoniens, c'est nous!" Plus tard, le chef de l'école phénoménologique a de nouveau confirmé ses rapports les plus stricts avec le bergsonisme [3].

Pourquoi donc les phénoménologues seraient les "vrais" bergsoniens? Dans cette attribution de vérité, il y a une certaine prétention de perfectionner les données immédiates de la conscience (Bergson) par une nouvelle et plus vraie détermination des données de l'analyse mathématique et logique (Husserl). L'expression 'vrai bergsonien', pour un phénoménologue, ne répond donc pas seulement à une herméneutique objective du bergsonisme, mais plutôt à un développement naturel de la théorie de l'intuition dans les cadres de la *mathesis universalis*. L'intuition bergsonienne de l'*élan vital* se charge d'une nouvelle valence, par la participation intuitive de l'intelligence à la vie, et atteint vraiment l'ab-

Tymieniecka (ed.), Analecta Husserliana, Vol. IV, 141–148.

solu – comme le veut Bergson – dans l'intériorité, car on se connaît en soi-même, et on connait les choses par la même aptitude à se poser à l'intérieur des phénomènes. L'intuition husserlienne de son côté est, elle aussi, un acte par lequel la conscience se met immédiatement en rapport avec les choses; mais la conscience phénoménologique dispose en plus d'une suspension du jugement existentiel et naturel (*epoché*), et se perfectionne dans une dimension intellectuelle (*noesis*) par l'intention qui se rapporte à l'objet connu (*noema*).

Il y a donc quelque chose de commun, à l'origine, entre la philosophie de Bergson et celle de Husserl; mais l'intellectualisme du dernier est destiné à expliciter et à développer dans son hérmeneutique, ce qu'il y a déjà d''intellectuel' ou de logique dans l'anti-intellectualisme de Bergson. Il est alors évident qu'ici l'on ne doit pas considérer comme "vrai bergsonisme" ce que la pensée de Bergson fut dans sa réalité historique, mais plutôt ce qu'elle aurait dû être si elle avait développé sa doctrine *zu den Sachen selbst*, et si elle avait uni l'intelligence et la vie, par cette catégorie d'unité transcendantale, dont toute sa spéculation n'a jamais explicité l'exigence. Et c'est précisement ce manque d'un usage logique de la catégorie d'unité que Ingarden – en élève de Husserl – reproche à Bergson, comme nous allons voir tout à l'heure dans la dernière partie de la présente conférence. Les phénoménologues, donc, eux-mêmes attentifs au cours des *Erlebnisse* et finalement réintégrés (après la suspension purificatrice de l'*epoché*) dans la *Lebenswelt* (monde de la vie) semblent affirmer paradoxalement que Bergson a eu le tort de n'être pas assez 'bergsonien'. Mais je ne veux pas souligner cette paradoxale critique, qui ressemble plutôt à une dispute entre amoureux et par là même à une manifestation d'amour, sans dire qu'en effet les points extrêmes de ces deux théories s'attirent et, en même temps, se repoussent, par une sorte de magnétisme bipolaire ou par une schellingienne philosophie de l'identité entre la nature (*bathos*) et l'esprit (*eidos*). Or, comme ces points extrêmes se rejoignent, il est possibile de prouver que la phénoménologie eidétique, elle même se développe dans la direction d'une philosophie de la profondeur et de la vie. Pour cela, Husserl peut se rencontrer avec Bergson, non seulement par le développement du bergsonisme en tant que philosophie théoretique (dans ce cas c'est Bergson qui va à la rencontre de Husserl); mais encore par l'accueil du dynamisme vital et du devenir temporel dans les structures mêmes de l'intériorité transcendantale (et cette fois c'est Husserl qui va à la rencontre de Bergson) par la recherche de la *Lebenswelt*[4].

Ce développement a eu, en France, son expression existentielle dans la pensée de Merleau-Ponty, qui a étudié la philosophie de Bergson et qui a inséré le temps vécu dans le *cogito* cartesien. Il y un dévéloppement analogue en Italie, dans la philosophie de Enzo Paci, qui a reconnu le rapport de l'inter-subjectivité vivante dans l'ego transcendantal, vécu en première personne en chacun de nous. Une fois de plus l'*eidos* et l'*élan vital* tendent à se compléter réciproquement, car le 'vrai' bergsonisme ne peut rester anti-intellectualiste, devant accuellir dans les modules de la *mathesis universalis* les phénomènes vitaux, tandis qu'en même temps les structures de l'évolution créatrice s'ouvrent, en suivant nécessairement certaines lignes de reproduction et obéissant à un plan logique général qui en assure le développement dans la même ouverture.

Tout cela n'a pas été seulement suggéré par la dernière philosophie de Husserl: mais aussi par l'épilogue de l'école. Il faut bien se souvenir d'Ingarden, à qui, en 1917, Edith Stein écrivait: "Ich habe in der letzten Zeit immer neue Stösse von Manuskripten geordnet und bin eben jetzt auf das Konvolut 'Zeitbewusstsein' gestossen. Wie wichtig die Sachen sind, wissen Sie ja am besten: für die Lehre von der Konstitution und für die Auseinandersetzung mit Bergson und, wie mir scheint, auch mit andern, z.B. Natorp".[5]

Si en 1917 il y avait une entente entre R. Ingarden et E. Stein pour resoudre les problèmes de la constitution à la lumière du bergsonisme, on peut comprendre la référence de la philosophie d'Ingarden à la réalité du 'moi' individuel, qui n'est pas le *"unbeteiligter Zuschauer"* (spectateur impartiel) de sa propre vie, mais qui vit vraiment dans sa concrète expérience. Ingarden, "critique de Bergson", a peut-être de Bergson même à opposer à l'idéalisme transcendantal de Husserl (ou plutôt d'une certaine phase de la théorie de Husserl) une nouvelle philosophie plus attentive aux exigences de la vie et de l'objectivité réelle (variable) vis à vis de l'objet idéal de la *Wesenschau* de Husserl (immuable).

Déjà à l'époque de Göttingen (1914), Ingarden proposait à Husserl ses études sur la *durée pure*, dont le maître reconnaissait l'analogie *"mit der ursprünglichen erlebten Dauer"*; l'importance de cette approche d'Ingarden avec la phénoménologie est reconnue par le même philosophe polonais, qui en ce temps là pensait à deux *"Hauptthemen"*: le bergsonisme et l'idéalisme. "Meine wissenschaftlichen Gespräche mit Husserl kreisten um einige Hauptthemen, die mir aus verschiedenen Gründen wichtig waren. Einerseits waren es Fragen, die mit meiner Bergson-Arbeit in Zusammenhang standen, anderseits aber Probleme, die den Idealismus Husserls betrafen" [6]. A ce propos, nous allons considérer la critique d'Ingarden du bergsonisme. On connait son idée à propos de l'idéalisme transcendantal et sa resistence au solipsisme: il s'oppose aussi au vitalisme, mais il compose en harmonie l'analyse des structures objectives et le courant des expériences vitales [7]. Même dans le domaine le plus proche au 'subjectif' – le domaine de l'art – Ingarden recherche une objectivité idéale dans la structure intentionnelle, et se demande si l'ouvrage de l'artiste appartient aux objets idéaux immuables ou à une objectivité réelle qui peut être transformée tout en gardant son autonomie d'être (*seinsautonom*) en rapport avec le sujet de la connaissance [8].

La confirmation d'une philosophie de la vie dans l'école phénoménologique, en sens créationiste, nous l'avons aussi d'après le récent ouvrage d'une élève d'Ingarden: Anna-Teresa Tymieniecka, *Eros et Logos, Esquisse de phénoménologie de l'intériorité créatrice* (1972). Dans la spéculation de Madame Tymieniecka, il y a, à peu près, quelque chose du "vrai" bergsonisme des phénoménologues, qui remonte à l''essor créateur' et qui illustre "une poussé intérieure vers le dépassement non seulement des limites que le monde fixe comme cadre à notre expérience, mais avant tout des moules que nous nous sommes forgés nous mêmes et que nous perpétuons passivement comme les formes de notre participation au monde, à autrui, à notre propre intériorité" [9]. Madame Tymieniecka reçoit de Valéry le même conflit contre le monde des "moules" qui préexistent à l'invention créatrice, conflit qui s'apaise par une activité libre et spirituelle, conçue comme le seul moyen possible de réconciliation de l'antagonisme entre la quête de la perfection idéale et celle de la vie [10]. Chez Husserl c'est de la même façon que s'effectue le passage de la phénoménologie comme description de formes statiques et idéales à la constitution originaire du monde de la vie [11]. N'y a-t-il pas ici du "vrai bergsonisme"? Mais il faut, tout de même, considérer aussi les différences entre la pensée de M.me Tymieniecka et la couche bergsonienne. Car, même chez M.me Tymieniecka, la *conscience constitutive* agit, dans la rigueur de sa propre logique intérieure; même si à ce contexte s'oppose la *conscience créatrice* pour effectuer les transformations dans une façon libre et originaire. A l'*activité constitutive* de la conscience, qui n'est ni la seule ni la suprème, s'oppose donc la *fonction créatrice*.

Mais enfin les points extrèmes de la phénoménologie et de la philosophie de la vie s'éloignent et Ingarden oppose sa critique originelle à la philosophie de Bergson. Dans son essai sur *Intuition und Intellekt bei H. Bergson*, le philosophe polonais accuse le français d'un rélativisme lié à une interprétation pragmatiste. Les catégories d'*unité* et de *qualité* seraient relatives, et même la perception extérieure serait organisée seulement pour l'action. S'il n'y a plus que l'écoulement, l'écoulement – dit Ingarden – sera même quelque chose de constant. Et alors il doit présupposer la catégorie d'unité qu'il prétend recuser. Dans son analyse des catégories, le philosophe polonais se rapporte à l'*unité* implicite dans la répétition des phénoménes évolutifs [12]. L'idée de répétition ne va pas sans celles d'*identité* et d'*unité*: "Admettons, écrit Ingarden, que nous ayons une intuition pure et que nous puissions saisir immédiatement le flux réel de la conscience. Il n'y a alors selon lui (Bergson) plus de schèmes, l'aspect statique est éliminé. Etant donné l'identification des catégories et des schèmes, il n'y a donc ni forme, ni qualité, ni état, il n'y a absolument rien qui soit constant. Tout est flux ou mieux, il n'y a plus ici qu'un écoulement perpétuel, une continuité de nuances perpétuellement nouvelles. Mais non, il n'y a même pas écoulement, car l'écoulement serait quelque chose de constant, ce dont, dans le cas de saisie absolue de la conscience dans la durée pure, il ne saurait être question." [13]

Ingarden pense qu'on devrait conclure qu'il n'est même plus possibile de saisir la "durée pure", car cette dernière se dissout dans le devenir et, avec elle, se dissout la *structure de la conscience*, la structure par excellence, celle qui appartient à la conscience en tant que telle, et qui constitue le fondement permanent de la possibilité de toute saisie [14].

En phénoménologie, à mon avis, il faut se demander quelle est la racine du "moi fondamental" de Bergson, sinon l'*"identisches Ich"* de Husserl, car le sujet ou demeure "fondamental" en soi et pour soi, ou s'évanouit dans le chaos d'une multiplicité d'expériences. Et bien, la critique d'Ingarden, se rapporte vraiment à la racine profonde du bergsonisme et pose encore la dernière question de la philosophie transcendantale: 'D'où la constitution de la forme temporelle?' Et encore: 'D'où l'élan originel de la vie?' Cette critique se rapporte à une unité originelle et foncière qui dépasse le flux des *Erlebnisse*: elle tend à comprendre la *'forma fluens'*, une et idéale, sans s'arrêter à la multiplicité du *'fluxus formarum'*.[15]

En effet Ingarden pose la question si la "durée pure" est indépendante de n'importe quelle forme catégoriale, et dit en particulier: "So war für mich vor allem die Frage interessant, ob die *durée pure* bzw. die sich in ihr vollziehenden ursprünglichen Ergebnisse wirklich – wie Bergson behauptet – von jeder 'Form', und insbesondere von jeder kategorialen Form frei sind und ob sie dabei in ursprünglichen Sinne zeitlich oder, wenn man so sagen darf, dauernd sind. Anderseits war für mich zweifelhaft, ob *le temps* also – in Husserls Sprache : die konstituirte Zeit – wirklich schon eine Raumstruktur aufweist (Bergson sagt ja oft direkt *le temps homogène ou l'espace*), eine Struktur die nach Bergson für die intellektuelle Auffassung charakteristisch und eben damit auf die Handlung relativ sein soll."[16]

Le sens originaire (*ursprünglich*) du temps dans la structure des phénomènes, non pas le simple commencement et la suite: voilà la tâche du phénoménologue, qui distingue le temps subjectif et relatif (psycologique) du temps "constitué", qui se manifeste de trois façons: (1) le temps constitué réel, mais tout de même qualitatif; (2) le temps physique quantitatif et "spatial" et (3) la durée réelle des expériences vitales, se fondant comme les notes dans une mélodie. Il ne s'agit pas de la somme d'instants successifs; mais de l'originaire *Urstiftung* de la réalité temporelle (*ursprünglicher Zeitfluss*). La structure du temps (*konstituirte Zeit*) ne peut pas être relative, car elle répond vraiment à des formes catégoriales. J'ajouterais qu'ici il ne s'agit pas seulement d'une "conscience constitutive" du temps, mais aussi d'une ouverture de la conscience créatrice sur le 'possible', car le temps même est ouvert sur l'avenir, c'est à dire sur les possibilités futures, dans une dynamique intentionelle, qui envisage la réalité du monde possible, ainsi que les possibilités du monde réel.

Ingarden conclut que Bergson n'a pas fait un bon usage de la théorie de l'intelligence, en relativisant les catégories: même si sa théorie du mécanisme cinématografique de la pensée peut exercer une fonction d'explication de certaines illusions mécanistes; et en ce sens cette théorie peut être acceptée. De la même façon Ingarden défend la théorie de l'essence, que l'on ne peut soumettre à un radical changement sans que l'identité de l'objet en résulte anéantie. Cette identité est une catégorie formelle qu'on ne peut relativiser et à laquelle l'unité est immanente:

d'après Ingarden l'unité peut se distinguer en *effective, essentielle, fonctionelle* et *harmonique.*

J'ajouterai qu'il y a une unité de toutes ces unités, qui est à l'origine et au bout intentionnel de la conscience, et c'est l'*unité pure.* Cette unité profonde et originaire qui appartient au domaine de la conscience transcendantale est précisément à l'intérieur de la *"Zeitbewusstsein"*: elle n'est pas un simple élément de la série temporelle, mais constitue l'*arché* métatemporelle, qui rend possible l'ordre de la succession. Elle est l'unité du temps, qui se réalise dans tous les temps. Cette unité est donc transcendante, comme *unité pure*, et transcendantale comme principe d'*unification* de l'expérience. Mais cela nous renvoie à une envergure métaphysique que la phénoménologie peut bien annoncer, mais non rejoindre.

Siena

NOTES

[1] R. Ingarden, a publié ('Jahrbuch für Philosophie und phänomenologische Forschung', vol. V, 1921) un essai, inachevé: *Intuition und Intellekt bei Henri Bergson*, dont on trouve le rapport par J.-M. Fataud, "Roman Ingarden critique de Bergson", *'For R. Ingarden, Nine Essays in Phenomenology'*, Nijhoff, The Hague, 1959, pp. 7–28.

[2] H. Bergson, *L'évolution créatrice* (1907), 'Oeuvres', PUF, Paris, 1959, p. 569.

[3] H. Spiegelberg, *The Phenomenological Movement*, Nijhoff, The Hague, 1960, vol. II, p. 398. Le bergsonisme de Husserl est confirmé par Roman Ingarden à propos de la *durée pure* de Bergaon: "Als ich später, im Herbst 1917, Husserl den fertigen Text meiner Dissertation vorlas, hörte er der Beschreibung der reinen Dauer bei Bergson aufmerksam zu und rief in einem gewissen Augenblick aus: *Das ist ganz so, als ob ich Bergson wäre*" (R. Ingarden, *Meine Erinnerungen an E. Husserl*, sans date mais posterieur à 1938, dans le volume: E. Husserl, *Briefe an Roman Ingarden*, Nijhoff, Den Haag, 1968, p. 121.

[4] Cf. L. Husson, *L'intellectualisme de Bergson, Genèse et développement de la notion bergsonienne d'intuition*, PUF, Paris, 1947; V. Mathieu, *Bergson, il profondo e la sua espressione*, Ediz. di 'Filosofia', Torino, 1954.

[5] Lettre de E. Stein a R. Ingarden, Herzogenhorn 7-VIII-1917, in R. Ingarden, "Edith Stein on her activity as an Assistant of Edmund Husserl", dans la revue *'Philosophy and Phenomenological Research'*, Philadelphia, 1962, n. 2, p. 171.

[6] R. Ingarden, *Meine Erinnerungen, op. cit.*, p. 121.

[7] C. Van Peursen, "Some Remarks on the Ego in the Phenomenology of Husserl (Nine Essays", *op. cit.*, p. 29): "Ingarden's problem hits upon a very material point in Husserl's phenomenology and shows the very essence of the phenomenological reduction in its relations to the everday, concrete (natural) world."

[8] Cf. R. Ingarden, *Fenomenologia dell'opera letteraria*, trad. ital., Silva, Milano, 1968, p. 26. Selon T. Brunius "The idea of work of art as an intentional construction makes Roman Ingarden's phenomenology resemblant to the structuralism of the so-called new criticism. The reflective analysis of the stream of experience motivates this conceptual construction. The aesthetic object in the work of art is a perspective of experience bound in the matter

by means of the intentional form of the transmitting artist" (T. Brunius, *The Aestetics of R. Ingarden*, 'Philosophy and Phenomenological Research', 1970, n. 4, p. 592).

[9] A.-T. Tymieniecka, *Eros et logos. Esquisse d'une phénoménologie de l'intériorité créatrice*. Nauwelaerts, Louvain, 1972, p. 6. De la même auteur: "Imaginatio creatrix. The 'Creative' versus the 'Constitutive' Function of Man, and the 'Possible Worlds'," *Analecta Husserliana*, Vol. III, Reidel, Dordrecht-Boston, 1974, pp. 3–41.

[10] A. T. Tymieniecka, *Eros et logos*, p. 33.

[11] Bergson oppose la multiplicité distinte de l'espace à la pénétration reciproque de la durée pure: "Dans les deux cas, expérience signifie conscience; mais dans le premier, la conscience s'épanouit au dehors, et s'extériorise par rapport à elle même dans l'exacte mesure où elle aperçoit des choses extérieures les unes aux autres; dans le second elle rentre en elle, se ressaisit et s'approfondit" (E. Bergson, *L'intuition philosophique* [1911]. 'Oeuvres', PUF, Paris, 1959, p. 1361).

[12] En révision du bergsonisme, plusieurs auteurs arrivent jusqu'à l'application des catégories mathématiques aux phénomènes vitaux. Selon D'Arcy Wentwort Tompson – lui aussi critique de Bergson – les formes ne sont pas seulement le produit d'une invention libre et créatrice de la part de la nature et n'excluent point une approche avec le modèle-mathématique; c'est-à-dire que la matière vivante est susceptible de recevoir, par approximation, une loi numérique même dans la continuelle variation des formes. Il se refère a Haton de la Goupillière qui dit: "on a souvent l'occasion de saisir dans la nature un reflet des formes rigoureuses qu'étudie la géometrie" (D'Arcy Wentworth Thompson, *On Growth and Form*, University Press, Cambridge [1917], 2me edit. 1959, vol. II, p. 1030). Thompson se souvient aussi de Bergson: "M. Bergson repudiates, with peculiar confidence, the application of mathematics to biology". Le même auteur reproduit une affirmation de la bergsonienne *Evolution créatrice*: "Ici le calcul a prise, tout au plus, sur certains phénomènes de *destruction* organique. De la *création* organique, au contraire, des phénomènes évolutifs qui constituent proprement la vie, nous n'entrevoyons même pas comment nous pourrions les soumettre à un traitement mathématique" (Bergson, *Evol. créat.*, 20). En Italie les études de V. Volterra et d'autres auteurs ont de plus en plus développé l'application de la mathématique aux sciences biologiques, même dans le calcul des probabilités.

[13] R. Ingarden, *Intuition und Intellekt*, etc., *op. cit.*, par J. M. Fataud, "R. Ingarden critique de Bergson", *op. cit.*, pp. 14–15.

[14] J. M. Fataud, *op. cit.*, p. 15.

[15] J'ai developpé cette thèse dans mon essai phénomènologique: M. Sancipriano, *L'evoluzione ideale. Fenomenologia pura e teoria dell'evoluzione*, Morcelliana, Brescia, 2me edit., 1961.

[16] R. Ingarden, *Meine Erinnerungen, op. cit.*, p. 122.

IRMGARD KOWATZKI*

DIE FUNKTION DES KONSTITUIERENDEN BEWUSSTSEINS IN EINEM 'STUDIUM FÜR DIE SEELENMALER'

Die phänomenologische Studie einer Erzählphase in M. C. Wielands 'Geschichte des Agathon'

"So seltsam es klingt, so gewiss ist es doch, dass die Kräfte der Einbildung dasjenige weit übersteigen, was die Natur unseren Sinnen darstellt: ... sie erschafft eine neue Natur, und versetzt uns in der Tat in fremde Welten, welche nach ganz andern Gesetzen als die unsrigen regiert werden." Seine Phantasie, berichtet Wielands Agathon, sei nicht zuletzt durch die prächtige Schilderung Pindars, "bald zum Gastmahle der Götter, bald in die Elysischen Täler, die Wohnung seliger Schatten", versetzt worden.[1] Überträgt man Agathons Beobachtung in die Begriffssprache Roman Ingardens, so spricht man von Wahrnehmungsakten des Bewusstseins, die sich bei der Lektüre eines literarischen Kunstwerks einstellen. Christoph Martin Wieland lässt den Helden in seinem Roman *Geschichte des Agathon* von Kräften der Einbildung berichten, die eine eigengesetzliche Welt schaffen und dasjenige weit übersteigen, "was die Natur unseren Sinnen darstellt." Roman Ingarden definiert diesen Vorgang in seinen Untersuchungen über die Grundstruktur und Seinsweise des literarischen Kunstwerks[2] als intentionale Bewusstseinsakte, die die im literarischen Kunstwerk potentiell enthaltene fiktionale Welt zur anschaulichen Erfassung bringen. Beide Termini, obgleich ihre theoretische Begründung voneinander verschieden ist, versuchen zu erklären, wie eine durch Worte entworfene fiktionale Welt im Bewusstsein des Lesers entsteht. Weder Wielands durch 'Kräfte der Einbildung' erschaffene 'neue Natur' noch Ingardens zur Anschauung kommende Gegenständlichkeiten sind mit Sachverhalten in der empirischen Welt zu verwechseln. Bei beiden Begriffen, Einbildungskraft und Bewusstseinserfassungsakte, geht es um zwei Dinge: die durch den Dichter rein intentional geschaffene und im literarischen Werk 'als Möglichkeit und Anspruch'[3] enthaltene fiktionale Welt; und die Konkretisation dieser Welt durch intentionale Bewusstseinsakte des lesenden Subjekts.

In der folgenden Studie soll vorgeführt werden, wie die durch phäno-

Tymieniecka (ed.), Analecta Husserliana, Vol. IV, 149–164.

menologische Reduktion erreichten Kategorien, die Ingarden in seiner 'Wesensanatomie' des literarischen Kunstwerks herausgearbeitet hat, auf eine Erzählphase in Wielands *Agathon* angewendet werden können. Dieses bewusst gemachte Erfassungserlebnis soll zeigen, wie die raumzeitliche Struktur in einem dichterischen Gebilde, das vom Dichter rein intentional entworfen wurde, im Bewusstsein des Lesers entsteht. Zum Schluss der Analyse sollte damit auch die Frage beantwortet sein, ob die Kunstabsicht des Autors einzusehen ist, ob sie gelungen scheint.

Ingarden teilt sein abstrakt gefasstes Strukturgebilde des literarischen Kunstwerks in verschiedene Schichten auf, denen er spezifische Bewusstseinsakte zuordnet. In Wahrnehmungsakten nimmt ein subjektives Bewusstsein Wortzeichen, Wortlaute und sprachlautliche Gebilde höherer Ordnung wahr. In Bedeutungserfassungsakten richtet es sich auf die Erfassung von Wortbedeutungen und Bedeutungseinheiten der verschiedenen Stufen. Phantasiemässiges Erschauen bringt die dargestellten Gegenständlichkeiten und Situationen zur Anschauung. Da die Erfassungserlebnisse vielschichtig und kompliziert sind, kann das anschauende Subjekt ein Werk nur in 'perspektivischer Verkürzung' erleben, so dass einige Erkenntnis- oder Erlebnisakte zentral im Bewusstsein vollzogen werden, andere hingegen nur mitvollzogen oder miterlebt. Für die anschauliche Erfassung der fiktionalen Welt ist die Schicht der dargestellten Gegenständlichkeiten das Wesentliche.[4]

Es ist zwischen Gegenständen zu unterscheiden, die als Korrelate eines nominal oder verbal entworfenen Sachverhaltes entstehen und gegenständlichen Kategorien der materialen Welt ähnlich sind, und den Gegenständlichkeiten. Gegenständlichkeiten bedeuten alles das, was beim Lesen eines literarischen Textes thematisch erfasst wird, wie Geschehnisse, Personen, Dinge, Zustände. Die dargestellten Gegenständlichkeiten haben Unbestimmtheits- oder Leerstellen, da zum Beispiel räumliche und zeitliche Verhältnisse nur als Ausschnitt oder gerafft dargestellt werden können. Diese Unbestimmtheitsstellen werden erst in der Konkretisation ausgefüllt, das heisst, sie werden durch phantasiemässiges Erleben eines subjektiven Bewusstseins aktualisiert. "Dabei gehen die konkret erlebten Ansichten unvermeidlich über den schematisierten Gehalt der paratgehaltenen Ansichten im Werke selbst hinaus, indem das blosse Schema in verschiedener Hinsicht durch konkrete Elemente ausgefüllt wird." (362)[5]

Die Ebene des Hauptgeschehens ist die Orientierungsebene, und das Bewusstsein orientiert sich in der fiktionalen Welt mittels eines Orientierungsmediums. Dieses kann in einer oder in mehreren Personen, in gegenständlichen Situationen oder im Ich eines allwissenden Erzählers liegen, der sich im Akt des Erzählens konstituiert. Durch das Orientierungsmedium gesehen oder erlebt, erschliessen sich Räumlichkeit und Zeitlichkeit im thematischen Zusammenhang des Hauptgeschehens. Die räumlichen Verhältnisse einer gegenständlichen Phase entstehen durch lokale Zeichen, die allgemeine oder individualisierende Ansichten entwerfen, und der zeitliche Horizont erschliesst sich durch temporale Zeichen. Dargestellt wird das, was die Zeit erfüllt, nicht jedoch die Zeit selbst. Temporale Zeichen können sich auf die empirische Zeit beziehen und enthüllen dann eine chronologische Geschehensfolge, die oftmals als zusammengefasst oder -gerafft dargestellt wird. Wird das Geschehen jedoch in das Innere eines Orientierungsmediums verlegt, enthüllt sich der zeitliche Horizont als erlebte Zeit, und es bedarf dann keiner temporalen Zeichen, um den zeitlichen Horizont abzugrenzen.

Nicht alle von Ingarden phänomenologisch untersuchten und begrifflich bestimmten Schichten, die die Wesensstruktur des literarischen Werkes ausmachen, werden in dieser Studie berücksichtigt. Es wird lediglich vorgeführt, wie Raum- und Zeitstruktur entstehen und wie die wechselnden Orientierungsmedien dazu beitragen, eine kurze gegenständliche Erzählphase als anschauliches Ganze entstehen zu lassen.

Die mimetische Substanz der zur analysierenden Szene in Wielands Roman ist einfach: Agathon findet unverhofft die schöne Danae wieder. Dieses vollkommenste Modell aller Vorzüge des weiblichen Geschlechts, "wenn man die strenge Tugend ausnimmt" (114), hatte er durch den Sophisten Hippias in Smyrna kennengelernt und sie als Inkarnation seines Begriffs von idealischer Vollkommenheit schwärmerisch und hingebend geliebt. Wie die kluge Danae noch während der uneingeschränkten Verzauberung ihres Geliebten bereits befürchtete, hatte er sie trotzdem verlassen, weil "nicht sie selbst, sondern (die) idealische Vollkommenheit der eigentliche Gegenstand seiner Liebe" (266) gewesen war. Nachdem seine Seele "aus einer Überfüllung mit Vergnügen" (268) heraus zur Wirklichkeit erwacht war, hörte er plötzlich "die Stimme der Tugend" (269) wieder. Als Hippias dann auch noch "endlich das Geheimnis des wahren Standes der schönen Danae" (280) preisgegeben hatte, glaubte Agathon sich "von ihrem Charakter und moralischen Werte betrogen." (271) Denn Danae war von der berühmten Aspasia von Milet in "die Kunst der Galanterie oder der weiblichen Sophistik" (120) eingeführt worden und nacheinander die Gefährtin des Alcibiades und des jüngeren Cyprus gewesen. Beider Grosszügigkeit hatte sie "in den Stand gesetzt, ihre einzige Sorge sein zu lassen, wie sie auf die angenehmste Art leben wollte." (123)

Der raumzeitliche Hintergrund der fiktionalen Welt, wie er sich bis zu Beginn der Episode stabilisiert hat, soll nun veranschaulicht werden, so dass sich das punktuelle Geschehen des Sich-Wiederfindens der Liebenden in die Orientierungsebene des Hauptgeschehens einordnen lässt. Nach seiner heimlichen Flucht aus Smyrna hatte Agathon sich "in den Zirkel des Privatlebens" (468) zurückgezogen, um sich mit Wissenschaft und bildender Kunst zu beschäftigen. Wie schon des öfteren befand er sich eben jetzt auf dem Landgut seines Freundes Kritolaor. Er und sein Freund hatten sich an einer Jagd beteiligt und waren dabei "von einem Ungewitter überrascht" (471) worden. Die Grenzen des fiktionalen Raums, aus dem heraus Agathon und Kritolaos in den Blickpunkt rücken, bleiben unscharf. Denn der Erzähler, der sich hier im Akt des Erzählens konstituiert und als Orientierungszentrum dient, obgleich er die dargestellten Gegenständlichkeiten oftmals vom Blickpunkt Agathons und des Kritolaos aus anvisiert, liefert nur sparsame lokale Zeichen, die ganz allgemeine Raumtypen zur Schau stellen. Die Freunde irren durch einen Wald, und als sie endlich da herausgefunden haben, finden sie sich in einer Gegend wieder. In dieser unbestimmbaren offenen Weite erscheint ein einsames Landhaus als der einzige Ort, "wohin sie ihre Zuflucht nehmen" (471) können. Doch dieser zunächst rein nominal entworfene Gegenstand erscheint sogleich unter Mitschwingen einer ganz bestimmten emotionalen Bedeutsamkeit: das Haus sieht "einem verwünschten Schlosse" (472) ähnlich. Die Räumlichkeiten in dem Landhaus werden dann zunächst wieder ganz allgemein vorgestellt. Die Freunde kommen "vor dem äussersten Tor" (472) des Hauses an und werden in einen Saal genötigt, der nur dadurch zu einer individualisierenden Ansicht wird, dass seine Wände als mit einigen Gemälden ausgeziert erwähnt werden. Sogleich jedoch entsteht ein zweiter Raum, und zwar durch das Auftauchen einer Sklavin, von der berichtet wird, dass sie nach Ansichtigwerden der Fremden "hastig dem Zimmer ihrer Gebieterin" (472) zuläuft. Durch ihren Ausruf: "Und wer meinen Sie wohl, meine Gebieterin,... dass unten im Saal ist?" (472), kommt ausserdem ein zweites Stockwerk in den Blick, und dieses wiederum lässt eine Treppe mit erscheinen.

All die hier gegebenen lokalen Zeichen vermitteln allgemeinste Umrisse und haben nur die Funktion, die räumlichen Verhältnisse in dieser Szene überhaupt erst einmal zu konstituieren. Doch sie enthalten genügend anschauliche Elemente, aus denen sich geschlossene Innenräume strukturieren lassen. Denn mit Tor, Saal, Zimmer und Gemälden entstehen Wände, und die Anordnung von Saal und Zimmer als unten und oben macht eine Treppe ansichtig. Das Zimmer der Dame wird durch ein Sofa, auf das sie beim Hören des Namens Agathon ohnmächtig zurücksinkt, als private Sphäre ausgewiesen, während der durch Gemälde geschmückte Saal einen mehr formellen Anstrich hat. Durch diese sparsam entworfenen Gegenstände verfügt der Erzähler geschickt über die disparaten räumlichen Verhältnisse im Schloss. Er stellt sie als gerafften Raum zur Schau, und doch so, dass sich die Raumverhältnisse zu einem anschaubaren Ganzen fügen.

Ebenso gibt er eine zeitlich geraffte Darstellung der chronologischen Abläufe des Geschehens, und auch hier bedient er sich nur allgemeiner Zeitangaben. Die im Wald herumirrenden Freunde wissen "eine geraume Zeit" (471) nicht, wo sie sind. Sie finden sich dann 'endlich' aus dem Wald heraus. Trotzdem vermitteln diese beiden Zeitangaben Ansichten aufeinanderfolgender Zeitphasen. Von dem Augenblick an jedoch, wo das geheimnisvolle Landhaus erwähnt ist, konstituiert sich Zeitlichkeit für die Freunde vornehmlich als durch den inneren Sinn erlebte Zeit, so dass die zeitfüllenden Erlebnisse nicht als lückenlos aufeinanderfolgende Phasen dargestellt zu werden brauchen. Während Agathon und Kritolaos den Weg bis zum äussersten Tor des wie ein verwünschtes Schloss aussehenden Hauses zurücklegen, sprechen sie über die geheimnisvolle Bewohnerin. Einmal im Innern des Landhauses, erfahren sie die Aufmerksamkeit der Bediensteten, die sie auf ihre Bitten hin eingelassen haben. Sie werden gastlich bedient, und Agathon versinkt in Betrachtung einiger Gemälde an der Wand. Auch als die Sklavin nun zum Orientierungsmedium wird und der Erzähler vorübergehend verschwindet, bleiben die dargestellten Zeitphasen weiterhin erfüllt, das heisst, individuell erlebt, und die hier und da eingeflochtenen Zeitangaben beziehen sich nur auf dieses Erleben. Die Sklavin nämlich, die Agathon "einige Minuten" mit grosser Aufmerksamkeit angestarrt hat, verliert sich "auf einmal aus dem Saale" und eilt "hastig dem Zimmer ihrer Gebieterin zu" (472). Nachdem jene dann aus einer Ohnmacht aufgewacht ist und mit der Sklavin spricht, kommt sie als "die schöne Danae" zur Ansicht und wird damit auch gleich zum Orientierungsmedium. Und weiterhin konstituieren sich die einander ablösenden Zeitphasen als erfüllte Zeit. Auf Danaes Ohnmacht folgt ein aufgeregter Dialog mit der Sklavin; nach diesem Wortwechsel befindet sich Danae in heftigster Gemütsbewegung, im Streit mit einander bekämpfenden Tendenzen. Davon berichtet nun wieder der Erzähler, weil Danae völlig den Abstand zu sich selbst verloren hat, und er bemerkt, dass 'eine Erzählung alles dessen, was in ihrem Gemüte vorging", etliche Bogen ausfüllen würde, "wiewohl es weniger Zeit als sechs Minuten einnahm." (474)

Zur gleichen Zeit wird auch Agathon im Saale unten von heftigen seelischen Bewegungen bedrängt. Während Danae in Ohnmacht fällt, heftig mit der Sklavin redet, immer aufgeregter wird, steht Agathon vor einem ganz bestimmten Gemälde, das ihn in unbeschreibliche sich steigernde Verwirrung versetzt. Er glaubt, "es für das nämliche zu erkennen, vor welchem er in einem Gartensaale der Danae oft Viertelstunden lang in bewundernder Entzückung gestanden" (476) hatte. Auch sein Gemüt ist nun durch widerstreitende Empfindungen beunruhigt. Wie Danae wird er zunehmend verwirrter und aufgeregter.

Die beiden Liebenden haben sich zur gleichen Zeit, obwohl räumlich voneinander getrennt, in den gleichen Zustand höchster Agitation hineingesteigert. Was sie noch trennt, ist ein Teil ihres Bewusstseinsinhalts, der sie die seit Agathons Flucht individuell erlebten Reaktionen auf diese Trennung noch einmal, und zwar in wenige Minuten zusammengedrängt, erleben lässt. Dieser Sachverhalt ist als innere Zustände der beiden vorgeführt. In Danaes Herzen kämpfen Liebe, Stolz und Tugend um den Vorrang, als sie nicht mehr daran zweifelt, dass Agathon in ihrem Hause ist. Agathon hingegen ist bemüht, den Widerspruch zwischen dem Wunsch, die Dame des Hauses möge Danae sein, mit dem Wunsch, sie möge nicht Danae sein, zu lösen, bis schliesslich das Verlangen nach der Geliebten alle nicht miteinander zu vereinbarenden Empfindungen in sich aufhebt.

An diesem Punkt müssen szenische Anordnung und Befindlichkeit der

Hauptpersonen für die Dauer eines Erzählereinschubs durchgehalten werden. Die Konstellation ist wie folgt: Im Saale unten stehen Agathon und Kritolaos, dieser neugierig, was sich hinter dem aufgeregten und ungeduldigen Verhalten seines Freundes verbirgt; jener nicht imstande, seiner Aufregung Herr zu werden oder seine Ungeduld zu zügeln. Im Zimmer eine Treppe höher sitzt Danae auf ihrem Sofa und ringt darum, ihre Liebe zur Tugend vor dem Verlangen nach Agathon zu schützen. Hier drängt sich plötzlich der Erzähler ein, doch nicht in der Rolle des Erzählers. Die hat er zugunsten des Mitspielers im fiktionalen Geschehen aufgegeben. Zugleich bringt er einen fiktiven Leser mit, den er auffordert, sich um eine ästhetische Einstellung zu bemühen, wenn er in dem sich gleich enthüllenden Geschehen aktiv mitwirkt. Dies hat er zu sagen: Selbst wenn Agathon im Verlauf des Geschehens nicht wie ein Held handelt, ja selbst wenn Danae ihren weiblichen Stolz vergessen sollte, wäre eine Beurteilung dieser unkonventionellen Verhaltensweisen "vermöge der moralischen Begriffe" (477) nicht angebracht. Kein Moralist, also, nur der Leser, der "schönen Seelen glaubt" (477), kann diesem Agathon und dieser Danae die Menschlichkeit zugestehen, die allen gesellschaftlich vorgeschriebenen Verhaltensweisen überlegen ist: Sie denken nicht "wie gewöhnliche Leute" (477) und handeln so, wie sie handeln, weil sie sind, was sie sind.

Während dieses Exkurs' hat der Erzähler den schwer atmenden Agathon, der mit pochendem Herzen dem Sklaven gefolgt ist, in das Vorgemach der unbekannten Dame transportiert. Kritolaos, obgleich das nicht erwähnt wird, ist dem Freund zur Seite geblieben. Hier beginnt die eigentliche Wiedersehens-Szene. "Die schöne Danae erwartete, auf einem Sofa sitzend, ihren Besuch mit so vieler Stärke, als eine weibliche Seele nur immer zu haben fähig sein mag, die zugleich so zärtlich und lebhaft ist, als eine solche Seele sein kann." (477) Dieser Sachverhalt, die schöne Danae auf einem Sofa sitzend, verweist sogleich darauf, dass Danae der Tür zugewandt ist, und es ist nun eine ganz bestimmte Danae, die sich als Ansicht aufdrängt. An sich vermittelt das Adjektiv 'schön' nur den Typus einer Ansicht. Hier jedoch formt es zusammen mit dem Namen 'Danae' den Bedeutungskomplex 'die schöne Danae', den man durch Kenntnis der vorhergegangenen Handlung sogleich als innere Ansicht aktualisieren kann: Danae ist die schönste der weiblichen Sophistinnen, hatte, "die Grossen und die Weisen der Republik in ihren

Ruhestunden" (121) ergötzt, und ihre Wirkung auf Agathon ist immer noch so stark, dass dieser in eben diesem Augenblick vor Erwartung zitternd vor der Tür zu ihrem Zimmer steht. Die schöne Danae ist ausserdem, wie man sogleich mitvermeint, die Frau, die Agathon geliebt hat und von ihm verlassen und verletzt worden ist. Ferner weiss man, dass sie als die geheimnisvolle Schlossdame seit langer Zeit bereits in völliger Weltabgeschiedenheit lebt.

Was ausser dem Sofa, auf dem sie sitzt, in ihrem Zimmer steht, bleibt ungesagt. Es bedarf auch keiner Präzisierung der sie umgebenden Räumlichkeit. Denn diese an sich rein schematisierte Ansicht, das Sofa als einziges nominal entworfenes Zeichen für ein Zimmer zu gebrauchen, hat zusammen mit dem aktualisierten Bedeutungskomplex 'die schöne Danae' ausreichende Suggestivkraft. Die Unbestimmtheitsstellen in der Ansicht des Zimmers lassen sich mit einer emotional und sinnlich verdichteten Atmosphäre ohne Mühe ausfüllen, obgleich kein genauer Sachverhalt nominal entworfen oder verbal intendiert worden ist. An dieser Stelle, die ein unmittelbar bevorstehendes passioniertes Geschehen verspricht, mischt sich der Erzähler schnell noch einmal ein, um ein zweites Mal an die von ihm vorher bereits empfohlene ästhetische Einstellung zu gemahnen. "Aber was in ihrem Herzen vorging, mögen Leserinnen, welche im Stande sind sich an ihre Stelle zu setzen, in ihrem eigenen lesen." (477) Er hatte vorher das Leserpublikum ganz allgemein angesprochen. "Hier ist es, wo wir mehr als jemals zu wünschen versucht sind, dass dieses Buch von niemand gelesen werden möchte, der keine schönen Seelen glaubt." (477) Jetzt richtet er sich jedoch ausdrücklich an seine Leserinnen. Da diese, wie er annimmt, Danaes Gefühle nachempfinden können, will er besonders sie vor der Gefahr bewahren, dass sie moralisch werten. Er tut das, indem er auf seine im vorhergegangenen Satz vorgenommene leicht ironische Erwähnung von 'weiblichen Seelen' anspielt. Danaes Seele hat zwar Stärke, gibt er zu, aber die kann sich doch nur als zwar schöne, immerhin jedoch als Schwäche äussern. Da er bereits weiss, dass diese Schwäche siegen wird, sollen auch seine Leserinnen keine Standhaftigkeit erwarten, wo keine möglich wäre. Danaes Gemütszustand ist dazu äusserst labil, gibt er zu verstehen. Denn die ganz allgemein gefährdete Konstitution der weiblichen Seele ist bei ihr durch Temperament und besondere Verwundbarkeit gesteigert. Ihre Seele ist "zugleich so zärtlich und lebhaft" (477) als eine weibliche Seele nur sein kann.

Bisher hat der Erzähler Danaes inneren Zustand so mitgeteilt, wie er ihn verstanden wissen will. Durch diese Schilderung hat er sie jedoch in Nahstellung gerückt, und er kann nur noch näher an sie heranführen, wenn er in ihr Bewusstsein eindringt. Das tut er, ohne jedoch Danae zum Orientierungsmedium zu machen. Er teilt ihren Bewusstseinsinhalt einfach mit und macht ihren Gemütszustand als gespannt verharrend, wenn auch in einem höchst labilen Gleichgewicht, einsichtig. "Sie wusste, dass Agathon einen Gefährten hatte." (477) Der Freund wird erst jetzt wieder erwähnt, denn nun ist er für Danaes Betragen funktionell wichtig und wird von ihrem Bewusstsein aus anvisiert. "Dieser Umstand kam ihr zustatten; ..." (477) Auch dieser Sachverhalt ist noch so allgemein vorgestellt, dass man nur flüchtig daran denkt, 'dieser Umstand' könnte etwas mit einem Verhaltensmuster zu tun haben, um das sich Danae bemüht. Noch im gleichen Satz jedoch, der damit zwei verschiedene intentionale Sachverhalte entwirft, die auch durch zwei verschiedene Orientierungsmedien vermittelt werden, umkreist der Erzähler das Bewusstsein Agathons. "... aber Agathon befand sich wenig dadurch erleichtert." (477) Jetzt wird die Ansicht von Agathons Befindlichkeit wieder dynamisch. Zuletzt hatte er mit pochendem Herzen und schwer atmend im Vorgemach der Danae gestanden, und da steht er nun noch immer. Danaes und Agathons Gefühlsspannung hat sich so intensiviert, dass diese Gefühle jetzt die einzigen noch erfassbaren Gegenständlichkeiten sind. Die Trennungswand, die als Gegenstand vorgestellte Tür, muss nun endlich fallen.

"Die Tür des Vorzimmers wurde ihnen von der Sklavin eröffnet." (477) Diese rein faktische Mitteilung, durch den Erzähler gegeben, führt einen Augenblick lang von Agathons Bewusstsein weg. Während durch das Pronomen 'ihnen' zusammen mit der sich öffnenden Tür der Freund Kritolaos ansichtig wird, lösen sich diese Ansichten doch schnell wieder auf. Denn durch die nun offene Tür ist ein neuer räumlicher Horizont entstanden, der Danae zum Mittelpunkt hat, und der wird sogleich von Agathons Perspektive aus abgemessen. "Er erkannte beim ersten Anblick die Vertraute seiner Geliebten;..." (477) Das temporale Zeichen 'beim ersten Anblick' sagt etwas über seine Blickrichtung aus. Er muss die Augen unverwandt auf die sich öffnende Tür gerichtet haben, denn sein Erkennen der Sklavin geschieht momentan. Dadurch entsteht zugleich auch etwas Neues in seinem Bewusstsein, was durch das nominal entworfene 'seine Geliebte' intendiert ist. Er muss sich wohl in diesem Augenblick seiner genossenen Liebesfreuden und seiner immer noch verlangenden Liebe zu Danae wieder bewusst sein. Denn die Sklavin, die er erkannt hat, erkennt er nicht als irgendeine Sklavin, sondern als 'die Vertraute seiner Geliebten'. Und diese nominal entworfene Geliebte wird durch die Verbindung mit dem Possessivpronomen 'seine' als die wieder und immer noch Geliebte erkennbar. "... und nun konnte er nicht mehr zweifeln, dass die Dame, die er in einigen Augenblicken sehen würde, Danae sei." (477) Agathon befindet sich in einem merkwürdigen zeitlosen Zustand. Die fiktionale Wirklichkeit seines 'Hierseins' und das Wissen, nur durch eine kleine Veränderung seiner Blickrichtung wirklich vor Danae zu stehen, vermischen sich mit der Vergegenwärtigung seines durch sie in der Vergangenheit erlebten Glücks. Dieser Zustand hat nur Danae, sich selbst und die Gegenwärtigkeit der Liebe zum Inhalt, die sowohl Vergangenheit als auch Zukunft bedeutet. Sprachlich wird die zeitlose Präsenz der Liebe durch das Temporaladverb 'nun' vermittelt. Die 'nun' – plötzlich und ausschliesslich – erlangte Gewissheit enthüllt zugleich, dass Agathon noch bis zu dem Augenblick gezweifelt hatte, ob er Danae sehen würde, obgleich er nichts anderes gewünscht hatte. Auch das Modalverb 'konnte' – 'nun konnte er nicht mehr zweifeln' – verweist auf einen ganz bestimmten Sachverhalt. Da das Zweifeln aufgehört hat, kann sich Agathon nur noch mit der Gewissheit des Wiedersehens beschäftigen, so dass Wunsch und Gegenwunsch nun endlich in Gewissheit und Zustimmung aufgehoben sind.

Diese seelischen Ereignisse, zuerst vom Erzähler mitgeteilt, werden anschliessend durch Ansichten vorgestellt. Agathon bemüht sich darum, Haltung anzunehmen. "Er raffte seinen ganzen Mut zusammen, indem er zitternd hinter seinem Freunde Kritolaos her wankte." (477–78) Dieser Versuch scheint jedoch nur dadurch – und auch nur halbwegs – zu gelingen, dass er seinen inneren Zustand irgendwie neutralisiert. Denn er stellt sich vor, er trete der vielbesprochenen geheimnisvollen und ihm unbekannten "Dame" des Hauses gegenüber. Diese schizophrene Bewusstseinsoperation lässt sich an dem vorhergehenden Satz, "dass die Dame, die er in einigen Augenblicken sehen würde, Danae sei", erkennen. Er denkt zuerst an ein Bekanntwerden mit der 'Dame', und erst dann verbindet er den Begriff 'Dame' mit der Geliebten Danae. Durch das temporale Zeichen 'in einigen Augenblicken' ist auch angedeutet, dass Agathons Erleben wieder auf die Wirklichkeit bezogen ist. Dieser durch den Temporalsatz erstellte Bezug zur fiktionalen äusseren Wirklichkeit wird durch die individualisierende Ansicht von der geöffneten Tür verstärkt.

In die raumzeitliche Sphäre zurückversetzt, bewegt sich Agathon nun physisch auf Danae zu. "Er sah sie – wollte auf sie zugehen – konnte nicht – heftete seine Augen auf sie – und sank, vom Übermass seiner Empfindlichkeit überwältigt, in die Arme seines Freundes zurück." (478) Es gelingt ihm also keineswegs, die Heldenrolle durchzuspielen. Die Anstrengung, der es bedarf, Mut zu fassen, zeigt sich in seinen Bewegungen. Er wankt, er wankt sogar zitternd, hinter Kritolaos einher. Das 'Übermass seiner Empfindlichkeit' ist syntaktisch und auch visuell veranschaulicht. Kurze Sätze, abgehackt aneinandergereihte Sachverhalte, durch Bindestriche verbunden, zeugen von Agathons Anstrengung, die Motornerven unter Kontrolle zu bekommen. Er erkennt Danae, ohne sie erst anzusehen. Er will auf sie zueilen, doch sein Körper gehorcht ihm nicht. Als er dann seine Augen auf sie heftet, wird er so von seinem Gefühl überwältigt, dass er nur noch in die Arme des Freundes zurücksinken kann. Das Verb 'zurücksinken' veranschaulicht die Veränderung in der Position der Freunde zueinander. Agathon war hinter Kritolaos einhergewankt. Er muss ihn durch sein Zueilen auf Danae überholt haben, so dass jener nun bereit steht, den zurücksinkenden Freund aufzufangen.

Hier ist eine Summierung der bisher verwandten lokalen und temporalen Zeichen. Drei nominal entworfene Gegenstände bleiben für die Konstituierung der Raumverhältnisse rein funktional: das Sofa in Danaes Zimmer, das Vorzimmer, und dazwischen die Tür. Mittels der beiden durch die Tür getrennten oder auch verbundenen Räumlichkeiten bildet sich der raumzeitliche Horizont, in dem sich die Wiedersehensepisode abspielt. Die Tür als der Gegenstand, der Danae und Agathon noch trennt, wird abwechselnd durch beider Perspektiven anvisiert. Danae, auf ihrem Sofa sitzend, schaut auf die Tür von innen. Agathon, im Vorzimmer stehend, schaut auf die Tür von aussen. Die Räumlichkeit kann als 'innen' und 'aussen' zur Ansicht kommen, weil Agathon aus einem unbegrenzten Aussenraum erst an das Tor des Landhauses, dann in das Landhaus, dann in das Vorzimmer gekommen war, Danae hingegen sich in einem als Zimmer entworfenen, also einem geschlossenen Innenraum befindet. Diese Raumverhältnisse stabilisieren sich als Ansicht, nachdem Agathon sich endlich im Vorzimmer zu Danaes Zimmer befindet. Von da an werden ausser der bereits zur Schau gestellten Tür und dem Sofa keine räumlichen Zeichen mehr gegeben. Doch auch Tür und Sofa haben für das sich entfaltende Geschehen nur noch eine Funktion. Die Tür ist das äussere Zeichen der Trennung. Sie wird geöffnet, damit die Trennung aufgehoben ist. Danach verflüchtigt sie sich als Ansicht, wohingegen das Sofa als Ansicht bestehen bleibt. Denn auf dem Sofa wird sich später eine zärtliche Wiedersehensszene entwickeln. Es behält als Ansicht seine Funktion.

Die chronologische Zeitabfolge der Episode wird nur durch das Sich-Fortbewegen der Darsteller innerhalb des dargestellten räumlichen Bewegungshorizonts vermittelt. Denn die einzige nominale Zeitangabe, nämlich dass Agathon die Dame 'in einigen Augenblicken' sehen wird, bezieht sich nicht auf ein Geschehen, das sich an ein anderes Geschehen anschliesst, hat also nichts mit einem empirischen Zeitablauf zu tun. Doch der sparsame Gebrauch von räumlichen und temporalen Angaben lässt auf das Kunstwollen des Autors schliessen. Alles, was an Wesentlichem geschieht, was als Sachverhalt entworfen oder als Ansicht vorgestellt und als Gegenständlichkeit erfassbar wird, spielt sich als erlebte Zeit im Innern der Hauptdarsteller ab. Daher können im intentionalen Nachvollziehen dieser Szene auch keine zeitlichen Lücken entstehen, denn im Ablauf der inneren Zeitlichkeit gibt es keine notwendige chronologische Folge von Ereignissen. Und erlebte Zeit hat ontische Priorität vor chronologischer Zeit, weil sie im innern Sinn der Zeitlichkeit gegründet ist. Was sich dem Leser als Bewusstseinsinhalt der Hauptpersonen aufdrängt und sich als Geschehen im Raum intentional aktualisieren lässt, sind mehrdimensionale zeitliche Begebenheiten, die äussere und chronologische sowie die innere und erlebte Zeit. Im intentionalen Nachvollzug der fiktionalen Episode bleiben Orientierungsebene sowie zeitliche Kontinuität gewahrt, und das Geschehen treibt gradlinig und ununterbrochen auf einen Kulminationspunkt zu.

Doch zurück zur fiktionalen Handlung. Welchen Effekt hat das Wiedersehen auf Danae? Als Agathon im Vorzimmer bei ihrem Anblick 'von seiner Empfindlichkeit überwältigt' in die Arme des Freundes zurücksinkt, hat sie bereits ihre Ohnmacht überstanden. Dem unheldenhaften Agathon gegenüber kann Danae also immer noch unbewegt auf ihrem Sofa sitzen bleiben. Doch ohne dass es der Erzähler ausdrücklich vermeint, sieht man förmlich, dass Danaes Unfähigkeit, sich beim Anblick Agathons zu rühren, gefühlsbedingt ist. Wo Agathon die Sinne schwinden, erlebt sie eine momentane physische Lähmung. Der vorausgegangene Streit des Herzens mit dem kühlen Kopf ist hiermit zwar für einen winzigen Augenblick aufgehoben, nicht jedoch entschieden. Als sie Agathons Reaktion auf ihren Anblick endlich bewusst erfasst, entscheidet sich der Kampf endgültig und diesmal zugunsten ihres Herzens. Sie lässt sich nun ganz einfach überwältigen. "Auf einmal vergass die schöne Danae alle die grossen Entschliessungen von Gelassenheit und Zurückhaltung, welche sie mit so vieler Mühe gefasst hatte." (478) Nun wird auch klar, wie Danae die Anwesenheit von Kritolaos zu nutzen gedacht hatte. Die Anwesenheit des ihr Fremden sollte sie zwingen, Gelassenheit und Zurückhaltung zu spielen. Das Bemühen um diese Rolle mag gross gewesen sein. Doch beim Anblick des überwältigten Agathon ist es ganz selbstverständlich, dass auch sie sich gehen lässt, und zwar ganz plötzlich, 'auf einmal'. "Sie lief in zärtlicher Bestürzung auf ihn zu, nahm ihn in ihre Arme, liess dem ganzen Strom ihrer Empfindungen den Lauf, ohne daran zu denken, dass sie einen Zeugen hatte, der über alles, was er sah und hörte, erstaunt sein musste." (478)

Hier kommt die Sphäre von Danaes so gerühmter Weiblichkeit zur vollen Ansicht, und nun ist sie die einzige noch erfassbare Gegenständlichkeit, auf die der Erzähler schon vorbereitet hatte. Dieser schiebt sich hier fast unmerklich wieder in den Vordergrund, denn er ist nun der einzige, der über Danaes Verhalten berichten kann, da diese nur noch hingebendes Empfinden ist. Im Gegensatz zu Agathon, dessen Reaktion sich stockend und nur ruckweise bis zum Überwältigtsein gesteigert hatte, das ihn dann sogar von Danae weg in die Armedes Freundes zurücksinken liess, zeigt Danae ungehemmtes Hinströmen auf Agathon zu. Agathon hatte sie angeschaut, wollte auf sie zugehen, konnte nicht, heftete seine Augen noch einmal auf sie, sank zurück; alles immer wieder begonnene und abgebrochene Bewegungen. Sie hingegen läuft ganz einfach auf ihn zu, schliesst ihn in die Arme. Und nun strömen Empfindungen ungehemmt von irgendwelchen nicht zur Sache der Liebe gehörenden Erwägungen. Die Empfindungen werden erst einmal vom Erzähler entworfen und werden dann anschaulich gemacht. Sie kommen auch dadurch als ungehemmte Gegenständlichkeit zur Ansicht, dass sie mit einem Strom, der ungehemmt seinen Lauf nimmt, verglichen werden.

Agathon sank "vom Übermass seiner Empfindlichkeit überwältigt" in die Arme seines Freundes. Danae lässt "dem ganzen Strom ihrer Empfindungen den Lauf". Durch die Zuordnung des Wortes "Empfindungen" zu Danaes Gefühlsgestimmtheit und des Wortes 'Empfindlichkeit' zu Agathons, wird noch einmal – abgesehen von den entworfenen intentionalen Sachverhalten vorher – die unterschiedliche Verhaltensweise der beiden Liebenden verdeutlicht. Agathons Empfindlichkeit ist ein Offensein nach aussen hin, und die Anfechtungen, denen er von aussen her begegnet, steigern den Zustand der Empfindlichkeit gradweise. Danaes Empfindungen sind in ihrem Innern beschlossen, und erst, nachdem die Abgeschiedenheit von der Aussenwelt durchbrochen ist, können die Empfindungen verströmen, und sie verströmen ungehemmt.

Der dritte Spieler in dieser Szene hat bis zu diesem Punkte seinen Eigenwert verloren, und er wird nur durch seine Funktion in bezug auf die Handlung mitvermeint. Nachdem jedoch das Bewusstsein Agathons durch Ohnmacht ausgeschaltet ist, Danaes ganzes Sein nur noch in dem geliebten Gegenüber existiert, kann Kritolaos durch den Erzähler wieder zur Ansicht gebracht werden, ohne das Geschehen um die zwei Liebenden zu stören. Der Erzähler gibt also in nicht ernst gemeinter Entrüstung zu bedenken, dass Danae durch ihr Verhalten die Grenzen des gesellschaftlich Erlaubten überschreite, "ohne daran zu denken, dass sie einen Zeugen hatte, der über alles, was er sah und hörte, erstaunt sein musste." "Über alles, was er sah und hörte." Bis zu welchem Mass die schöne Danae sich ihren Gefühlen überlässt, evozieren noch einmal diese verbal entworfenen Sachverhalte. Es entsteht eine schöne Danae, die den in den Armen seines Freundes liegenden Agathon mit heftigen Liebesbezeugungen und zärtlichen Ausserungen wieder zum Leben zu erwecken sucht. In dieser Szene liefert der Erzähler nur ein temporales Zeichen, 'auf einmal', und das auch nur um vorzustellen, wie spontan sich Danae ihren Gefühlen hingibt. Eine Räumlichkeit wird nur dadurch ansichtig, dass Danae auf Agathon zuläuft, also eine Strecke im Raum zurücklegt. Doch es bedarf im Bereich 'schöner Seelen', in dem der ästhetisch eingestellte Leser sich befindet, wenn er bisher im Sinne des Erzählers mitgespielt hat, keiner zeitlichen oder räumlichen Orientierung. Denn hier haben die Begriffe Zeit und Raum keine Berechtigung.

Durch diese Analyse, scheint mir, ist die Interpretation des Befundes:

was leisten Erzählerhaltung, perspektivischer Wechsel, linguistische Zeichen, vorgestellte Bedeutungen, Sachverhalte und Gegenständlichkeiten, was die Raum- und Zeitstruktur – bereits vorweggenommen. Die wenigen raumzeitlichen Daten sind in diesem "Studium für die Seelenmaler" (476) für die Konkretisierung des in dieser Szene vorgeführten emotionalen Geschehens völlig angemessen. Denn die innere oder ideale Zeitlichkeit, wie sie als erlebte Zeit durch Empfindungen, Vorstellungen, Bilderreihen, Erinnertes, etc., an- und ausgefüllt wird, bedarf nur der Durchhaltung einer Orientierungsebene wegen ab und zu raumzeitlicher Daten. Das künstlerische Anliegen Wielands wird hier einsichtig: Die Kette von Ursache und Wirkung des Geschehens muss an jedem Punkt kontinuierlich bleiben, so dass alles, was geschieht, Resultat und Wirkung eines inneren Zustandes ist. Für den Leser wird anschauendes Erkennen durch diese Verknüpfung von Ursache und Wirkung in der Darstellung des Geschehens möglich.

Von besonderer ästhetischer Wirkung ist der räumliche Aufbau der Szene. Agathon kommt aus einem unbestimmten offenen Aussenraum in einen Innenraum, der sich immer mehr nach innen zu konzentriert, bis er zum Schluss auf das Zimmer der Danae gewissermassen völlig 'verinnerlicht' ist. Diese Bewegung nach innen ist der Situation des Agathon an diesem Punkt seines Erlebens analog. Ausserdem scheint Wielands Forderung, Vorstellung und Empfindungen sollten lehrreich sein, indem sie vergnügen, das Zusammentreffen also des Didaktischen mit dem Vergnüglichen, durch diese Szene besonders lebhaft vorgeführt zu sein.

ANMERKUNGEN

* To our great grief the author died before seeing her work in print. *The Editor.*

[1] Christoph Martin Wieland, *Romance: Geschichte des Agathon*, Winkler Verlag, München, 1964, II, 198. Die im Text gesperrt gedruckten Wörter werden in diesem Aufsatz zusammengeschrieben.

[2] Roman Ingarden, *Das literarische Kunstwerk*, Max Niemeyer Verlag, Tübingen, 1965.

[3] Karl-Otto Apel, 'Die beiden Phasen der Phänomenologie in ihrer Auswirkung auf das philosophische Vorverständnis von Sprache und Dichtung in der Gegenwart', *Jahrbuch für Ästhetik und allgemeine Kunstwissenschaft* (1951), S. 54–76, S. 65.

[4] Ingarden bleibt mit seinen Analysen methodisch auf dem sogen. "transzendentalen Boden" E. Husserls..., die Gegenstände der Kunst und deren Elemente als rein intentionale Gegenständlichkeiten aufzufassen, die in den Tiefen des konstituierenden reinen Bewusstseins ihren Seins- und Bestimmungsgrund haben." Der Gegenstand, "dessen reine Intentionalität ausser jedem Zweifel" steht, ist für Ingarden das literarische Werk, und an

diesem hat er "die wesensmässigen Strukturen und die Seinsweise des rein intentionalen Gegenstandes" studiert und vorgeführt. Ingarden, S. XII. Die Haltung seinem Forschungsgegenstand gegenüber, also die phänomenologische Reduktion im Sinne Husserls, ist "die rein aufnehmende und auf das Wesen der Sache gerichtete Haltung des Phänomenologen." Die phänomenologische Reduktion schliesse die Gefahr aus, das literarische Werk auf etwas anderes, schon Bekanntes, zurückzuführen. Ebd., S. 2–3.

[5] Ingarden widmet einen Paragraphen der Besprechung über 'Die Konkretisationen des literarischen Werkes und die Erlebnisse seiner Erfassung." S. 359–367.

[6] Damit die anschauliche Erscheinung der dargestellten Gegenständlichkeiten im literarischen Kunstwerk vorbereitet werden kann, bedarf es der Ansichten. In dem Ansichten gelangt nach Ingarden "das wahrgenommene Ding (im Bewusstsein des Lesers) zur leibhaftigen Selbstpräsentation" (272). Schematisierte Ansichten bilden das Skelett der konkreten Ansichten..., in denen (jedes dingliche Moment) erscheint." "Unter einer 'schematisierten Ansicht' ist somit nur die Gesamtheit derjenigen Momente des Gehaltes einer konkreten Ansicht zu verstehen, deren Vorhandensein in ihr die ausreichende und unentbehrliche Bedingung der originären Selbstgegebenheit eines Gegenstandes, bzw. genauer: der *objektiven* Eigenschaft eines Dinges ist." (279) Die Ansichten, die nach Ingarden "dem Leser aufgezwungen werden," weil sie zum Beispiel bestimmte reale Gegenständlichkeiten abbilden sollen und zu einer bestimmten Aktualisierung vorbereiten, nennt Ingarden "paratgehaltene Ansichten." (282)

JERZY ŚWIECIMSKI

MUSEUM EXHIBITION AS A WORK OF ART AND A SUBJECT OF 'SPECIFIC AESTHETICS'

A Contribution to Ingarden's System of Aesthetics

1. Ingarden's general theory and its extension by 'specific aesthetics'

The investigations on *museum exhibition*, if carried out in a traditional way, should be considered as another kind of descriptive science, dealing with purely factual material and having rather practical purposes. In fact, most of the works we usually find in museological literature have the character of more or less detailed reports on particular museum-exhibition solutions and deal mainly with technological problems. In the Cracow scientific centre, however, the same subject matter has acquired a different, purely theoretical shape, being developed in close relation to *aesthetics*, precisely to the *theory of structure and theory of cognizance of the work of art* (including painting, sculpture, architecture and literature), the sources of which have been found in the fundamental works by Roman Ingarden.[1] Hence, a new branch or trend in theoretical museology that has been proposed, became – to some extent – a continuation of Ingarden's thought.[2] Having applied the essentials of Ingarden's aesthetics as a kind of 'model investigation', new theoretical museology became, in turn a contribution to Ingarden's works, mainly by extending the original range of investigation into the field that has been left untouched by Ingarden himself.[3]

The connection between museological investigations and Ingarden's system of aesthetics are mainly the result of inspirations that have been found within that system, strictly speaking in the methodological approach and cognitive attitude Ingarden has proposed for the analyses of the work of art, as well as by the results obtained by him. In fact, it is Ingarden's system of aesthetics (mostly his ontology of the work of art and the theory of its cognizance) that was the main source of indications, according to which a new interpretation of the subject matter in *museum expositiology* (as we may call that discipline) has been developed.

According to that approach, museum exhibition could be interpreted

Tymieniecka (ed.), Analecta Husserliana, Vol. IV, 165–186.

as a *specific type of cultural product* (a *sui generis* type of work) showing close analogies to the work of art as well as to those of scientific literature, in other words as a work within which the elements of architecture, architectonic arrangement of space and colour, of illustrative painting or graphic art, of sound, and those of scientific literary works become fused into an organically united whole.

Besides, due to the connections with Ingarden's investigations on the formal structure of works of art, it was possible to distinguish within the structure of the exhibitions works, specific components of its *form*, the so-called (following Ingarden's terminology) 'moments' and 'strata' (*Momente*, *Schichten*), etc., as well as the sets of qualities, thanks to the presence of which[4] particular variants of exhibition are constituted. Consequently, the investigations on museum exhibition became automatically incorporated into the sphere of *philosophy*, as a new chapter of *specific aesthetics*[5].

Simultaneously, the traditional range, as well as the traditional approach towards the problems of museum exhibition have been largely expanded. Museological dissertations which originally had (and still have) the character of historical, sociological, or even purely technological works, and which have been limited to factographic reports or critical reviews, have *retained* evidently their previous position and most of their validity, however they received an essential *supplement* and theoretical support in the analyses of exhibition form, of its spatial and colouristic arrangement, semantic structure and functional effectiveness.

Having interpreted museum exhibition as the work of special category, it was necessary to point out all its characteristics by which it distinctly *differs* from particular kinds ('species') of *art* (e.g. from non-scientific 'applied' art, trade exhibition, etc.) and from scientific works (e.g. scientific textbooks supplied by graphic illustration). In this respect, it has been found that the most characteristic, if not specifically essential feature of all museum exhibitions appears to be the *type of complexity*[6] the main character of which may be observed in all cases but which gives an immeasurable multitude of detailed variants to be recorded in particular types of solutions.

Due to this typically heterogeneous structure, particular categories of 'pure' and 'applied' art may be considered – in regard to museum exhibition works – as their potential 'elementary' components. Indeed, every museum exhibition originates from their fusion. The way in which such fusion comes into being (especially, all possible variants of such fusion), determines the constitution of particular 'species' of museum exhibition, their stylistic features, aesthetically valid qualities, artistic character and functional determinations.

It should be noted that all variants, which may be reckoned here, are independent from the thematical subject to which their content is devoted, since their differences are 'rooted' in the formal structure only and in those of its detailed function.

Scientific-informatory function of museum exhibitions, their role as a *medium of information* (first of all of scientific information), the kind of information transmitted, is the second essential moment, by which these exhibitions may be distinguished from any type of 'pure' and of non-scientific 'applied' art, i.e. that which engages only the *means* of aesthetic, e.g. space-and-colour composition, stylistic features etc. for non-scientific or even non-artistic purposes (in reference to the last case, e.g. for trade advertisement, for everyday-life information, for political and social purposes, etc.), being essentially apart from *autonomically* understood aims and contents.

However, being fully 'applied' (or, 'programmed') as a work closely related to art, due to its function, museum exhibition must fulfil some additional conditions which *never* occur in art. Strictly speaking, museum exhibition represents this single case among the works in which architectonics are included (its analogy being only to scientific illustration, lacking of aesthetic character) in which the so-called *scientific universe*[7] is visually represented: the 'universe' which can *never* be identified with the sphere of material things, factual events or processes, but should be understood always as (a) an interpretation of the real world or (b) as a purely abstract construction totally created by science irrespectively, whether in an aprioric way (e.g. in mathematics) or on the basis of empirical experience – and this way is *novel* to the world.

This unique situation becomes in its effect the decisive moment, according to which the character ('essence') of the 'world' which is *factually* represented[8] in museum exhibitions becomes established. An exhibition, in particular its illustrative elements, can therefore never be interpreted as an 'absolutely true' imitation, a mechanical 'reprint' or 'reproduction', 'restoration', etc. or the real world (e.g. in a natural history museum, of a determined section of natural landscape); however such reproductions are often *intended* to be done and – in museological criticism – are often considered as 'true' and scientifically correct. In fact, all representations we find in museum exhibitions, even among the most 'naturalistic' ones (e.g. the natural-history dioramas) show nothing more, but some degree of similarity ('likeness') to the reality, being at the same time deliberately influenced by the scientific approach, in which the reality they 'depict' becomes specifically deformed.[9] In particular it is never necessarily demanded to reproduce in exhibition representations (e.g. in exhibition illustrative painting, graphic and dioramas) the *appearances* of real objects (following Ingarden's terminology: *die Ansichten* – understood as momentary 'views' of things). In some cases of special kinds of exhibition subject matter it is not demanded even to reproduce anything real at all: in these cases an exhibition becomes a clarification of purely *conceptual* constructions, intellectual objects applied in sciences as different proposals, 'models' the structure of which has little or even no correspondence to empirical-sensual evidence. Hence, in the case (a), when – according to the type of the object – an exhibition *signifies* ('points at') some objects belonging to the sphere of the *real* world (in particular, material things and individual processes or events which happened, or are happening in real time), the picture of this world which appears *factually* in exhibitions, bears inevitably the traces of deformation characteristic to the given scientific discipline, its methodology etc., however is neither absolutely 'free' in deforming things – so that it is fully acceptable and often becomes a rule in the sphere of art – nor is identifiable with falsehood. This type of deformation, essentially connected with museum scientific representations, appears as an integral part of visual interpretations in scientifically-perceptive attitude towards the real world and its elements; in other words, it becomes the 'way of seeing things' characteristic especially for all sciences concerned with the registration, classification, description and typization of facts. It becomes a factor, the function of which is to illustrate not as the real world 'looks like', but rather, what and how particular sciences 'say' about its elements, or what are the *products* of scientific experience of the given reality. In case (b), when the exhibition's subject has the character of 'creative constructions' (ontologically: of ideal objects or their mutual relations), e.g. mathematical objects, hypotheses built on the basis of empirical evidence, different kinds of scientific models never occurring in their exact shape in the real world (e.g. models constructed by recent biology and physics), the objects which are represented *factually* in exhibition works (those which are factually painted, drawn or carved in a given material), are merely plastic 'visualizations' of the *content* (usually, being formulated verbally in origin as descriptive definitions of ideal objects), 'deduced' in their external shape from the given conceptual constructions, without any 'study of nature'. Sometimes, however, the data originating from the observation of real things *may* be applied in such representations accessorily, as a practically useful material for depicting abstract, purely intellectual constructions. In these cases, factual pictures of these constructions 'borrow' the elements from the real world (mostly those of shape or momentary views of things); however, this 'borrowing' is nothing but a technical means used in museum illustration. Consequently, factual contents of such representations must be 're-formulated' (or transformulated) in the process of perception; it must be understood in the terms of the contents signified. Most of the accessorily added qualities of factual representations must be in these cases postponed by the perceiver, others must undergo specific generalization, etc. According to the type of representation and to the application of elements 'borrowed' from real objects, the process of 'transformulation' of the factually represented objects may be diverse.

2. A DIFFERENTIATION OF THE OBJECTIVE TYPES OF 'REALISM'

It is clear therefore, that the *realism* by which museum exhibitions (in particular its illustrative elements, paintings or dioramas for instance) are characterized, is – from the formal-semantic point of view – essentially different from all other types of 'realism', especially from that which is encountered in the works of 'pure' art, in particular in those provided with a distinct 'literary subject'.[10] Its concept must be interpreted rather widely. Analogically, very broad limits should be applied towards the concept of *truthfulness* (descriptive correctness) of this realism. Strictly speaking, the realism and truth of museum-exhibition representations are not demanded to mean any *absolute* accordance between all properties of factually represented objects and the properties of the objects *signified* by the representations. Scientific realism and scientific correctness does not mean necessarily full accordance between the properties of factual representations and the objects which have been once used as their real 'models'.[11] In all these cases there is only some *minimum* of accordance needed, but this minimal accordance (in various cases different!) must be fulfilled strictly; if the representations applied in museum exhibitions as scientific illustrations lack in fulfilling it, their scientific value is automatically out of question. One may ask what this minimum is or should be. Speaking generally, it consists in the accordance of the *content of the definitions, descriptions*, etc. of the given scientific objects or of real things being the objects of scientific research, which have to be clarified by means of museum-exhibition means (mostly by those of museum pictorial representation) and that portion of properties of the *factually represented objects*, which is functioning in this clarification. Besides that, all other criteria of truth, which are normally applied to non-scientific works (e.g. 'likeness' to something real, subjective 'truth' of the 'creative I', truth understood as sincerity, etc.) *may* be, of course, valid too; however this validity seems to be neither *absolute* nor inevitably *necessary* and is usually considered as an accessory moment. The circumstance that museum exhibition often represents objects being merely derivatives of abstract scientific thinking is the main cause that exclusive application of purely aesthetic or artistic criteria of truth and correctness become in their cases unsatisfactory or even absurd. This is the cause too, that most of the conventions applied for instance in scientific drawing (that we usually find in scientific papers as a supplement to the text), and which in scientific practice are qualified as 'the only true way of depicting things' – in morphological sense first of all – are essentially different from most of the conventions applied in art. Hence, mechanical 'borrowing' of forms and styles from art into museum illustration often leads to misunderstanding and disinformation. On the other hand, one cannot say that museum illustration represents some autonomous, fully isolated region. It is from many sides influenced or inspired by artistic means of representation; however in all cases when museum representations are from the scientific point of view qualified as correct, those influences are strongly disciplined and introduced extremely carefully.[12]

The possibility of correct understanding of the content that is 'coded into' factually represented objects, scenes, quasi-events, etc., irrespective of whether they are 'realistic' or 'non-realistic' in the popular sense, in other words the possibility of *reconstructing* from them their own thematical programme (that one, which is usually formulated in the exhibition's guide-book) is the only moment on which the evaluation of the exhibition's *informative capacity* should be founded. However, then in art provided with some 'literary contents' (e.g. in genre-painting, etc.) the objects factually depicted in the works *may* be taken autonomically, i.e. without any verification from real life: present or past (even in the so-called 'historical' paintings: every artist choosing a 'historical' subject for his work, e.g. 'Napoleon at Waterloo' can create *his own* characters of the depicted event: his own 'Napoleon' and his own 'Waterloo' and no authenticity of the factually depicted event is demanded) – here, in scientific exhibition such verification becomes of the first importance, however, as we have just said, not necessarily in terms of radical realistic or naturalistic conventions. If it happens, then, that some genuine works of art become sometimes applied in a museum exhibition as elements of scientific illustration (i.e. not as works of art that are presented in an art-gallery for artistic reasons only), their scientific background must be tested first of all. Many recent historical exhibitions (e.g. that in the Waterloo Hall in the Rijksmuseum in Amsterdam or that in the War Museum in Warsaw) may be quoted as good examples of such application. Analogically, creating the works of scientific illustration for definite exhibitions (i.e. according to the given guide-book) and making them at the same time genuine works of art is on the same principle possible. E.g. Murals designed recently for the Smithsonian Institution (Washington D.C.) by Jay Matternes, being from a scientific point of view palaeontological restorations, may serve as nearly classical examples of such achievements. Independently from their scientific and didactic values, they represent the class of real masterpieces of composition, colour and painting technique.

One may say in conclusion that in the analyses of museum exhibitions, scientific illustration, three 'sides' or 'spheres of objects' should be distinguished: some of them being the integral part of these works, the others on the contrary being external to them. (1) The objects being the *source* or 'model' of the factually depicted world, in other words all what is 'borrowed' by the artist from the world external to the illustrative work and applied (always under more or less modified shape) in constructing factually depicted things. To draw or paint one single object, the artist may use a single 'model' only, as well as a whole set of them (in the last case there is always an essential question about their selection or about the selection of their properties 'borrowed' from them during the reproductive-creative process). Being external to the work of scientific illustration and the things depicted in it, the 'models' may belong either to the *real world* (in this case the artist drawn, paints or models 'from nature') or to an *imaginary-conceptual* one, for instance that of abstract-geometrical forms. It is nearly a rule that in depicting objects being representations ('visualizations') of scientific definitions (ontologically: general objects), the factually depicted things are of heterogeneous (real-conceptual) origin. (2) *Factual representations* taken in their own properties only, in other words all what we *factually* perceive in the exhibition-illustrative work *without completing* it by anything from 'outside' (in particular by the data of our own sensual experience). If for example, a factually depicted 'horse' is provided with some deformations never existing in nature, it should be taken with all these deformations, irrespective of their meaning, source, etc., in other words just so, as it is concretely drawn, painted or modelled in some given material. This way, a drawn 'horse' will be provided always with a black 'outline', will be always 'flat' (will have only one 'side'), a modelled 'horse' will have a texture characteristic to the material in which it has been carved (plaster, bronze, genuine horse skin), etc. [13] (3) The objects signified by factual representations, usually belonging to the sphere of 'scientific universe' and only in some special cases to the real world, given in direct, sensual experience. In scientific museum illustration these objects should not be identified with the so-called 'concretions' (in Ingarden's terminology) at least, in the absolute sense. In practice they are constituted rather on the *grounds* of such concretions and often vary from them essentially in the contents.

Distinguishing these three 'spheres of objects' makes, of course, the analysis of works or museum illustration extremely complicated. In order to 'decipher' the type of structure in particular cases one must take all possible mutual relations between these three sides and to find out which of them 'fits' to the given example. Taking into consideration that particular works may additionally vary in their contents, may be provided with specific kinds of 'deformations' introduced consciously as the factor indicating about the waŷ in which the objects signified by factual representations should be interpreted (in some cases those signified objects are identical with the 'models' applied by the artist for making factual representations), the total number of possible variants, sub-variants and 'species' in museum illustration is really immense.

3. The informative and aesthetic function of the formal structure of museum exhibitions

The results obtained allow preliminary statements to be formulated concerning the formal structure of museum exhibition works as well as those of their informative and aesthetic function.

One may say namely that the type of structure of every exhibition work as well as the type of its informative capacity is determined by a combination of the following factors: (1) by the category of the objects which are *factually represented* or *factually presented* in the exhibition work. The difference between presentation and representation is determined by the way in which the objects which are put on display are given to our perception. Original specimens (i.e. minerals, fossils, historical costumes, etc.) are *presented*, because the physical thing we find in display is identical with the object that should *mean* or *illustrate* something else. The same minerals, fossils, etc. are *represented* when the material things we find in display (which are factually presented there) are not identical with the objects which have an illustrative function; in the case of representation it will be only a *material foundation* of the factually depicted object, which is *presented* in display: a piece of board covered with paint or a piece of plaster carved in a special way. We must abstract many of the properties of the factually *presented* thing if we want to reach (to 'see') the factual representation. This non-identity between the factually presented objects and factual representations – obvious in any case of drawing or painting – occurs to the same extent in all kinds of three-dimensional representations (sculptures, models, 'preparates' of things), i.e. where the material fundament of the representation and the represented object must be distinguished with precision. (2) By the category of the objects which are *signified* ('pointed at') by the presentations or representations. It is possible, for instance, that an original specimen, say, a piece of coal, limestone or anything else, factually *presented* in display *represents* something, what is not identical with itself (it may be, even an object not belonging to the category of *things*, e.g. a process – of petrification, for instance).[14] It may, of course, in some special cases *represent* itself too; it could be said that in such cases the factually presented objects 'point at' themselves: factual presentation of something becomes at the same time a signification. There are many possibilities of this kind, all of them characterizing different types of museum display. (3) By the category of objects being *creative* basis, or source (especially: 'model', in the popular meaning) of the factual presentations or representations. For instance a restoration of a dinosaur or of an Etruscan temple, if made under the form of a 'realistic' painting may have its source not only in the properties of authentic fossils, but – of course as additional ones – in some properties of different recent things too 'adjusted' to the restoration as non-contradictory, scientifically allowable (hypothetical or even less than those) features. Consequently the restoration becomes in its structure highly heterogeneous, it combines the elements originating from many different sources or 'models'.

Each of these principal factors (1, 2, 3) may present the following number of possible situations, precisely:

A. When an exhibition (especially its illustrative elements: paintings, graphics, drawings, models or dioramas) may signify:

I. *Objects of the category of things:*[15]

(1) *Real objects* (e.g., individual specimens of minerals, fossils, historical costumes, etc.).

(2) *General objects* originated from generalization of real things (e.g. species in descriptive-classifying sciences, in biology |or instance).

(3) *General objects* originated as pure scientific constructions (e.g. mathematics) built without any support of empirical evidence.

II. *Objects of the category of events:*

(1) Individual events which happened in real time (e.g. somebody's death, a battle etc.).

(2) Types of events, considered independently from time in which

they usually occur (e.g. freezing of liquids taken as a general phenomenon of transition from the liquid into the solid state, which can be concretized at any time and in different kinds of physical substances).

III. *Objects of the category of processes:*

(1) Individual processes, which appeared (or are still happening) in real time (e.g. the evolution of man, pollution of the atmosphere, extinction of particular species of animals, etc.).

(2) General types of processes, taken independently from the moments in which they really took place or *might* have taken place, even more, independently from any *real* time at all; considered only in their expansion in time, rhythm (type of rhythm), speed (type of speed, general degree of speed) etc., in other words by all those features due to which they are characterized *as processes* of particular classes (e.g. fission of cell, work of heart, etc.).

IV. *States of being of different types of things:*

(1) The states of being of material things (e.g., the state of fossilization *of definite specimens* – or of any kind of fossils – the degree of their destruction, deformation, etc.).

(2) The states of being taken *as such*, irrespectively from the material subject or individual *things* in which they may be noticed (e.g. the state of fossilization, taken independently from the objects which are fossilized; defined as such and comparable with other states in which material things may be found, i.e. in the state of decay, state of refrigeration, state of freshness after death or in the state of life).

V. *Individual properties of things, events and processes* and sets of such properties, however *not* interpreted as 'generalized objects'. In most cases: groups of properties, selected as *definienda* if particular systematic classes of things, by which particular *real* things (specimens) are recognized as representatives of those classes.

B. The above mentioned objects may be *signified* by factual representations or presentations of:

(1) *Real things* (individual objects presented originally in display or rep-

resented by any kind of illustrative means, even by presentation of something else, applied in the function of an illustrative object).

(a) In the case of *presentation*: Real things may be used as significations of themselves only. Presentation has therefore rather a limited range of application. As significants may be used here exclusively original specimens, since the application of any kind of 'accessory' exhibits (the facsimile ones, for instance) means automatically representation. The 'facsimile' could be used in these cases only, when the exhibitions were devoted to museum-exhibition technology, for in that case the 'facsimile' objects become *original* exhibits. In other words, in the case of presentation the objects put on display can *never* imitate anything else.

(b) In the case of *representation*, the signification may be executed by means of (1) original specimens, used as illustration of something else, especially of the objects belonging to a different category, e.g. that of processes, events, etc. or the objects of the same category, but taken in a *past* phase of being, no more actual when the object put on display is given (e.g. when a preparate of a plant represents the same specimen of that plant, but alive; in this case all properties of the factually presented object, determining its actual state of death and deterioration must be therefore dropped or re-formulated during the process of perception: 'understood in another way'). (2) By more or less 'realistic' models, sculptures, etc. in other words three-dimensional representations, used as illustration of objects different from themselves. (3) By objects depicted (in drawings, paintings, photography, etc.), in other words represented illusorically and not present in display *in origine*, even not as material 'facsimile' things. In that case, the object *presented* in display is of the category of work of illusionistic art, the shape of which is not identical with the shape of the objects represented through it (i.e. it is a case contrary with that of the representation through sculpture, when the shape of the material fundament of the work art is identical with that of the object represented in it factually).

(2) *Factually realized processes*: (a) 'actualized', real processes differing from genuine ones by their origin only, however identical with authentic ones (those 'from nature') in respect to their properties, (b) more or less realistic 'model' processes, applied as illustration of authentic ones, however differing from the genuine ones not only in their

origin but also in many properties too (usually in their scale, speed, rhythm, frequency and in the sort of material basis on which genuine processes are performed in nature).

C. Factual representations, precisely, the objects represented factually in the exhibition works, may have their *source* or *foundation*:

(1) In direct observation of *real* things, events or processes. Particular cases which may be enlisted into this group are additionally differentiated:

(a) according to the type of objects selected for observation or to the group of their properties which are taken into account when the representation is constructed.

(b) according to the type and degree of 'likeness' between the factually represented objects and those that have once been used as their real 'models' from nature.

(2) In the analysis of scientific descriptions, notions, etc., formulated *verbally*. The representations is in this case a strict 'translation' of verbally formulated contents into visual form. The degree of generalization in such descriptions is consequently the main factor, by which the final form of the representations is constituted, for each property of *described* objects must find its correspondent symbol (shape, colour) in their *visual* image. In consequence, the representations of this kind are built up as conglomerates of different 'iconic symbols'. It is a rare case, of course, when scientific representations are resulted by such translations only; in practice, the translations of verbal descriptions become more or less *components* in representations based generally on different kinds of sources, thus becoming heterogeneous in their structure.

(3) In *real* objects, factually put on display. This case should be regarded in a special way, since such real objects functioning as illustrative elements rarely act alone. In most cases they become components in exhibition works of complex structure, those namely, where real elements cooperate with depicted ones (in dioramas, for instance, and all kinds or recently designed types of exhibitions being derivatives of traditional museum dioramas: those for instance from the new fossil hall in the Museum of Natural History in London).

It is evident that mutual combinations of all the cases presented within the groups A, B and C, with all their second-degree variants and subgroups give as a result an enormous number of possible solutions. It should be noticed, however, that not all of the *whole* amount of theoretically determinable cases may be considered as *logically correct*. Mathematical reckoning gives a *higher* number of combinations than that which is definitively acceptable as right; some of the cases (especially when the factor of *source* is taken into consideration) evidently show contradictory structure. On the other hand, the full evidence of all these *incorrect* solutions is of great importance, as well as the consciousness of the mechanism as a result of which they emerge, for the practice in exhibition design does not give absolutely sure measures of how to *avoid* mistakes in this regard, being based mostly on intuition and technological factors.

The reckoning of all possible variants within the pattern of presentations and representations gives an impulse for designing the outlines of two independent *systems of classification*, embracing all types of exhibition works. Each of these systems is spread on its own level of aspects and applies its own set of determining factors, leading in the consequence to formation of two parallel 'rows' of systematic units. Both systems originate, however, from the analyses of the same objects.

I. *The first system* is founded on the factors determining the type of formal structure of the exhibition works, as well as that of their function (or functions, if they are more than one).

The category of presentations or representations, recorded in particular cases of exhibitions, especially the relations between the factually represented objects and their significations are the leading motives in this point. Besides, the first system is intended to include the determinants applied in traditional typology of the works of art, according to which different types and 'species' of art are distinguished. However, since in the field of museum works the so-called 'typical' species of art (e.g. graphic art, painting, sculpture, etc.) constitute only a part of all solutions, the rest of them being of highly complex character and heterogeneous origin (the dioramas of particular kinds, etc.), the final list of 'types' according to which particular examples of museum exhibitions might be classified is evidently much larger than that normally applied in the theory and history of art. It would not be possible to quote here the whole list of the systematic units that have been obtained. As a fragmentary illustration, how rich and how complex it is, would illustrate perhaps sufficiently, if we mention that according to the factor of mutual correspondence between different elements of *source* ('models' in the popular sense) and the *properties of factually represented* or *presented objects*, four *general* types of restorations have been established, all of them applied mostly in science and historical museums, as the representation of the past. According to typological categories within the group of 'dioramic' exhibitions, six general 'species' of dioramas and semi-dioramas have been recorded (each of them dividing into a great number of sub-types and further, into variants, determined mostly after stylistic and semantic features), all of them applied in museums of natural history, ethnography, archaeology and in historical museums.

4. Interpretation of the Afore-Sketched Inquiry with Reference to Aesthetics

The *aim* of this system was to give answers to the following questions: (1) how the works or museum exhibitions are built in particular solutions and what is the scale of their differentiations. As it has been already said it is a classical question of 'Ingardenian type': according to it the works or museum exhibitions become clarified in the categories of phenomenological theory of the works of art structure. Consequently, the works of museum exhibition become incorporated into traditional field of aesthetic investigations. (2) What are – in the same regard – the relations between the works of museum exhibition and the works of 'pure' and 'applied' art; in particular, what is the scale of these relations. This question, however inspired by Ingarden's system too, lies in regard to its subject rather than outside it. In his research, Ingarden concentrated first of all on the works of art, i.e. those ones the reasons and 'programme' of which are purely artistic (including even the so-called 'marginal' types of art, mostly extravagant in character). Consequently the comparisons between art and non-art occupied only a little of his attention and if they really did, they were applied mainly as a means for clarification of the essence of art. In our analyses, on the contrary, the crucial moment is reverse: we are starting with the analyses of typically non-artistic works (those showing only some *likeness* or genetical affinity to art, but lacking in *dominating* artistic programme) and try to clarify their structure by comparison with art, especially with those works of art which are supposed to be (or which really are) their inspirations or direct 'models'. (3) What are the relations of the exhibitions' content: to the real world and – on the other hand – to the so-called 'scientific universe'; hence, what is the *full* scale of relations of museum exhibitions to the products of pre-scientific, sub-rational thought and purely sensual attitude, as well as that of typically scientific derivatives. This problem, however, in its formulation being 'modelled' after the standards of Ingarden's reasoning, is rather a novelty to his system of aesthetics, mostly because the problem of the *origin* (in particular, sources in 'nature' understood as a 'model' and evidence) of the works of art is not taken into consideration. As it has been already said, in the case of any works devoted to scientific information – on the contrary to art – it becomes one of the most important ones. It is clear therefore that in the investigations on museum exhibition it must have been analysed necessarily.

Besides the purely cognitive aims, the first system was intended to have practical purposes too. It was supposed to offer possibilities of being applied as a sort of a 'key', by means of which any given example of exhibition design could be classified in respect to its *formal correctness*. Especially the possibility of detecting mistakes, e.g. inconsequences in the exhibition's *logical structure* was in this respect of great importance.

II. *The second system* of classification was also intended to embrace the whole field of museum exhibitions; however, in opposition to the first, it was subordinated to the problem of *aesthetical factor* and its role in establishing the exhibition's external shape.[16]

Two questions were of great interest at this point: (1) the mode and degree of 'aesthetization' of the exhibition's form, presupposed in the programme of design (2) factual impression and effectiveness of the exhibition on the perceiver.

The starting point for that system consisted in the statement that any museum exhibition must be subordinated to the rules of spatial and colouristic composition or, at least, may be analysed in terms of these rules. No exhibition can be, in other words, *aesthetically indifferent*, irrespectively from the program that constitutes its foundation (in particular that determining its thematical background).[17] It is practically impossible to design any exhibition which would be completely 'purified' from aesthetically valid (positive or negative) qualities and from stylistic features. Even these exhibitions which resulted from radically un-aesthetic or anti-aesthetic programmes are in some specific way aesthetically valid and aesthetically effective, however most negatively.

Furthermore, it should be stressed that the *presence* of these aesthetically valid determinants is independent of the category of the subject matter understood in the sense of the *exhibit material* which is put on display. Aesthetic 'activeness' of museum exhibitions is not, in other words, a feature by which only displays devoted to *art* or *beauty* and those displaying masterpieces are characterized; conversely, it appears as an intrinsic inevitable qualifying moment (however in different modulations and with different intensity) in all kinds of exhibitions, even in those the subject of which has nothing to do with art and in displays in which 'ordinary' or even 'ugly' things are presented. Hence, the popular standpoint, according to which one tries to ignore sometimes the fact of inevitable aesthetic determinations of museum exhibitions, in particular, by which one neglects its role in exhibitions; e.g. those devoted to natural sciences and technology (both disciplines being especially far from the problems of art!), should be rejected as evidently wrong.

Within the second system of classification, *five general situations* have been distinguished: (1) when the function of the aesthetic factor results from cultural, social or traditionally-historical inspirations, leading in consequence to decorativism and 'historism' in the solutions; (2) when the aesthetic factor is neglected or deliberately rejected; (3) when composition of form and colour, spatial arrangement of exhibition elements achieves autonomic function and are not connected with the scientific-informative side of displays; (4) when composition of form and colour are strictly involved in the informative function, becoming a 'tool' of scientific information; and (5) when aesthetic moment is two-functional, i.e. is applied as a means of scientific information and simultaneously becomes a factor on the grounds of which purely artistic, emotionally-valid or even 'metaphysical' contents are constituted. Museum exhibition, however primarily devoted to science, achieves thus a character which enables us to compare it with works of art *sensu stricto*.[18]

Due to the presence of aesthetic qualities, museum exhibitions achieve an aspect of novelty for inquiry and give rise to an unforeseen approach. Their scientific contents and traditional, informative function *retains* namely their character of leading factors, however they coincidently *lose* their position of something that is of *single* importance. The analyses of scientific exhibitions, especially when made in the aspect of aesthetic qualities, lead straight to the statement that every exhibition, besides its main scientific content which is, so to say, 'officially programmed' for it, presents always some amount of *marginal* contents, being always of various kinds and differing in their distinctness (that is the reason why they are so often neglected!) are factually of special meaning. Their effectiveness appears namely at the moment when the perceiver gets in the first, direct contact with an exhibition and when the latter is rather *seen* by him than *understood*, in other words, when the exhibition is encountered solely as a spatial-and-colouristic 'phenomenon' given in pre-intellectual, sensually-emotive (and creative!) perception. The results of this phase of perception usually determine the course of further understanding of the scientific content, delivered by the exhibition's narrative and illustrative media, causing the final effect of perception to become positive or negative. Exhibitions, which 'at the first glance' are aesthetically dull, unattractive, usually become unattractive scientifically too; of course, if we exclude the category of professional visitors who come to the museum with 'ready made' concepts of their own and are interested rather in selected specimens they want to see than in an exhibition as a whole. In the analyses of aesthetic side and aesthetic function of museum exhibition one should possibly exclude the perceptive attitudes of scientists or any other kind of professionals who are rather untypical visitors. One may even say these visitors do not need the exhibition at all: in fact, most of recent exhibitions are 'addressed' rather to the 'laymen' of different kinds.[19]

The non-scientific contents, being sometimes of purely aesthetic type (i.e. constituted on different qualities of 'beauty' or 'ugliness' of the objects put on display or of the exhibition taken as a whole) or of a deeper and reflective character (i.e. built on the ground of emotive characters of display) are the main cause of the fact that even typically 'scientific' exhibitions, e.g. those in biology, become 'active' on a broader range than that of factographic, strictly intellectual information, thus achieving a position very close to 'pure' art. Consequently, traditional partition which has been built apodictically between the museums of science and those devoted to humanities,[20] has largely disappeared. Moreover, the term 'science museum' achieves in this way a new interpretation of its traditional meaning.[21]

The two above-mentioned systems of classification have been designed as basic ones. Considered as a part of the whole investigation programme, they have been intended to constitute its foundations only. Their range is but general too; however based on factographic material, they did not lead to a detailed *monography* of all museum solutions that have ever been completed, but to a construction of a schematic 'framework' within which a monography of this kind *might* have been built at a suitable time.[22]

The final scale of varieties recordable among museum solutions may be grasped on these conditions only, if two more factors were added to the general, 'structural' systematics: (1) the one of the *historical time* and (2) the factor of the specifications of the *cultural milieu* within which particular museum exhibitions are 'born' and reach their final shape, stylistic character, etc. Reaching these moments and furthermore – the rules, according to which the process of development of various exhibition types are performed – are of great cognitive as well as practical values. This field of investigation, however, is more distant from the problems of aesthetics, showing close affinities (first of all methodologically) to history of art.

Polska Akademia Nauk

NOTES

[1] This research has been initiated and is still continued at the Museological Section (Pracownia Muzealnictwa) of the Institute of Systematic and Experimental Zoology (Polish Academy of Sciences) in Cracow. Hence the analyses are concentrated mostly on exhibitions in *science museums*, especially those of natural history, with marginal penetration only toward the problematics of Art Galleries.

The same subject became, in the last two years, the theme of lectures at the Postgradual Studium of Museology at the Jagiellonian University.

[2] For most of those parts of R. Ingarden's system which deal with the formal structure of the work of art, see: *Studia Estetyczne* I, II, Warszawa, 1957 (in Polish), *Das literarische Kunstwerk*, Tübingen, 1965, *Studia Estetyczne* III, Warszawa, 1970.

[3] Most of the investigations in theoretical museology (precisely: in museum 'expositio-

logy'), understood as another chapter of detailed aesthetics have been carried out after Ingarden's death in 1970. Initial series of analyses were done, however, under his personal supervision.

[4] See: Ingarden's theory of 'stratified' structure of the works of art. *'Das literarische Kunstwerk'*, Tübingen, 1965, O budowie obrazu (On the structure of painting) in: *Studia Estetyczne* II, Warszawa, 1949, p. 57.

[5] See: Jerzy Świecimski, *'Filozofia Ingardenowska jako narzędzie'* (Ingarden's philosophy as a tool), *Studia filozoficzne, fenomenologia* **20** (1971). The perspectives refer mostly to scientific illustration and to museum exhibition as a *sui generis* work of scientific information. (In Polish, with an English summary.)

[6] This type of complexity is specific as, although within the field of the works of art one can find examples of heterogeneous and complex origin (e.g. the works of stage decoration, some extremal 'species' of recent painting or sculpture, etc.), their complexity is *never* of the type which is encountered among exhibition works. The differences are mostly in the semantic structure of the latter works, as well as in their composition.

[7] See: John Wild, 'Man and His Life-World'; in the *For Roman Ingarden – Nine Essays in Phenomenology*, ed. Tymieniecka, s'Gravenhage, 1959, Nijhoff. The author applies in his essay the term of 'scientific universe'. Jerzy Swiecimski, 'Scientific Information Function and Ingarden's Theory of Forms in the Constitution of the Real World', *Analecta Husserliana*, vol. III, 1974. Ed. T. A. Tymieniecka, Reidel Publishing Company, Dordrecht-Holland.

[8] The objects called here as *factually represented* ones (see, remarks below, in the main text) are those which are concretely seen in the painting, drawing, graphic work etc., and which are determined by the properties reckoned *within* the image only, i.e. without any 'completing data', the perceived may *add* to them (for better understanding) from his own experience of the real things observed in the real world. In other words, if we intend to grasp these representations *in origine*, we have to take them irrespectively from any verification in nature: just so as they are drawn, painted or carved. Factually represented objects cannot be confused with their *significations* e.g. with *real* objects about which the work of art 'says'. This distinction is of special importance if one wants to testify the correctness of a scientific illustration work. In practice it happens rather often, that the properties of the objects *signified* by factual representations are confused with that what is formulated in the drawing or painting. (In a popular meaning, if we say, that a drawing 'represents' a horse, we usually think about some real horse, not about the *flat figure* – a drawn one – which however labelled: 'a horse' shows but some degree of visual likeness only to the real object it signifies.) Confusing the properties of the factually represented object with those of its signification lead always to wrong evaluation of the representation's informative value.

[9] In scientific illustration, a great many deformations result from conventions and are accepted as correct interpretations of reality. Consequently, a factually represented object, to be *understood* in its contents in a proper way, must be interpreted in regard to those conventions, known in most cases to specialists only. See: J. Razowski and J. Świecimski, 'Ilustracja aparatów genitalnych owadów w publikacjach naukowych' (illustration of genital armatures of insects in scientific publication), *Acta Zoologica Cracoviensia*, Vol. XVI, No. 17, 1971. (In Polish with an English summary.)

[10] One of the most prominent types of this realism is represented by the Czechoslovak museum-artist, Zdeněk Burian. Another type of scientific realism is represented by Jay Matternes, an artist from the Smithsonian Institution. The murals by Matternes are especially interesting because of the 'tapestry-like' style. Deliberate lack of 'air perspective',

flatness of the composition, strict limitation of impressionistic effects give the works a specific air of scientific objectivity, although most of the objects represented (Matternes depicts mainly palaeontological restorations of extinct vertebrate species) are highly hypothetical.

[11] On this ground the so-called 'morphological realism' is constituted. It is characterized by reckoning 'morphological properties' only, i.e. those which are important as determinants in scientific definitions of the signified objects. In practice the pictures, although based on material 'models' (in most cases on series of specimens) signify *general* systematic units: species, subspecies, etc., e.g. in biology.

[12] In Poland for instance, museum illustration is strongly influenced by the style of Polish posters. One may say, not always with positive results, in regard to the clarity of scientific content which is often 'blurred' by over-attractive graphic form.

[13] By representations of general objects the choice of artistic form is, of course, always larger than in signifying ('depicting') individual, real things.

[14] I say, they are only of the *category* of things, because they not always *are* things in the sense of material objects. The 'species' (in the biological sense) for instance is not, however *formally* it shows an essential structure of things.

[15] *Ibid.*

[16] See: J. Świecimski, *'Forma i styl Muzeów Naukowych'* (The Form and Style in Science Museums) *Teka Architektury i Urbanistyki Ossolineum*, PAN 1970. In English version, in *Museologia*, No. 3, 1974, by: Gemeentelijke Sociale Werkverbanden, Quadriga Drukwerken, Amsterdam, Holland.

[17] Programs based on positivistic or 'scientistic' sources generally neglected the role of aesthetic moment at all, limiting all aesthetic questions to 'subjective illusions' of the perceiver. Thus the tendency of interpreting aesthetics by the representatives of these trends in psychological measures rather than in ontological ones. See: R. Ingarden, *Z badań nad filozofią współczesną (From the investigations on the recent philosophy)*, Warszawa, 1963 (in Polish).

[18] This situation, however it may seem obvious, is in practice rather often neglected. Museum exhibitions, especially in science museums, are often designed as if they were addressed to specialists only. For the broader public they are completely 'hermetic'. Expositions of two-functional character are rather rare indeed, however all of them should be evaluated as those of the highest quality.

[19] See the articles devoted to the programme of recent museum exhibitions, in *Museum* (Unesco Publications).

[20] In museological literature we often find the terms: 'science museums' and 'art galleries'. These terms, although extremely popular are very far from precise. Their inadequacy becomes clear if we take for example archaeological exhibitions, where masterpieces of *art* are put on display 'on equal rights' with quite unartistic ('ordinary') things, e.g. some tools, objects of everyday life, etc. Besides, many 'art galleries' are at the same time museums *of science*, since the collections do not present 'just masterpieces put on display', but are arranged according to some scientific order. The term 'art gallery' appears to be rather traditional and descends from the time when museums of art were really nothing more than art collections.

[21] 'Science museum' should be understood consequently as a museum devoted to knowledge, irrespectively of its thematic character. The term: 'art gallery' should be preserved to those displays only, where the works of art do not illustrate any scientific idea or statements, but are simply put on display as individual masterpieces, or are subordinated to some non-scientific order.

[22] It is very doubtful, however, if such a monography may be written at all. Even such works like that by Roberto Aloi: *Musei-Architettura-Technica*, being intended as syntheses of the recently designed museum exhibitions, are written in a form which is far from complete. It is indicated even in the title of Aloi's book, *'Esempi'* (Examples).

AUGUSTIN RISKA

LANGUAGE AND LOGIC IN THE WORK OF ROMAN INGARDEN

In striking contrast to the influential streams of his time, Roman Ingarden's philosophy of language and logic is clearly anti-positivistic in its nature. While the syntactic ideology of the Vienna Circle was achieving its high peak and the successful mathematical logic of Russell, Hilbert, Gödel and Tarski did not even admit a dissenting voice in the traditional field of philosophical logic, Ingarden published his masterpiece, *The Literary Work of Art*,[1] which contains a full-blooded theory of language, and he also launched an attack against a positivistic interpretation or misrepresentation of logic and its rôle in philosophy.[2] Moreover, his criticisms of the contemporary mathematical logic were supplemented by his pioneering work in the theory (and logic) of questions,[3] and by his treatments of hypothetical propositions,[4] among other of his positive contributions. It is true – and the inspection of his bibliography reveals it – that Ingarden was not primarily a logician, not even a philosopher of language. His concerns with logic and language are part of a greater plan: the phenomenological reconstruction of philosophy *via* ontological structural analysis – in particular the analysis of works of art. Such a tremendous task asks for an analogue of Aristotle's *Organon*. Ingarden inherited portions of a phenomenological Organon from his teacher, Husserl, and other leading members of the phenomenological movement, especially A. Pfänder.[5] Yet this heritage was not accepted uncritically. In the Preface to *The Literary Work of Art*, Ingarden explains his disagreements with Husserl, aiming in particular at his *Formale und transzendentale Logik*.[6] Therefore Ingarden was compelled to fill out the gaps, whether genuine or not, as he went along. He also had another source to consider: the intense logico-methodological awareness, strongly present in Polish thinking since the victorious entry of Brentano's student K. Twardowski into Polish philosophical circles. Although Ingarden's criticism of positivistic logic is directed against its alleged Polish adherents, and his occasional footnote remarks may bitterly reveal the depths of this discord, it can also be claimed that the polemics

Tymieniecka (ed.), Analecta Husserliana, Vol. IV, 187–217.

led to the mutual benefits of both parties involved. Ingarden's equipment has apparently been enriched by mirroring the, technically highly qualified, precise apparata of S. Leśniewski, L. Chwistek, T. Kotarbiński, A. Tarski, K. Ajdukiewicz, etc., while at the same time his warning voice might have forced them to examine more carefully the foundational problems of their enterprise.[7]

Let us, however, set aside the historical reconstruction of the relationship between Ingarden and other relevant thinkers of his time, and concentrate our effort, rather systematically, on the main lines of Ingarden's views on language and logic. Although we shall start with the problems of language, logical aspects will be the focal point of our investigation.

I. LANGUAGE AS A TOOL FOR ONTOLOGICAL ANALYSIS

The standard point of departure for exhibiting Ingarden's theory of language is his famed *The Literary Work of Art*. Now, after a recent appearance of his *opus magnum* in English, it is not necessary to expose its lines to a general English reader. Yet, there remains a lot to do in studying Ingarden's life work (including his later essays which explicitly deal with the problems of language[8]), in locating it within the diversified stream of the philosophy of language in our century, and in exhibiting its features of originality, dependence and influence.

The general schema which seems to underlie Ingarden's conception of language is his idea of language as an objective, stratified structure. Language is something objective in its syntactic aspects which comprise, besides the traditional grammatical categories of word, sentence, complex sentence, etc., also the category of the word sound.[9] In addition, language is also objective in its semantic aspect. In other words, lingustic meanings are, according to Ingarden, certain intersubjective, non-mental (non-psychic, non-subjective) entities, represented or 'externalized' by their corresponding sounds or graphic expressions. To strengthen this point, Ingarden tenaciously fights several opponents: (a) psychologists of the 19th century tradition, who regard linguistic meanings and logical inferences as mental, psychological, and thus subjective, entities; (b) positivistic nominalists, especially those of the 'physicalistic' sort; (c) Husserl's view of linguistic meaning as an ideal or, eventually, *irreal* objects, although he approaches this gently and respectfully. The campaign against the psychologists, started earlier by G. Frege and Husserl and in Poland continued by Twardowski, Łukasiewicz, and others, was almost over; on the other hand, nominalistically colored 'syntactism' in its physicalistic variant had been in vogue, waiting for R. Carnap's *Logische Syntax der Sprache* (1934) to give it the final touch. Ingarden was not blindfolded by the verification (verifiability) principle and the reduction of the meaning aspects of language to the sophisticated syntactic ones (to put it in vulgar terms: mere ink-marks on the paper).[10] The subject matter investigated by him so thoroughly – the literary work of art – in itself resists such a treatment (unlike the mathematical, logical or physical sources and paradigm-cases of the neopositivists), although it can be assumed that without proper philosophical perspectives Ingarden might have followed a formalistic path, à la the Russian Šklovskij.

The painful disagreement with his esteemed teacher is of a different sort: widely known in the literature as the controversy between idealism and realism.[11] Ingarden appears to find a way out of this dilemma – at least in the analysis of a literary work of art – by putting an emphasis not on real or ideal objects but on 'pure intentional objects' which became the centre of attention. Finding a neutral ground (which always remotely reminds me of Russell's 'neutral monism', empiriocriticism, or some interpretation of neo-Kantian forms) on a consistent phenomenological basis, Ingarden sets forth the third vertical level in the structure of the literary work of art, and, practically, in the semantic dimension of language called 'represented objectivities'. The existence of this dimension – termed in the contemporary semantic terminology as the realm of denotata, designata or referents – suggests a clear-cut case of the referential theory of meaning.[12] This point could be neatly visualized through the famous triangular scheme:

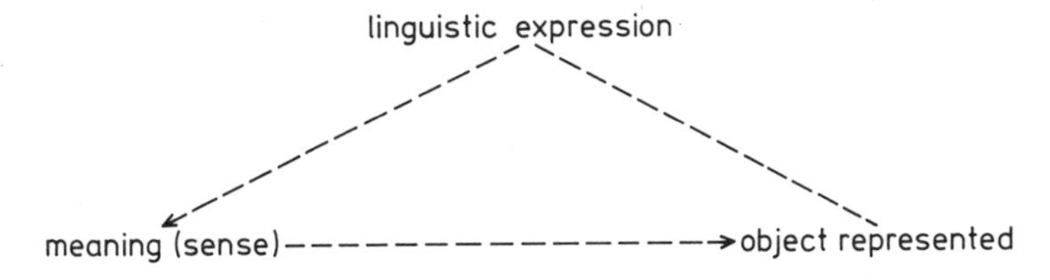

As stressed by Ingarden, meaning (also: sense – no Fregean distinction between these two notions) plays the central rôle. It is a mediator or link between the linguistic expression (its sound, syntactic aspect) and the object (s) represented by it. Linguistic meaning is thus somewhat responsible for the constitution of a pure intentional object (its referent or denotatum); it is the determinator of the pure intentional object. In fact, the identity of an object is here guaranteed by the identity (synonymy) of meaning. Such a descent from the mere linguistic world (levels one and two) to the world of pure intentional objects (the third level) is not accompanied by meticulously scrutinizing particular rules or sets of rules which would govern the ways of co-ordinating or binding entities from the above levels in both vertical and horizontal directions. Ingarden is neither interested in producing a well-articulated metalanguage in the style of Carnap or Tarski, nor in a painstaking scrutiny of the rules of the game. His approach is architectonic and descriptive, though in an essential, not factographic, sense. If he is stating the necessity of a one-to-one correspondence between particular meanings and their external 'expressions', in addition to discussing the problems of synonymy and homonymy, he may sound like a devoted Fregean and early Wittgensteinian reformer of language, who is permeated by the spirit of an 'ideal', unambiguous and clear-cut language. However, his remarks on Leibnizian 'ars combinatoria' or Fregean 'Begriffssprache',[13] formulated in the context of discussing the role of terminological conventions and stipulative definitions, would indicate the restrictive impact of such techniques which are efficient in closed scientific areas, but not in intuitively rich and vivid domains.

There is a very important concept in Ingarden's theory of meaning, both from the semantic and phenomenological viewpoints. This is his *intentional directional factor*.[14] The intentional directional factor is a distinguished component in the meaning (sense) of a word. In addition, since sentences and their complexes are constructed out of words, its importance continues in the sense of sentences and higher linguistic complexes as well. The intentional directional factor is clearly present in the meaning of names (nominal meaning); in a modified version it partakes of the meaning of finite verbs (verbal meaning); and eventually it plays a rôle in the meaning of some functional words.[15] From the phenomenological standpoint we encounter a central issue: the projection leading from a linguistic entity (its sound plus meaning) toward its intended object; or perhaps the direction for such a projection which results in the constitution of the intentional object. Of course, this can be translated in the semantic jargon, and the closest candidates for such a translation would be 'designation', 'denotation', or 'reference'. All these terms stand for a relation which holds or ought to hold between a meaningful linguistic entity and the object(s) represented by it (using the word 'represented' in a very loose sense). As we know from the rich semantic literature, this semantic counterpart of the intentional directional factor (provided that it actually *is* its counterpart) is heavily loaded by very difficult problems, even antinomies.[16] Ingarden bypasses two subtle distinctions: (i) Frege's double aspect of meaning in the broader sense – 'Bedeutung' and 'Sinn'; (ii) Carnap's differentiation between L-determinate and non-L-determinate expressions.[17] According to Carnap, an L-determinate expression is an expression (designator) the extension (represented object, in Ingarden's terminology) of which could be found or determined just by the semantic rules of the language system (hence, the intentional object would be determinable solely by logical means; in an *a priori* manner). Ingarden appears not to be worried about the logical or non-logical (factual) determination or construction of the intentional object. To him the projection from the linguistic expression to its intended object is guaranteed primarily by the material content of the nominal (verbal) meaning – to speak only about the meaning of words – plus the formal content, and, perhaps, the two remaining existential aspects.

This general observation may force us to look more carefully at the very basis of Ingarden's system. At the cross section of his ontology and theory of language, one finds the preference given to ontological assumptions which seem to mold the basic linguistic material before the language can rush to help them to shape up. Language which is being sought as a tool servicing the ontology has already been dressed by its master, in a self-evident way. Remember, Ingarden distinguishes formal, existential, and material ontology; this division of labor is then reflected in the basic elements of nominal meaning (to begin with). One could critically claim that the concept of material content, formal content and existential characteristic and position have been postulated and imposed upon the meaning of linguistic expressions in a manner of a Procrustean bed. But similar objections could be raised, for instance, against 'denotation' and 'sense' of G. Frege and A. Church, or against Carnap's 'extension' and 'intension'. Indeed, the adherents of the 'use-instead-of-meaning' formula could capitalize on this point. Certainly, Ingarden is not questioning the legitimacy or usefulness of his basic categories which had been scrutinized and transmitted from one philosophical generation to another until they became the fundamentals in the phenomenological creed. As a result, the above 5 elements of meaning (including the pivotal one: the intentional directional factor) are accepted as given, as an 'essential fact' in the description of linguistic entities. Naturally, one must decide in each particular case *what* these elements are and *how* they behave.

In the discussion of another important distinction within the nominal meaning, that of the *potential* and *actual* components (taking as an example the word 'square'), Ingarden makes, perhaps surprisingly, another categorial addition. The nature of potentiality compells him to introduce into the scheme *'ideal concept'*; although otherwise he tried to eliminate the Husserlian realm of idealities from his repertoire. The ideal concept of an object seems to be a source, a deep well, out of which the actualized portion of the nominal meaning has been drawn. The remainder of the concept will be left untouched. Portions of this remainder – the source of the potential stock of the nominal meaning – will be again brought to the open, thus enriching especially the material content of the nominal meaning. Nonetheless, the ideal concept of our object appears to be rich enough to permit the constitution of different meanings related to one and the same object. The dependence of meaning upon the full content of the ideal concept in question requires therefore the following modification of the above referential triangle:

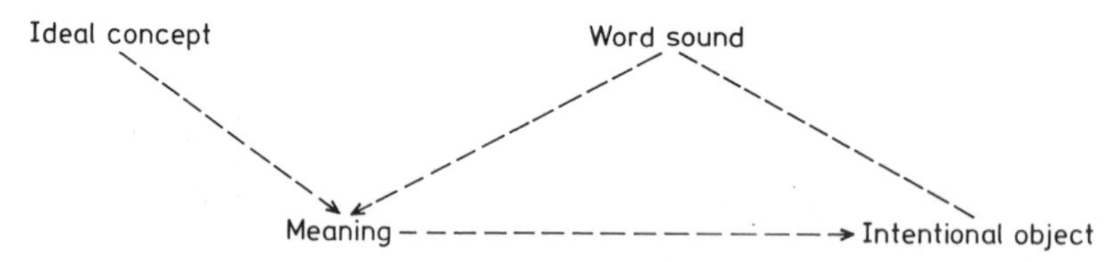

(The arrows indicate relations of various kinds, to be specified.) In the case of a name, the word sound and the meaning assigned to it compose together something that could be called 'linguistically immanent' – a completely given isolated word of a special category (here: name). The intentional object stands outside what is 'linguistically immanent', and, hence, it is 'transcendent' in this regard. But so is the ideal concept of the intentional object: standing outside both the name and its intended object, it is transcendent too, with regard to both of its partners. Ingarden warns us not to identify meaning with the ideal concept;[18] however, if the above schema is valid, the ideal concept appears to be the main source of constituting the meaning of a word which in turn determines the constitution of the intentional object. Since the talk about intentional objects keeps us on neutral ground, uncommitted as to the decision whether the intentional object is real or ideal,[19] the ideal concept does not enjoy ontological priority; it does not transitively determine objects whatsoever as ideal. However, if there is such an ideal concept at all (as Ingarden cautiously expresses it), then it is the rich vein out of which the actualized content of the nominal (or other) meanings are to be extracted. One may wonder whether it is necessary at all to make this double distinction between *actual* and *potential* components which once refers to the linguistic meaning only, yet at another time to the relation between the meaning and its corresponding ideal concept. If all potential components of a nominal meaning are identical with those contained in the corresponding ideal concept, and there is no potential component in the ideal concept which would not be contained in the nominal meaning, then there is no need for maintaining the ideal concept because the same job will be done by the meaning. To cut off ideal concepts could, however, mean the loss of the bridge between the realm of consciousness and the realm of linguistic meaning. Without such a bridge, the human activity of assigning particular meaning to a certain word sound, explicating the assigned meaning by virtue of definition or other means, etc., might undermine its theoretical basis and justification.[20]

In an important paragraph 38 of *The Literary Work of Art*, while discussing the distinctions between the determination of a real object and that of the intentional object, Ingarden notices that a real object is inexhaustibly 'given' by an infinite number of properties. On the other hand, the represented (intentional) object of the literary work of art is conveyed by a finite number of sentences (more precisely: by their intentional correlates, i.e. states of affairs). However, since there is a twofold determination of the represented object by the relevant sentences *and* the relevant nominal expressions occurring in them, the represented objects *potentially* contain infinitely many characteristics. Nevertheless, only a finite portion of these characteristics is positively circumscribed *via* corresponding meaning units. Therefore, the represented (intentional) object is not a full-blooded individual, but only a *schematic* one: left with many unqualified, open positions, the 'spots of indeterminacy'. Sometimes it is possible to fill out such spots by "strictly circumscribed manifolds of *possible* completions,"[21] but the actual context of the literary work of art – and not the reader (hearer, etc.) – determines how far this can go. No doubt the potential stock may tremendously enrich the expressive power of a linguistic text, in particular a text of the work of art. If one takes into account another distinction referring to the material content of the nominal (and other) meaning – the distinction between *constant* and *variable* components – the situation becomes even more complex. Then semantics dealing with intersubjective meaning units of different kinds (nominal, verbal, sentential, etc.) will not preclude the infinitely rich content of these units. Such a content results from definitional, inferential and other dependencies between the meaning units. Human consciousness can operate only with a finite number of meaning-constituting acts, but its products seem to be infinitely rich and thus competing with the inexhaustibility of real objects. If this is the case, the represented (intentional) object which is constituted *via* relevant meaning units, may also be inexhaustible. Then it would possess a double face: one, the 'schematic', bearing the marks of the limited human mind and its finite linguistic tools; the other, which parallels an unaccessible Sphinx living in real objects. The 'pragmatic' way of constituting intentional objects by virtue of the relevant meaning units is thus a selective process employing a limited number of means which are intended to pertain to the distinguished features of the object. If such a constitution is successful, the intentional object emerges as a full, closed individual: the open, 'unsaturated' positions, the spots of indeterminacy, shall not spoil the game. It appears that the ideal concept, being the first link in our last schema, is coming out of the picture; the most it can do is to provide a background for meaning-constitutions.

Let us now summarize Ingarden's theory of meaning in a more formal fashion. We have to account particularly for the central rôle which the category of sentence holds in it.

II. A SEMI-FORMAL RECONSTRUCTION OF INGARDEN'S THEORY OF MEANING

Although Ingarden is aware of the fact that "the truly independent linguistic formation is not the individual word but the sentence,"[22] he first treats the category of an isolated word. The reason for this is that word is "the simplest – if not the original – linguistic formation...."[23] An additional reason may be his claim that words have characteristic sounds,[24] but there is no such thing as a sentence sound. A sentence is pronounced as a combination of word sounds, and the way this is done will produce special effects with regard to rhythm, tempo, melody, emotional quality of the utterance, etc.; indeed, what matters is the articulation of particular word sounds (regarded as types, not tokens). This feature is transferred to complexes of sentences as well.

A. *The Category of Word*

There is no strictly formal definition of word in Ingarden's theory. It is understood that the common sense and an elementary grammatical analysis helps us to distinguish one word from another. Compound phrases, e.g. descriptions, and anything short of a complete simple sentence can be considered as words.

Words are divided into: (a) those with full meaning; (b) syncategorematic (functors).

Among (a) *nominal* expressions (names) and *finite verbs* are to be distinguished. This leads to a distinction between nominal meaning and verbal meaning. Let us use abbreviations: N for names, V for finite verbs, F for functional words. These abbreviations (and others which will be introduced in the course of our investigations) will be utilized in the schemata below.

In general, the meaning of a word which is isolated from its sentence-context is given by the following elements:

(i) intentional directional factor: i
(ii) material content: m
(iii) formal content: f
(iv) existential characterization
(v) existential position (location) } : e

If the word is a member of a sentence or complex of sentences, then an additional element joins the previous ones:

(vi) apophantic-syntactic aspect: *syn*

It is due to the intentional directional factor i that a name N is 'referring' toward an intentional object o. By regarding i as a relator which depends upon the other elements, and incorporating the word sound *phs* (derived from 'phonetic stratum' or Küng's 'phonemic structure') into the schema, the whole situation can be expressed symbolically as follows:

$$\mathrm{N}: \{phs;\ \underset{\displaystyle o}{\overset{\displaystyle i}{\downarrow}}(m, f, e, syn)\}$$

It is possible that in concrete cases *syn* or e are empty. The arrow between i and o represents something like a reference-relation.

The intentional directional factor i requires further specifications. It can be

- single-rayed
- multirayed
  - determinately
  - indeterminately.

If single-rayed, it refers unequivocally to exactly one object; take as an example the phrase 'the center of the Earth'. If it is multirayed, it refers to several objects, and this is done either in a determinate way (e.g., 'my three sons'), or in an equivocal, indeterminate way (e.g., 'people'). To satisfy this distinction, which leads to the separation between *individual* and *general* names, we could add characterizations (one), (many_c), (many_v) – where the subscript c stands for 'constant' or 'determinate', and v for 'variable', 'indeterminate' – to the right of the arrow (i.e., (one), (many_v), (many_c)). Another important specification of i will result in an insertion of two factors into the brackets to the right of the sign i. In the material content m of the nominal meaning constant (c) and variable (v) components are to be distinguished (for instance, 'to be red as fresh blood' = c; 'to be colored' = v). These symbols and the symbols for actual (*act*) and *potential* (*pot*) will be put into the brackets to the right of the symbol i. The combinations of both distinctions characterize the possible ways of i's referring to the intentional object o.

$$i\langle c, act\rangle, \qquad i\langle v, pot\rangle.$$

The former case means that the intentional directional factor i is constant and actual (e.g. the expression 'the centre of the Earth'), while the latter means that i is variable and potential (an example, 'a table'). The object, the centre of the Earth (not only intentional, but also real), is characterized merely by constant components of the material content m, and, moreover, in an actualized fashion. On the other hand, it is not clear which table is the intended object, and so the multirayed and indeterminate projection *via* such i is based on variable components of the material content m. In this case, the intentional object table is not unequivocally given, and the potential characterizations must be actualized before a one-to-one relation between the meaning and the intended object can be established.

Intentional directional factor i and material content m are closely connected, and, as a matter of fact, i depends upon m more than on other factors. The material content m qualitatively describes the intentional object. As Ingarden puts it down, the quality of the intentional object is completely determined by the material content which 'assigns' to it certain material characteristics and, thus, together with the formal content f of the nominal meaning, 'creates' the object.[25] Because of this strategic importance, the factors c, v, *act*, *pot*, previously appended to i, could be now assigned to the material content m in a simplified way. By combining symbols for constant (c) and variable (v) with the symbol m, we can get the following expression: $m\langle c_j, v_k\rangle$, where the subscripts j and k range over natural numbers. If the place occupied in the schema by v_k is empty, this means that there is no variable component in m, and, hence, the corresponding i is constant and actualized (i.e., it is either single-rayed, or multirayed but determinate). The presence of even a single variable v_k indicates that i is variable and potential. How many constant components are necessary to guarantee an actualized and constant i? This remains an open question the answer to which must be given in each specific case. If we want to simplify the symbolism, we can append the subscripts c and v to m, so that the presence or absence of v will determine the nature of the factor i. Then it will suffice to use two schemata which seem to represent what Ingarden had in mind in talking about nominal meaning.

$$(1) \qquad \mathrm{N}: \{phs;\ \underset{\displaystyle o}{\overset{}{\underset{\downarrow}{i}}}\,(m_c, f, e, syn)\}$$

(2) $$N:\{phs;\ i\,(m_{cv}, f, e, syn)\}$$
$$\downarrow$$
$$o$$

Schema (1) stands for the cases in which the factor i is constant and actual. This holds for the *individual* nominal expressions, such as 'the centre of the Earth', 'the table on which I am presently writing', but also for the *plural* nominal expressions, such as 'my three sons'. Schema (2) stands for the situations characterizing *general* nominal expressions: here the factor i is variable and potential (examples – 'the centre of a planet', 'a table', etc.). In schema (2) it is not necessary to qualify the arrow, because it is automatically the multirayed and indeterminate characterization (many_v) which here takes place. The factor *syn* is eliminated if the nominal expression is taken in isolation, out of its sentence-context. However, in compound nominal (descriptive) expressions, like 'the centre of the Earth', the partial expressions 'the centre of...', 'the Earth', are also syntactically connected. The semantical counterpart of this feature might be incorporated in the meaning of the entire expression. It appears that Ingarden assigns such a job to the formal content. Remarkably, *proper names* are treated by him as falling under the schema (1). It is done in such a way that the only (and, of course, constant) component of m is given by the very assignment of the name to the (real or fictitious) object referred to. This self-reflective use of the proper name in characterizing its own material content reveals the assumption that proper names have denotation but no connotation (to put it in Mill's old terminology). In the case of real objects, the ostensive correlation between a proper name and its corresponding individual object will do the job. However, an example of a fictional, intentional object like Hamlet shows a need of considering not only various descriptions of such an object, but also the existential factors e.

The examples used and the entire structure of the nominal meaning suggest that one deals here with a kind of semantics and logic of *terms*.[26] Terms, and not predicates, express here various characteristics or properties of objects. These characteristics are hierarchically ordered with an increasing degree of generality. Ingarden's variables v are general terms – species and genera of an Aristotelian classificatory system. Constants c are terms of lower degree, not necessarily the terms of the lowest level.

'To be red' is a constant with regard to the variable 'to be colored', and also perhaps as to the variable 'to have a shape'. It is always a problem how to satisfy the sufficient and necessary conditions for the individualization of the object in question, without using the principle of indiscernibles in infinite domains, because then it would be practically impossible to communicate and determine anything.

Everyone who is acquainted with linguistic, logical and ontological problems of meaning, synonymy, denotation, definition, etc., knows how complicated these issues are. Let us recall e.g. Russell's theory of description and also his theory of types which was further developed by F. Ramsey, L. Chwistek and A. Church. It could also be instructive to compare Ingarden's theory of word meaning with C. I. Lewis' conception, mentioned above, especially because of Lewis' sensitivity to modal aspects. Another suitable candidate for a comparison would be K. Ajdukiewicz, a distinguished Polish logician, who further developed S. Leśniewski's theory of syntactic (actually: semantic) categories.[27]

In order to clarify some of the last theoretical remarks, let us analyze Ingarden's example of a nominal compound expression, 'the smooth red sphere'. This expression has a form of Russell's definite description and could be dealt with according to the recipes given by Russell and other authors. If we, however, stick to Ingarden's proposal, we may notice the following. The above expression consists of four individual words, of which three are nominal words ('smooth', 'red', 'sphere') and one, the definite article 'the', is a functional word. Although two of the words are adjectives, they are treated as nominal words, on par with nouns. If taken in isolation, the general noun 'sphere' has its own meaning which can be elucidated by proper substitution in our schema (2), taking the factor *syn* as empty. By specifying m_{cv}, we would use a finite number of variables (general terms; 'generic essences'), like v_1 = 'colored', v_2 = 'extended', v_3='limited', v_4='having a surface', etc., just as few available constants ('eidetic singularities', in Husserl's sense), for instance, c_1='being three-dimensional', c_2='having all points on the surface equally distant from its centre', etc. Some of these terms, for example, c_2, are formulated in an awkward way, but this is the price paid for operating with mere terms and no sentences at this point.[28] It is to be noted that for the same reasons we are not giving a definition of the word 'sphere', although c_2 prepares a good ground for it. How do we know that the variables and constants employed for the meaning specification of the word 'sphere' are relevant at all? Why do we hit upon the most relevant ones without a tremendous trial-and-error search among thousands of them? Naturally, this has something to do with our understanding of the language used, but also with our comprehension of Euclidian geometry, populated by ideal objects, such as spheres, cubes, cones, and the like. We can recognize something as *a* sphere if we see it in our visual field, even without being able to give a precise explicit definition of it. Our specification of m_{cv} pertaining to 'sphere' keeps *i* indeterminately multirayed, because it will not 'refer' to one and only one object in the realm of objectivities (whether ideal, real, or purely intentional). Ingarden 'nominalistically' requires that the single-rayed factor *i* projects either a concrete individual, be it a thing, a person, or a well-specified state, part or action of a concrete individual.[29] This strict requirement of providing a sufficient and necessary condition for the individuation of objects (whatever their nature), may be imposed upon an *ostensive* definition, but not on a definition in general, unless the notion of individuation is so broad that it covers 'generic essences', such as 'sphere' or 'spherical'. Then the only condition for *i* being single-rayed would be that it projects something which is numerically one in an unequivocal way. If this is the case, *the*, ideal, object *sphere* could be 'projected' by a single-rayed *i*, provided that the meaning specification of the word 'sphere' is consistent and complete. Perhaps our example, 'sphere', is misleading, because there is an ideal object behind it. Moreover, the meaning specification of the word 'sphere' must take into account the existential factors *e* which would determine the sphere as an ideal object in a different way than particular instances of sphere. Nonetheless, the question of individuality requires a very sensitive, nonarbitrary framework in which it must be studied and settled. I do not know whether Ingarden realized the vast scope of this problem.

Coming back to our example, the meaning of the adjectives 'smooth' and 'red' must also be specified separately, before everything merges into a compound meaning corresponding to the expression 'the smooth red sphere'. Furthermore, the definite article is responsible for the magic twist creating the single-rayed *i* that projects the well-specified individual object (whatever its nature), the smooth red sphere. The meaning specification of 'smooth' and 'red' will not determine any individual Smoothness or Redness, and to consider some The-ness, which would correspond to the functional word 'the', sounds quite ridiculous (at least, in Ingarden's account).

As a result of the meaning specification, the following obtains:

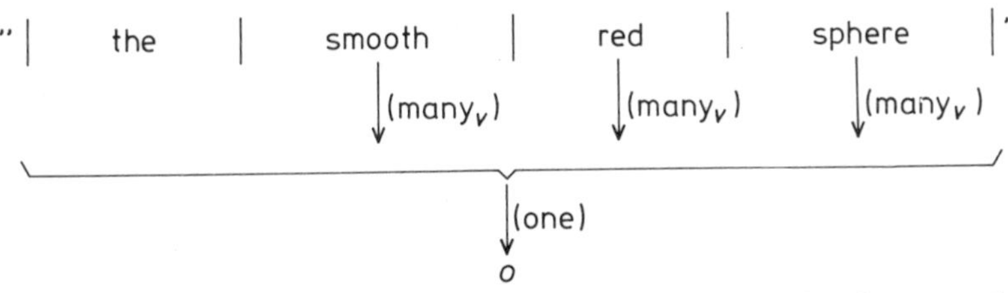

The slants divide words for which the meaning specification was done. All the meaning factors are tacitly assumed. The diagram shows that, although the three nominal components of the expression are general, the entire expression is *individual*. The ostensive function of the definite article is concealed, but crucial for the assignment of the single-rayed *i* to the whole expression. Functional words F, according to Ingarden, do not have, as a rule, an intentional directional factor *i*. There are, however, exceptions, such as the words 'this', 'that', 'the'. It is likewise with the material content of F.[30] Unfortunately, Ingarden's theory of functors is very fragmentary; unlike Leśniewski's and Ajdukiewicz's conception of functors as a part of their theory of syntactic (semantic) categories.

Now, let us make a final remark on the result of our analyzed example. With the help of schema (2), the meaning specifications of the words 'smooth', 'red', and 'sphere' were given. Each specification led to the projection of many objects (indeterminately). But then the three meaning specifications merged into a new one, subordinated under our schema (1). We know almost nothing about the rules of such a merger, except that the variables occurring in the previous meaning specifications have been somehow cancelled out. A traditional diagram, with circles representing sets of objects which are distributively referred to by the corresponding general terms, might help us to see the situation. The object, which is projected by the expression 'the smooth red sphere', lies in the intersection of all three circles. It is assumed that there is exactly one object in the intersection – our intended one. Indeed, we have no guarantee that in reality there is exactly one object which is both spherical, red and smooth. We can *intend* to have only one such object – and the

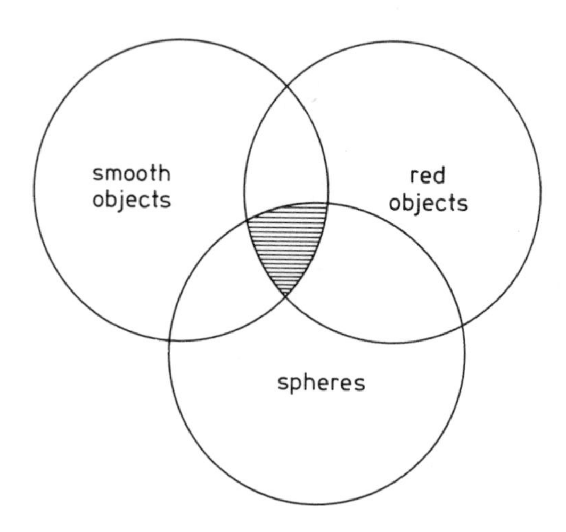

use of the definite article puts then a stamp on this intention – but, of course, one may intend to constitute even impossible or inconsistent objects, à la centaurs or round squares.

Another remarkable thing happened in the course of our meaning specification: our key expression, ‘sphere’, has been horizontally extended, to the left, by the adjectives ‘red’ and ‘smooth’, substituting their meaning (together with *phs*) for some variables occurring in m_{cv} of ‘sphere’. For instance, the constant ‘red’ replaced v_1 (‘colored’), and the constant ‘smooth’ removed a bit of variability – to express it metaphorically – from v_4 (‘having a surface’), changing it into ‘having a smooth surface’. As we see, the concepts of constant and variable are pretty vague; as vague as the relations between general terms expressed in ordinary language. In a type-theoretical ordering of general terms (concepts), by assigning level 0 to the most specific terms (concepts), one could explicate at least some necessary conditions for determining constants and variables. For instance, any specification of a term from level n (variable) by a term from level k, where $k<n$, could be considered as an employment of a constant. However, ‘red’ is a specification of ‘colored’, but it is not quite clear whether it is also a specification of ‘extended’. Thus it appears that we know what is a constant when we successfully reach an individual object *via* corresponding meaning specification. Obviously, such an ex post knowledge of constants would completely defeat the purpose.

As regards the distinction between *actual* and *potential* meaning components, one encounters an additional complication. On the one hand, potentiality somehow squares with the variability, on the other, real objects are infinitely rich in aspects, properties, etc., while the purely intentional objects are left with limitless spots of indeterminacy. Put together, the so-called unfulfilled properties of real objects, or the spots of indeterminacy characterizing an intentional object, suggest the occurrence of an unlimited number of *'genuine' variables* (i.e., unspecified general terms) in the material content of any nominal expression. To save the applicability of our schema (1), we are compelled to disregard these 'genuine' variables and consider only those which have been explicitly formulated. Taking our previous example, the word 'sphere', its material content would be given, say, by:

$$m\langle c_1, c_2; v_1, v_2, v_3, v_4\rangle,$$

i.e., by a finite number of constants and variables, and not by:

$$m\langle c_1, c_2, \ldots, c_j; v_1, \ldots, v_4, \ldots, v_k\rangle,$$

where j and k stand for finite or infinite natural numbers. If we accept the latter as the more adequate representation of the situation, then the realm of potential stock splits into two parts: (i) the explicitly given variables (in our case: v_1 to v_4); (ii) the implicitly assumed, perhaps infinitely many variables (in our case, those represented by three dots and v_k as the last member) which are left completely open. Actualization, i.e., the 'substitution' of constants for variables would then refer to part (i), and only indirectly to (ii). To individualize an object would thus mean to catch it in a strategically suitable net of variables and then to look through each hole what kind of fish we have caught.

However, one must bear in mind that constants and variables are again linguistic expressions – terms – having their own meaning. Their meaning specification, by using our schemata (1) and (2), could produce extremely complicated structures, nested within each other. As in the theory of definition, the meaning components are not like a heap of gravel, but a system of interconnected entities constituted by the acts of consciousness and left afterwards to bear their own destiny. Ingarden correctly considers meaning as an *organic unity*, resulting from the merger of its components. Unfortunately, the ways, regulations and rules of such a merger remain obscure. A little more light will be cast on the issue by turning the attention toward the central category of sentence.

B. *The Category of Sentence*

In a customary way, Ingarden classifies sentences into assertive (declarative), interrogatory, imperative, optative, etc. This classification is based on differences between purely intentional correlates of sentences. According to Ingarden, "*every* sentence – even the absurd and the ambiguous one – has its own purely intentional correlate."[31] The purely intentional correlate of a declarative sentence is the intentional *state of affairs* (abbreviation: *s*). *Problem*[32] is the purely intentional correlate of an interrogative sentence; and *command* is the one pertaining to an imperative sentence. As in the case of purely intentional objects *o*, projected by nominal expressions, the transition from the purely intentional correlate of sentence to an objective (real, ideal, merely possible, etc.) correlate – state of affairs, for declarative sentences – transcends the mere meaning of the sentence in question, asking for the additional information. What is involved is the 'mode of existence' of such a correlate. Taking only declarative sentences, a distinction is drawn between:

(a) pure affirmative propositions; (b) assertive propositions or judgments; and (c) quasi-judgments (characteristic for the sentences found in the literary work of art).

Pure affirmative propositions have only purely intentional correlates, without any commitment to their truth or falsity, which is a matter of judgment as a specific cognitive (subjective) operation. The sentence, 'This dog is brown', if regarded as a pure affirmative proposition, would not project, by virtue of its meaning, any objectively existing, real state of affairs, but only its purely intentional correlate *s*.

On the contrary, to make an *assertive* (also: *judicative*) proposition means to judge, i.e., to project not only its purely intentional correlate (which has a dependent, heteronomous ontic status), but also further – the objectively existing state of affairs. Ingarden complains about the fact that there is no sign in colloquial speech for distinguishing pure propositions and judgments, and proposes to use Frege's and Russell's sign of assertion '⊦', if necessary. Accordingly, ⊦ 'Los Angeles is in California' would mean that whoever formulates this proposition is at the same time asserting its truth, pushing his way from the purely intentional correlate of this sentence to the corresponding real (objectively existing) state of affairs.

The difference between pure affirmative and assertive (judicative) propositions can also be expressed by a reference to the existential elements *e* of meaning, which are now stretched to the meaning of a sentence: in a pure affirmative proposition there is an existential characterization, but no location. We must be careful to distinguish the pure affirmative proposition from a *false* assertive (judicative) proposition. Let us use the following example of a false judicative proposition: ⊢ 'Los Angeles is in Massachusetts'. Here the existential position is determined, but, according to Ingarden, 'without power', i.e., without projecting the corresponding (assumed) real state of affairs. And we must also distinguish it from a negative existential proposition (judgment), such as ⊢ 'There are no centaurs', which is claimed to be true.

Finally, the third category of declarative sentences is recognized by Ingarden – the category of *quasi-judgment*. This category plays a tremendously important role in the analysis of the literary work of art.[33] Quasi-judgment is a declarative sentence that is 'more' than a pure affirmative proposition (projecting only the purely intentional correlate), and 'less' than an assertive (judicative) proposition which is accompanied by a claim to truth, and therefore by a projection from the purely intentional correlate further to objectively existing state of affairs. If in a novel, there is a sentence: 'Mr. Jones murdered his wife', such a sentence is a quasi-judgment. The projection goes here beyond the purely intentional correlate, but it does not reach any objectively existing, real state of affairs; it only *simulates* such a state of affairs, *pretends* to constitute it. In a similar way, one can speak about quasi-question, quasi-command, or quasi-evaluation. If we wish to use a symbol for quasi-judgment, a modified version of the assertion sign 'q⊢' would be suitable; however, such a sign is redundant if we know that our sentence occurs in the context of a literary work of art.

The abovementioned classification of declarative sentences presupposes the concept of truth and falsity. Of course, Ingarden does not accept Fregean Truth and Falsity as 'referents' of declarative sentences.[34] Truth is not a component of the purely intentional correlate of sentence, and it is not a component of the objectively existing state of affairs either, although it is somehow responsible for making the transition from the former to the latter. Since truth and falsity are here only agents acting behind the scene, let us turn attention to the visible actor, performing on the scene: the purely intentional state of affairs *s*. In order to deal with it, we have to look at the manner in which the meaning components of the sentential meaning contribute to the projection, constitution or 'creation' of *s*.

Since *verbs* are distinctive contributors to the constitution of a sentence, it is now time to characterize *verbal meaning*. Ingarden analyzes finite verbs (*verbum finitum*), such as 'writes'. The analysis follows the familiar lines of treating the nominal meaning, but our schemata (1) and (2) cannot be applied in a straightforward way. Material and formal contents are present in the meaning of a finite verb, but not the (nominal) intentional factor *i*. However, there exists a substitute for it: the verbal intentional directional factor which is pointing, not toward the activity, happening or occurrence elucidated by the material content of the finite verb, but 'backward', toward the agent (subject) or patient (object) of the activity. By omitting the introduction of too many new symbols, let us condense the diagrammatic representation of the situation in the following fashion.

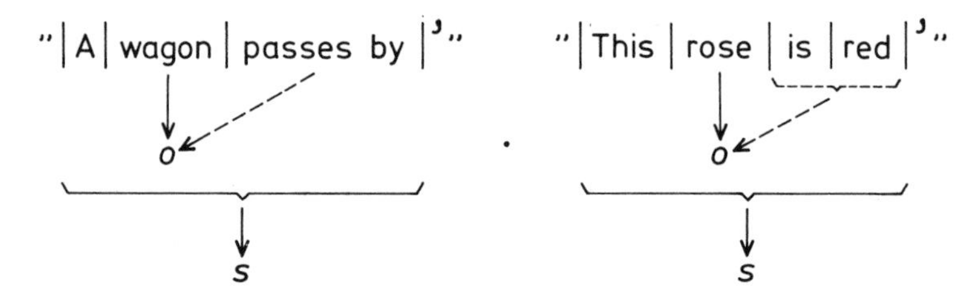

The broken arrow which leads from the verbal expression to the agent of action (wagon) or to the bearer (rose) of a given property, represents the verbal intentional directional factor. In the second example, the predicative phrase 'is red' fulfills a similar 'verbal' role like the verb 'passes by' in the first, although they also significantly differ. Both examples are regarded as pure affirmative propositions, with *s* as their corresponding purely intentional correlates. Such *s* is a compound entity and the object *o* is embedded in it as its core. The object *o* is codetermined by two helpers: one is the functor ('a', in the first; 'this', in the second example); the other is the verb 'passes by' and the verbal predicative phrase 'is red', respectively. We can represent the structure of both states of affairs s as follows:

$$s = \langle o, a \rangle, \quad \text{where } a \text{ stands for 'activity'}$$
$$s = \langle o, p \rangle, \quad \text{where } p \text{ stands for 'property'}.$$

Neither a nor p are projected by their corresponding verbal phrases in the way o is projected by the nominal expressions. This shows that the verbal phrases are incomplete, unsaturated, unless connected with some nominal expressions, the referents of which are carriers of properties and agents or patients of activities, performances or occurrences. Of course, our examples grasp the structure of very simple categorical (subject – predicate) affirmative sentences and their intentional correlates. The situation is more complicated for richer simple sentences, and especially for compound sentences.[35]

Let us now go back to the previous example, 'the smooth red sphere'. After rephrasing it in a sentential form, 'This sphere is red and smooth', we get an expression with different meaning: schemata (1), (2) will still be applicable to its nominal component, 'sphere', 'this sphere', but not to the whole sentence. Moreover, the phrase 'is red and smooth' is a verbal predicative expression endowed by a verbal meaning, and thus also with 'backward' pointing verbal intentional directional factor. The general terms, 'red', 'smooth', have, as before, their nominal meaning (variable and potential); however, as parts of the predicative phrase, they will not be able to project any independent object. The whole verbal predicative phrase needs namely a completion by the nominal expression which occupies the subject position in the categorial sentence. The key word in the predicative phrase, 'is', has in general various meanings, but here it is a functor which cements the nominal – verbal development of the sentence and helps to project s, where $s = \langle o, p \rangle$. If we take Ingarden's metaphorical formulations, such as 'opening of a self-enclosed object', 'the surmounting of the subject and predicate', into account, we must now look closer at o and p as the components of s. In fact, here we have two properties, p_1 (red) and p_2 (smooth), assigned positively to o. How do they determine sphere as our object o? Ingarden accepts the Aristotelian – scholastic distinction of substance and attributes, but he also gives credit to the empiricist critique of substance. Instead of 'substance', he then uses the word 'carrier'; meant as an analogue of the notion of substance in ontological, but not metaphysical, sense. There is a carrier-'element' in the intentional object *o* and this 'element' is projected in a two-fold way: one, by virtue of one of the components of *m* (e.g., 'sphere-ness'); the other, through the formal content of the nominal expression. The latter, "the carrier of the properties of the purely intentional object *as such*,"[36] has an ontological priority. It is this carrier which holds properties like red or smooth in our example. Both the carrier and the properties (attributes, accidents) are ontically dependent, if taken separately, but together they produce an ontically independent individual. Obviously, the object *o* is not regarded as a 'dummy', waiting for the properties relations, actions, etc., in order to be dressed, i.e., determined. In addition, Ingarden claims that when we explicitly talk about one of the properties of an object (say, sphere), *all* the object's properties are potentially, implicitly *cointended.* This seems to be a very bold claim.

As an anti-psychologist, Ingarden certainly does not buy the old associanism of Hume and Mill: the appearance of one 'idea' (of redness, e.g.) would not activate the appearance of other related 'ideas'. In addition, there is also his declaration about the inexhaustible richness of real objects qua real objects, and about the limited, finite determination of an intentional object, marked by many spots of indeterminacy. How should we then understand the above cointention? Apparently not in a sense of a primary intentional act the scope of which would here compel us to postulate a kind of a superhuman consciousness. The other alternative is that the cointention is a result of the so-called derived intentionality which has been loaned to the intersubjective meanings of linguistic expressions, once they had been established by the users of the language in a more or less consistent manner. Yet, there is a hidden danger: what if the meanings – the intersubjective offsprings of intentional acts of human consciousness – behave as Frankensteins, unleashed and beyond control? Fortunately, they do not act on their own, because every change in them is again due to some act of human consciousness!

One way out would be just to register all the sentences in which a certain nominal expression, such as 'sphere', occurs; predominantly in the subject position. By virtue of the sentences we would thus register all the projected states of affairs in which our object-carrier, sphere, is embedded, or, as Ingarden puts it, is 'ensnared', 'caught as in a net'.[37] If this is what is meant under cointention, then the rule is quite obvious:

look at all possible sentences in which the name of the object in question occurs, and the determinants which you find there, except the one on which you focus your attention (i.e., redness, in our case), will be what is cointended. The trouble is with the phrase '*all* the properties of...'. Should we not cautiously say: '*all* the intended properties of...'? Yet how do we know which are the intended properties if we have lost track of what had been programmed into the meanings of linguistic expressions employed?

As regards the determination of real objects (as real, not as 'intended real objects' or 'also intended'), Ingarden played around with assigning to such an object, for all properties, either the property p or its negation non-p, but never both at the same time. Being backed by the Aristotelian principles of contradiction and excluded middle (as well as by the two-valued logic), this idea naïvely runs into two major obstacles: (a) the collapse of the purely combinatorial treatment of state-descriptions, witnessed by the necessity of introducing so-called *meaning postulates*;[38] (b) Russell's paradox, showing the impossibility of the set of all sets; and, hence, if properties are treated extensionalistically, of the set of all properties as well.

It is conceivable and plausible that properties are interconnected; some of them are dependent upon each other, others independent. This presupposes a knowledge of various relations between properties. Some of these relations may be grasped on an *a priori* basis, but perhaps the majority of them can be handled only *a posteriori*. Unfortunately, Ingarden seems to give no clue in this regard. So it happens that we encounter similar problems in the analysis of compound nominal expressions, such as 'the red smooth sphere', as well as in scrutinizing related sentences like 'The sphere is red and smooth'. It is not difficult to reveal the common troublemaker: *potentiality* (variability, implicitness). Nevertheless, Ingarden provides us with such rich and original insights and conceptual distinctions that the stimulation overshadows technical difficulties and shortcomings.[39]

Ingarden recognizes other traditional classifications of sentences; in fact, several of them. One is the division of (declarative) sentences into: *assertive*, *problematic*, and *apodeictic* (necessary). Another, on which his interests dwell more, is the famous distinction between *categorical*, *hypothetical* (conditional) and *disjunctive* sentences. However, this topic takes us into the midst of Ingarden's concerns with the foundation of logic.

III. INGARDEN'S EXCURSIONS INTO LOGIC

As emphasized, Ingarden was not a logician in the contemporary meaning of the word 'logic'. Also he did not write his *Logical Investigations* or *Formal and Transcendental Logic*, and was largely dependent upon Husserl, Pfänder, and others, for a 'logical machinery'. The study of formal inference and entailment, as it seems, had not greatly attracted his interests. Consequently, his logic is a continuation of linguistic, and in particular, semantic analyses. It is to his credit that he always accepted semantics; without waiting for the appearance of Tarski's celebrated breakthrough in the theory of truth.[40] Of course, Ingarden's semantics suffers for overlooking Frege's theory of sense and denotation which has proven itself as a landmark in the current semantic scene.[41] Therefore, Truth and Falsity, as the Fregean denotata of declarative sentences, have not been turned into Ingarden's intentional, or other, correlates of sentences. On the contrary, two postulated *truth-values* (and their relatives in many-valued logics) are vigorously disapproved of in a theory which had replaced them by non-Fregean *states of affairs*.[42] This may be witnessed by Ingarden's repeated attacks on logical atomistic use of 1 and 0 as symbols standing for Truth and Falsity, respectively. One can understand Ingarden's anger in the context of his disapproval of the 'pan-syntactic' or 'physicalistic' interpretation of such conventional symbols, but why is it necessary to go to the opposite extreme? As every student of logic today knows, 1 and 0 (or whatever other suitable symbols) are handy and useful objects in dealing with truth-functional connectives, in evaluating well formed formulae, and in many other standard operations in extensional, but also other, logics. The puzzle of material implication (conditional), which aggravated Ingarden so much, is being treated quite satisfactorily in literally hundreds of standard logical textbooks. On the other hand, Ingarden put his fingers into a really accute question of the adequacy of material implication with regard to the ordinary and scientific employment of implication or entailment.[43] His recipe for handling this issue is consistent with the treatment of the conditional sentence (of the form 'if *p*, then *q*', where '*p*' and '*q*' are sentential variables) as an organic whole. Ingarden opposes the common view that the antecedent ('*p*') and consequent ('*q*') can be logically evaluated in isolation from the whole conditional sentence, and that the value of this sentence is dependent exclusively on such isolated evaluations and their possible combinations. His proposal is thus of a *Gestalt* type, instead of a standard atomistic one. On this view, the functor 'if…, then ---', in its truth-functional definition, loses its key rôle, which can be recaptured by tightly cementing 'if' with the antecedent (and thus with its state of affairs), and 'then' with the consequent (and the respective state of affairs). It is hard to comprehend syntactic-semantic categories under which such expressions as 'if *p*', 'then *q*' could be subsumed. In addition to making many interesting points, Ingarden also touches upon the open problem of counterfactuals and subjunctive conditionals (his terms: *modus potentialis* or *irrealis*), and the relevance between the meanings of antecedence and consequent. Had he introduced some symbolic apparatus and inferential schemata (logical theses) which would implicitly explicate the sense of his proposed implication, a competitive theory of implication might have been established. What actually happened is only the clarification of the ground.

Ingarden's treatment of universal and existential sentences, starting from categorial ones, reveals some surprising features. First, he is not willing to accept the customary translation of the universal affirmative categorical sentence 'All S are P' (i.e., sentence of the kind A) into a quantified sentence 'for all *x*, if *x* is S, then *x* is P' (where 'is' represents the relation of class membership; or just the positive predication of the properties S and P, respectively). This is caused, not so much by his principle of multiple denotation (according to which, general terms do not refer to classes of objects, but – in a multirayed and indeterminate way – distributively to each individual member of the class), but rather by his misunderstanding of the whole issue. Such a 'nominalistic' treatment does not preclude quantification over term variables for which individual terms can be substituted. Another doubtful point is the translation of particular sentences (I, O). 'Some S are P' is translated by him into 'There is such S that S is P', or, symbolically: '(ES) is P'. This sentence appears to lose its subject, because '(ES)' is regarded as a functor to which a quantifierless proposition is being appended. The term S is general, if
not refer to classes of objects, but – in a multirayed and indeterminate way
wise it fails to be a term altogether (being a part of a functor). All the

troubles may be caused by a non-standard symbolism that is hard to square with the customary one.

Ingarden is positively at his best while analyzing interrogatory sentences and *questions* (problems) as their intentional correlates. His study *Essentiale Fragen*[45] deserves to be a classic in the field of the logic of questions. The area is too rich to be treated comprehensively, so that we confine ourselves to the bare minimum. It is true that the essay is dominantly of ontologico-epistemological nature. Fine conceptual distinctions between idea, ideal quality, individual object, its nature and essence, predicative proposition, absolute and relative characteristic, etc., have been outlined; to a great extent in discussing the results of Jean Hering's essay dealing with similar issues.[46] Nevertheless, the formulation of basic problems and the results of subtle analyses are of great importance for the logic of questions. The very subject matter of the essay – essential questions – are questions of the kind "What is it"? of "What is *x*"? (where '*x*' is a variable standing for individual or general terms – concepts). Ingarden recognizes the problem of correctly and incorrectly stated questions, equivocal and unequivocal questions, etc. He also distinguishes four characteristic points: (a) the *unknown*; (b) the *known* part; (c) the objective ('problem'); and (d) *presupposition* of a question. For the question 'What is it'?, (a) the unknown is an individual object as constituted by its individual nature; (b) that what is known is an individual object, ostensively conceived by virtue of a schema; (c) the objective is an establishment of identity between that which is known and the sought value of the unknown; (d) the presupposition encompasses the general assumption that every individual object is constituted by its individual nature, and such a minimal knowledge of the known part of the question that enables us to point unequivocally toward what is sought.[47] The *answers* of the essential questions can provide us with a sufficient knowledge of an object in its essence. The questions asking for the nature of an object ('What is the nature of it'?) or its essence ("What is the essence of the object *x*"?) are to be distinguished from the essential questions, as a kind of meta-questions. Ingarden does not analyze them. No doubt, all these subtle problems would require an adequate translation into the current language employed in the field of the theory of questions.[48] Obviously, here we have to wait for future contributions, focused, in full or in part, on Ingarden's work in the area.

IV. SUMMARY

I have tried to explicate some of the key notions in Ingarden's theory of language and to outline his occasional glances at the riches of logic. Ingarden's life work is – as he himself might put it – an organic unity, a grand scaled polyphonic structure. To separate one piece of such an edifice from the rest of it, means to run a grave risk of misrepresentation and misinterpretation. I have been aware of this danger, pointing out the necessity of analyzing the topics, such as theory of meaning, language and logic, in the entire context of Ingarden's work. There is another methodological problem we must be concerned with: should an investigator authentically follow Ingarden's own language and technique, or could one impose upon the text studied what is regarded as the 'current fare'? Evidently, the answer may be different for a strictly historical study, and different for a systematic or comparative investigation. Although the present essay is not an historical one, I have attempted to maintain Ingarden's own theoretical and terminological style. It is my conviction that the explication of Ingarden's views must pay respect to his way of putting things before other conceptual and linguistic apparata are imposed upon it. It may be tempting to someone, who is at home in Chomsky, structural linguistics, modal logics, logical analysis of natural languages à la R. Montague, J. Katz, D. Davidson, or the British late-Wittgensteinians, to apply his favorite jargon. However, I think that a self-restraint is advisable at first.

Finally, it is remarkable how the two giants who jointly fought psychologism of the late 19th century – Frege and Husserl – originated such different and powerful streams in contemporary logical, linguistic and epistemological thinking. According to my view, these streams actually complement each other if one approaches them sensitively and with a good will. This is the ideology by virtue of which I try to understand and evaluate Ingarden's work, or at least some of its aspects.

State Island, N.Y.

NOTES

[1] *Das literarische Kunstwerk*, 3rd ed., M. Niemeyer, Tübingen, 1965; first published in

1931. Polish translation, *O dziele literackim* (PWN, Warszawa, 1960). The English translation by G. G. Grabowicz (Northwestern University Press, Evanston, Ill., 1973), from the 3rd German edition. Hereafter quoted as *Literary Work*.

[2] See the polemic article *'Der logistische Versuch einer Neugestaltung der Philosophie', Akte des VIII Internationalen Kongress für Philosophie in Prag*, Prague, 1934; as well as 'Krytyczne uwagi o logice pozytywistycznej', *Z teorii jezyka i filozoficznych podstaw logiki*, PWN, Warszawa, 1972, pp. 191–221.

[3] 'Essentiale Fragen', *Jahrbuch für Philosophie und phänomenologische Forschung* VII (Halle, 1925), pp. 125–304. Polish translation, 'O pytaniach esencjalmych', *Z teorii jezyka...*, pp. 327–482.

[4] Part of this appeared in English translation as 'The Hypothetical Proposition' (tr. by F. Kaufmann), *Philosophy and Phenomenological Research*, XVII, no. 4 (1958), pp. 435–450. The full text is in Polish, in *Z teorii jezyka...*, pp. 260–325.

[5] A. Pfänder is one of the most quoted authors in *Literary Work*. His *Logik*, 3rd ed., M. Niemeyer, Tübingen, 1963 (first published in *Jahrbuch für Philosophie* IV (1921)) seemed to have provided Ingarden with very efficient tools. See also my article 'The 'A priori' in Ingarden's Theory of Meaning', *Analecta Husserliana III* (1974) 138–146.

[6] This work of Husserl (recently translated in English by D. Cairns; M. Nijhoff, The Hague, 1969) was published in 1929, while *Das literarische Kunstwerk* had been close to its printing stage.

[7] This may be a justified claim, even if Polish logicians do not give credit to Ingarden for such stimuli. Perhaps they regarded Ingarden's excursions into logic and language as being out of the main stream (from their standpoint). Ingarden was especially annoyed by the silent reception of his 'Essentiale Fragen'. Some logicians later elaborated logics of questions without acknowledging the source of their inspiration. In particular this might refer to K. Ajdukiewicz. See below, note 48.

[8] Some of them have been included in vol. IX of his *Philosophical* Works, entitled *Z teorii jezyka i filozoficznych podstaw logiki*, PWN, Warszawa, 1972.

[9] As known, the level of the word sound is the first stratum to be analyzed in the polyphonic structure of the work of art. The word sound is a bearer of the corresponding linguistic meaning which is to be investigated as the second, but central, stratum in such a structure.

[10] See G. Küng, 'Ingarden on Language and Ontology', *Analecta Husserliana II* (1972) 205f.

[11] See A. T. Tymieniecka, 'The Second Phenomenology', *For Roman Ingarden Nine Essays in Phenomenology* ed. *A.-T. Tymieniecka* (M. Nijhoff, The Hague, 1959), pp. 1–5; the essays of F. Kersten and D. Laskey in *Analecta Husserliana II* (1972); and Ingarden's own works on this theme.

[12] For the explanation of this notion, as well as the concepts of other theories of meaning: ideational, behavioristic, 'use-instead-of-meaning' (late-Wittgensteinian or Austinian), see the standard textbook, W. Alston, *Philosophy of Language*, Prentice Hall, Englewood Cliffs, N.J., 1964.

[13] *Literary Work*, par. 10, p. 43. The explicit reference to Frege can be found only in a footnote in the Polish edition (1960).

[14] In Polish: wskaźnik kierunkowy; in German: der intentionale Richtungsfaktor; in English also terms like 'projector', 'index', 'vector', 'pointer', could be used.

[15] Names, finite verbs and functional words (functors, using Leśniewski's terminology) are the three basic categories of words. The nominal meaning – the paradigm case – is composed of 5 elements: (i) intentional directional factor; (ii) material content; (iii) formal

content; (iv) existential characterization; (v) existential position. See *Literary Work*, par. 15a. On the occurrence of an intentional directional factor in the meaning of functors like 'this', 'that', 'here', *ibid.*, par. 15b.

[16] Let us mention the classical antinomy of the name-relation, the history and reconstruction of which is given in R. Carnap, *Meaning and Necessity*, 2nd enl. ed., The University of Chicago Press, 1956, 3rd chap.

[17] G. Frege, 'Über Sinn and Bedeutung', *Zeitschrift für Philosophie und philosophische Kritik* 100 (1892) 25–50; R. Carnap, *op. cit.*, 2nd chap. Ingarden could dismiss Carnap's distinctions as holding only in a formalized (syntactically and semantically constructed) language; while, he, Ingarden, is concerned with an ordinary, everyday language, particularly the language of a work of art. Frege, however, analyzed and gave examples from an ordinary German, only aiming at the clarification and idealization of language, especially the language of mathematics.

[18] *Literary Work*, par. 18, especially pp. 96–97; a critique of the *Logical Investigations* period of Husserl.

[19] G. Küng regards such a decision as a metaphysical issue, distinguishing it from the ontological question of the constitution of the intentional object by virtue of the corresponding linguistic meaning; see his 'Ingarden on Language and Ontology', p. 210f.

[20] In the logical theory of language, the emphasis on human agent as a manipulator with linguistic meaning and linguistic entities in general, points toward the establishment of *logical pragmatics*. Logical pragmatics, as viewed by R. Carnap, R. M. Martin or R. Montague, is not a branch of psychology of language, although the psychological aspects of using a language in a speaker-hearer relation may be incorporated in it as a legitimate subject matter of investigations.

[21] *Literary Work*, par. 38, p. 252.

[22] *Op. cit.*, par. 11, p. 46.

[23] *Op. cit.*, par. 9, p. 35.

[24] The word sound (*'Wortlaut'*), or, as G. Küng suggests, phonemic structure of a word, as opposed to the mere physical sound, concrete phonic material (*'Lautmaterial'*), is the type-bearer of its corresponding meaning. By virtue of a conventional correspondence between the word sound and its meaning, the hearer's attention should be oriented toward the meaning (and thus to the intentional object). Ingarden contends that the meaning cannot exist without its word sound. Does it, however, mean that each and every nominal component of meaning must have its word sound?

[25] *Literary Work*, par. 15a, p. 67.

[26] C. I. Lewis' theory of meaning, as exposed in his 'The Modes of Meaning', in L. Linsky (ed.), *Semantics and the Philosophy of Language*, University of Illinois Press, Urbana, Ill., 1952, pp. 50–63, comes to mind. Lewis' prodigal use of four aspects of meaning was criticized by A. Church in *Journal of Symbolic Logic* 9 (1944) 28–29. A similar criticism could be applied against Ingarden's theory.

[27] Since the nature of the present paper does not allow for the treatment of all these issues, we can only refer to pertaining bibliographical sources.

[28] In a formalized language, this would amount to using no formulae of predicate logic, unless these are preceded by, say, a lambda operator or Russell's symbol for 'all such entities which...'. Such famous devices turn an expression of sentence-category into an expression of term-category.

[29] It would be interesting to carefully compare Ingarden's position with 'reism' or 'somatism' of T. Kotarbiński. Obviously, Ingarden could not share Kotarbiński's materialism, and criticizes heavily Kotarbiński's position for various other reasons. See *Z teorii jezyka...*,

pp. 483–507. For a reistic critique of Ingarden's theory of art and language, see J. Pelc, 'O istnieniu i strukturze dzieła literackiego', *Studia Filozoficzne*, 1958, no. 3, pp. 121–164.
[30] Functors fulfill various functions in the linguistic context. Ingarden divides functors into: (a) purely functional: 'and', 'thus', 'since', 'however'; (b) materially functional: 'behind', 'afterwards', 'beside', etc. The latter, as, e.g., in the context 'a chair beside the table', possess a material content too, codetermined by the contents of the words 'chair' and 'table'.
[31] *Literary Work*, par. 22, p. 143.
[32] Problems or questions were studied by Ingarden in 'Essentiale Fragen'; see below, notes 45–48.
[33] *Literary Work*, par. 25 and 26.
[34] He admits briefly that the word 'truth' could mean, among other things, 'the *purely intentional* correlate of a true judicative proposition' (*Literary Work*, par. 52, p. 301), but not in a literary work of art. Various concepts of truth were analyzed by him in 'Des différentes conceptions de la vérité dans l'art', *Revue d'esthétique*, II no. 2 (Paris, 1950), pp. 162–180. See also his Polish articles in *Studia z estetyki* I (PWN, Warszawa, 1966), pp. 395–464.
[35] Ingarden did not elaborate a semantic theory of compound sentences in the style of Frege. Whereas Frege in *'Über Sinn und Bedeutung'* carefully studied dependent clauses, Ingarden explored complexes of sentences which have something in common (e.g., the same subject). See *Literary Work*, par. 23, 24.
[36] *Literary Work*, par. 20, p. 119.
[37] See his important formulations in *Literary Work*, par. 24, p. 157; particularly: "the ontic range of an object reaches precisely as far as the total manifold of the states of affairs that 'refer' exclusively to it."
[38] R. Carnap, *op. cit.*, p. 222ff.
[39] It is a pity that Ingarden was not more concerned with the category of relation, though he recognized its importance in the time of Peirce, Russell, Whitehead, and others. Likewise, the category of action is treated by him in merely an intuitive way, lacking the analytic precision of some contemporary writers on this theme. Let us mention the contributions of D. Davidson, G. von Wright, A. Goldmann, and others.
[40] This theory is recognized by Ingarden as an important contribution which has not, however, solved the main problems: see *'O sądzie warunkowym'* (On hypothetical proposition), in *Z teorii języka...*, p. 304, also p. 239. Ingarden complains that the Polish logicians expressed no interest in par. 22, 25 and 26 of *Literary Work*, where his conception of truth is exposed.
[41] In the Polish literature, Frege's influence seems to be less strong than in the Anglo-Saxon philosophy of language. It may be due to the prevalence of the Brentano-Twardowski line, continued by Leśniewski, Ajdukiewicz, Kotarbiński, Tarski, etc. J. Pelc, ed., *Semiotyka Polska 1894–1969* (PWN, Warszawa, 1971) is a good, representative anthology that demonstrates the above claim. Ingarden, as a Husserlian, has not been included.
[42] In spite of the attempts to establish so-called non-Fregean denotata of sentences, truth-values as denotata of sentences have entertained a victorious entry into the semantic battlefield. They are simple, unburdened by the compound structure of a state of affairs, and do their job efficiently.
[43] When Ingarden wrote his lectures *'Analiza zdania warunkowego'* Analysis of a hypothetical sentence) (1935) and *'Zagadnienie budowy sądu warunkowego'* (The question of the structure of a hypothetical proposition) (1936), only *strict implication* of C. I. Lewis had challenged the all-embracing power of material implication (as the standard 'if...,

then ---' truth-functional connective which is false only if the antecedent is true and the consequent false). Ingarden was familiar with the notion of strict implication. Obviously, 'strenge Implikation' of W. Ackermann (1956) and 'relevant implication' of A. R. Anderson and N. D. Belnap (developed in the early sixties) are much later products of a similar and highly technical tendency to successfully replace the too liberal material implication by a more suitable candidate. The German version – out of which the paper 'The Hypothetical Proposition', *Philosophy and Phenomenological Research* 18 (1957–58), was made – was prepared in 1956, but from the old sources. Zee *Z teorii języka*..., pp. 260–325; especially remark on p. 271.

[44] 'O sądzie kategorycznym i jego roli w poznaniu' (On categorical proposition and its cognitive rôle), in *Z teorii języka*..., p. 249f.

[45] Polish translation *'O pytàniach esencjalnych'* is published in the part 'On philosophical foundation of logic', in *Z teorii języka*..., pp. 327–507; together with a discussion on the existence of ideal objects, on margin of Kotarbiński's views.

[46] *'Bemerkungen über das Wesen, die Wesenheiten und die Idee', Jahrbuch für Philosophie und phänomenologische Forschung* IV (Halle, 1921) 496–543.

[47] See chap. II, par. 7 of *'Essentiale Fragen'.*

[48] Such as the language and conceptual apparata used in the works of D. Harrah, N. D. Belnap or T. Kubiński. T. Kubiński – see his *Wstęp do logicznej teorii pytań* (Introduction to the logical theory of questions) (PWN, Warszawa, 1971) – is a contemporary Polish specialist in the field. In his essay, 'Przegląd niektórych zagadnień logiki pytań' (A review of some problems of the logic of questions), *Studia Logica* XVIII (1966) 105–131, Kubiński explicitly gives credit to Ingarden and states that "a detailed analysis of the logic of questions contained in *Essentiale Fragen* is an interesting task facing a historian of Polish logic in the period between the wars" (p. 109). He also stresses that K. Ajdukiewicz devoted six pages in *Logiczne podstawy nauczania* (Logical foundations of teaching) (1934) to the theory of questions – nine years after the appearance of *Essentiale Fragen.* Yet, it is also true that Ajdukiewicz was concerned with questions much earlier; see the abstract of his lecture, *'O intencji pytania "co to jest P"'* (On the intention of the question 'What is P'?), *Ruch Filozoficzny* VII (1922–23), 152b–153a; as well as *'Analiza zdania pytajnego'* (Semantical analysis of an interrogatory sentence), *Ibid.* X (1926) 194b–195a.

BARRY SMITH

HISTORICITY, VALUE AND MATHEMATICS

ABSTRACT. At the beginning of the present century a series of beautiful but threatening paradoxes were discovered within mathematics, paradoxes which suggested a fundamental unclarity in traditional mathematical methods. These methods rested on the assumption of a realm of mathematical idealities existing independently of our thinking activity, and in order to arrive at a firmly-grounded mathematics different attempts were made to formulate a conception of mathematical objects as purely human constructions. It was, however, realised that such formulations necessarily result in a mathematics which lacks the richness and power of the old "platonistic" methods, and the latter are still defended, in various modified forms, as embodying truths about self-existent mathematical entities. Thus there is an idealism-realism dispute in the philosophy of mathematics in some respects parallel to the controversy over the existence of the experiential world to the settlement of which Ingarden devoted his life. The present paper is an attempt to apply Ingarden's methods to the sphere of mathematical existence. This exercise will reveal new modes of being applicable to non-real objects, and we shall put forward arguments to suggest that these modes of being have an importance outside mathematics, especially in the areas of value theory and the ontology of Art.

1. TOWARDS A PHENOMENOLOGICAL ONTOLOGY OF MATHEMATICS

According to their reaction to the mathematical paradoxes philosophers of mathematics divided themselves into several conflicting 'schools'; each school based itself on one or other dogmatic notion of what is truly *given* in mathematics, and then attempted to derive the whole of pre-established mathematics from this given core, or to 'salvage' as much as was possible, dismissing what could not be absorbed as the result of unclear mathematical thinking. Some groups of philosophers even found themselves committed to a programme for the creation of a completely new mathematics, since they dismissed all that had gone before as through and through unacceptable; hence there arose radically alternative universes of mathematical objects, in conflict with the universe of 'standard' mathematics.

A phenomenological philosophy of mathematics would not, of course, seek to become just one further school with its own particular notion of what is given and its own particular methods of derivation. It is the es-

Tymieniecka (ed.), Analecta Husserliana, Vol. IV, 219–239.

sence of phenomenology to be open to all modes of givenness, and hence it must somehow enable the development of an all-embracing account of mathematics. With respect to this account each dogmatic school will 're-appear' as a special case resulting when we adopt a particular 'adumbrative' attitude with regard to the totality of mathematically given data. A phenomenological philosophy must recognise, in particular, that every species of mathematical object, whatever its mode of givenness in actual mathematical practice, has its own determinate mode of existence (this being true even in the case of objects postulated by mathematical works subsequently proved inconsistent). Hence the phenomenologist's universe of mathematical objects must be all-inclusive. With respect to this universe each particular school of mathematical activity is seen as having an effective commitment only to one or other possible 'sub-universe'.

In his masterpiece on *The Controversy about the Existence of the World*[1] Ingarden has provided us with a framework within which this all-embracing philosophy of mathematics can be developed at the level of a sophisticated ontology. Ingarden's phenomenological analyses of what is involved in the givenness to consciousness of objects possessing the various different modes of being, reveal the presence of 'existential moments'. In virtue of its possession of a particular combination of existential moments an object is distinguished as having real being, ideal being, intentional being, and so on. For example, if we confine ourselves to candidate real objects, we can say that what distinguishes a given real apple from a merely thought or intended apple is the moment of self-existence possessed by the former; the latter exists as a mere fiction, having no immanent qualities and no being-status of its own, for it is existentially 'dependent' upon the given intention, with the retraction of which it ceases to have any existence. What is involved here is a dichotomy between 'autonomous' and dependent or 'heteronomous' objects, and this is the first pair of existential moments distinguished by Ingarden.[2] The second pair concerns the existential 'source' of an object. For example, if we consider a block of stone out of which a sculptor intends to create a particular statue, the virgin block is given as having an existential source which is extrinsic to the sculptor, but this is not the case with regard to the finished statue. We say that the block has the moment of existential 'originality' relative to the sculptor whilst the statue has the opposite moment of existential 'derivation'. That we can distinguish this notion of relative originality implies the possibility of an absolutely original being, i.e. a being which owed its existence to no other object or objects. Such a being would be primordial and permanent, containing within itself the guarantee of its own existence. Developed religions award this sort of absolutely original status to God, and Ingarden notes[3] that dialectical materialism attributes the same status to matter.

Ingarden's philosophy of the real world consists in the systematic investigation of all possible interrelations of these and other moments distinguished as applicable to reality as a whole and to the monad of pure consciousness in which this reality has its reflection, in such a way that we shall be able to determine once and for all and without prejudice the nature of the relation of dependence which holds between the two. Many emptily possible combinations of moments fall away as incoherent or in conflict with the results of 'formal' and 'material' ontology, and Ingarden's arguments demonstrate that only those combinations which survive exhaustive phenomenological analyses are possible 'solutions' to the problem of the existence of the world. But the 'impossible solutions' continue to have a role to play as indices of the different more or less dogmatic attitudes which it is possible to take up with regard to this controversy, amongst which are, for example, absolute realism and Husserlian subjective idealism. Each such attitude corresponds, on this level of generality, to one or other possible manner of reflectively inhabiting the real world.[4] We can now proceed to develop our 'all-embracing' philosophy of mathematics by carrying out for the universe of mathematical objects just that exposure of all the different possible combinations of relevant existential moments which Ingarden carried out for the real world in its relation to pure consciousness.

2. Mathematical existence

There is an important difference between the real world and the universe of mathematical objects. The former is homogeneous, its objects all possess the same (real) mode of being, whilst the world of mathematical objects seems to admit certain modal partitions. The mode of existence appropriate to the natural numbers, for example, does not seem to be appropriate to transfinite (ordinal and cardinal) numbers. In general, as we leave the 'central core' of standard mathematics (finite number theory,

Euclidean geometry, etc.) we seem to encounter changes in the mode of givenness of the objects with which we deal, and these changes can have a correlate ontological significance. Hence an adequate phenomenology of mathematics must refrain from prejudgments to the effect that the mathematical world be considered as an ontologically homogeneous whole. At this stage, in fact, we must recognise the existence not only of objects (such as 1, 2, 3) which are directly given as possessing the moments of autonomy and originality, but also of objects (such as *i*, *j*, *k* within Hamilton's theory of quaternions) which are given as enjoying a merely heteronomous, derivative existence. This implies at least a dualist ontology, i.e. one which distinguishes two (possibly empty) object-regions as follows:

autonomy	heteronomy
originality	derivation.

However there seems to be no *a priori* reason why the limit of existential originality should coincide in the mathematical universe with the limit of heteronomy; thus the moment-combinations:

autonomy	and	heteronomy
derivation		originality

present themselves as corresponding to possible being-modes for mathematical objects. Plausible cases of the former would be arithmetical fractions ($\frac{1}{2}$, $\frac{2}{3}$, $\frac{1}{4}$, etc.) which are given as enjoying an autonomous existence alongside the natural numbers, but which are also given as non-original since they owe the source of their existence to the discovery of an adequate conception of them as ordered pairs of natural numbers, corresponding to the discovery of an adequate method of representation. The moment-combination

heteronomy
originality

is, however, dismissed by Ingarden as impossible.[5] This is because the dependence of heteronomous objects upon intentional acts implies that such objects cannot possess the moment of originality relative to consciousness. Nevertheless certain philosophers of mathematics have attempted to affirm that mathematical objects possess this sort of being-status. Such philosophers believe that mathematical objects enjoy a merely fictional existence, but they wish to stress a distinction between "natural" fictions and those which are in some sense arbitrary and contrived. Here they point to the difference in creative freedom which is experienced between e.g. writing a novel and developing an extension of standard mathematical set theory.[6] This doctrine of "objectivism without objects"[7] can be accounted for within our framework by exploiting a distinction, recognised by Ingarden[8], between the existential 'foundation', the existential 'source' and the existential 'basis' of an object. The autonomy/heteronomy opposition depends upon the existential foundation of an object, i.e. upon the manner in which it is maintained in existence, an autonomous object being one which 'founds' itself. Similarly the moment-pair originality/derivation is a matter of existential source. Existential basis is explained as follows:[9] "something which has its own existential basis in itself is as if it could *afford* to be founded in itself," i.e. the object is, although heteronomous, in some sense intrinsically stable and self-contained. Such an object is, we shall say, existentially 'self-basic', and we shall introduce the dichotomy: 'self-basis'/'artificiality' as a new pair of existential moments.[10]

This means that our ontology of mathematics now embraces a four-region universe of objects as follows:

autonomy	autonomy	heteronomy	heteronomy
originality	derivation	derivation	derivation
		self-basis	artificiality.

A central core of ideal and eternal mathematical objects is surrounded by a sphere of autonomous derived objects brought into being from out of the central core, effectively by way of adequate definitions. More or less fragmentarily attached to these internal spheres are regions of heteronomous objects, some of which are given as intrinsically stable, whilst others are given as artificial inventions brought into being for particular mathematical purposes. The remotest of these heteronomous regions give way to an empty nothingness, i.e. to that area which has not yet been conquered by mathematicians in the sense of being made accessible to 'concretisation'[11] via chains of definitions and proofs.

3. Traditional Philosophies of Mathematics

Traditional schools of mathematical thought, platonism, intuitionism, formalism, psychologism, etc. are included as special cases within our phenomenological philosophy in the same way that traditional positions with respect to the idealism-realism dispute were included in the meta-philosophy which Ingarden puts forward in *The Controversy about the Existence of the World.* Each traditional conception of the universe of mathematical objects can be correlated with one of the (at this stage, fifteen) emptily possible specialisations of the four region ontology which we have outlined above: four one-region ontologies (monisms), six dualisms, four troilisms and a single four-region ontology.[12] We must also recall that within the different adumbrative attitudes which correspond to each of the traditional schools, the mathematical universe which results appears truncated when compared to the all-inclusive mathematical universe which is embraced on the level of phenomenological reflection. For example, 'platonists' do not recognise as existent what they regard as "unacceptable" intuitionistic objects, and the same holds in general for each school with regard to the objects of those schools with which it is in conflict. At this level of investigation the precise nature of each such 'truncation' can be only emptily indicated, sub-universes being 'small' or 'large' according to the relative extent of their commitment; further determinations must await the analyses of a 'material ontology' of mathematics.[13]

Monistic philosophies of mathematics (one-region ontologies) 'impose' a single mode of being throughout their mathematical universe. Such philosophies fall into four categories corresponding to the four possible moment-combinations so far distinguished.

(i) autonomy
originality.

Corresponding to *platonistic* philosophies of mathematics this category implies the affirmation that all mathematical objects are ideal and eternal, discovered and not invented, transcendent entities. Where our actual congress with mathematical objects leads us to question the ideal, eternal existence of mathematical objects which this doctrine implies – perhaps because particular objects appear to have been *brought into being* by creative mathematical activity – platonists argue that this appearance is merely the result of an epistemological inadequacy on our part; this sort of difference in mode of givenness corresponds, they claim, to nothing on the side of the object itself. In general platonist philosophies allow for the existence of 'large' mathematical universes since the self-existence of mathematical objects implies that the mathematician has at his disposal powerful methods, such as the law of excluded middle and the method of impredicative definition, which are unavailable when objects are conceived as merely human creations. Platonism is not, however, incompatible with a restricted mathematical universe. *Pythagoreanism*, for example, holds that only finite numbers and possibly sets exist in the required platonistic sense and that other candidate mathematical objects do not exist in any sense.

(ii) autonomy
derivation.

Many philosophers of mathematics have held that mathematical objects are autonomous but that they owe the *source* of their existence to some realm of being extrinsic to mathematics. The *logicism* of Frege and Russell, for example, holds that mathematics is reducible to logic, and this seems to amount, in our terminology, to the characterization of mathematical objects as derived from purely logical objects. *Materialist* philosophy of mathematics, on the other hand, argues that material objects constitute the sphere of (relative) originality from which mathematical objects are derived.[14] Finally we can consider those varieties of *formalism* which hold, in effect, that the status of mathematical objects is derivative from that of concrete configurations of 'meaningless' mathematical symbols.

(iii) heteronomy
derivation
self-basis.

The *intuitionism* of Brouwer and the Dutch school requires mathematical objects to be constructible in an ideally conceived sequence of mental acts or "intuitions" occurring at discrete quasi-temporal intervals by analogy with acts of counting out loud.[15] In comparison with platonist mathematics this results in a 'small' mathematical universe. Intuitionism amounts to a commitment to mathematical objects as heteronomous ('mental mathematical constructions') and as derivative, having the source of their existence in the ideally conceived mathematical intuition. The intuitionists also clearly believe that their constructions possess the moment of existential self-basis; they claim that the mathematics which results from their programme reveals 'mental architecture' with an intrinsic value of its own "which it is difficult to define beforehand, but which is clearly felt in dealing with the matter,"[16] i.e. in actually engaging in intuitionistic mathematics. This claim also finds some extrinsic support in the fact that intuitionistic logic (a logic within which it is impossible to derive, for example, the laws of excluded middle and of double negation) has been shown to have an elegant and 'natural' formalisation.[17]

(iv) heteronomy
derivation
artificiality.

The final type of monistic ontology corresponds to the commitment which is implicit in the statements of those who see mathematics as a matter of arbitrary human conventions, an 'anthropological phenomenon'[18] with regard to which we are free at every stage.[19]

Having considered each of the four possible species of mathematical monism we shall have space here, with regard to the six possible dualisms, to mention only two particular cases which have played an important role within the tradition.

(i) autonomy / heteronomy
originality / derivation
/ artificiality.

Weak realism consists in a commitment to the existence of only *'some'* mathematical objects as independent of our thought activity.[20] The remaining, derived objects in the mathematical universe exist as mere fictions. For example, Kronecker's statement "God made the natural numbers, all the rest is the work of man" can be interpreted as a statement of the (relative) originality of the natural numbers and of the heteronomous and artificial derivation of all other mathematical objects.

(ii) autonomy / derivation / heteronomy / derivation / self-basis.

The *dualist formalism* of Hilbert[21] consists in the argument that whilst all mathematical objects enjoy a merely derivative existence relative to certain configurations of mathematical symbolism (formal systems), nevertheless we must distinguish in our derived universe between *Realelemente* which are purely finitistic mathematical objects, and peripheral *Idealelemente*, the latter being purely instrumental aids to the smoother achievement of mathematical results, which have meaning only in so far as they concern *Realelemente*. Hilbert would admit only those *Idealelemente* which were 'self-basic' in the sense that he wished to restrict admissable 'instrumental aids' to those whose underlying formal system had been proved consistent using purely finitistic methods. Gödel's incompleteness theorem showed however that the carrying out of this programme was an impossible task, and this might be taken as suggesting that for a sufficiently powerful mathematics non-self-basic objects can never be excluded.[22]

4. Historicity

The existential moment of 'actuality' concerns the concrete temporal presence of an object in the full totality of its being, the dichotomy actuality/non-actuality is then conceived as embodying the phenomenological content of the scholastic opposition between objects which *exist* and those which merely *pertain* or *subsist*. We can now represent the four modes of being distinguished by Ingarden as follows:

A.	*Absolute (Timeless) Being* of, for example, God.	autonomy originality actuality
B.	*Ideal (Extratemporal) Being*.	autonomy originality non-actuality

C.	*Real (Temporal) Being* of objects in the present.[23]	autonomy derivation actuality fragility[24]
D.	*Purely Intentional Being.*	heteronomy derivation non-actuality.

In the present paper we are concerned with non-actual objects, i.e. with modes B and D; but our consideration of mathematical existence has revealed the importance of distinguishing modes of being 'between' the two extremes of ideal and purely intentional being which Ingarden, with some reservations,[25] put forward as together exhausting the sphere of the non-actual.

The intervening modes belong to *eidos* which do not have the existential permanence and primordiality of Ingarden's pure idealities; they possess a factor of historicity *in their being* and not merely at the level of our knowledge of them as is the case with true idealities. Arising at determinate points in time our 'historical' *eidos* can undergo specific types of evolutionary development and they can also, in some cases, be destroyed. We can represent the situation as follows:

B_1.	*Purely Ideal Being* (Extratemporal).	autonomy originality non-actuality
B_2.	*Derived Ideal Being* of autonomous historical *eidos*	autonomy derivation non-actuality
D_1.	*Stable Intentional Being* of heteronomous historical *eidos*	heteronomy derivation self-basis non-actuality
D_2.	*Unstable (Purely) Intentional Being*	heteronomy derivation artificiality non-actuality.

The recognition of dimensions of historical *eidos* alongside the realm of purely ideal being does not effect the validity of Ingarden's arguments[26] that only the existence of purely ideal concepts and essences can account for the intersubjective identity and individuality of intentional objectivities and in particular, for example, of linguistic meanings. Indeed, since the constitution of historical *eidos* is itself effected only through intentional objectivities of this kind it follows that the *eidos* themselves depend for their existence upon that of pure idealities. Thus commitment to historical *eidos* is not an 'alternative' to platonism, and this is the root of the failure of Husserl's attempts[27] to produce a constitutive phenomenology of *eidetic* experience without resort to platonic entities of any kind. The nature of Husserl's failure is interestingly revealed by a consideration of the philosophy of mathematics which is implicit in Husserl's idealism. The works of Becker[28] and Kaufmann[29] can be interpreted as demonstrating that a truly 'Husserlian' mathematics would be a counterpart of Brouwerian intuitionism; in particular it would have a 'small' universe within which uncountably infinite mathematical objects would be unattainable.[30] Gadamer[31] has expressed the Ingardenian, realist argument that "mathematical objects cannot be conceived as the result of human activity, that enumerating is not the origin of number. It seems impossible to admit that all logical and mathematical entities would depend upon the interrelations among meanings" as is implied by the idealism of Husserl for which "the transcendental ego has no ontological but only a *rational* claim."[32]

Husserlian mathematical philosophy is therefore seen to be inadequate,[33] however Ingarden's over-sharp formulation of a dichotomy between purely ideal and purely intentional being seems to commit him to an equally inadequate monistic platonism. In the next section an attempt is made to develop a *via media* between the two.

5. Contentual mathematics

The bringing into being of a derived mathematical object is a double achievement of consciousness. The mathematician must first form a conception of the given object, and he must then find a way of communicating his conception. This communication can be achieved only through the medium of a pre-understood mathematical language whose 'nominal meanings'[34] have determined references to pre-given mathematical objects (ultimately the latter must be autonomous individuals of the central directly-given mathematical core). The mathematician must contrive to order his symbols in such a way that the intention to these pre-given references can be effected only 'through' an intervening noematic layer of 'higher-order' objects (within which in particular his own newly-created object finds its place), just as the word and sentence-meanings are determinately ordered within a *literary* work in such a way that they can be properly understood only when intention of them results in the constitution of a (noematic) stratum of objects 'represented' within the work.[35] A 'concretisable' ordering of mathematical symbols constitutes a mathematical work; the publication of such a work endows the objects represented within it with a truly objective (intersubjectively identifiable and freely accessible) existence.[36]

A derived mathematical object, once brought into being by a mathematical work, is either autonomous or heteronomous depending upon the manner in which it is maintained in existence. In the former case the object is such that, to a consciousness which has adequately concretised the defining work, it is thereafter *given* as purely ideal, i.e. it comes to have the same direct mode of givenness as the central core mathematical objects. Therefore there is a sense in which, once concretised, derived autonomous objects do not require mathematicians' conscious *activity* to maintain them in existence; they fall into the passive, received dimension in such a way that their existence cannot be brought into question. (A possible *quasi*-platonist 'solution' to the problem of the existence of the mathematical world would consist in a demonstration that *all* mathematical objects can receive a representation in a mathematical work which is concretisable in such a way that its objects come to be endowed with this direct mode of givenness.)

In the case where a derived mathematical object is given as heteronomous, however, this is because the chain of definitions and proofs which must be followed if we are to achieve an adequate concretisation of the appropriate mathematical work and therefore also of its higher object stratum, does not have the required 'inexorability'. The created object, if concretised at all, does not in any case achieve direct givenness and thus it continues to depend for its existence upon the activity of mathematicians in bringing to life the noematic layer in which it rests.

Such an object is said to require a double existential foundation, (i) in the transcendent structure which is the mathematical work[37] and (ii) in the acts of consciousness of those who successfully concretise this work. In order to remain in existence, therefore, a created object relies upon there being some 'justification' for the continued concretisation of its defining work; otherwise it 'sinks and fades into oblivion'.[38] In the case where this justification is fully intrinsic to the work (is a matter of *aesthetics*) we say that the object is self-basic; otherwise, e.g. where there is a merely pragmatic justification for the concretisation of the work, the object has the moment of artificiality.

In the case of heteronomous derived objects we can never attain a direct mode of givenness of the object itself; all we can ever achieve is a 'frail' concretisation of the noematic layer of its defining work. In his investigation of the concretisation of literary works[39] Ingarden shows that there are manifold differences between concretisations effected by different individuals at different times, and that these differences can endow the work with a sort of 'life'. This applies also to mathematical works, in particular to 'creative' mathematical works, i.e. those which effect the ontogenesis of heteronomous mathematical objects.[40] As Ingarden points out, "one can speak of the 'life' of a work in a two-fold and, in both cases, figurative sense: (1) the work 'lives' while it is expressed in a manifold of concretisations; (2) the work 'lives' while it undergoes changes as a result of ever new concretisations formed by conscious subjects."[41] These latter changes in 'the work itself' need not involve actual alterations in the text of the work, (although important hidden features of a mathematical work, brought to the surface in concretisations, may be incorporated in successive *editions*); a creative mathematical work can evolve 'in itself' also imperceptibly, as the concretisation-possibility of the identical work changes from one generation of mathematicians to the next. A given mathematical community in its simple apprehension of the work is not conscious of the fortuitousness of an 'accepted' concretisation of the work, nor is it aware "of those points in which it materially and necessarily differs from the work, nor, finally, of the concretisation as something to be contrasted to the work itself."[42] As a result the mathematical community "absolutises the given concretisation, identifies it with the work, and in a naive way directs itself intentionally to the work thus intended. Everything that pertains to the content of the given concretisation is then ascribed to the work"[43] – and becomes further absolutised e.g. in the mathematical text-books produced by the given mathematical community. The 'material points of difference' between a concretisation and the transcendent identical structure which is the work itself hinge on the fact that the creative mathematical work is, like the work of literature, a 'schematic formation';[44] it possesses 'loci of indeterminacy' some of which must be 'filled in' with alien contents imported by consciousness in its efforts to concretise the given work.[45] Only in virtue of such an importation can the noematic layer 'held in readiness' within the work be brought to actualisation.[46] The mode of existence of created and heteronomous mathematical objects as schematic then has important mathematical consequences, for loci of indeterminacy conceal potential mathematical ambiguities which can be drawn out in subsequent mathematical research; indeterminacy can, most especially, conceal the fact that the work is inconsistent. This implies a certain 'provisionality' with regard to every created mathematical object as intended within a given absolutised concretisation (provisionality is in fact an existential moment of such objects, parallel to the moment of fragility which is possessed by real objects). The presence of this moment follows from the fact that candidate properties of heteronomous objects revealed in new concretisations are always dependent for their acceptance upon particular historical reactions of the mathematical community. Some of these different possible reactions lead to the effective destruction of one region of objects in the mathematical universe in favour of new regions embodying more subtle distinctions and having a more determinate concretisability. Lakatos[47] has ably characterised all the different types of such reaction and has emphasised that their co-existence makes of creative mathematics a 'dynamic development'. For him however this 'development' signifies the evolution of conflicting linguistic frameworks[48] having no ontological significance. Lakatos fails to recognise that language forms merely one existential foundation of mathematics, and therefore that adequate concretisation of mathematical language depends upon the constitution by consciousness of *sui generis* mathematical objects. The difficulty has been to reconcile the ontological aspect of mathematics with its 'heuristic' character as revealed by Lakatos. It is the argument of the present paper that such a reconciliation, leading to a truly contentual (*inhaltliche*) mathematics can be effected by exploiting the notion of historical *eidos*; but if historical *eidos* are objects which come into being merely as a result of our mathematical activity then such a conception might make of creative mathematics nothing more than a gratuitous game or ritual[49] with, at best, a merely pragmatic value. In particular we can ask how this 'activity' can be a matter of reason when, just as is the case with regard to literary creative activity, there is no suggestion of a pre-existent domain against which our 'results' can be tested. Its rationality, we suggest, consists in the fact that the intentional objects which it brings into existence must be 'stable' entities with respect to which thought as such finds itself particularly 'at home'. Such intentional *eidos* are not, like Ingarden's purely intentional objects, confined to the noematic layer of one particular work as this receives its manifold of concretisations,[50] for their being is such that they can float free and play a part in other areas of mathematics and within new creative mathematical works.

This mode of being is not confined to the objects of creative mathematics, we can distinguish other areas in which stable intentional *eidos* are brought into being and with regard to the totality of all such *eidos* it might be appropriate to develop a theory of 'intellectual aesthetics'[51] whose role would be as necessary supplement to direct *Wesensschau* in the laying bare of the eidetic universe. As applied, in particular, to mathematics such a theory would make explicit those evaluative criteria and objectives which are at present only unreflectively and unsystematically brought to bear in actual mathematical practice. It is these criteria and objectives which, stumblingly, and via the continual excision of false-starts under the pressure of criticism, lead to the constitution of stable intentional *eidos* and to the growth of the mathematical universe which they co-constitute.

6. Art, Values, and Ontology

Ingarden developed a full and adequate conception of the 'purely intentional object' through his investigation of the work of literature, and the question can be raised whether the conception thus developed can be applied indiscriminately to all areas of intentional being as Ingarden assumed. For him a purely intentional object is not a 'genuine creation' but rather a case of arbitrary properties being merely 'assigned' to an illusory correlate of particular intentional acts.[52] This mode of existence is certainly appropriate to, say, the characters of a minor novel; for here we do have nothing other than illusory nuclei to which determinate properties are assigned by the given work and whose existence consists purely in their being intended within adequate concretisations of the work. But the arbitrariness of this kind of 'assignation' of properties does not seem to be present in all aesthetic objects.[53] There are different 'degrees' of arbitrariness, encapsulated in our notion of the (relative) existential self-basis of an object. As we distinguished stable created mathematical *eidos* which "float free from their defining work," so we must recognise the existence of self-basic literary *eidos*, particular characters, atmospheres, 'metaphysical qualities',[54] etc., which are so constituted that they survive, historically, to enjoy a stable (although heteronomous) existence independently of the work which brought them into being. Hamlet, for example, enjoys the moment of existential self-basis relative to what we might call the post-Shakespearean consciousness; he has become an eidetic component in our thinking.[55]

Art in general and literature in particular thus have the function of creating stable experiential *eidos*. A similar function is attributed, e.g. by Grabau,[56] to works of existential philosophy such as, for example, Heidegger's *Sein und Zeit*. Grabau criticises Heidegger's conception of this work as revealing purely ideal structures which are "conditions for the possibility of experience as such." Grabau argues, in effect, that all such 'experiential universals' are created intentional *eidos*. Thus he compares Heidegger's notion of *Sein zum Tode* with William James' conception of a 'moral equivalent of war', claiming that both are invented constructs "in terms of which energies which could find other discharges ... are organised and given direction."[57] If "to view one's life under the construct of Heidegger's theory of death perhaps lifts it from the level of the chaotic to that of the significant,"[58] then we would argue that such would be the case for those relative to whom the corresponding experiential *eidos* possessed the existential moment of self-basis.

Such 'experiential' historical *eidos* effectively 'mediate' between the realm of human experience and the realm of purely ideal concepts and essences in that it is the existence of pure idealities which give an intersubjective meaning to those e.g. aesthetic and philosophic works through which we can concretise particular historical *eidos*.

Commitment to a dimension of mediating historical *eidos* can also 'reconcile' a platonistic conception of the value-pantheon[59] with the dominion of different and sometimes conflicting systems of value-*eidos* over different civilisations. A derived, heteronomous system of value-*eidos* is adopted by a given civilisation should a stage arise in its moral development when the *eidos*-system has acquired the moment of existential self-basis relative to the civilisation as a whole. The given historical value-*eidos* then derive not only their intersubjective meaning but also their peculiar subjective imperativity from purely ideal and extra-temporal values-in-themselves. The value-*eidos* can become concretised by consciousness only when an intention of them is effected 'through the noematic layer' which they co-constitute and 'onto' self-existent values-in-themselves;[60] consciousness is thus able to adequately concretise historical value-*eidos* only to the extent that it understands such *eidos* in the guise of transcendent values-in-themselves.

Autonomous non-actual entities, both purely ideal concepts and essences and derived autonomous historical *eidos*, have a peculiar 'postulational' mode of givenness. This depends on the fact that stable intentional *eidos*, in particular linguistic meanings and value-*eidos*, etc., depend for their intersubjective existence upon an existential foundation in the realm of autonomous idealities. But pure idealities themselves "never achieve genuine realisation at all."[61] Consciousness "can produce only *actualisations* of ideal meaning contents of concepts and form them into new wholes,"[62] into, e.g., meaning-contents of sentences and into historical *eidos* generally. This negative non-immediate mode of givenness is clearly 'inferior' as compared with immediate givenness of objects of perception, memory, imagination, etc., and phenomenologists have justifiably wished to account for all experience in terms of the latter, to 'reduce' all ideal being to the level of the immediately given, i.e. to the level of the *Lebenswelt*.[63] We hope that our investigation of mathematical existence and our brief remarks on art and value theory have suggested the need for an alternative to reductive phenomenology of eidetic experience; we also hope that this suggestion is within the spirit of Ingarden's philosophy.

University of Manchester

NOTES

[1] *Der Streit um die Existenz der Welt*, 3 vols., Tübingen, 1964–5, hereafter referred to as SEW (original Polish edition, Cracow, 1947–8). Volume I, *Existentialontologie*, with which we shall here principally be concerned, has received a partial English translation, *Time and Modes of Being*, Illinois, 1964, referred to as TMB. Volumes II/1 and II/2 concern Ingarden's *Formalontologie*; the culminating *Materialontologie* he did not live to complete.
Throughout the present paper we use single quotation marks to introduce technical terms, especially as derived from Ingarden in SEW in the English forms used in TMB.

[2] SEW, I, 79–87; TMB, 43–51.

[3] SEW, I, 112; TMB, 79.

[4] Sixty-four empty possibilities are distinguished by Ingarden. This aspect of SEW is emphasised in G. Küng, 'The World as Noema and as Referent', *Journal of the British Society for Phenomenology* III (1972) 15–26.

[5] SEW, I, 114f.; TMB, 81f.

[6] Cf. H. Wang, *From Mathematics to Philosophy*, London, 1974, p. 25.

[7] For an account of this view and its relation to the philosophy of K. Gödel, see Wang, *op. cit.*, 53–6.

[8] SEW, I, 79; TMB, 43. (Ingarden here refers to a similar distinction made by H. Conrad-Martius, in her *'Zur Ontologie und Erscheinungslehre der realen Aussenwelt', Jahrbuch für Philosophie und phänemonologische Forschung*, III, 1916.)

[9] SEW, I, 79.

[10] In section 6 below we shall make explicit the distinction between relative and absolute existential self-basis. In the context of mathematics self-basis or stability is a moment possessed by objects relative to particular 'mathematical communities'. This concept of mathematical community requires its own phenomenological explication for which Husserl's analyses of intersubjectivity in general provide a starting point.

[11] The notion of concretisation is developed by Ingarden in his *Das Literarische Kunstwerk*, Halle, 1931, referred to as LKW, English translation: *The Literary Work of Art*, Evanston, 1973, below: LWA. See also Section 5 of the present paper.

[12] A far greater number of possibilities and therefore also a more subtle framework result when we introduce the further moments of existential separateness/inseparateness, and existential self-dependence/contingency (see SEW, I, 115–23; TMB, 82–91). Thus although in the present paper we have used the word 'object' (*Gegenstand*) in the widest sense, when these moments are incorporated we shall find ourselves able to distinguish between modes of being of mathematical objects-proper, mathematical relations, and mathematical properties and states of affairs. Such differentiations are often crucial within the philosophy of mathematics, e.g. where we wish to assert that a mathematical property such as the property of being an inductive number is autonomous and original, whilst at the same time asserting that natural numbers *sui generis* are mere fictions.

[13] The differences between sub-universes are never simply a matter of magnitude, i.e. of the relative strength of axioms of infinity which hold within given sub-universes. Such differences also concern the *effectivity* of methods which can be used to derive consequences from such axioms. Cf. S. C. Kleene, *Introduction to Metamathematics*, Amsterdam, 1952, *passim*.

[14] *Psychologism*, the (ambiguous) doctrine that mathematical objects are 'mentalistic', seems most adequately to be conceived as a special case of materialism.

[15] Brouwer identifies his doctrine closely with that of Kant. See his paper 'Intuitionism and Formalism', *Bulletin of the American Mathematical Society* 20 (1913) 81–96.

[16] A. Heyting, *Intuitionism: An Introduction*, Amsterdam, 1971, p. 10.
[17] Heyting, *op. cit.*, 101–18.
[18] Cf. L. Wittgenstein, *Remarks on the Foundations of Mathematics*, Oxford, 1964, p. 160, *et passim*.
[19] Michael Dummett's paper on 'Truth', *Proc. Arist. Soc.* 59 (1958–9), contains a discussion of the relation between doctrines of type (iii) and those of type (iv).
[20] See J. M. B. Moss, 'Kreisel's Work on the Philosophy of Mathematics – Realism', in *Logic Colloquium '69*, Amsterdam (1969) 411–38.
[21] *'Über das Unendliche', Mathematische Annalen* 95 (1926) 161–90, English translation in van Heijenoort (ed.), *From Frege to Gödel*, Harvard, 1967, pp. 367–92.
[22] For a discussion of 'Gödel's Theorem' and its implications see J. Myhill, 'Some Philosophical Implications of Mathematical Logic', *Review of Metaphysics* VI (1952) 165–95.
[23] Ingarden also distinguished modes of being of real objects of the past and of the future.
[24] This moment is defined in SEW, I, 113–14; TMB, 124–56.
[25] SEW, I, 259–60; TMB, 79–80: "It seems doubtful that we could succeed in proving that everything we encounter in ideal being exists in its essence of necessity, such that it could not *not* be. On the other hand it also does not seem probable that all ideal objects (especially mathematical objects, logical relations, ideals, ideal qualities) could be regarded as existentially derivative, as created by some original being. ... There is also the possibility of acknowledging *two* different varieties of an extratemporal mode of being: one, in which existential originality would appear and in which there would be primary elements of the realm of ideal objects of a certain type, and a second, which would contain existential derivation."
[26] Reinforced in all his major works, see especially LKW, 381–90; LWA, 356–64.
[27] In *Erfahrung und Urteil*, Hamburg, 1948, English translation, London, 1973; and in *Die Krisis der Europäischen Wissenschaften*, Den Haag, 1954, English translation, Evanston, 1970.
[28] O. Becker, *'Mathematische Existenz', Jahrbuch für Philosophie und phänomenologische Forschung* VIII (1927) 441–809.
[29] Felix Kaufmann, *Das Unendliche in der Mathematik und seine Ausschaltung*, Leipzig and Vienna, 1930.
[30] A similar point is made by S. Bachelard in her study of Husserl's *Formale und Transzendentale Logik*, original French edition, Paris, 1957, English translation: *Husserl's Logic*, Evanston, 1968, p. 122f.
[31] In *Analecta Husserliana*, II, Dordrecht, 1972, p. 109.
[32] Gadamar, *op. cit.*, p. 111.
[33] But note the reservations of Bachelard, *Husserl's Logic*, p. 123.
[34] LKW, 62–71; LWA, 63–71.
[35] The 'noematic layer' of the creative mathematical work parallels, in many respects, the 'stratum of represented objects' which Ingarden distinguished in the structure of the literary work (LKW, LWA, ch. 7), but it cannot be *identified* with the latter. This is because the mathematical work has a *double* object-stratum. The 'higher' stratum has the character of a 'stratum of aspects' in which the 'lower' pre-given 'central core' mathematical objects are received into consciousness. But it cannot be identified, either, with the 'stratum of aspects' as distinguished by Ingarden in the literary work, since it has in turn its own 'higher' stratum of aspects. We might remark that so-called "higher mathematics" deals, in effect, with the objects of higher strata of creative mathematical works.

On the notion of intending 'through' a noema and 'onto' a referent, see Küng, *op. cit.*, p. 20f.

[36] The concept of the mathematical work as a 'borderline case' of the literary work of art is developed in B. Smith, 'The Ontogenesis of Mathematical Objects', *Journal of the British Society for Phenomenology* VI (1975).
[37] Smith, *op. cit.*, Section 2.
[38] Cf. LKW, 376 lines 10–11; LWA, 351 (line 15).
[39] LKW, LWA, ch 13.
[40] Such works, which will be at the centre of our attention in what follows, have a vital role in the advance of mathematics comparable to works of 'revolutionary' as opposed to 'normal' science as these are distinguished by T. S. Kuhn, *The Structure of Scientific Revolutions*, Chicago, 1970. Perhaps the best example of a 'creative' mathematical work would be that of G. Cantor, *Beiträge zur Begründung der Transfiniten Mengenlehre*, 1895–7, reprinted in his *Gesammelte Abhandlungen*, Berlin, 1932, English translation, *Contributions to the Founding of the Theory of Transfinite Numbers*, New York, 1915.
[41] LKW, 380–1; LWA, 346–7.
[42] Cf. LKW, 378; LWA, 353.
[43] *Ibid.*
[44] LKW, 278–93; LWA, 262–275.
[45] This is emphasised by Wittgenstein who, however, arbitrarily asserts that 'schematisation' pervades the whole of mathematics; even, for example, simple addition requires the introduction of what he calls a 'paradigm'; cf. his *Remarks*, pp. 1–5, and especially p. 3, "We say, for instance, to someone who uses a sign [say $x!2$] unknown to us: 'If by '$x!2$' you mean x^2, then you get this value for y, if you mean $\sqrt{x}$, that one.' – Now ask yourself: how does one *mean* the one thing or the other by '$x!2$'?".
[46] Cf. Wittgenstein, *op. cit.*, on the need for 'pictures', 'patterns', 'conventions' in our understanding of mathematics, e.g. p. 60, II–11.
[47] 'Proofs and Refutations', *British Journal for the Philosophy of Science* 14 (1963) (in four parts).
[48] *Op. cit.*, pp. 296–342, see especially p. 324.
[49] "The comparison with alchemy suggests itself. We might speak of a kind of alchemy in mathematics. It is the earmark of this mathematical alchemy that mathematical propositions are regarded as statements about mathematical objects, – therefore mathematics becomes the *exploration* of these objects?" Wittgenstein, *op. cit.*, p. 142.
[50] Note that this includes concretisations 'absolutised', e.g., in mathematical textbooks, and then also concretisations of the original work as mediated through such textbooks.
[51] Cf. H. Osborne, 'Notes on the Aesthetics of Chess and the Concept of Intellectual Beauty', *British Journal of Aesthetics* 4 (1964) 160–3.
[52] LKW, 127; LWA, 122.
[53] This is argued by van Breda, in *Analecta Husserliana*, II, *op. cit.*, p. 112, "I think personally that the freedom of Othello is extremely relative. There are a lot of things stemming from the transcendental world in Hamlet. The question is the extent of the freedom of the one who is creating poetical works, the one who is making a statue, the one who is making Flemish paintings. In the end, you depend, for instance, on the tools you use."
[54] LKW, LWA, ch. 10.
[55] This status is not confined to literary objects. It can also come to be applied, by history, to individual real objects (compare the English adjective 'Churchillian'), and also to 'higher-order' realities such as democracy, war, the proletariat, etc., and even certain religious 'objects'.
[56] R. F. Grabau, 'Existential Universals', in Edie (ed.), *Invitation to Phenomenology*, Chicago, 1965, pp. 147–60.

[57] *Op. cit.*, p. 155.

[58] *Ibid.*

[59] Especially that of Nicolai Hartmann, *Ethik*, Berlin, 1925, English translation, London, 1932.

[60] Compare the first paragraph of Section 5 above.

[61] LKW, 387; LWA, 362.

[62] *Ibid.*

[63] See note 27 above.

ANNA-TERESA TYMIENIECKA

BEYOND INGARDEN'S IDEALISM/REALISM CONTROVERSY WITH HUSSERL – THE NEW CONTEXTUAL PHASE OF PHENOMENOLOGY

For E.L.

Fribourg, January 1975

TABLE OF CONTENTS

Tymieniecka (ed.), Analecta Husserliana, Vol. IV, 241–418

PART III

ACTION AS THE KEY TO ACTUAL EXISTENCE

PART IV

THE CONTEXTUAL PHASE OF PHENOMENOLOGY AND ITS PROGRAM. *CREATIVITY: COSMOS AND EROS*

Introduction[1]

FROM THE TRANSCENDENTAL AND THE ONTOLOGICAL TO THE NEW CONTEXTUAL PHASE OF PHENOMENOLOGY

At the end of the nineteenth century the new prestige of the positive spirit meant the bankruptcy of philosophy, which was accused both of lacking appropriate methods for the different sectors of cognition it was treating, and of illegitimately attempting to represent the universe of the philosophical quest in all its dimensions by arbitrary, imaginative speculation. Philosophical investigation was advised to confine itself to a precise, strictly delimited sector for which it could provide fitting and cognitively justified tools.

With Husserl's phenomenology, in the beginning of the twentieth century, philosophy was resuscitated like the Phoenix from the ashes. When Husserl, following Brentano, undertook the task of establishing for the philosophical inquiry such a legitimate and cognitively certain set of tools, which would satisfy the criteria of positive thinking, the first outline of the phenomenological foundation of cognition appeared restricted to the specific dimension of the *eidetic* structures as corresponding to the *eidetic* intuition. The 'bodily presence' and intersubjective verifiability of essences or *eidoi* seemed to restrict the field of phenomenological inquiry to ontology.

Phenomenology, by adopting the critical attitude of the period and by rejecting the attempt to arbitrarily connect disparate realms of inquiry into homogeneous systems, has in this respect assumed a strikingly new character. In contrast to the great system builders of the previous age, Husserl was very cautious to avoid mixing together different types of problems. In fact, keeping rigorously to analysis, he formulated questions only as they emerged from the immediate inspection of the subject matter. And yet, following the intrinsic demands of this rigorously maintained inquiry, Husserl was led to extend the scope of his query over his program and to develop new, hitherto unforeseen approaches.

If we look at the progress of philosophical thinking, we find that each great system builder has presented the universe of human discourse from one specific point of view. Following his basic attitude his followers would develop it to its last conclusions. His radical opponent would then reject his total picture by showing its reverse to our sight by opening a new perspective, a new dimension of the universe.

But in the case of phenomenological progress, we see its most remarkable and unique position in history in the fact that by adhering rigidly to the analytic procedure adopted at its beginning, it has, by the very course of research and guided by the demands of the concatenations of the nature of the subject matter, that is, of the human universe itself, progressed from one dimension of reality to the next. From the groundwork of ontological analysis, Husserl is led to the dimension of human consciousness in its subjective constitutive function. But could we really stop having in front of us merely the ideal ontological substructure of the universe, in its pure possibles on the one hand, and, on the other hand, the universe of man's consciousness in its universal constitutive progress explicating the specifically human *life-world*? Would the subjacent links of the subject matter itself not lead on to other questions concerning the nature of the pre-conscious life, Nature and the existing universe in which man's subjectivity is rooted? Could the analytic inquiry stop at the immediately given texture of the human world, which would present nothing but a tautology unless we try to understand its reasons, man's conditions in Nature and the *All*?

Thus, it is from its very workings that phenomenology has as a field of research opened different dimensions of inquiry within the same scheme. It has followed the nature of things: from the eidetic analysis of *possibles* as models of our world and universe, through the analytic inquiry of the immediately given *genetic unfolding* of man's consciousness, phenomenological research has deliberately moved from the 'essentially' given to givenness that has to be retrieved and acknowledged in its own right.

In the present study we propose to present the focal points of this self-critical inward development of the phenomenological inquiry as first planned by Edmund Husserl and carried to its final conclusions by Roman Ingarden.

In both classic phases of phenomenology, the *transcendental* phase of Husserl and the *ontological* phase unfolded by Ingarden, the major issue is the same: the status of the real world with respect to pure consciousness. Husserl's inquiry ran into insurmountable difficulties. Ingarden has started in full awareness of these difficulties by making the *Idealism/Realism* issue the focus of attention. And yet the *transcendental monism* of Husserl as well as its seemingly radical opponent, the *ontological pluralism* of Ingarden, have failed to come to grips with the complex problems concerning the relation between the real world and the human monad. They both break down at the same point: the pre-conscious life conditions of man and the world.

It appears that while the Husserlian transcendental inquiry has reduced the universe of discourse to a transcendental monistic position, Ingarden's ontological investigation has restored the proper status to each type of objects in a metaphysical pluralism.

These two lines of the phenomenological inquiry complement each other, exploiting the resources of their framework. Brought to their final conclusions, they show the limitations of the classic phenomenology, and they indicate by their failure the perspectives in which to enlarge and transform its framework. It remains, however, obvious that the initial program of phenomenology has not outlived its intrinsic inspirations, nor are its resources near to being exhausted. On the contrary, the new perspectives already appear dimly through the struggles and failures of both persevering seekers of 'absolute' truth. Not only does Husserl's transcendental constitutive schema show at various points of its extension (from *The Logical Investigations* through and beyond the *Crisis*) dimensions of experience that his interpreting framework cannot handle, but Ingarden's own gigantic apparatus devised to grasp and articulate elements which are involved in the great controversy also breaks down. And yet, while on the one hand, under the pressure of these *subliminal* elements of nature and of man's conditions they cannot keep the classic methodological framework of the phenomenological inquiry from falling apart, on the other hand they have prepared the ground for a new framework to enter into play.

Indeed, we submit that with the most recent phenomenological quest which emerges from the inheritance of the two phases, the transcendental genetic and that of ontological constructivism, we are now entering with our query into a *subjacent stream of life*. The new framework of investigation which it projects for itself remains faithful to the Husserlian principles by maintaining, on the one hand, the PRINCIPLE OF ALL PRINCIPLES guaranteeing all accesses to experience as well as, on the other hand, the postulate of an intrinsic rationale indispensable for the coherence of existence as safeguarding the second basic postulate of phenomenology: that of IRREDUCIBILITY.

To delineate this self-critical progress of the phenomenological investigation towards its decisive point of breaking into a new dimension of *man-and-the human condition* we shall concentrate upon the development of the research of Roman Ingarden, who, having learned from Husserl's difficulties, tries in his own endeavor to overcome them.

PART I

FUNDAMENTAL RATIONALITY AND THE UNIVERSAL ORDER

Chapter I

CONSTITUTIVE CONSCIOUSNESS PROVOKING THE GREAT DEBATE BETWEEN INGARDEN AND HUSSERL AT THE HEART OF PHENOMENOLOGY [1]

Whitehead tells us that "Every philosophical school in the course of its history requires two presiding philosophers. One of them under the influence of the main doctrines of the school should survey experience with some adequacy, but inconsistently. The other philosopher should reduce the doctrines of the school to a rigid consistency; he will thereby effect a *reductio ad absurdum.* No school of thought has performed its full service to philosophy until these men have appeared."[2]

In a very real sense Roman Ingarden may be said to have fulfilled with respect to Husserl a significant part of this task of clarification which Whitehead calls for. For Ingarden's philosophical enterprise is at the same time a continuation of the line of thought inaugurated by Husserl and a revolution in the very principles of that philosophy. In so far as he carries on the task described by Husserl and applies the means used by him, his work exhibits a unique faithfulness to the original project of the reconstruction of philosophy. Indeed, as such, Ingarden's philosophy is more akin to the classical doctrine of the founder of phenomenology than any other philosophical inquiry originating from the same source. But Ingarden is also founding phenomenology in a new way and, consequently, tracing the lines of the inquiry all over again. This he does in so far as he rejects the transcendental bounds of the phenomenological method and proceeds on the purely ontological ground from which his investigation starts and on which it remains.

The central feature of Husserl's phenomenology, and the one which insures for it a place of particular significance among the great philosophical enterprises of the past and present, is its fundamental aim or intention: the clarification of knowledge rather than the construction of explanations, the achievement of self-explicitness (givenness) of cognition in the insights, and self-justification in the judgements of philosophy, rather than the establishment of the validity of these in terms of a body of doctrines, which is itself determined by the necessities of a certain justification. Consequently, the task of the philosopher is no longer viewed as that of a *demiurgos* creating an explanatory universe in his own right, but rather as that of a dispassionate but inquisitive witness, led by the hand by the nature of the witnessed itself. Indeed, for Husserl, it is the "principle of all principles" to bring the self-evidence of the given to its proper position, not only as prior to a critical evaluation of cognition but even as the only valid source of criteria for discernment and discrimination. Together with his enlarged conception of the 'object' as embracing all possible objects of thought and the essential possibility of the 'object' being originally given, he is restoring to the status of the 'acceptably' knowable many a rejected aspect of cognition. In so doing, Husserl is giving a common status to the complete realm of knowledge, the reconsideration of which carries with it the promise of a vast philosophical reconstruction.

As is well known, Husserl's formulation of the aim of philosophy in these terms accounts for two further aspects of transcendental phenomenology: 1, it offers self-evident criteria for the *given* as the source of valid, necessary cognition along with a set of postulates for an apodictic science; and 2, it attempts their theoretical establishment (and justification) by what is known as the transcendental theory of the phenomenological method, one which culminates in the doctrine of pure consciousness.

After having arrived through the so-called 'transcendental reduction' of our empirical conscious acts to their purely *intentional* nature to uncover in its intentional structure the field of consciousness, Husserl discovers consciousness as a source from which all our psychic acts spring forth; intentional acts reveal themselves, in turn, as responsible for the formation of objects of our cognition. The dynamic progress of the stream of consciousness through innumerable instances of intentional acts, each of which object-forming and mediating its cognition, strikes Husserl as being identical with the dynamic progress of the human world, of the world as experienced by us, which we progressively unfold to discover ever more complex forms from the beginning of our life on.

Establishing the possibility of grasping and analyzing the modes in which the forms of life and the world are *constituted* in series of intentional acts, Husserl has developed a gigantic inquiry into the simultaneous constitutive unfolding of the human transcendental consciousness and *life-world.*

In point of fact the 'spontaneous' unfolding of the conscious acts is shown to follow a universal line of development. At the point of our transcendental inquiry we are already tributary not only of our own completely developed consciousness and its world, but also of the levels of progress accomplished by our cultural period, itself a heir of the complete development of Western Humanity. Thus the constitutive analysis has to follow the 'logic' of this genesis in retrospect, backwards. Its main objective is to uncover the structures and concatenations of the intentional system from its most complex forms of the cultural world down to the original forms of the fundamental, basic human experience. Ultimately it seeks the constitutive origin of the complexity of the intentional acts themselves in the final or first stage of conscious existence, the formation of the psychic undifferentiated flow into the structure of temporality.

However, as Roman Ingarden has pointed out in his criticism of the *Cartesian Meditations*, the theoretical foundation of phenomenology is affected with an unsurmountable difficulty. On Husserl's theory we have to assume the specific nature of the transcendental consciousness in order to conduct the phenomenological reductions leading to the attainment of the level of self-evident cognition, while it is precisely first through the proper practice of the phenomenological reductions that the transcendental consciousness can be revealed in its nature. Every critical-theoretical foundation – as opposed to a spontaneous insight of genius – concludes Ingarden, is necessarily moving in a circle. It seems particularly difficult to break out of this circle in Husserl's case. For it is precisely the notion of the exclusively intentional character of all conscious acts that is instrumental in the theoretical establishment of the phenomenological method and, at the same time, it is this notion which results in a conception of consciousness as a self-sufficient, closed sphere "which receives nothing and from which nothing can escape". All the inconveniences of this conception are only too well known, as it is also known that Husserl never ceased looking for remedies to them. Indeed, much of the controversy concerning a realistic or an idealistic interpretation of Husserl would seem to center around this problem. The position of those who see a form of idealism in this transcendental conception seems to be based upon the implicit objection that it is precisely the particular bias brought about by this erroneous starting point which drove Husserl's subsequent thought more and more into the labyrinth of transcendental consciousness. This same bias, it is said, directs and initiates all of Husserl's subsequent efforts to find a remedy in the genetic approach involving the constitution of the *alter-ego*, the body, and the *life-world*. And, finally, these critics would say, this would imply that his proposed task of a reconstruction of the philosophical universe has in reality been surreptitiously reduced to a vast analysis of consciousness.

The epistemological foundation of Husserl's phenomenology necessarily involves a vicious circle. Bringing this to light, Ingarden asks, "Is there any way out?" And it is at this critical point that he takes up again the task which Husserl originally proposed to phenomenology. However, if a 'beginning' in philosophy such as Husserl calls 'absolute' is at all possible, it can only refer to insight. Furthermore, the absolute character of the insight cannot refer to its epistemologico-methodological aspect but to the *nature of the objects* thus revealed. That is, Ingarden sets out with a radical challenge to Husserl intending to investigate the initial question whether we may from the mode of givenness of pure consciousness as transcendent to the empirical consciousness and the soul conclude legitimately about existential separateness of one from the other; maybe the insight into the ontological structure of transcendent objects will more adequately reestablish their otherwise falsified existential interconnections. Husserl lacks the concept of 'transcendence'.

From this radical point of divergence with Husserl's 'transcendental turn' Ingarden sets out to undertake the investigation concerning the explication of the world-order and look at its foundations on his own. It may seem that in his undertaking he is simply returning to the first Husserlian program of *eidetic inquiry* of the 'regions of objects'. Concerning the results of his vast ontological analysis it might also be thought, as H. G. Gadamer has pointed out, that it offers merely the objective side to the Husserlian subjective constitution. However, already starting out from the crucial point of what he has considered the flaw of the Husserlian enterprise, namely of the *Realism/Idealism* problem and having carried out in an unprejudiced manner the ontological analysis of the major elements entering this issue, he has in his results, as we will show, elaborated a groundwork for the philosophical reconstruction of the major lines of the discourse about the universe and man radically divergent from that of Husserl: from the Husserlian metaphysical monism of the one and unique principle of transcendental consciousness, he has switched to an ontological pluralism of regions of objects as distributed within three realms: ideal, intentional, empirical. From the avowed strict continuity of the all-embracing world picture, he has so far got stuck with the discreteness among singular objects within some of the regions and with the discontinuity (if not separatedness) among, at least, some regions of objects. Concerning his initial point of controversy with Husserl, the transcendental consciousness he hopes to have established on the basis of ontological existential ties is an intentional-empirical unity of the monad or "concrete consciousness". Having entered his program from the criticism of constitutive consciousness and set it around the question of legitimacy/illegitimacy of this latter to account on its own for the distinctive existential status of the real world, Ingarden might have brought the complete double-faced program of phenomenology to its last conclusions, but did he avoid ultimately the pitfalls of Husserl? Finally, the quest after principles of their shifting continuity – or their existential concatenation – may be seen as a deliberate shift from cognition to Action.

Chapter II

INGARDEN'S FORMAL ONTOLOGY LAYING DOWN THE CORNERSTONES OF ORDER

1. *Aims and Doubts*

At the outset of our proposed critical appreciation of his ramified work, let us state that Ingarden claims to operate a radical anti-Cartesian and anti-Husserlian turn in the approach to the problems of the world-man situation by turning away from the epistemological explanation and justification of validity of what we take the world – and man – to be and how we should discriminate among what appears to be and how it really is, by taking for the start an ontological assessment of the apodictically certain *status quo* of both. And yet, even if in the final account we may grant him that the *a priori* structural differentiations are the principles of fundamental rationality of the *objectivity*, at least two doubts may and will arise and are to be kept in mind in view of the critical course our inquiry will take. First, does not the method, ontologically self-explanatory, that is guaranteeing "certain and indubitable" cognitive status – to the complete universe of the human reality – introduce into its concrete and continuous field radical cleavages, precisely of an epistemological nature? In other words, although Ingarden does not seek to establish the validity of his analysis through those of epistemological criteria, does he not fall ultimately into the same trap of the radical and insuperable separation between abstractively established concepts and the concrete existential ties among things and beings of the otherwise homogeneous universe of man into which both Descartes and Husserl fall? That is, is not the ideal, ontological approach to reality as self-explanatory an epistemological predecision, albeit in an indirect fashion, about the path to take to explain man and his universe, which might ultimately bring with itself the classic difficulties Ingarden expects to avoid?

Indeed, unlike some of his also 'realistically' oriented predecessors in history – just to mention Plato, Aristotle, Leibniz – Ingarden does not come to the quest of the world-order, for which he obviously sets rational principles, from the investigation of the concrete – of the world of mere aggregates – insofar as this world fails to provide its own principles of organization. And yet, in this very failure, Aristotle or Leibniz find the postulates of order to be intrinsic to it and guaranteeing the continuity of the whole spectrum of the reality.

The second doubt, to which we will become sensitive as our investigation runs through the complete set of Ingarden's analysis, is whether the so abstractively distilled rational principles are not restricted to the rationally constituted 'objective' reality. That is, whether perpetuating the Cartesian postulate of "clear and distinct ideas" as coupled in a Platonic fashion with singling out one supposedly privileged type of correlation (certainly of a type of cognition warranted by the ideal substructure of being) we do not introduce an artificial cleavage into the complete concrete pulp of man's life within the pulsating and homogeneous manifold of the world, which in its concreteness might with these assumptions remain – parallel to Husserl's "empirical consciousness" – irretrievable.

2. *Ingarden's Program* [3]

To situate in general Ingarden's philosophical enterprise let us repeat that Ingarden's philosophical orientation may stem partly from his criticism of Husserl, partly he is continuing some of Husserl's initial guidelines. And yet in this enterprise he makes a new philosophical 'conversion' of a new radical beginning, not simply continuing a line, but on the contrary taking off from his very own historical situation.

The history of modern philosophy has indeed reached a point of extreme tension where its problematics have diversified and where the latter's requirements have come into sharper focus. Philosophy has proposed the most diverse solutions, but fundamental individual attitudes have been unable to recognize the sum of scattered contributions as a "common good".

Ingarden's purpose is above all the establishment of this "common good". But in seeking to achieve this result he aims at the point or the initial position from which the whole range of problems and solutions could derive both significance and value. This reflection leads him to discover a new basis from which he is in a position to carry out a complete reshaping of philosophy, in a twofold way: first, by rescuing the positive results which have come to the fore throughout history, and secondly, by inserting them into a new, vigorous and comprehensive ontological analysis.

How did Ingarden come to this undertaking? What path has led him there?

Ingarden first focused his attention upon the phenomenological analysis of the work of art; his analyses of literary and musical works have become major contributions to esthetics. Even during this first period, however, he was concerned chiefly with problems relating to the controversy between *Idealism* and *Realism*, which he approached now through studies of the theory of philosophy, now through the above-mentioned inquiry. Indeed, these first efforts centered in the study in depth of the specific nature of intentional beings, the exfoliation of which was to be the focus of his thinking. It is to those common problems that he devoted works such as *Vom formalen Aufbau des individuellen Gegenstandes*, which seeks to define the structure of ideal and real beings, whether individual beings or processes and events, and *Essentiale Fragen*, which makes explicit the structure of ideas.

Although Ingarden utilizes *eidetic* analysis, just as Husserl does, we can also in this case repeat after Fink, that "it is a mistake to believe that phenomenology resides entirely in its use", or that "the mere description of regional essences cannot be called philosophy".

For Ingarden's own studies, far from allowing us to consider them merely as studies of regional ontology, signify above all an attempt to challenge some of Husserl's fundamental acquisitions. This is true at least in so far as they follow from a Cartesian and transcendental orientation, particularly as adopted by Husserlian reflection after the first volume of *Logical Investigations*.[4] On the other hand, they are preliminary to the effort of rethinking and approaching the full range of philosophical problems. It is indeed in these studies that we find in outline the plan of an ontology within which the complete revamping of philosophy will be directly operated.

By refusing to follow Husserl's idealistic tendencies and by placing, at the origin of his reflection, his effort "on the near side of *Idealism* and *Realism*", Ingarden is akin to Nicolai Hartmann and Heidegger; but he parts company with them by his essential purpose and his methods.

Ingarden sees the problem of the existence of the real world as the pivotal point of all philosophical problems, i.e. constitutes the fundamental philosophical problem, and, by placing it at the center of his concerns and attacking it directly, believes he has found the cardinal viewpoint from which it will become possible to order the various problems according to their own individual requirements.

Ingarden emphasizes the fact that this issue, although it has occupied the most remarkable minds of European philosophy and that several noteworthy and profound attempts have been made to solve it, has so far remained unsolved, and that the two opposing tendencies of idealists and realists of various persuasions persist, without reaching the possibility of mutual understanding. This shows that the errors which have made the solution impossible probably originated at the very starting point of these various approaches. And, according to Ingarden, this starting point is quite simply the question itself. Which is to say that at the very point where the question arises and is formulated there must be not only a lack of clarity but confusion. Accurate analysis of various philosophical systems shows that the controversy between idealism and realism hides a multitude of questions which have never been distinguished, defined and analyzed in their specificity or interrelationships. Instead of venturing directly by a new inquiry into this controversy, Ingarden proposes to develop systematically all the subordinate problems which it involves, so as to elaborate the exact position and correct formulation of the problem itself.

Within the wide field of these preliminary investigations, Ingarden formulates first of all a new ontological basis for the *Idealism-Realism* issue. In fact, progressing toward the more accurate position of the problem, he already advances toward its solution. To start with, these investigations must introduce a more subtle conceptual apparatus, at once accurate and unambiguous, answering the requirements of the true nature of things, as revealed by ontology. We shall find a number of fundamental acquisitions of this order through an essential analysis. However – and this is remarkable – these acquisitions, which partly appear in the form of existential aspects of beings and under the *aprioric* laws which regulate them, already rule out certain solutions.

These analyses enable Ingarden furthermore to elaborate the formal concepts of the real world and of pure consciousness, which are the two major poles of the controversy, and finally the possible solutions are seen to be reduced to only two. The actual progress in this undertaking is due only to the radical transformation of the question itself. One may wonder what has made this transformation possible. Is it not the consequence of an original methodological foundation? Indeed, as we here already stated, Ingarden's elaboration of a new conception of ontology opens a specific field of investigation. However, Ingarden is guided by the ideal of universal science. He could not therefore be satisfied with merely a new solution; the methodological foundation must also provide its own justification.[5]

We will limit ourselves to investigate some pivotal points of Ingarden's thinking considered with respect to these two major poles. First, we will attempt (a) to define the originality of the starting point of Ingarden's thinking. Then (c) we will try to follow the progressive transformation of the central problem along with our critical argument that will unfold on major points of his analysis. Beforehand, (b) we will however outline his new conceptual apparatus, which has been the basic instrument for the implementation of Ingarden's undertaking.

3. *The Original Point of Departure of Ingarden's Thinking and Its Justification*

As a provisional point of departure allowing him to bring out in a general manner the usual terms and difficulties of the *Idealism-Realism* problem, Ingarden chooses Husserl's transcendental idealism which, he feels, contains all the elements of the position of this problem, while presenting the deepest attempt at a solution found in the history of modern philosophy. This attempt assumes the distinction between at least two fields of individual beings: "pure consciousness" and the "real world". Both fields are assumed on the basis of the immanent perception as two fields of fundamentally opposite regions of beings. This opposition does not preclude the existence of relationships between them nor – and this is one of the points of the controversy – the discussion and elaboration of the nature of these relationships. However, Ingarden notes that this discussion is already limited by other assumptions relating to the opposition between pure consciousness and the real world: one assumes from the start the 'transcendence' of real beings in relation to pure consciousness, on the one hand, and the unquestionable existence of pure consciousness, on the other. But Ingarden emphasizes the fact that the nature of sensory perception and that of immanent perception, on which this absolute opposition rests, offers no certitude, at least insofar as the nature of the real world is concerned. Therefore, the opposition between these two regions of being, since it is fundamental to the controversy, appears unjustified to him, and leads him to revise the concepts of 'real world', 'real being', 'reality' and 'pure consciousness', on a level other than that of experience. This is the level on which it would also be necessary to scrutinize and revise the concepts of 'dependence' and of the real world's 'independence' in relation to consciousness (and *vice versa*), of its 'transcendence', etc.

It becomes apparent that Ingarden, who is opposed to Cartesianism, proposes to approach these questions on a level other than that which in Husserl's reflection postulates the primacy of pure conscience, in terms of that which it reveals to us of the transcendental level, in other words.

The new approach which he shows us is the very foundation of his philosophy.

On the other hand it is clear that Ingarden, like all philosophers who brought about a fundamental revolution in the approach to permanent problems, considers that philosophy is a *universal science* requiring an *absolute foundation*. In rejecting Husserl's transcendental perspective, in which he sees an idealistic pre-decision, he seeks to avoid above all the *quasi*-epistemological point of departure of a Nicolai Hartmann. In his thinking, the motto *zu den Sachen selbst* takes on a specific significance. *Inter alia*, it is a matter of approaching beings directly, i.e., neither in terms nor in the perspective of the conscious processes through which experience delivers them to us, but in their very nature, immediately as they are given to us. A question arises, however: are they ever given to us immediately in their nature, in a manner universally valid and unquestionable? A fundamental portion of Ingarden's works forms an answer to this question.

Husserl, who in Vol. I of *Logical Investigations* studied the *eidetic* universe, failed however to elucidate its methodological foundation: the problem of the idea itself. The concept of 'idea' remained vague, no clearer than that of 'essence' (*eidos*), and in fact partially fused with the latter.[6] In Vol. II of *Logical Investigations*, the scope of this approach was extended through the introduction of *eidetic* research into the field of the universe of consciousness; thus, the direct grasp of essences, the source of the criterion of its validity, universality and *a priori* nature, become relative to transcendental consciousness, to its laws and its prerogatives.

Ingarden revives *eidetic* analysis in its autonomous priority, but with a totally new basis, and already in returning to the problems of the controversy he is essentially in opposition to the Husserlian approach and to Cartesian attempts in general.

In order that the various aspects of the many problems raised by the real world and pure consciousness (in their mutual relationships) be ensured an adequate formulation and appropriate research methods, Ingarden works out a new division of philosophical questions and, in relation to these questions, a new division of philosophical disciplines.[7]

This division is based on the differentiation between the various problems, operated with reference to the possibilities of their separation, and to the requirements of the problems themselves.

The culminating point of the division consists in the conception of metaphysics: covering the same field as the specific sciences, i.e., the full set of facts contained within the limits of the real world, it is set apart from those sciences in that it does not consider facts in their pure 'facticity'; facts come within the field of metaphysics only insofar as they are considered in the light of essences, and they are thus explicated by the ontic aspect of beings.

Epistemology has within this framework to be able to furnish metaphysics with the means for this apodictic establishment of facts in their essences. Criteriology must allow a critique of the knowledge gained.

But it is ontology which is expected to lay the groundwork of all investigations. And yet, ontology itself, as well as the principle of division into metaphysics, epistemology and criteriology, goes back to Ingarden's fundamental discovery of the specific status of ideas.

In *Essentiale Fragen*, Ingarden had already tackled the specific study of the nature of ideas, of essence, of "pure links of necessity", of the whole *eidetic* universe. From the specific nature of ideas, as against "autonomous individual beings" (ideal or real), "simply intentional beings" and "pure qualities", there evolved the center and the original foundation of his philosophy.

For an idea is distinguished by the *duality of its structure*. (Through its manifestations, this fact was sensed by Plato, but it was never *discovered* and made explicit, and thus its significance had never come to light.) In contradistinction to individual beings, which have a 'simple' structure, which exist only as concrete, specific individual beings, an idea is endowed not only with a 'choice' of properties which constitute it as a specific idea, but it also has a particular 'content' which distinguishes it as the idea of one particular individual being from another. According to Ingarden, this 'content' is a 'selection', i.e., a complete set of properties particular in the nature of its composition as a whole. *In concreto*, the content of an idea is to Ingarden a specially composed plurality of "pure ideal qualities".

How would this choice of pure qualities be composed? With which specific characteristics must its components be endowed in order to 'correspond' to the individual beings who "fall under such or other idea"?

Once more, an idea is differentiated from individual beings by the fact that the latter are fully and univocally determined by the totality of their properties; every 'space' or 'locus' is thus 'filled' by a specific property, whether in the order of general properties or in that of the more particular ones. In this complete determination, there remains no 'empty, vacant space', or 'nondetermined' space. On the other hand, the content of an idea possesses two kinds of elements: first there are univocally determined elements, in the guise of certain 'ideal qualities'; *in concreto*, they are in the ideal mode of existence. Ingarden calls them 'constants', thus emphasizing their stability and invariability within an idea. But these ideal qualities, however concrete they may be, as for example 'color', are of a general nature, and they thus 'circumscribe', by their generic qualities, a realm of individual qualities, which can complete them through concretization. These qualities are not univocally determined; quite the opposite, a single one of them, the selection of which cannot however be indicated on the basis of the knowledge of the idea, must be concretized in an individual being. Ingarden calls it a 'variable' of the idea.[8]

For it is through the *content* that an idea 'relates' to the realm of individual beings; a generic quality made concrete in them, and constituting them, would be but a particular concretization of a constant. A structural nucleus would thus be held in common by an idea and by an individual being. (However, Ingarden does not inquire into the relationships between ideas and individual beings.) Another aspect of ideas must still be emphasized. For "ideal pure qualities" (*constants*) are linked, within the content of the idea, by a tissue of "pure links of necessity" to the "pure possibilities" (*variables*). To take an example, the ideal quality of red is necessarily linked to, connected with the possibilities, which it indicates, of the possible concretizations of the various tones and shades of red. The ideal quality is necessarily linked to those possibilities in so far as no red being can exist without possessing a shade, a particular tone, nuance, intensity, brightness, etc., which is to say that the pure quality of red requires intrinsically being completed by an individual property, and that the former indicates the sphere of the latter.[9]

This analysis of an idea, of its content, which we have just outlined, was already carried out by Ingarden in *Essentiale Fragen*, published in

1924; Husserl became acquainted with it at that time. In 1927, discussing with Ingarden this conception of ideas embodied in *Essentiale Fragen*, Husserl showed him a manuscript dated 1925 and devoted to the problems of 'Variations', i.e., to the development of an operation which would make it possible to reach that which Ingarden calls the "content of the idea". Some aspects of this reflection appear in *Formale und transzendentale Logik* (1929). This entire conception was incorporated, either by Husserl or by Landgrebe, into *Erfahrung und Urteil.*[9a]

An entire field of research thus opens up in the investigation of the relationships between constants and variables. It takes on major significance if one considers that, since there exists a correspondence between pure qualities and generic qualities (the latter forming the structural nucleus of individual beings), their relationships with pure possibilities represent the links uniting, within individual beings, their generic qualities to the individual properties. (For the generic qualities dictate the individual qualities by which they are to be completed, in the same way as the corresponding pure qualities do relative to pure possibilities.)

Consequently, the necessary ideal links uniting pure qualities to pure possibilities in the content of ideas reflect the structural links among the properties within the corresponding individual beings. In the contents of ideas, we thus find the individual beings in their intelligible structures; these structures hidden in the opacity of concrete existence are here made transparent.

The crux of the matter however is that, on the level of the content of ideas, we deal with the *a priori* character of beings. By their very nature, ideas present us beings of the universe and the universe itself – while respecting their specificity and authenticity – as a world given immediately which finds its apodictic justification in itself. In that world, we are faced with structures of beings not in their contingent, passing concreteness but in their aspect of necessity – as they would have to be if they 'actually' existed. The question of their 'actual' existence is disregarded. In point of fact the content of an idea offers no indication of the 'actual' existence of individual beings, nor of an 'actual concretization' of the ideal pure qualities in individual beings; it does not even offer an indication of an actual correspondence between particular ideal pure qualities and particular individual beings. It indicates nothing more than structural elements in their interrelationships for a *possible* actual existence. It does not even provide an indication as to its *own* actual existence: in the idea of an idea, no indication is found concerning the actual existence of the idea. In the last analysis, it is the function of metaphysics to decide on the actual existence of ideas.

The following question therefore arises: to what extent is the positive value of an investigation of the contents of ideas dependent on the results of this decision? In other words, what benefit could be drawn from the investigation which ideas allow us to carry out, if the actual existence of ideas were open to question? Whatever it may be from the viewpoint of actual existence, the status of an idea has no bearing on the fact that the contents of ideas present us the universe in its ideal form.

Ingardenian formal ontology consists in the investigation of that universe.

It comprises, in the first place, the analysis of the immediate ideas of beings. As such, it embraces Husserlian ontology, with its phenomenology of pure consciousness (*reine Erlebnisse*). One may wonder, in fact, whether that investigation is not a variation of the formal ontology postulated by Husserl, which would seek to bring out the specific structural types of objects. The difference between these two conceptions is fundamental, however. To start with, the structural types of Husserl's ontology are considered in principle as 'noetico-noematic' structures. Consequently. even if it is the object itself which supposedly serves as *'Leitfaden'* for the analysis of its structure through the acts by which the object takes shape, it is not approached directly as a specific being in its inwardness, belonging to some specific type, but rather as *'Gegenstand möglichen Bewusstseins'*.

Furthermore, the links of necessity in which it is sought, and which to Husserl signify *'das Miteinander-zugleich-oder-folgend-zu sein und Sein-zu-können'*, are considered in relation to the duration and the active development of the constitutive acts of consciousness; these links therefore find their ultimate source and justification in transcendental subjectivity. The *eidos* itself, even though it constitutes a fundamental methodological landmark, is on the level of *Cartesian Meditations* taken as a generalization, and is thus seen in relation to the faculty of consciousness. In the same way, any *a priori* character of Husserlian ontology becomes relative to transcendental consciousness in accordance with the definition given by Husserl: *'a priori* universal structures based on the essential universal laws of coexistence and egological temporal succession'.

Finally, it is in the fundamental primacy of consciousness as a starting point that Husserl's conception of ontology shows itself to be radically opposed to Ingarden's, since the latter, proceeding from an immediate and impartial analysis of the structural types of beings, presupposes no primordiality, no privileged situation of any one of them in relation to the others. Although Ingardenian analysis will also reveal the structure of pure consciousness (in so far as this structure is found in the idea of pure consciousness and in that as well of a *simply intentional being*), the very scope of intentionality, on which Husserl bases the primacy of the transcendental realm and inquiry, is shown to be considerably reduced in respect to such requirements as would be necessary for transcendental idealism to be valid.

The following question nevertheless requires attention: if, as Husserl believed subsequently to *Logical Investigations*, and in particular in *Formal and Transcendental Logic*, an idea would be nothing more than an intentional object, might not Ingarden's ontology, in the final analysis, be also ultimately relative to the constitutive consciousness? May it be that its deliberate orientation toward beings, instead of signifying a decisive overcoming of the fundamental subject-object correlativity, would simply mean the shift of emphasis from the subjective side to the objective side? If this were so, Ingardenian methodological basis – the contents of ideas – would be only a more perfected form of 'eidetic reduction', with the difference that the constitutive analysis catches the objects in the dynamic progress of constitution, whereas the contents of ideas would offer them in their results.

It is precisely regarding the problem of the relation between idea and intentional being that Ingarden's position takes a deliberately *objective* turn. For, the analysis of the structure of intentional being, prepared by the author in his writings dealing with the literary, musical, architectonic or sculptural works of art to which we will devote special attention later becomes the center of reference of his most decisive attitudes.[10] First, he is compelled to recognize that intentionality is not a phenomenon accompanying every act of consciousness; on the contrary, non-intentional acts have to be recognized. The crucial conclusion is: the recognition of acts of consciousness devoid of intentionality abolishes the claim of intentionality to an absolute status; *it thus negates on one point the fundamental basis of Husserl's transcendentalism and denounces its idealist bias*. Furthermore, in contradistinction to Husserl, for whom intentional beings differ from real beings solely by their atemporality and lack of *Leibgegebenheit*, Ingarden's *a priori* analysis shows that there are two kinds of intentional beings: those which are *occasionally* the targets of an intention, and those which *are nothing without the act of intention which produced them*. This act would be of a particular kind.

Objects produced by an intentional act are the only ones to be in fact 'irrealities'.

If ideas were simply intentional objects of this kind, we would still remain within the confines of the transcendental world. In addition, we must ponder whether under these conditions real beings are not a mere variation of simply intentional objects. The enclosure around intention would then seem impossible.

When one analyses carefully both ideas and simply intentional objects, the reasons for accepting this proposition seem even more numerous than it appeared to Husserl. Indeed, Husserl failed to perceive that simply intentional objects, like ideas, have a double structure. They also possess "non-determinable *loci*"; the character of Hamlet, for instance, reveals only those traits which Shakespeare intended, i.e., exclusively those features that are necessary to the presentation of the character in the desired light and in the economy of the play. What Shakespeare did not deem essential to fill the portrait of Hamlet, will remain empty. In any simply intentional being, there will necessarily be numerous non-determinable *loci*; similarly, in the contents of ideas, the pure possibilities (variables) are not univocally determined. The pure quality of red, for instance, does not indicate which value of red must be made concrete in a red rose.

And yet the opposition between intentional beings and ideas shows itself particularly clear in respect to this point. For the variable of an idea is not simply an empty *locus*, a lack of determinative moments, as is the case with non-determinable spaces in an intentional object. On the contrary, it is a *positive* moment, postulated by a constant, bound by links of necessity to the whole content of the idea. General though it may be, it exists *in concreto*. This content is *autonomous* and *necessary*. For the idea, with its content, is absolutely *transcendent* in relation to conscious acts; we are unable to modify it – an idea is even more resistent to our influence than real beings, which we can control through physical means. A simply intentional being lacks this transcendence. It is dependent in its existence and its determination on the positional act which produced it – it is entirely at the mercy of this act. Thus the non-determinable *loci* manifest in the content of a simply intentional being leave several choices open. The content of the act does not require that the actual selection be resolved in any particular way; the positional act simply left an empty space. The nature of the selection is left entirely to the arbitrary indication of the intentional act.[11]

This difference emphasizes the absolute dichotomy between simply intentional beings in their total dependence on the intention, and the independence and absolute transcendence of ideas in relation to consciousness.

Furthermore, intentional beings may have either an ideal or a real content, but they nevertheless always remain *intentional*, whereas *idea qua idea*, in both content and structure, has necessarily but one single mode of existence, which is *ideal*.

It should again be emphasized that the idea differs essentially from the *ideal* (individual) being which is simple and individual by this double structure and its character of generality.

Thus, as we have already seen, an idea defined as distinct, independent and endowed with an individual structure in relation to all the spheres of beings opens up first *a universe of an a priori universal cognition having an absolute foundation*. Next, it opens wide vistas for an integral philosophical investigation. The unquestionable and apodictic certainty of this foundation, a certainty which has been sought after by all philosophers since Descartes, does not rest on any particular operation of the mind (whereas *epoché*, for instance, does), nor on the primacy of some particular field of being (the self, for instance). As we have previously noted, it is ensured by its own autonomy in respect to individual beings. It constitutes a field of investigation in which we find again all the areas of beings, without prejudice and without favoring any particular philosophical attitude, all immediately accessible, all becoming explicit in the necessary and immutable structures which beings would have to assume if they actually existed.

If one wished to establish a parallel between the two attempts at an *apodictic* cognition of the world, on the one hand, that of Kantian and Husserlian transcendentalism in particular, based on a belief in the immanence of every being and of every process and in their relativity to consciousness, and on the other hand, that of Ingarden, based on the contrary on the ontic possibilities and *a priori* laws of ideas, as well as on their *autonomy* in relation to consciousness, one would see that whereas Husserl was the first to bring a universal investigation to bear on pure consciousness, Ingarden for the first time opened the universe in its entirety to an *a priori* universal investigation.

The task of determining whether the beings offered to us by Ingardenian ontology actually exist and of describing the relationship between them and the realm of ideas belongs to metaphysics. However, it seems legitimate to expect that the solution to the problem of the relationship between ideas and individual beings bear no resemblance to platonic *methexis*, nor to the Aristotelian doctrine according to which ideas are carried out in individual beings.

Indeed, ideas are by nature so absolutely different from individual beings that they cannot 'take part' in their actual determination nor in their being. Besides, their ideal mode of existence precludes any active intervention in individual beings. Consequently, the position of the problem raised by their relationship will have to be on a different plane.[12] Will Ingarden be able to establish it?

But our subsequent investigations require that advantage be immediately taken of the impartiality inherent in the ideal realm just discovered and of its hitherto unsuspected resources, in order to further the knowledge of beings and of the world, and to investigate the possibility of raising, on this impartial plane, the whole range of philosophical problems, and in particular that of the relationship between the real world and pure consciousness. With this in mind, we will present in the next part of this chapter the conceptual apparatus eleborated by Ingarden as a necessary means for the analysis of beings.

Chapter III

THE NEW CONCEPTUAL APPARATUS

1. *Existential Concepts*

First of all, the idea of any being reveals three facets under which a being may be considered: *form, matter* and *existence.* A study of these three aspects makes it possible to understand exhaustibly both the nature of a being and its role in the aggregate of beings, its possibilities for action and passion, its origin and its dynamic development in their mechanism.

According to Ingarden, it is in its matter that a being first appears to us, because matter is the most fundamental element in a being. Matter decides about the 'form' in which it can appear, and existence follows both of them. To the latter Ingarden devotes the first volume of *Spór o istnienie świata (Controversy about the Existence of the World).* This may be explained by the fact that an analysis of existence allows one to approach the structure of beings, but above all, distinctions of this kind are necessary in order to determine the various links among them and to bring to light other structural aspects.

First of all, existential structure calls for form and implies some of its elements. It is in their form that beings are distinct one from another.

We shall start our inquiry by a perusal of the formal and existential aspects of beings. As for matter, although it is the most fundamental element, it is also the last to be defined. The analysis of form, however, already formulates the fundamental concepts of matter and form.

According to Ingarden, the idea of existence necessarily contains the indication that it is the existence of something. Of the two questions raised by existence (1, "Does a being actually exist in any sense?" and 2, "Which is the mode of existence of a being which prescribes its essence or its idea as possible for that being, without considering whether it exists or not?"), only the second is specifically ontological; the first belongs to the various sciences or to metaphysics. A being's existence cannot, generally speaking, be grasped; it is a particular flash of its fullness of Being; in agreement with Kant, Ingarden considers that it is *'kein reales Praedikat'.* Nevertheless, and it is here that Aristotelian attempts to link existence to the structure of beings finally materialize, existence is revealed to be deeply rooted in the structural complex of beings, and its structural foundations differ one from another in relation to the *modes* in which it crystallizes.

The concern to distinguish and define the various modes of existence is peculiar to contemporary philosophy, and this concern culminates in the attempts to elucidate the particularity of the mode of real existence made by thinkers such as Husserl, Hedwig Conrad-Martius,[13] Nicolai Hartmann,[14] E. Souriau.[15] However, Ingarden's undertaking in this respect deserves particular attention, precisely in so far as it seeks the explanation of *existence-in-its-modes* in the ultimate reasons of the structure of beings taken in their totality.[16] For while it is the expression of the structural totality of a being, its mode is different according to whether we are dealing with *real* beings, *ideal* beings, *intentional* beings, etc. These modes of existence may be grasped and compared if one takes as point of departure the *existential moments* with which they are built. Indeed, any particular mode of existence is made up of various existential moments, in accordance with the *aprioric laws of connection and exclusion*. The existential moments may be perceived through a higher order of abstraction.

One fact is significant for the process of Ingarden's thinking: existential analysis offers us a first approach to the structure of beings. From this structure, we see taking shape the concepts of possible relations between them. It thus represents an initial progress in the implementation of the project which prompted Ingarden's endeavor. For he believes that the failure of all attempts to establish a relationship between the existence of the real world and pure consciousness is caused by the fact that the concepts presiding over the search for this relationship – 'dependence' or 'independence', 'existence', 'world', 'consciousness', etc. – have never been defined with sufficient accuracy.

Now, the ontological analysis of existence reveals not only that *there are* several kinds of existence, according to the different structural types of beings, but also that the concept of 'dependence' *assumes various forms* which come into focus in the light of the existential structure of beings. In point of fact one can distinguish four pairs of existential moments. What is then, finally, the meaning of the concept of 'dependence'? Clearly it is a notion bearing on existence. It therefore materializes in the existential moments and is differentiated according to the features of *existential autonomy, distinction, originality, dependence,* and their opposites. Ingarden consequently believes that this concept has its roots in the internal structure of beings.

Without going into details, we will say, e.g., not only that *existential originality* is defined by the fact that nothing else but the being itself can create itself, but also that it is precisely its essence, i.e., a specific *structural complex*, which is immanent to it, that would be the ultimate stimulus of its creation. Its essence precludes the possibility of its destruction, and if its exists, its essence precludes the possibility that its existence might come to an end. – In the same way, *existential derivation* resides in the lack of a similar essence, which does not preclude the creation of the being in question by another. – It is through the nature of its essence that an original being must be endowed with the immutable and eternal characteristic of existence, and thus with the "existential optimum" of an Absolute, a concept under which God was presented in the history of philosophy, whereas, the essence of a derived being shows an imperfect existence which derives from it own essence, and does not give it a perfect consolidation if its being in itself; the result of this is an infirmity, a fragility of existence.[17]

In the case of existential *distinctiveness* and *connectiveness*, it is also through the very structure of a being either that it must necessarily coexist within a single *complex* with other beings, (the color red, for instance, must necessarily coexist with other properties of a being, like extension) or that the real essence of a being in no way requires its coexistence with another being; this essence allows it to be sufficient unto itself. Ingarden distinguishes several kinds of possible connections, according to the *aprioric* laws governing the relationships between the different structures. To these existential moments are to be added the concepts of existential *dependence* and *independence* based on the same principle. The existential independence of a being arises from the fact that, in virtue of its very essence, it can remain in existence without the help of another being, while its essence may require, in order that the being may continue to remain in existence, the assistance of another specially determined being. It is then a case of *relative dependence*, but when a being is determined by any essence, Ingarden speaks of *absolute* dependence.[18]

However, the most striking example of this specific character of existential moments is offered by the concepts of existential *autonomy* and *heteronomy*. In the final analysis, autonomy is defined by the fact that a being is determined exclusively by properties which are immanent to it. As an example, Ingarden gives "red in itself", which is autonomous is so far as it contains within itself the properties which make it *what it is*; as an example of existential heteronomy, we could take a character of a novel, all of whose properties originate in the positional acts of the author and may be changed by him, since a heteronomous being does not have within itself immanent properties which would make it what it is.

At first sight, these existential moments seem to express relationships. *Existential distinctiveness*, for instance, seems to signify the distinctiveness of a being in *relation* to another.

This interpretation however would constitute a misapprehension of the dynamics and direction of Ingarden's thinking. On the contrary, ontology shows us precisely that a large number of concepts which we are in the habit of considering as relations are but the expression of the particular structure of beings. Ingarden emphasizes that a relation can exist only between two or more beings, whereas *existential distinctiveness*, for instance, concerns one single being; it expresses the nature of its structure based on its essence; this character is that of its structural sufficiency, neither requiring nor allowing a relationship of coexistence with another being. Similarly, existential originality means a specific feature of the structure of a single being, also based on the structure of its essence, this feature precluding that it be part of a relation *qua* "being created" by another. But would not the opposite concept, that of existential connectedness, then express a relation between two beings which must by nature coexist within one and the same whole? An answer to this question obtrudes itself, and it arises from the fundamental intuition which informs Ingarden's thinking. For coexistence is nothing more than the very quality of the structure of these two beings which is precisely that it does not allow their distinctiveness.

Except for those which exist between distinct beings, it seems that all other relations hinge on the intrinsic structure of each being in particular and thus are identical with structural links.

Thus existential moments, although they are not relations themselves, nevertheless indicate relations existing between beings, and those into which the structure of beings allows them to enter.

It should be noted in passing that, starting from the elucidation of the various modes of existence by means of existential moments, not only the concepts of the relations possible between the world and pure consciousness are elaborated, but we eliminate according to the *aprioric* laws, also a number of relations as impossible; this constitutes a considerable progress in Ingarden's ontological investigation.

Time taken in the concrete sense, is also established in the concrete structure of beings. Temporality thus assumes an 'objective' quality, but in a highly original sense consonant with Ingarden's fundamental idea. As we shall see in our subsequent argument to have founded time within the ontological structure of real objects plays a crucial role in Ingarden's vast outline of the philosophical reconstructions. Refusing to consider time as a framework in which beings would necessarily take their place, Ingarden does not on the other hand seek, as did Husserl, the explanation of duration and of the temporal phases of the present, the past and the future in absolute subjectivity and in time's constitutive power. Husserlian temporality as congenital with *life-world* constitution is restricted by Ingarden to the man's life proper.[19] Furthermore, this temporality looming up from the structural consideration of beings should not be taken in the sence of the 'objective' time of nature and objects; Husserl sees it in this light when he distinguishes it from the phenomenological time of pure lived experience.[20] This is not so since beings, which constitute the immediate object of Ingarden's ontology, are not 'natural objects'. Consequently, just as structures of beings – the object of ontology – are ideal structures, *aprioric* principles for the natural and ideal objects (should they exist), their temporality, although coinciding neither with Husserl's transcendental temporality nor with Kant's formal temporality, is an *aprioric* temporality, i.e., one that is perceived in the form of a pure possibility; time may be grasped through the existential moments.[21]

In point of fact, the nature of *temporal existence*, as well as that of *supra temporal* existence, may be grasped either by the *existential narrowness* of temporal beings (living individuals or inanimate things which are doomed to perish) or by the *widening of limits from the present to eternity*, which Ingarden calls *existential breadth*. In addition, temporal beings and real beings whose essence implies their contingency are characterized by an *existential fragility* which stands in contrast with the *existential solidity* of supra-temporal existence.

The realm of the ideal remains free from any temporal aspect.

However, by the very fact that temporal existence may be reduced to existential moments and is thus deeply anchored in the structure of beings, the latter's essence may be viewed, as we shall see, as factor of temporal independence; also, while sometimes being the source of an active resistance to destruction (case of living individuals), it nevertheless allows them to be broken in their being.

Thus temporality now means submission to change, in the case of beings of nature, now the structural genesis of a being, stretching over the various phases of its progressive development (case of a process), now a punctual instantaneity as in the case of events which do not 'last'.

These considerations foreshadow certain later developments concerning the analysis of the ideas which, by bringing all the problems of the nature and evolution of the world to the structural aspect, make it possible to elucidate intelligibly certain phenomena usually considered irrational, and succeed in giving us a rational view of the world in the fullness of its fluctuations.

As we have already noted, existential moments are useful in explaining the modes of existence. What does this explanation consist in? Ingarden defines the modes of existence in accordance with the *aprioric laws of connection and exclusion.*[21a] While we cannot enter into the presentation of the modes of existence, which relate to 'absolute' existence, 'ideal' existence, 'real' existence and 'simply intentional' existence, a doubt arises: "What is this ontology in which the concepts of existence are constructed in reference to *aprioric* laws and from moments formed into pairs, all subject to the principle of identity?" In other words: "Might this ontology not be a form of logic in disguise? Might the so-called 'ontological' laws not simply be those of discursive thinking?" Perhaps we should answer that the reason why the ultimate laws governing ontology are the same as the laws of logic is that the links between the elements of the contents of ideas are the source of the intelligibility of being; from these links are derived logical laws, even if this origin is ignored. In this sense, we might say that here again Ingarden seems to oppose the views of Husserl, for whom the origin of logical laws is to be found ultimately in the *aprioric* laws of constitutive consciousness.

Nevertheless, should we dig deep enough into the Husserlian conception of transcendental constitution with its subjacent assumptions, we would find that, concerning the *aprioric* laws, Husserl's constitutive and Ingarden's rationale coincide and result in the same difficulties.

2. *Fundamental Concepts of Form and Matter*

The differentiation of various modes of existence has pointed out toward differentiation of types of beings. However, the meaning and scope of the distinction between these types of beings become fully apparent only when their analysis is carried out with the help of the fundamental concepts of matter and form. Ingarden distinguishes *autonomous individual beings* (real or ideal), *processes, simply intentional beings* and *states of affairs*, whose structure comes into focus on the basis of the concepts of matter and form.

The ontological concepts of matter and form are substantially different from the Aristotelian concepts. To start with, Ingarden considers them *in concreto*, as they appear in the content of the ideas. This allows him to go beyond the speculative level on which Aristotle's ideas were elaborated. In the view of the Greek philosopher, matter and form are correlative, although heterogeneous, so that one may wonder how together they can form a being. It is true that in Aristotle's thinking the unqualifiable raw material – *pure potential* – can, thanks to form – the *act* – be realized in a concrete being; whereas Ingarden, who limits himself strictly to what is revealed by beings, will attempt to develop a conception of matter and form in such a way that these two elements may together constitute a being, and this without necessity for any explanatory theory. For him, form should, generally speaking, be understood as being radically "non-qualitative – but *holding* that which is qualitative"; Ingarden gives as examples "the fact of determining something", or "of being the subject of properties".

The Aristotelian concept of form considered as a determining element (*Μορφή*) and its particular case, "being a property of something" (*ποίον εἶναι*), as well as two other special cases, "the constitutive nature of something" (*τί εἶναι*) and the "essence of something" (*τὸ τί ἦν εἶναι*) take on the role of the secondary form in Ingarden's analysis.[22]

All modern philosophy, however, is united in its violent reaction against "speculative and deductive preconceptions", against the "logical preconception peculiar to Scholasticism", and rejects the hidden, *quasi*-mysterious elements which should 'constitute' a being and which nothing allows us to 'see'. But Ingarden's ontology goes beyond the restrictive claims of empirical knowledge; this is why, contrary to positivism's conception of individual beings, Ingarden shows the opposition which exists between the meanings of these two statements: "This is a red ball" and "This is something red, round, polished, etc." This 'something' means to Ingarden a complex of particular elements contained in the red ball, knowledge of which is implied in the second statement. For if this conception – according to which a being is only a class of particular elements – were justified, an enumeration of these elements or properties should be enough to distinguish this being in its individual nature from other beings, on the basis of various processes taking place within it and building its 'history'. It is however all too evident, that a conception giving equal weight to *all* the elements of a being could not grasp the highly complex circumstances present within that being. Furthermore, would such a conception be enough to separate it clearly from all other beings, as it is obvious in science, naive knowledge and praxis itself?

The proponents of this conception, therefore, asserts Ingarden, tacitly assume something else in beings: it is already clear what its role should be. But form is always inseparable from matter. As for the latter, Ingarden sees in it "that which is qualitative in the widest sense" of the term. The Aristotelian conception according to which matter is considered to be devoid of any determination, but *underlying determination* (ὕλη, ὑποχείμενον) with its special case, "subject of properties qualitatively determined in its nature", constitutes the case of *secondary matter*.

In addition to these two fundamental notions, Ingarden distinguishes form and matter as *technical rational* concepts. In this context, form III means the order of the parts in a whole, and its special case would be the organic form. On the other hand, matter III would be all the parts of a whole. These concepts play a particularly important role in the explanation of the structure of 'superior' beings, i.e., composed of a certain number of distinct beings.

Ingarden also formulates the concepts of the various types of unity by which matter and form may be linked within the beings they constitute. These forms of unity vary in relation to the structural elements of forms and matters and, beyond them, in relation to the various types of beings. To state the matter more fully, it is in terms of the various types of primary form and matter which these types allow and require that the structural types of beings appear either more concentrated in their mode of existence, and thus insensitive to change (as is the case for ideal beings), or less coherent and therefore allowing for properties acquired from the outside and for processes which disaggregate them within their being and which are a reason for their mutability (as is the case for real beings). This will become clearer in the light of essential analysis.

Thanks to the accurate formulation of the fundamental ontological concepts – existential, formal and material – as they have just been summarized, Ingarden's thinking, without introducing any element which might imply a break, appears capable of grasping the most tangible aspect of the world, as it is most familiar to us in its strictly rational mechanism.

Chapter IV

THE IDEALISM-REALISM PROBLEM – THE GROUNDWORK

Ontologico-existential analysis having defined the concepts of the possible relations between the real world and pure consciousness, the task of ontologico-formal analysis is to reveal the true nature of the very terms of this controversy.

The analysis of the *individual-autonomous* being (ideal or real) is at the crux of ontologico-formal analyses, bearing on everything in the world which reveals the form of a being. The differentiation of *simply intentional beings* is now useful, first, in explicating the irreducible differences between them and individual-autonomous beings, particularly real beings; the decision which dictates idealism resides in the reduction of the latter to the former. Secondly, through analyses of the form of *processes* and *states of affairs* in their relations to individual-autonomous beings, Ingarden hopes to have explicated the ontological mechanism of the mobility of real beings and thus succeeds in emphasizing the absolute abyss which separates the existence of a real being from that of ideal individual beings and ideas. Finally, what is at stake in this controversy is precisely and essentially a more accurate definition of the concept of real beings.

It is indeed the formal analysis of individual-autonomous beings which allows the laying of the foundations for an elucidation of the form of the real world. First of all comes the form of an *originally individual-autonomous being.*[23]

Yet we are inclined to grasp a being first in its matter, for it is matter which, by virtue of its particular moment (the 'nature' of a being), determines form. According to Ingarden,[24] "an individual being is what its nature makes it (e.g., this table, or that man – Immanuel Kant) and therefore contains a particular form by virtue of which one can say, when pointing it out: what we have before us is the *subject of the properties* directly qualified by its nature and attended by a certain number of concrete properties which belong to it *in proprio*. Through these properties it succeeds in taking shape, in developing into what it is in itself; it extends, as it were, through them, and by this very fact expresses and reveals itself". These two moments of form which are distinguished in the abstract, "the subject of properties" and "the property of something" (of a certain determined being), complete each other and thus constitute *one single fundamental form of the individual-autonomous being*. It seems unnecessary to belabor the fact that it is the subject of properties which first constitutes the identical point around which are grouped all the properties of a being. According to Ingarden, these properties 'emanate' as it were from it and relate to it insofar as they are *its* properties, and beyond that subject to the being it 'represents'.

The subject in question is, first the form in which is 'contained', as we have said, the specific complex of matter, i.e., 'constitutive nature', but it also covers the forms of the properties of that being; these forms are 'filled' by matter, and concrete properties thus complete the constitutive nature.

The subject with the range of completing properties comprises the most general to the most individual features. Thus Ingarden can say that "an individual-autonomous being constitutes, in this complete determination, a *totality*, a whole, not in the sense in which we see an opposition between 'a whole' and its 'parts', but in an entirely different sense in which it is a fullness which 'lacks nothing', all its properties being complete and contained entirely within it. In this fullness, the individual autonomous being is at once an aspect or a particular and last formation of Being, allowing no further differentiation: its ultimate variety".[25]

What is the constructive contribution of these analyses? First, by the fullness of its determination, the individual being shows itself to be distinct from the simply intentional being, which contains 'undeterminable' empty *loci*. Next, this fullness delimits the individual being by its distinctive matter, which is different from that of any other being, in every respect. As such, an individual being is entirely self-contained. Existential distinctivity implies this structural status. It is noteworthy that this concrete ontological analysis of the structure of an individual being seems to have switched the problem of individuality to the specific complex of this structure, in opposition to the philosophical tradition which sought it in a particular element or in a principle.

Finally, this characteristic of plenitude and perfect self-limitation of the individual-autonomous being (which makes the difference between an individual being and an idea) emphasizes the abyss between ideas and real beings, makes more acute the puzzle of the relationship between them. But at this point one must not forget another formal moment of the structure of an individual-autonomous being, i.e., its *simplicity*. For the formal role of a subject of properties in relation to the structure as a whole is to form the individual being, or to qualify it *in itself* and *only in itself*. This structural 'simplicity' precludes that the individual being could be confused with ideas or simply intentional beings, which reveal, as we have already noted, a *duality* in their structure.

Besides, real beings are 'individual' insofar as, starting with the most general constitutive elements, they progressively descend the scale of generality and singularity of their properties down to the last variety of what can be most specific, thus representing the most complete realization ('incarnation') of the various properties which are possible in Being. Whereas an idea, which contains only general properties, is itself *general* (and not *individual*), as Husserl has justly noted.

To conclude these distinctions between the various aspects which Being can assume, let us add that pure qualities such as 'red *per se*' have no form demarcating them in relation to other form of beings so as to make them distinct from the latter; on the contrary, they need to be completed by other similar moments, so as to be for instance the 'moment of color of something', of an apple or a painting. Consequently they are not beings.

At this level of analysis, one can already see in outline the full picture of the forms, of the moments of Being in their complexity, resulting in the fullness of the universe of beings. But the key to a full understanding of this 'mechanism' of interpenetration, complementarity and organization of the elements of this universe is reserved for the form of the *real world.* Indeed, the analysis of causal relations is the subject of a volume following the controversy. Nevertheless, there are the forms of *processes* and *states of things*, insofar as they relate to the *essence* of individual-autonomous beings, that provide us with fundamental points of reference by indicating the point at which the apparently static structure of beings becomes the principle of their mobility and, as we shall see, the analysis of the causal structure of the world relies upon this fundamental ontological mechanism.

We will be unable to understand the essential significance of the preceding analyses unless we reach the apex of the structure of individual-autonomous beings, which is their *essence.*[26] One must go back to the essence in order to grasp the principle in relation to which an individual-autonomous being may be at rest or in motion, or may suffer and impinge on other beings. Then it stretches within *domains* or *regions of beings.* The nature of an individual being is hidden it its innermost recesses; and its properties, superimposed one on another in layers, not only prevent access to this nature, but above all lead to the fact that only a part of the structure of an individual-autonomous being can participate in the existence and the fate of other beings. The following question arises: how can they 'take part', i.e., fit into a movement? It is reserved for the function of the essence, which only individual beings possess, to ultimately organize this being and to 'determine its fate'. This is a position absolutely opposite to an Eleatic view of the world. How is 'essence' to be understood, however? There have been so many different conceptions of essence throughout history, and it is indicative of the confusion in which the various problems find themselves in classical philosophy, notes Ingarden, that epistemological attitudes are the basis for these different conceptions.

Now, to start with, the essence of an individual-autonomous being is as concrete as the being itself. It constitutes this being's structural nucleus, made up of properties immanent to the being; this is, incidentally, the reason for which only an individual-autonomous being can have an essence. One fact depends mainly on the role of the essence which we have indicated: the essence implies both *qualities* and *potentialities*. Indeed, contrary to the conception usually ascribed to Aristotle, according to which the essence contains only *actual* qualities, Ingarden's ontological analysis reveals that the essence also possesses *potential* capabilities which allow the individual being constituted by it to have certain properties under *certain* circumstances, and it is due to the potential elements of the essence that certain processes among its structural elements can unfold.

As a structural nucleus, the essence extends to the most varied, diverse moments of the being which it defines. It plays not only the role of the beings intrinsic mechanism but, as we will see later on, as a center of its concatenations with other beings. It is through the choice of the elements which it contains – now matter alone, now the moments of matter and form, now the existential moments also – that the ascendency of the essence over the being which it constitutes differs in the various types of beings.

When the essence contains a particular *primary matter*, a *primary form* indicated by the complete matter, and in addition a choice of existential moments characteristic of both and strictly linked to them, the internal bonds between the elements of a being which the essence constitutes then reach their maximum intensity. All would thus be rational within that being, since everything would be linked by bonds of necessity. The nature of this being could even appear as necessarily monadic, i.e., allowing only a single concretization; moreover, it would be a 'structural quality'.

The notion of 'structural quality' plays a major role in Ingarden's conception. He understands by that term a certain number of complex qualities, at once indivisible and irreducible, which are however a synthesis of a certain number of more simple elements. Structural quality thus contains these more simple elements synthetically and can indicate them with certainty. For example, the flight of a swallow is for Ingarden a highly specific irreducible quality; based on a large number of particular movements from which it is however distinct, it still indicates them with a perfect necessity.

Thus, when the nature of a being which belongs to its essence is a structural quality, it indicates various elements with necessity: (a) A complex of radically distinctive properties, necessarily coexisting with that nature in a *harmonious unity*; (b) A specific complex, which can only be concretized once, of formal moments constructed on the basis of fundamental form I; (c) A specific mode of existence of that being, which again can only be concretized once; (d) It would allow no other properties than those necessarily indicated by the nature of the being, neither acquired properties nor those, more arbitrary still, which are externally conditioned.[27]

It seems unnecessary to insist on the fact that this essence would constitute a being endowed with maximum internal cohesion, by virtue of its rationality, and with an existential *optimum*, such as we have indicated for supra-temporal existence; such a being would be the Absolute being, or 'God'.

In the case of ideal and real individual beings, however, the essence has less of a hold. Let us take, for instance, the case of ideal beings: in them the essence, although containing the *constitutive nature* in the form of structural quality (which indicates a certain number of absolutely distinctive properties, a certain type of formal elements, a certain type of the mode of existence), not only allows an infinite number of concretizations, but also does not make their existence necessary. However this essence does not admit acquired and externally conditioned properties, which makes the ideal being immutable. It is precisely on this point that the types of essence capable of constituting a real being differ. First, they are much less coherent. The *purely material essence* contains only the constitutive nature with all the properties which are equivalent to it. In particular cases the essence, although not including them, indicates certain moments of form and existence, for instance when it determines whether we are in the presence of processes or *temporal beings*. In the latter case, although these beings possess absolutely distinctive properties, these properties are not indicated by their essence. Moreover, in these beings in which the essence allows absolutely distinctive properties, these are not indicated by their essence. Furthermore, it is in these beings that the essence allows acquired and externally conditioned properties.

There now comes to light, in its full scope, the function of that crucial center which essence constitutes in a being and which we have already indicated. Indeed, the essence not only dictates for the most part the structure of the being, but also – by allowing a certain flexibility of the structure in the case of a real being – becomes the ultimate principle of its development. For as soon as it is possible for *occasionally acquired properties* to follow one another in real beings, interrelationships with other beings can be understood and one can foresee the possibility of their integration into the world. The explanation of these interrelationships only becomes possible, however, through the existing link between *acquired properties* and processes.[28]

The essence of a real being, leaving open within this being a certain margin of arbitrariness, allows some of its elements to become a basis for certain processes and, beyond this, gives the being mobility, which in the final analysis is expressed in the succession of acquired properties. What is more, on the basis of these properties, a large part of the real being gains mobility through a slow succession of its qualities.

Indeed, what does the temporality of a real being mean, except this submission to action and passion – both of which may be brought to the structures of real beings – a submission expressed by the existential moment of *frailty*?

Are this frailty and the *exiguity of existence*, the second feature of temporal existence, not due to the fact that the existence of a real being follows and expresses its unavoidable internal disaggregation through the processes?

Finally, in the last analysis, this submission to action and passion goes along with the feature of *existential derivation* of the real being; this being can be loosened in its form only insofar as it does not contain within itself its existential foundation.

In summary, by introducing the processes within the structure of real beings, founding them in this structure – Ingarden succeeds in grasping and explaining, concretely and intelligibly, the mechanism of both motion and rest.

The essence of a real being takes part in its evolution; it can, in fact, in the processes which unfold within a being, to a certain degree change in its properties. These changes would be indicated as possible by its very structure. The evolution of the beings of nature – its typology – offers us an example.

In view of this opening to change and motion of this, at first sight, static structure, will it be possible to determine the limits between 'being' an 'becoming'? Indeed, this problem, as we will see, becomes crucial in the questions raised by the identity of a being through time. Here it is enough to emphasize the importance of linking together the structure of the autonomous individual with that of a process and an event. This intertwining as the basis for the mechanism of motion introduces us into the central issue: "Is the world as a region of objects, discontinuous or linked together into one system?"

This highly important question, as we will see, is finally to be brought back again to form and essence. It appears that a certain number of formal elements, while ensuring the identity of a being through time, set a certain limit to its mutability.

It is remarkable that even the stages of disaggregation of a real being are revealed, prove intelligible and are emphasized with reference to the nature of the essence, to the extent that this nature is but a qualitative mixture devoid of cohesion.

In the final analysis, not only the great problems of the *one* and the *many*, of the *same* and the *other*, of *rest* and *becoming* but also those of temporality, generation and corruption, problems until now gropingly explored in a speculative fashion, seem to refer in their nature to the essence, radiant center of rationality. Thus the ontological analysis undoubtedly would have laid down a gigantic wealth of clear notions and distinctions for philosophical reflection. However, the question arises whether a strictly rational mechanism of order suffices to account for reality.

The major question arises: "How far has the *Idealism/Realism* issue advanced towards its solution?" To investigate it we must first consider the formal ontological conception of the world and its counterpart, consciousness, in the antithetic situation as Ingarden envisaged it at the start, and the formal possibilities of their relations that the confrontation of the two, according to the laws governing the existential concepts of relations, allows.

Then, through the inquiry into Ingarden's study of intentional origin of *noemas* putting into contradistinction the *noemas* of purely subjective origin and virtue and those indicating a transcendence with respect to strictly subjective laws of formation – that is, the distinction, so precious in his perspective, between real and *purely* intuitional objects – we will pursue his progress further through the causal structure of the empirical world and finally through man's action within it. But the point to which Ingarden applies himself is the establishment of the unity of the heterogeneous domains of the world in a way that accounts for its being one consistent region of beings; the crucial issue emerges: "in terms of what is such a unity established?"

Did, however, Ingarden's gigantic effort and scrupulous faithfulness to disentangle the knots of the rational substructure of the great discourse concerning man and his universe suffice to avoid the intricacies and pitfalls of the approaches and issues he aimed at clarifying?

As we will see, already in order to arrive at a formal grasp of the world and consciousness certain issues which emerged from the previous analysis of types of objects have to be considered. Indeed, on the side of the world, it is the question of the unity or the disparity among the domains into which the heterogeneous types of objects enter that take a paramount importance.

PART II

THE UNIVERSAL SEQUENCE OF OBJECTS AND THE PROBLEM OF ACTUAL EXISTENCE

Chapter I

THE REAL WORLD AND THE HUMAN MONAD/SOUL
Concatenation of Objects as the New Foundation of the *Idealism-Realism* Controversy

1. *The New Configurations of the Elements of Great Philosophical Problems*

As we have seen, the distinction of the basic types of *a priori* possible objects, irreducible to each other in their respective existential modes has, first of all, laid down cornerstones of a universal order. Second, we find there the foundation for approaching the nature of the real world and of consciousness, the two protagonists of the controversy and the central point of the phenomenological interest in general, and the basic set of principles according to which the further inquiry may be outlined. The analysis of the formal ontological structures of possible objects can then be considered as the first – and maybe decisive – step of this inquiry. With the crucial question which occurs next: "What type of objects the real world and consciousness might be?" the great issues traditionally belonging to epistemology and metaphysics are unfolded. Their elements, present already in the preceding analysis, enter into configurations differentiating Ingarden's position with respect to both the traditional philosophy and to Husserl's. The great philosophical debate then which is pursued by Ingarden, first upon the ground of formal ontology, then with an excursion into what we would like to see as, 'material', ontology – in which Ingarden establishes his original position with respect to these issues – may be seen as the second step of his inquiry.

Indeed, the question concerning the formal structure of the real world and of consciousness cannot be approached straightforwardly. In Ingarden's analysis the question of the real world is essentially connected with that of the nature of the real individual object, since it occurs on the basis of their intertwinings as the possible form binding together their totality. Consequently, the ontological form of the real world has to be investigated from the point of view of possible concatenations and existential interweaving among individual objects. As for pure consciousness, the forms of the acts, the stream of consciousness, the ego, the soul and body have to be investigated as distinctive objective forms. In this perspective the question of forms of a 'higher' existential order occurs, and is formulated on the basis of the intrinsic structure of objects and their possible interconnections with other objects which it entails.

In fact, after having established the cornerstones of a universal order of objective forms, what could be the next step of an investigation except the cluster of problems concerning their ties? Especially, since the analysis of objects indicates that there might be specific existential ties among objects of the same type. But what about objects of fundamentally different types? Do their virtualities imply that they have to stay together within one unified schema or that they have to be chaotically dispersed? If unified, are their ties continuous or discrete? What types of links would hold them together? Should the distinctive objects constitute distinctive and separated domains? What – if any – would be the possible existential connections among them?

Husserl, who seems to have first sought *one* principle that could unify all possible regions of objects into a homogeneous, continuous system, disregarding their respective distinctive existential status, brought them all to the state of purely intentional objects, constituted by transcendental consciousness. In a radical contrast Ingarden forestalls, as a measure of prevention against *any* type of reductionism, two ontologico-formal principles as keys to the structural existential interweaving of objects, which at once account for their possible belonging to the same existential realm and guarantee their possible existential independence. The first may be seen in the *irreducible* element of the *essence* which at one extreme of its structural coherence ensures to the respective object its specific existential autonomy with respect to other objects; then, through the several degrees of variation in this coherence, the essence at the same time may ground their belonging to the same region as well as their interrelations within it. Anticipating our subsequent exposition, we may accordingly mention that at least the following autonomous regions of objects appear within the Ingardenian universe: the region of ideal objects, the world as the region of real individual objects, and the region of the heteronomous, purely intentional objects – works of art and culture, language and linguistic products, etc.

The role of the second key to the structural-existential intertwining of objects, that is, of the conception of 'transcendence', is to express the combination of structural moments of an object, so that it allows it to be existentially rooted within another type of objects and yet guarantees its intrinsic irreducibility to it, e.g., not only the purely intentional objects but also the pure ego with respect to the soul/person.

With the help of these two structural principles Ingarden outlines a vast structural network of existential connectedness among various elements of possible objects as ties into two central knots: the *region of the real world* and the *soul/monad.*

As we progress in unrolling the intricacies of this original philosophical conception we will outline our critical argument.

In fact, we will come to ask, whether, having taken all the above mentioned methodological precautions to avoid the reductionary one-sidedness of any specific approach (in particular of the epistemological one) and trusting that the ontological structure of things and beings will let them speak for themselves alone, Ingarden did not inadvertently run into the nest of great metaphysical questions; how then is he seeking to disentangle them?

Our critical argument with Ingarden's enterprise of the phenomenological reconstruction of the human universe will run in three major lines:

(1) "Is the structural 'transcendence' reaching beyond the correlation: Intentional system / ontological structure?"

(2) "Does the formal-ontological sequence of objects /beings/ reach the empirical realm?"

(3) "Can action, as conceived by Ingarden, be the key to the unity of the sequence of being and the gate to actual existence?"

2. *The Domain of the Real World Rooted in the Existential Web of Real Objects*

The question after the possible universal form that would tie together all real individual objects arises already from the ontologico-formal analysis, bringing into existential interconnectedness their three basic types, that is, events, processes, and autonomous individual objects, as entering sidewise into each others' formal-existential structure. Let us recall that the existential temporality of the real individual object spreading itself out through the phases of the present, the past and the future depends upon the processes and events which bring in motion and change. By the same stroke they relate one real autonomous individual object to others, participating in the same events and processes.

However, what are the reasons for seeking a specific form to interlace all the possible multiplicity of objects so intertwined other than the essential fragments of their unifying mechanism? Do they not guarantee both flexibility and order? Furthermore, should the totality of real individual objects demand with necessity a peculiar organizing and regulating framework, what could it possibly be?

Considering that the basic types of objects fall under the universal form of the "objective thinghood" (*Gegenständlichkeit*), should, in this analysis everything that exists appear in the basic form of an 'object'?[29] Or, on the contrary, in the case of the world-order, may we deal with an abstract class-ordering? This latter allows for all types of objects to participate in the same class, remaining radically different in their respective forms, disjoint, without entailing intrinsic linkage among them. The answer to these questions is to be found already within the structural implications of the ontological analysis. Indeed, the intrinsic mechanism of the ontological foundation of being and becoming would not bear its fruits unless a certain regularity of the becoming in its progress could be established. Furthermore, the linkage among real individual objects, processes and events, as well as that between the work of art as heteronomous with respect to the subjective processes, already indicates that it is a world-order coming from within the existential interweaving of objects that is called for. By this we mean the structural basis for that order as being laid down within the nature of the objects themselves. We seek for the 'objective form' of their unity, which would set their universal regulations and eventually circumscribe the borderline of their existential reach.

Since within the cluster of the mechanism interweaving the real objects, the autonomous individual object appears as their existential bearer, without which they could not have an existential status, it is in its structure that we have to investigate whether it contains features that would allow it to function as the pillar of this peculiar formal unity. Its intrinsic structure establishes it as existentially self reposing (autonomous) with clearly defined borderlines – and this in spite of an intrinsically founded mobility. Will its structure maintain itself throughout the temporal succession of change? By maintaining it, that is, remaining 'identical', it may be considered as the pillar of world-order; inversely, should there be a form of unity bringing together the world elements into a coherent dynamic totality? Or should its intrinsic basis be sought as rooted within the real autonomous individual object? That is, exploring the conditions of the identity of the real object persisting throughout temporal phases of becoming, we will outline the basic conditions of the world-order (or of the form of the real world) so that it may account for the irreducible existential status of reality and for its regulations.

The investigation of the problems concerning the identity of the real object throughout the temporal succession (restricted to the formal-ontological type of questions and leaving aside the epistemological problems which deal with the conditions of the identity of an object of cognition throughout the progress of the cognitive process) entails, indeed, three questions: (1) "What reasons are there to assume a distinctive intrinsic ordering of the totality of real objects?" (2) "What conditions has the real individual object to fulfil in order to be not only the instigator but also the basis for such an ordering 'form'?" (3) "How is this form of real objects responding to their intrinsic postulates concerning being and becoming?"

Coming back to the structure of real objects we have to repeat first, that it is directly connected with the structures of events and processes.

If by its own nature the real autonomous individual object is intertwined with other objects, it is due to the existential nature and role of the processes, since the process operates the exchange of externally conditioned properties within the individual. Thereby it is the vehicle of its becoming, that is, the necessary condition of its temporal nature. In turn, since the properties, in operating their natural change, are not their own but belong to respective individual beings, a process may develop only within the radius of action/reaction among temporally existing objects. Consequently, interweaving within the formal-ontological structure with other real individual objects belongs essentially to their very nature as temporal objects, that is, as real objects. Indeed, being intimately interwoven within the cluster of ties which among autonomous individual objects events and processes operate and which constitutes its history, the real individual being would remain strictly isolated and could not be temporal, that is, real. This history brings in the question of the 'domains of objects'.

But also, inversely, could the cluster of existential connectedness (*Seinzusammenhang*) of events, processes and individual objects be maintained otherwise than if their 'nucleus' *(Kern)*, that is, the real autonomous object, remains identically the same throughout their operations?[30]

Inasmuch as this cluster of existential interlacing constitutes the *basic* ontological mechanism of real objects it foreshadows already the network of interconnections that form the system of the world, which is then of a 'higher order'.[31] The conditions which the real autonomous individual has to fulfil to maintain its identity are foundations for both.

In point of fact, the additional inquiry into the structure of the real individual objects reveals three 'moments of identity' (*Identitätsmomente*) that guarantee its identical perdurance in time: 'oneness' (*Einheit*), 'selfhood' (*Selbst-Sein*) and 'sameness' (*Dieselbigkeit*). They serve as foundation for each other and all three together ensure the autonomous object its continuing identity through the transformations it might undergo. And yet they do not constitute additional moments of the fundamental structural groundwork. On the contrary they are rooted, first, in the essence of the individual being and its constitutive nature. The identity of the object lasts as long as it maintains the same essence, and, second, its constitutive nature contains a specific cluster of unchangeable matters. The 'material' however, that is, the concrete properties and matters upon which the processes and events work, may be – in agreement with the Leibnizean conception of the identity of the monad – completely exchanged without affecting the respective object in its selfhood or sameness.

This structural nucleus (the essence, the constitutive nature and its specific unchangeable cluster of matters, which make the respective being repose in itself) is a point of difference between its existential status that might be called 'originary' and another formal-existential type of objects that would be rooted in the originary ones and present a 'higher type' or 'order' of organisation of which in some way the originary objects from which they are 'derived' would in turn partake. The living organism would be the best example of such an arrangement. On the first 'originary' level of individual objects we would have living cells; through the processes of various types of different functional systems rooted ultimately in the cells would be devised the system of the organism as a derived and yet distinctive formal unity bringing them all into a higher type of organisation, distributing their respective roles and regulating their progress.

In fact, does not the above discussed intrinsic nucleus of the real autonomous individual constitute its identity, and the cluster of events and processes interlacing with it as the vehicle of its spreading out into the existential *radius* of other beings devise the form of their specific unity? Ingarden, following Husserl, calls such a new object, derived from the originary ones, a 'domain of objects' *(Gegenstandsgebiet)*.

Moreover, considering objects of the same type we cannot fail to see that they make part of the same formal schema, rooted in their formal-structural principles and yet distinct from them and constituting an objective form which brings about their unity. Consequently, we may expect that upon the analysis of the domain as such, we might discover that there are several domains of objects autonomous or not, but irreducible to each other. The question arises: "What conditions should be fulfilled in order that a domain of objects may emerge?"

Ingarden follows Husserl in this latter conception of the domain of objects as *"die gesamte zu einem Konkretum gehörige oberste Gattungseinheit, also die wesentliche Verknüpfung der obersten Gattungen."*[32] However he corroborates the Husserlian conception by attempting to establish the way in which the highest *genus* may imply and circumscribe a form unifying the manifold of objects falling under its jurisdiction, within the very nature of the objects.

We have then to ask, first: "What accounts for the coherence of a domain?" "May objects of different existential types belong to the same domain?" "Are domains of objects open or closed systems, and what determines their borderlines?" Finally, "What relations are possible between two domains?" These questions refer essentially to conditions prescribed by the *genus*, which, differentiating itself through its constitutive elements in a discontinuous way from other *genera*, circumscribes the respective domain. Ultimately, however, these conditions are to be brought back to their groundwork as laid down by the ontological structure of individual objects, in which the *genus* itself finds its concrete roots.

Concerning the coherence of a domain, it is from the structure of individual objects, which are the 'material' from which the domain is built, that it depends. Two types of domains have then to be differentiated. In the first place, a domain may emerge uniquely in virtue of the qualitative homogeneity of its constitutive elements, especially when they belong to the 'highest materially determined *genus*'. – Thus ideal objects constitute a specific domain. Its unity consists in their common structural principles. – A domain may also be founded not only in the individual structure of its constituents, but in their concatenations and the existential interrelations among themselves and with other types of objects belonging to the same highest *genus*. The borderlines of this type of a domain will be circumscribed by the reach of these interrelations. In contrast with the first type of a domain (founded in objects that do not dynamically intermingle with each other and whose relations are definitely set in an unchangeable way by the structural principles, and which consequently is perfectly compact) the second type of the domain implies necessarily a flexible coherence; this type of a domain corresponds to the form of unity designed through the intrinsic nature of the individual autonomous object as the nucleus of the cluster of interconnections with events and processes.

However, there is still the question of the 'material' from which the domain is built to be considered. In fact, also existentially heteronomous objects (e.g. purely intentional objects of art, culture, language, social institutions, etc.) constitute distinctive domains which found and circumscribe their reach. Moreover, in spite of being themselves existentially heteronomous, the domain of objects of Art, for instance is, as such, an autonomous object. Here come into focus of attention problems of the existential dependence/independence of a domain and of possible interrelations among different domains and between a domain and an originary individual object; these are questions directly concerning the eventual confrontation between the real world and pure consciousness aimed at in our investigation.

The answer to these question has to be sought in the first place in the type of their respective coherence.

As we have already noted, the tightest type of coherence is quaranteed by the existential homogeneity of objects, which not only belong to one and the same system of objects but also are a-temporal, that is, do not enter into changeable interconnections.

In order that the flexible coherence of a domain, which is founded not only in the individual objects but also in their processlike concatenations, be accomplished, all their founding individual objects have to belong to the same system. This condition has to be fulfilled by their falling under the same 'authentic' highest *genus* (*Gattungsverwandschaft*).

Complying with these formal conditions, the domain of the world is not only basically restricted to real individual autonomous beings, events and processes, but its borderlines are set by the system of *causal relations*, that seem to be the concrete vehicle of the existential interlocking among them. The constitutive nature of the real autonomous individual object (its material nucleus) plays simultaneously the role of ontological foundation of the highest *genus* of the real object – bringing all its three types together – and of the basis for the peculiar type of coherence of its domain. That is, its variant, 'the inexact essence', which accounts for the intrusion of events and processes into the structural system of the autonomous individual producing externally conditioned properties of this object, allows *ipso facto* a constitutive interplay among them, which, in turn, results in the formation of random *pseudo*-objective forms. These, maintaining themselves in existence for a certain period of time, lead to the formation of 'inauthentic' *genera*, which introduce into the already flexible concatenation within the objects of the domain of the real world, a certain 'chaos' that spreads itself from the one to the other of its structural segments.

Consequently, the domain of the real world, as being founded in the unchangeable nucleus of the existentially autonomous real individuals and determined in its borders by its causal network of interweaving with other real objects, is existentially autonomous; nevertheless it is not a compact system but a rather 'loose' domain. Compact domain of objects (e.g. of mathematical objects, of ideal objects, etc.) are both existentially autonomous and *independent from all external factors*. However, since the formal structure of the real world allows intrusion from the outside, as well as development of objects that do not fall exactly under the pre-established genera, no conclusion can be reached about its existential dependence or independence. Clarifying this issue requires material investigation. And yet already at this point this ambiguous situation may open the gate for establishing a common meeting ground between the real world and pure consciousness.

The question of possible intertwining and interlacing between two or more domains of objects is in this perspective of paramount importance.

Having established the universal order of things and beings in their possible ontological structure in terms of a number of distinctive and existentially autonomous (or even independent) domains, Ingarden clarifies certains aspects of the *Idealism-Realism* issue but complicates others. In point of fact, does not the delimination of the domain of the real world introduce some complications into the possible formulation of its relation to pure consciousness? Does pure consciousness belong to the domain of the real world? According to the Husserlian analysis it certainly does not. But should it even belong? If it is of a radically alien type to the real individual objects it could not stay within the same type of connections. Should the domain of the real world be existentially separated from pure consciousness (whether understood as an individual object or as a domain)? Could they be brought into a direct confrontation? They could not act directly upon each other. The separation of the psychical from the physical realm has in the history of philosophy proved laden with difficulties; as we know, to bring them together in their respective activities a special explanatory theory was needed (e.g. parallelism, occasionalism, preestablished harmony, etc.).

At this point however a fundamental decision is already imposed concerning the possible solutions of the *Idealism-Realism* controversy:

whatever be the final formulation of this issue, the distinction of several domains of autonomous objects, that is, existentially irreducible to each other, excludes the radically monistic position of materialism and of radical idealism since both of them assume a homogenous existential unity of being, reducing all their distinctiveness, either to matter or to consciousness. The second decisive step in the direction of possible relations between the real world and consciousness is in answering the question whether a specifically formed plurality of autonomous objects would suffice to ground and build an existentially autonomous domain of being or whether only heteronomous regions of beings are possible.[33] Should this latter be the case, the realistic solution of the controversy would be excluded.

Ingarden's ontological distinction of not just two but several domains of being separated from each other (or just existentially differentiated as autonomous and yet possibly interdependent) offers, as it will come to light in the analysis of pure consciousness within its specific existential complex, a means to shift the emphasis from a direct confrontation between pure consciousness and the real world to *their interlacing within a larger network of existential concatenations among individual objects as well as domains.*

However, by the same stroke, there is a network of problems emerging with a significance radically different from the intended one. Before we make an attempt at formulating their direction, we have still to stress that already one important link, namely that between the domain of the real world and that, equally autonomous, of the purely intentional works of Art is to be seen. In fact, the processes, due to the extension of their temporal phases, may link not only individual objects together but also complete functional systems of which the individual objects are bearers. For instance, the process of performance in music brings together, on the part of the virtuoso, his complete system of physical motion as well as of psychic activities: on the side of the instrument, participation in the performance as the system of mobility of its parts. Lastly, the system of music enters into this schema through the musical score.

Significantly enough, the real world remains, in spite of all, a closed system staying within the boundaries prescribed by the highest *genera* and rooted in the constitutive nucleus of the originary individual objects.

Consequently, no radically new object could intrude into its boundaries. Neither could new objects be generated within it; such a generation, insists Ingarden, would amount to the explosion of the entire system.[35] This is a pivotal point of Ingarden's enterprise which our criticism will corroborate. Human creativity understood in the strong sense as production of radically novel and original objects with respect to the already present ones, is to be excluded from the real world. When in fact Ingarden relegates it to the intentional domain, it means that it has *no real bearing upon reality and the real world.*

Furthermore, there is still no indication in which way the separated domains of ideal objects could be linked together with either the real world or intentional domain. And it is only in the investigation of the pure consciousness that Ingarden will attempt to make a headstart at retrieving the empirical realm, lost by Husserl, for his ontologico-existential network.

The question of interlacing of several systems through processes may prove of crucial importance, should we interpret Ingarden's probing inquiry as a shift from a possible direct interrelation between the real world and consciousness to a larger network of interweaving, stretching through several domains of objects, to the nature of the living, individual being. In fact, Ingarden has ventured already in his formal analysis of the world into the analysis of the living organisms by way of processes and systems of biological functioning. Anticipating some points of our argument, we may submit, that had Ingarden found a way to analyse and interpret the nature of specific processes and the principles of their intertwining inherent in the biological systems of organic functions, we might have expected either to find a way of an approach to the *material* nature of its mechanisms, or to establish a complete network of interweaving among the domains of objects comprised within the whole spread of the domain of the world and that of consciousness.

Taking up again our remarks about the surprising development of Ingarden's analyses, we submit that the inquiry into the ontological substructure of things and beings and of their organizing forms, originally geared to the eventual confrontation between the real world and pure consciousness, might have gone out of hand. In the situation of the apprentice-sorcerer, Ingarden might not be in position to control its unfolding and implications. In point of fact, the question arises whether the five types of originary objects do not lay down the schema of the universal order of being, understood in the traditional sense. Starting with the simplest form of the pure quality and going gradually through structurally more complex types of objects (real individual objects, purely intentional objects, ideal objects, ideas, in their respective differentiations) and reaching the apex of existential autonomy and independence in the essence of the supratemporal, Absolute Being, these basic types of objects designate corresponding existentially distinct and partly autonomous domains.

The various domains differentiated through all the variations among the objects seem to outline a sequence of the UNIVERSAL ORDER of being.

We may also detect that this sequence has a structure of its own. Does it not follow a line according to the *principle of gradation* (in existential dependence-independence, autonomy, complexity, etc.)?

Within the very structure of the respective domains the question of their possible interconnections, that is, of *continuity* is implied.

Lastly, do we not guess in the differentiation of possible domains of objects a tendency, intrinsic to the very structure of objects, to extend between the "two infinities" of Pascal through *the plenitude of forms*?

This last point will come to light in the investigation of the *soul/monad* conception of man as the real autonomous individual; this concept is meant by Ingarden to answer the difficult questions raised by Husserl's "pure consciousness".

3. *Pure Consciousness within the Cluster of Existential Connections*

What is "pure consciousness"? Before we may formulate any of the problems which exemplify the Kantian and Husserlian difficulties of its relation to the reality of things and beings, "things in themselves" or actual existence, we must know whether we deal with a domain of objects (e.g. conscious acts) or with an originary object; in this latter case, we must determine whether it is existentially autonomous or heteronomous, independent or dependent, etc. The Ingardenian ontologico-formal method of approach in terms of fundamental structures and their concatenations, in a direct challenge to the Husserlian transcendental approach in terms of modes of givenness in immanent experience, is here yielding its ripe fruits.

Approaching the question of consciousness, Ingarden is intruding upon the field in which his master has unfolded a vision of the philosophical reconstruction of the universe of man with a penetration and a depth of insight unprecedented in the history of Western thought. Although Ingarden remains in the fold of Husserl's analytic work, the ontological apparatus and structural-existential groundwork of which we have discussed the main features, allows him, nevertheless, to disentangle some of the traditionally confused structural ties among elements constituting the complexity of the conscious being and to differentiate them in a fundamentally new way, so that as it has been already foreshadowed, the issue of individuality comes to light as the crucial question of the *Controversy*. Ingarden brings to our attention specifically the fact that Husserl, in his investigations of the originary time consciousness, has been aiming at explicating the ultimate origins of individualization through the originary constitution of time consciousness. He is tempted to see in Husserl's attitude – emphasized also by Husserl's own comments in their conversations and correspondence of this period – that in Husserl's view at this time the originary constitutive consciousness *was not individual*. It is not necessary to stress the implications of such a position for the idealistic decision.[36]

Bringing all the classic problems confronting pure consciousness and the world to this question, which appears as the Achilles' heel of the entire Husserlian conception, Ingarden proposes to measure himself with his old master.

The specific point at issue in this new attempt to establish the territory of consciousness and to acknowledge the peculiar existential features of its newly differentiated components with their respective existential functions, is whether, because of its transcendence with respect to emperical acts in which it is embodied, we should *ipso facto* consider pure consciousness as existentially separated from 'empirical consciousness'. The existential feature of 'the transcendence' of an object with respect to its own existential 'bearer', which guarantees its irreducible existential status (when investigated on the basis of the structural network of the respective objects), might, instead of arbitrarily severing their ties, reinforce them. In fact, in the structural analysis of consciousness, the conception of "ontological transcendence" as the key-linkage between elements existentially dependent on others (and yet irreducibly distinct in their own right) will find its culminating point of application and of insights into the soul/body and pure consciousness. Ingarden sees in *Husserl's lack of the ontological foundations of transcendence one of the reasons of his slip into the idealistic position.*[37]

As Ingarden's inquiry unfolds, the majority of the great epistemological and metaphysical questions of the philosophical tradition converge in this new differentiation of the complex of elements which enter into the existential territory of pure consciousness. Unexpectedly, for the phenomenological perspective, they tighten into the knot of mind-body (soul) relations. Let us recall that in the transcendental perspective, wherein all types of things and being are included into the world and a radical separation is assumed between the 'real ego' (*Seele* and *Geist*) and pure consciousness, the question of the mind-body relation is considered as irrelevant. However, Ingarden sees this view as a doubtful predecision.[37a] Indeed, the ontological analysis reveals that the *material determination of the soul complex* (the real *ego*, the concrete person, the spirit) and of the body, in which their relation is ultimately to be sought, might be, on the contrary, decisive for the *Idealism/Realism* controversy.[38] Accepting consciousness as existentially derived from the body and assessing the existential priority of matter radically opposes materialism to transcendental idealism; inversely, the latter assumes the existential priority of pure consciousness and, denying existential autonomy to the real world, is led to understand the body as a purely intentional object. Other points of decision (e.g. a possible passage from a realistic to a materialistic position) occur also with respect to a decision about such or other material determination of the soul and of the body.[39]

Be as it might for the solution of the controversy, this fact merits attention. The body-mind (soul) relation is situated in this ontological inquiry first within the network of existential interdependencies – simultaneously irreducible, transcendent and distinct – among specific elements composing the cluster of consciousness; second, at the borderline of the *formal* concatenations of their structures and their *material* completion, we might expect to find a passage from the one to the other. Will this expectation, which would entail also *the retrieving of the empirical realm into the ontological sequence of the universal order*, be fulfilled?

Ingarden's succinct treatment of the problems concerning the nature of pure consciousness in its relation to the soul and the body is the culminating point of several of his detailed and thorough investigations which have preceded the *Controversy*, especially his investigation of the works of art, as heteronomous objects, paralleled by that of the modalities of cognitive processes of subjective human experience in which they are brought to 'concretion'. These investigations, which are, in the first place, a study of intentionality and, in the second place, an inquiry into its relation to ideal structures and their principles, have prepared the ontological differentiation of types of objects and still have a further bearing upon the conception of the human subject. We shall revert to them directly in the progress of our argument.

Leaving aside the psychological conception of consciousness (of J. Locke, G. Berkeley, etc.), which as Husserl has repeatedly emphasized leads to a "negative *petitio principii*", as well as the conception of "universal consciousness" (e.g. Kant's and of the School of Marburg), Ingarden seeks an access to the *concrete*, *living* complex, within which the pure consciousness would have its function and its place.

Should we have to identify consciousness with "universal consciousness" as the source of the real world, which being an abstract form cannot be ontologically a domain of objects, and being universal is not an individual object, the whole issue of *Idealism/Realism*, as it is being schemed anew on the basis of ontologico-formal intricacies, would vanish; lacking an objective form, the consciousness could not enter in a direct existential relation with the domain of the real world as just established.[40] The correlation between the universal forms of objects and universal forms of subjective operations in which they are constituted, which will be the center of the next step in our critical examination of phenomenology, remains nevertheless of major importance.

Ingarden enters the investigation of consciousness through the Husserlian concepts of the stream of consciousness and of the conscious act or process (*Erlebnis*). Their ontological structure shows them as a basic set with reference to which all the other aspects and elements of conscious life are to be seen. In this very short account we shall concentrate upon the question: "How can we, from this fundamental mechanism of pure consciousness and through an ontological apparatus, find access to the 'concrete, living ego' and the 'concrete, living person'?"

Although the stream of consciousness and conscious processes are existentially so complementary to each other that we could not consider one without the other – they constitute together one structural set – their unity lies in the structure of the conscious process. A singular conscious process is in its nature strictly separated from any other and yet in its material nature it is essentially subject to influences coming from other processes not only co-existing within the same field of present consciousness, but also from those of the past, as well as, to a certain degree, to those foreseen in the future. It springs forth as distinctive from the stream of consciousness, but at the same time it becomes its constituent; not only because the stream of consciousness is composed from the singular acts, but also because the specific unity is the result of their spontaneous continuous material arrangement between each other and in relation to all the acts preceding them. From their mutual dependence we conclude that they are not existentially independent individual objects; consequently, the stream of consciousness cannot be a domain of objects. And yet, although the specific form of unity which it shows, such that it can sustain the singular conscious acts and account for their homogeneous nature and their linear ordering, is materially founded in the nature of the singular acts themselves, it is unmistakably that of an individual object.

However, how can the form of the stream take care of concrete situations (e.g. loss of consciousness or the seeming suspension of the active stream of experience in sleep) in which the continuity of experience seems first to be disrupted and then to start anew? Do we then have each time a new stream of consciousness arising or is the individual form of the stream capable of maintaining its identity through the temporal phases even in adverse situations? Upon the answer to these questions depends the capital decision whether consciousness is a domain of objects (individual streams of consciousness) or something else. Bringing in the conception of 'living memory' as means of maintaining the continuity of the processlike expansion of the stream, Ingarden, in one stroke, throws a bridge between pure consciousness and the 'soul', by the conception of the 'living ego' and the 'concrete person'/the soul.

Living memory, an expansion of the Husserlian notion of 'retention', is grounded in the already mentioned intrinsic structure of singular acts of consciousness insofar as each actual instance of experience, gushing forth from the stream of consciousness in a strict separation from each and every other instance, grows in its material content from the retained 'echo' (*Nachklang*) of past experience. This 'synthetic *résumé*' of what has already fully developed in past experiences, which has been retrieved by the singular act, is then passed on to further incoming acts.[41]

Thereby is established the continuity between the manifold of experience which maintains the continuity of its flux. In this continuity the identity of the stream of consciousness is founded through the temporal phases and their possible disruptions. Ultimately it is the basis for the stream's formal unity, so that all the acts springing from its center are bound in their very nature into a material and formal sequence building an 'organic' whole with all the acts that have ever emerged in this stream and passed. This unity Ingarden identifies with the essential continuity of man's personal life.[42]

Yet the unity of the stream of consciousness does not appear as existentially autonomous. It is drawing upon the originary unity (or identity) of the *living ego* (*das lebendige Ich*).[43]

It is through the conception of the 'living ego' that Ingarden expects to accomplish the passage from the pure transcendental consciousness to the empirical pulp in which it is concretized and which might prolong it further.

Already the Kantian conception of the ego as the principle of transcendental apperception contains two essential moments: (1) the persisting self-identity (*Identisch-selbst-verbleiben*) and (2) the originary feeling of oneself (*Sich-selbst-Fühlen*). These two moments correspond to the role which the ego is called to fulfil with respect to the unity of the conscious acts. In principle Ingarden's conception of the ego remains in avowed agreement with Husserl's as presented in the *Formal and Transcendental Logic*. That is, the pure ego is not meant as a real (*reeles*) component of the conscious act (*noesis*) or its content. Nevertheless, although it is the indispensable factor of the conscious act as well as of the stream of consciousness, since *it effectuates* the acts of experience (acts of thought, feeling, volition, etc.), and it is existentially their source of being, yet it is itself determined by the structure of both.

In point of fact, the general essence of the conscious act (process) calls with necessity for the ego as the originary pole of reference in virtue of which it is an 'act': an act of the ego. It reveals thereby its existential dependence from the ego.[44] In turn, the ego in this function becomes the pole in which all the acts converge. Furthermore, it is necessary to distinguish also a *material* interlacing between the nature of the conscious processes and the ego. As Ingarden puts it: "The act bears in itself the traces of the fundamental features (*Grundeigenheiten*) of the ego and expresses them."[45]

But what are the fundamental features of the ego? We may, of course envisage it as the 'pure ego', merely an agent effecting conscious acts and fulfilling the above mentioned functions with respect to them. But we may also see it within the larger framework as the central factor of the complete functional network of the human being, first by conceiving it as endowed essentially with the peculiar structure of the human person; second, we may consider as our ego also "all this that comprises our entire human essence."[46]

Husserl in *Ideas I* understood the pure ego as the spring (*Quellpunkt*) from which conscious acts flow – transcendent to them – devoid of any determination. However, in *Cartesian Meditations*, as we remember, the ego is described as deploying in its constitutive progress permanent features (*Habitualitäten*). They are seen, nevertheless, as 'reduced', that is, purely intentional, and the ego thus extended remains the purely intentional skeleton of the concrete features of the real person.

Ingarden and Husserl meet upon the transcendence of the ego with respect to the conscious acts and the stream of consciousness. They conceive of it, however, in a different manner and it is in their divergent conception of the ego that the key lies to Ingarden's definitive surpassing of the Husserlian transcendental world-view and the turning-point of his own radically different mapping of it.

However, will this not raise other formidable difficulties inherent in the phenomenological program? It will retard perhaps the progress in the unfolding of the great phenomenological scope.

4. *The Soul and The Body – as Experienced: A Foreboding of Material Ontology?*

For both Husserl and Ingarden the pure ego is not the real (*reel*) component of the conscious acts. From this Husserl draws the conclusion that the permanent features acquired by the pure ego remain also transcendent to the acts and the stream of consciousness in which they occurred; that is, the features of character of the person remain transcendent with respect to the real person constituted in these acts. Ingarden raises the objection whether such a separation between the pure ego, representing the complete set-up of the human person from the concrete real person, is justified in view of the nature and origin of the permanent features of human character, which Husserl has overlooked. The Husserlian idealistic position is challenged again at one of its most sensitive and decisive points.

In fact, approached from the ontological point of view, the pure ego reveals existential ties and dependencies, which put this touchy matter on a new footing. As we have already pointed out, the pure ego constitutes with the stream of consciousness a unified functional set. The question arises: "Does the complex of the stream of consciousness and the pure ego constitute a self-enclosed and existentially independent object?" "What is its relation to the singular features of the human character, which constitute the human person, or to the soul?"

The conception of the 'soul' is basically Husserlian. It represents the empirical pulp of experience organized by the intentional system. However, its existential articulations allow the Ingardenian conception to perform a role that it could not assume within the Husserlian approach.

The soul is understood, in the first place, as the primitive 'forces' which manifest themselves through conscious experience. Second, 'soul' is interchangable with 'person' insofar as it actualizes its forces in the existential growth and development of the human person.[47] The ego is, indeed, not drained, depleted in the performance of the conscious acts, nor by its function as the pole of the stream of consciousness, and this on two accounts: first, in agreement with Husserl, on account of its organizing function; then, in opposition to Husserl, on account of its immersion, existentially essential, into the concrete pulp of experience as the 'living ego' of the concrete living person. In fact, the pure ego appears caught into the network of existential dependencies, which show that (1) it is existentially drawing upon the primitive 'forces' represented by the 'soul'; (2) it acts as the 'axis' of the soul by distributing and articulating its forces into the constitution of the concrete features of the person into which they flow, and which at the same time are meant to be its own progress as the 'living, concrete' human self; (3) at last we may consider our self as all that which comprises our entire essence[48]; (4) it is existentially rooted in the primitive forces of the soul as well as in its constituted manifestation through the concrete person, consequently neither the 'pure ego' nor its functional counterpart, the stream of consciousness, can be considered as an existentially independent and originary object. On the contrary, although the pure ego reaches in its 'transcendent' structure beyond the stream of conscious acts in which the person is constituted, by its very essence as both the pure and the concreto ego, it is supposed to reach also into the empirical, vital dimension of man as a real autonomous individual.

The crucial reason for Husserl's idealistic position seems to be eliminated.

Of even greater interest is the constructive aspect of these developments.

In fact, starting with the structure of the basic set, conscious act/stream of consciousness, and following the treads of ontologico-formal and existential interdependencies, we have arrived at the compact cluster of mutually interdependent moments – the ego, the person and the soul, conscious act/stream of consciousness – which form together a distinctive, essential unity. However, Ingarden does not formulate the type of this unity as that of an autonomous individual being. Since in any case man – and this cluster of consciousness is that of man – is understood as the autonomous real individual (and this is a specific variation of the basic structure). Ingarden following Husserl – and Leibniz before him – calls this conscious cluster the 'monad' or the 'soul'.[49] Since the soul is meant, first and foremost, as the concrete 'material' and empirical foundation of the intentional apparatus to draw upon, to identify the human monad with the soul could mean a radical reversal of priorities and a ground for reformulating the status of intentionality. Ingarden's further expansion of the notion of the soul into its interdependencies with the body could be interpreted as a step in that direction. However, a doubt occurs whether the ontological network of interdependencies will reach far enough to recapture into its ties the empirical expansion of the merely formal outline of the soul. This question might become the touch stone of Ingarden's own enterprise.

We are led into the notion of the body along the same network of formal-existential dependencies which has differentiated the cluster of the monads into its various moments, since the notion of the soul expands further than the intentional architecture that sustains it. Again it is with reference to the formal structure of the set conscious act/stream of consciousness that the formal links toward the 'body' are projected.

Following the Husserlian distinction between the body as envisaged "from the outside" (*der Körper*), which is the object of research of natural science, and the body "as experienced" from the "inside" (*der Leib*), which Husserl has extensively investigated in its specific constitutive form of "bodily givenness" (*Leibgegebenheit*) in *Ideas II*, this latter is subject of the formal-ontological analysis as experienced to belong integrally to the unity of ourselves. Although Ingarden's analysis avowedly reconstitutes here a Husserlian contribution, here as before, he clarifies with ever more precise and detailed ontological examination, some points of the possible interconnections between the stream of consciousness, the soul and the body as experienced. We might expect that they will not only indicate with necessity the natural prolongation of the soul into the empirical realm but also allow us to cross the borderline and pass into this new territory. The expansion of the schema of consciousness into the body, thus far only touched upon, may be interpreted as its material completion. Indeed, upon the investigation of this expansion new knots of existential relationships are tied indicating the need of crossing into the new realm, which the soul and the body would partly share; yet the formal analysis stops short of untying them. Shall we find other clues allowing us to enter this new territory which is indicated by the formal network but *in essence and by all its features* eludes it?

Body as experienced (*der Leib*) enters into the system of pure consciousness basically in two ways: first, as a specific complement of a certain type of conscious processes directly present within the structure of pure consciousness; second, we experience body as the medium through which the soul (as constitutively organized by the pure ego) gives expression to her processes and her life.

The distinctiveness of the soul with respect to the other moments of the monadic cluster and her specific existential situation becomes more definite as contrasted and connected with the body as experienced. Once the notion of the body, indicated first by the structure of pure consciousness as its complement, is differentiated as a distinctive territory from that of the soul and yet one into which the soul seems to pass in merging with it, the classic issue of the body-mind/soul relations unexpectedly opens. The immediate questions to which, in the examination of the body, attention has to be given are: "Is the soul existentially independent from the body?" Or "Do they constitute together one and the same object wherefrom they could be distinguished only abstractly?" "Is one of them existentially derived from the other?" Surprisingly, seeking to find the existential status of consciousness did not suffice to establish the formal-existential connections between the pure consciousness and the soul. Closing the gap between the two did not bring about the solution of the problem. The question of existential autonomy or of derivation was merely transferred and does catch up with the conscious system at the borderline of the formal structuration and of its material completion.

To start with the first point, it is within the structure of acts of sensory experience that we find already a distinctive bodily aspect of consciousness. "Bodily sense-data" (*sinnlich-leiblichen Empfindungsdaten*) occur as "spread out in the body".[50] "These 'inner-bodily' sensations (*Empfindungen*) are to a certain degree responsible for the fact that *this* body is 'mine' or appears as mine",[51] writes Ingarden. There seems to be a peculiar solidarity between the consciousness of my self as myself, in general, and of my self in sensory experience. I experience my self as reaching as far as my body reaches. On the one hand I identify myself with my body, but on the other I am oscillating between its dominating impact upon myself at certain times, and my own need to dominate it at other times. But even in the case of my radical domination over my body, when I believe I am using it as an 'instrument', that is, something exterior to myself, my body remains within the borderline of my self; in opposition to the instrument that is always external to me, I experience myself always as stretching into every member of my body.

In this dialectic of my solidarity with my body and of my superiority over it, my body as experienced is not only a part of myself but also the real foundation supporting my concrete bodily-conscious (*leiblich-seelisch*) life.[52]

The bodily dimension is then indicated and circumscribed by the expansion of my experiencing ego – as myself – through the ramifications of bodily sensations, processes and feelings. The experiencing ego is then woven into a special dimension, bodily dimension, outlined by its articulating reach but woven into a compact unity with all other types of experiences.[53] This bodily dimension of conscious experience is made up chiefly of the manifold of sensing and feeling that constitutes something distinctive which may be called 'my somacity' (*Leiblichkeit*). In the unity of experience, around the axis of the ego, thoughts, desires, volitions, nostalgias, etc. are related; they are grounded in the totality of the complete system as much as the primitive functions of the body (e.g. eating, sleeping, etc.) and bodily movements.[54]

Yet, this 'bodily' schemework of experience is distinct from the specifically 'psychical' elements, like thinking, willing, experiencing joy and sadness, etc., insofar as they are not clearly 'localized' within the experiential bodily system; they would then stand out as the function of the soul or of the spirit. Indeed, experiences expressing the soul as much as those of a specifically spiritual nature – which cannot on this analysis be denied an irreducibly specific status – are in the unity of experience 'embroidered' upon its bodily dimension. The spiritual, or else the experiencing (*seelisches*) ego, is raised above the level of the body, without, however, losing its deep roots in the real, bodily ground of the qualitative manifold which constitutes the 'sensory field' of my somacity (*Leiblichkeit*).[55]

At this point we reach the peculiar territory outlined by the functional interplay, and the amalgamation of the soul and the experienced body. Indeed, there seems, to be an intimate coordination, almost amalgamated in experience, between psychic acts of feeling (particularly vivid in love, hate, anger, disgust, etc.), and sensations which spread out in the inner bodily experience. In this seemingly essential connectedness between the soul and the body, sustained as they are by the axis of the pure ego and the system of pure consciousness, the structurizing factors of conscious life appear as distinct and not to be confused with each other. Here we may detect the body in still another function; that is, as expressing the processes and the states of the soul and manifesting them either for the sake of others, or for our own, namely to make us aware of them. This existential connectedness between the body and the soul seems to be further evidenced by various observations from the inner experience (e.g. the impact of willpower and moral strength in surmounting bodily illnesses) as well as from that of external facts. We note the quick dissolution of the body after death when, as it seems, the soul does not play any more through the ego the role of factor of primitive forces as well as that of their structuration.[56]

The soul has been assessing its distinctness, first through the existential network with the ego and through acts of consciousness as their hidden reservoir of forces; secondly, as the material that they progressively structure towards the coherence of experience, and, thirdly, as the existential source of the ego; through its interlacing with the bodily dimension it takes the aspect of a *material* factor which pervades the whole experiential complex. Yet, the soul appears as belonging to the material territory of the body and consequently the questions decisive for the relation between consciousness and the real world irrupt there. Indeed, to ask the question which now emerges, that is of *the existential autonomy or heteronomy of the soul with respect to the body, amounts to asking also the question of the existential autonomy or heteronomy of the pure ego and the set conscious act/stream of consciousness with respect to 'its' body*. In the first place, the solution of this problem depends upon the answer to the question whether it belongs to the essence of the act of consciousness as such that it may/or may not be without the manifold of inner bodily sensations. This question corroborated with respect to the soul constitutes a precise way in which the body-mind/soul problem is formulated within the formal-ontological inquiry. In fact, should the essence of the soul necessarily comprise experiences which are combined with inner-bodily sensations and should it appear in the analysis of the body (still extant) that the manifold of inner-bodily data constitutes (or belongs to) the *essential state* of the body, in that case we would have their mutual existential interdependence or complementarity in being. From the obvious variations of possible situations would flow other answers to this ultimate problem.

These questions belong, in the framework of ontology, to the material investigation. In this direct confrontation with Husserl, Ingarden avowedly sees his surmounting of Husserl's idealistic presuppositions in: (1) uniting through the conception of the real person/soul the pure with the concrete, living ego, (2) overcoming the separation between the pure consciousness and the soul through the notion of the real, living ego, (3) articulating through the existential-ontological ties the distinctive existential functions of the elements of the conscious system with respect to each other, which allows for (4) the precise formulation of the ontologico-existential problems concerning the possible status of the human monad/soul with respect to the body, which appears then as (5) a realm into which the soul reaches already partaking of it.

Ingarden attibutes this differentiation of the cluster of consciousness with its revelatory insights to the superiority of the ontological investigation over the transcendental one of Husserl. Contrasting the radical immanence of the acts of consciousness with the ontological transcedence of the objects given in these acts, Ingarden points out that from the *mode of givenness we* cannot conclude adequately to the *mode of being of an object* (e.g. to the immanence of consciousness and the transcendence of the concrete ego).[57] The mode of being has clearly manisfested itself as determined by the formal and material essence of the object.

We must ask whether having considerably weakened, if not altogether dissolved, the basis for the idealistic position on the *Idealism/Realism* controversy, Ingarden has definitively paved the way towards its solution.[58]

Ingarden's aim has been to establish a basis upon which the pure consciousness and the world could have been confronted in their respective natures and prerogatives. Thus their relations may be ascertained, and the status of the real world, in its existential moments of originality or derivation, autonomy or heteronomy, dependence or independence from the consciousness can be stated. As we have attempted to show following the line of his philosophical argument, intrinsic to the wealth of his analytic work, he marked a number of specific points, leading in that direction, which have been brought to the attention of our reader. Since the above investigation of consciousness may be considered as Ingarden's final step along this line, we have to ask (1) whether he has indeed won, in his duel with Husserl, over the hegemony of transcendental consciousness, (2) whether his own results, which seem to have formed an independent schema of problems and approaches, did contribute definitively to the solution of the controversy or rather brought Ingarden's – and for that matter phenomenological enterprise at large – to an entanglement from which he will try new means to extricate himself.

The significant point which has to be observed is that it is along the stretching out of the formal-ontological structure of the intentional system that the differentiation of the key notions in Ingarden's project, person/soul and the body has been accomplished. We have, without doubt, obtained crucial insights into the ontological structure of the human monad/soul, yet its conception is circumscribed by the *intentional network of ties in their ontological foundation*. We have emphasized that Ingarden's conception of the soul is presented in a way that we could see there the possibility of attributing to it priority over pure intentional acts. This might be an illusion. Is not the pure ego the axis of the soul's manifestation, growth, progress and life? And we cannot forget that the pure ego remains, on Ingarden's analysis, the *organizing factor distributing the structurizing functions of the intentional mechanism following its rules and regulations*. Would the soul, as above all the reservoir of primitive forces, exist as such had not these forces entered into the structurizing grinder of the intentional system? Artistic creation being included by Ingarden in the constitutive system, the soul does not have, within the Ingardenian framework, any other outlet for coming into existence. A strong objection can be raised: "The soul escapes the intentional network through the territory which it dominates together with the body as experienced." To this we will respond by observing that the conception of the body has been suspended upon the formal elements of the structure of conscious acts, of the stream of consciousness of the ego and of the soul.

By stretching the existential dependencies of the intentional system into the territory of the body as experienced (from which lurks also the double-face of the outer body, rational functions have been freed from their existential isolation. But have we also found a clue on how to cross the borderline, as imperceptible as it might seem to be? As conceived by Ingarden, does not the body-as-experienced belong integrally to the intentional system?

The crucial contribution of Ingarden's analysis lies in having acknowledged the 'middle' territory of the soul-body interlacing as lying beyond the formal-ontological inquiry and belonging to the material ontology. But having brought us with the formal existential ties thus far – that the Husserlian inquiry into the modes of givenness could not do – the formal analysis itself falls short of providing the passage. The existential assessment of the material territory makes us expect that the body might be accessible in its own right. However, Ingarden did not leave us the key to enter it; the 'state of the body in its essence' remains out of reach. Neither did we detect in the analysis of the soul features or hints that would allow us to enter into investigation of the essential state of the body any further. While the existential continuity of the intentional into the empirical realm has been established, the objective nature of this realm has not been retrieved into the sequence of universal objects. Will Ingarden retrieve it in another way?

To conclude: Ingarden presents his conception of the cluster of moments drawing upon the three major dimensions which are especially involved in the *Idealism/Realism* controversy: the intentional, (the stream of consciousness, the act and the ego) and the empirical (the soul and the body as experienced) which Ingarden attempts to bring together by introducing the distinctive role of the soul/person, interwoven and yet distinctive, overlapping and yet transcendent with respect to each other. His investigation is carried on with reference to the form of the stream of consciousness – act of experience – pure ego. That is done with reference to a formally established network of relations along the correlation: intentional system of conscious functions – its ideal structuration. The ingenuity of the immanence-transcendence linkage plays a crucial role in establishing the ties among them and precludes reductionism of levels of experience by the bias of an epiphenomenalism. However, are the types of transcendence as established by Ingarden capable of introducing the material 'empiria' into consideration? And do they allow one to transcend intentionality as a transcendental system?

It is upon these questions that we will concentrate while making an excursion into its specific treatment in the field of aesthetics.

Chapter II

CLOSED OR OPEN SYSTEM OF CORRELATION BETWEEN STRUCTURE OF OBJECTS AND INTENTIONAL PROCESSES?

1. *A Way to Approach the Idealism/Realism Issue through Aesthetics*

Ingarden has carried on his inquiry simultaneously on two fronts: the 'objective-ontological' of the ideal structures of things and beings, and the 'subjective-intentional' of man's conscious activities.

In Ingarden's early letter to Husserl we may see, in fact, how his specific interests are converging in the question after the ways in which *noemata* occur.[59] The *noematic-noetic* correlation involves – as we know – the procedures of a conscious structuring process as well as the reference to principles and models of structuration. Questions involved in this correlation lie at the heart of the *Idealism-Realism* issue in the phenomenological perspective. These questions are fully treated in his aesthetics, approached by Ingarden from these two sides at once, since in his aesthetic inquiry the two are conjoined: work of Art understood as an intentional object, a *noematic* product of artistic activity, and in the *noetic* reconstructing ('concretizing') intentional subjective processes of the percipient. It is well known that Ingarden's primary interest in aesthetics – as he himself has repeatedly stated – was to clarify by the comparison and opposition of the nature of the work of Art as a purely intentional artifact with the work of nature itself, the existential status of both. In fact, the analysis of the work of Art was intended – and in this respect it has fulfilled its promise – to show that the difference in structure corresponded also to that of *origin* as well as to the *mode of existence* between the real autonomous object – culminating in its specific 'transcendence' with respect to the cognitive acts forming its *noematic* structure – and the purely intentional, that is existentially heteronomous work of Art whose *noematic* endowment as well as concretion depend exhaustively upon intentional acts and processes. Having elsewhere discussed the significance of this analysis for the objective status of art, as well as its direct introduction of the *Idealism/Realism* issue by Ingarden in opposing Husserl's identification of their existential status,[60] we will introduce here another aspect of this inquiry as having an important bearing upon this crucial issue.

First of all, since the analysis of the structure of the work of Art involved the inquiry into its cognition or reception, so the field of aesthetics offers the ground for coupling the abstract structure-ontology with the cognitive intentional inquiry in its specific modalities and their variations. Thus into an *a priori* structural analysis of the work of Art as an object we have the intrusion of the fragmentary concreteness *of man*, both as the author and consumer to whose enjoyment the work of Art is oriented, but also as the judge to whose appreciation the work, as an exponent of *values*, is submitted.

In fact, the *Literary Work of Art* remains as a direct parallel to the study *About the Cognition of the Work of Art,*[61] and Ingarden considers the intentional relation between the author, composer, painter, etc. and the perceiver, mediated by the work of Art, as an essential interlocking of the intentional and the empirical dimensions of the real world. The investigation of the possible function of mediation which could, as we have already stated, play one of the fundamental roles within the Ingardenian philosophical reconstruction is therefore of primary importance. This *'structure-intentional process'* correlation may be, depending upon its treatment and solution, in many ways relevant to several other aspects of the *Idealism/Realism* problem. First of all, the problem of the interlocking of various domains of objects within the same world, as well as the question of whether the inquiry so conceived can account fully for the significance of art and its role with respect to the problems of the 'transcendental' horizon of human life and the *life-world* appear in this correlation.

The promising assumption underlying this conception is that at least some types of works of Art extend in a specific way, with regard to their intrinsic structure, through *several* realms of reality and that the specific modes of their perception (cognition) corresponding to their structural extension, comprise in a specific way different modes of cognition and cognitive attitudes. Consequently, we may expect from our investigation of the modalities of this correlation 'ontological structure – intentional process' to obtain decisive insights with respect not only to the problem of the unity of beings divided by Ingarden into separate existential domains, but also with respect to the crucial issue: whether and by what means we could investigate adequately the *transcendental reach of human consciousness*. Is the ontologico-intentional approach sufficient to account for the ways in which the transcendental can be seen as 'transcended'?

In fact Ingarden sees in the intentional faculties of man his means to *transcend* the level of 'animality' towards a fully human dimension. This deep conviction that man may rise above the doom which nature has in store for him seems to underlie his complete philosophical enterprise, otherwise divided into separate fragments. This conviction, however, may mean the acceptance of the transcendental *life-world* hegemony. Is the ontological transcendence of the work of Art sufficient to break it?

Therefore, to investigate the correlation 'objective structure – subjective intentional process' is of paramount importance. Does man, in his perception of a work of Art that relies not only upon one single cognitive channel (e.g. perception) but involves his complete apparatus necessary to do justice to the different realms of reality comprised by the work of Art, reach beyond the limits of structure of his own intentional schema of constituting and reconstituting objectivity, his own objective being? Without the possibility of this type of 'transcending' himself, man remains caught within the transcendental circle. In other words: is Art a passage-way out of the *life-world* or the objective 'reality'?

2. *The Many-Layered Structure of the Work of Art and Its Intentional Correlate in the Experience of the Perceiver*

The specific problems on which Ingarden concentrates in the analysis of the structure of the work of Art are: (1) "What is the nature and mode of being of an entity presented in an aesthetic experience?" (2) "What is the mode of being of an entity confronting us when we read or hear a word, phrase, or sentence?" (3) "How is this entity related simultaneously to both consciousness and independent realities?"

Provisionally restricting the discussion to the second problem, the crucial issue is this: "How is intersubjective identity, and thus communication, possible?"[62] The answer to this question involves not only the possibilities of history, science and philosophy, but also implies the non-linguistic media of 'communication'. And so the issue becomes the question of whether or not all media of 'communication' have a common intelligible or intuitive content. This question extends the discussion to the realms of human institutions, social life, and culture.

Ingarden has pointed out that the task of appreciating and understanding art is to perceive and analyze the nature of the entity which in itself is a work of Art. Thus Ingarden opposed the prevailing dominant criteria for the understanding of a work of Art which were given in terms of the psychology or social experience of – or the historical influences on – the artist, making the intrinsic content of a work of Art relative to individual or social psychology and a product of an historical process.[63] To this end Ingarden established 'objective' norms as a standard of the aesthetic value of a work of Art. Instead of reducing the extreme complexity of a work of Art to some hypothetically primitive factors – for example, to the psychology of the creative experience – Ingarden has shown that a work of Art, upon examination that is appropriate, will explicitly reveal its own inherent structure without need of any additional explanatory theory. Accordingly, two original and most important points can be distinguished as a consequence of the self-revelation of the structure of a work of Art. In the first place, a distinction can be made between the work of Art and its many *concretions*. Secondly, the composition of a work of Art can be seen to consist of several specific *strata*, or layers, of a heterogeneous nature. The culminating point of the inquiry consists in establishing the homogeneous unity of the work of Art in spite of the fact that each of the specific strata composing it possesses its own nature and its own different mode of being.[64] The progressive analysis of the work of Art leads to the revelation of how such disparate strata can, together, constitute the organic unity of an *aesthetic object*.[65]

Specifically, Ingarden establishes four strata evident in the literary work of Art which are integrated in a certain order following the different existential realms to which they individually belong.

In general, the layers of a work of Art are, as we know, in succession 'bearers' or 'founding strata' for each other, starting always with the most fundamental one rooted in the *medium* through which primarily the work of Art acquires its 'objective' and 'intersubjective' status, and through which it takes root in the system of objective reality (e.g. a word in the literary work is rooted both in an inscription – a form drawn on a piece of paper – or a sound that we may utter and even 'hear', while reading in silence; a painting is rooted in colourful patches of paint upon a piece of canvas, etc.). Their intentional correlates are, according to Ingarden, intimately related to the nature of the respective medium: the word carries first the meaning, whereas a colourful patch carries a visual appearance. Ingarden has elaborated with special care and precision the modes of the correlation of the literary work with its recipient. This correlation seems, indeed, to extend through all the major realms of objective reality.

Let us recall that the first stratum of the literary work is that of sound. Sounds belong integrally to the real, existing world and possess, essentially, two aspects: first, we distinguish between the sound-units of individual words and the higher sound-formations (sentences and sentence concatenations); secondly, for their concretion, sounds must be vocalized, a process which endows them with properties of their own (for example, sonority, rhythm and tempo).[65] Even at this level, however, an important observation must be made: the particular utterances alone do not make a work of Art. The individual, material sounds – their modulations being a product of the individual's utterances and circumstances – only support the concretion of the work. The literary work of Art itself, on the contrary, consists of a constant, typical *sound structure*, concretized as 'the same' in all individual utterances of a text. However, the sound-structure needs these modulations in order to be concretized, as, for example, when a poem is read or a play performed. This constant sound-structure is responsible for the identity of the work of Art, which maintains itself despite the infinite variations of its performance in perception. The individual material sounds and sound-formations of a novel, poem or drama remain 'the same' in spite of the fact that in each concretion they differ in tone, pitch, accent, modulation and so on; for example, not only each time the role of Hamlet is played by a different actor, but also with each performance of the same actor maintaining the same style. The major problem now becomes evident. Although borne by the physical sound material, this persistent structure of sounds and their formation cannot 'exist' individually or be 'real' because it could not then be present and remain the same in different sound occurrences. Neither can sound-structure be 'ideal' (in the sense of unchangeable mathematical objects). It comes into being as the product of a creative process, undergoes marginal transformations, is bound to the system of physical sounds, and as a given sound structure is part of a particular context, remaining identical in its concretions. To these structural features of the work corresponds a set of intentional experiences which are their counterpart.[67]

The problem becomes even more interesting if we realize that sound can convey identical meanings because of the identical natures of specific sound formations. This proposition establishes the second stratum of the literary work of Art.

The essence of the second stratum is seen, on the one hand, in the recognition of the irreducibility of a sound-formation to its component sound because of the fact that it consists of irreducible *nova*. On the other hand, the properties of the sound-structures (such as sonority, rhythm, tempo, and so forth) appear *aesthetically valuable*. They carry founding elements for value experience in terms of which the work of Art, on the one hand, and the aesthetic object, on the other hand, are constituted.

Indeed, from identical sound-formations emerge concatenations of *meanings* which constitute the second irreducible stratum of the literary work of Art.[68] They perform specific functions. Meanings of individual words, sentences, and sentence concatenations, for example, within a narrative discourse, sketch objects – an entity, thing, person, state of mind, feeling, and so on – which appear either in a static or dynamic form while unfolding with the progress of the narrative their multiple qualities. This 'unfolding' of objects caught up in specific circumstances (events, developments) emerging from meaningful sentences and their concatenations develops into an organic, meaningful unity. All such situations unfolded in the progress of the literary work form together a world of persons, things, and events belonging to a particular literary work as its specific 'world'.[69]

In addition, meanings have properties of their own: they can be obscure or clear, light or heavy, simple or complex, literal or symbolic, and so on. Through these properties meanings play still another aesthetic role.[69a]

First of all, taken individually, they present a situation in a gay or somber manner, creating the climate of the moods in which the situation is exhibited; secondly, in their interplay they not only contribute to the quality of the mood but also create the style. As Ingarden says, "they are aesthetically valuable elements" forming larger aesthetically functioning complexes. Thus the literary work as a work of Art of aesthetic value consists in an array of meanings.

Meanings in themselves, however, have their own mode of being. Indeed, Ingarden offers a new theory of meaning, refuting the conception by which Husserl, opposing the psychologism prevalent in his early period, laid the foundation for objective inquiry. A meaning intentionally 'signifies' (symbolizes) an object, determining it materially and formally. This significance is rooted in the physical word, but it is not the property of the word. It is, in a way, "lent to it" by the signifying act of consciousness. It is not a physical entity. Neither is it identical with the individual act of consciousness. Thus, the meaning is not psychical. Although it is brought about and sustained by an act of consciousness, it is *transcendent* to the act. It does not vanish with the disappearance of the particular conscious act in which it was conceived. The same meaning can be repeatedly concretized in new conscious acts. In spite of the alteration a meaning can undergo, it does not constitute a substantial part of our psychological acts nor of the stream of experience (in the sense of William James). For example, through the repetition of a meaning in various psychic acts, or by the direct influence of one act upon another, the meaning undergoes some alterations. This does not mean, however, that the meaning is congenital with the respective psychic act. We can transfer the meaning to other people, 'separating' it from the acts, whereas, we cannot separate acts themselves from our individual experience.

Therefore, meanings as such are neither existing entities, nor are they, in opposition to Husserl's contention, unchangeable, ideal *speciei*, because, as Ingarden shows, they undergo modifications in subjective processes. Furthermore, were they ideal, timeless, or indestructible, all works of literary art, stories, lyrics, comedies, and so on, in all the variations in which they have or could be conceived or reproduced, would have existed forever. Thus, the artist would not be a 'creator' but a 'discoverer'. On the basis of this analysis, however, meanings are created and can be modified by the conscious act of the artist, poet, writer – the one who conceives them – intentionally 'lending' identical content to them, while in the concretions the performer of a part in a play or the spectator incorporates them into his actual experience.

Ingarden's new conception of the intentional mode of being of meaningful concatenations presents the meaning as a factor of mediation among various individual experiences. But above all, the meaning, understood in this sense, mediates between the physical and psychical realms of objects as a specific content simultaneously rooted in both, and yet *distinctive* and *transcendent* with respect to both. Because it is understood simultaneously as formed by experience, yet irreducible to it – modifiable by experience and yet separable in its own right with respect to its corresponding psychic acts – it can mediate not only between various acts of consciousness (for example, as a condition of memory), but also serve as a foundation for intersubjective communication.

To the basic 'word' substratum of the literary work (founding the layer of sound and meaning) corresponds in the cognitive scheme of its concretization by the reader the complete set of conscious processes of 'understanding'. The analysis of the 'understanding' of the meanings of the words and phrases belongs to the typical problems of semantic inquiry. Ingarden devotes a most careful attention to the ways in which the 'reading' and 'understanding' of a script and a text occurs with respect to the cognitive apparatus of man and the ways in which meanings are founded in the whole system of language.[70] In so far as the problem of 'understanding' is specifically relevant to the correlation between the structure of the literary work and its concretion, Ingarden introduces a significant distinction, decisive for the re-production of the work by the reader, between the 'passive' and 'active' reading of a literary text. This distinction culminates in the question – how efficacious is the understanding of the text in stimulating the various channels of subjective experience. It applies specifically to the third structural layer of the literary work: the 'represented objects'. In fact, from the stratum of meanings within their concatenations emerge, as we have already indicated, the *objects represented* (such as things, persons, feelings) in their specific circumstances.[71] These objects, consequently, emerge as intentional beings (in opposition to Husserl's conception that the work of Art has an ideal existence); they constitute the third irreducible stratum of the literary work. Objects, together with their qualifications, represented in virtue of a conscious act establishing them by the mediation of a system of meanings, come into existence and maintain subsistence in virtue of the act, which can just as well modify or annihilate them in the process of concretion. However, they are not reducible to the psychic nature of the act; their modifications do not coincide with the modifications of the act.

As is commonly known, represented objects refer to, or resemble, real, existing, autonomous objects of the real world, at least up to a certain point of necessary recognition. From this resemblance a work of Art draws some of its emotional appeal for the reader or spectator, who assimilates its fictitious content and experiences the objects and events represented "as if they were real". The historical and social approaches to aesthetics over-emphasize this Art/Reality relation, bending it on the side of the latter, and they propose to reduce the distinctive significance of this content to a matter of representing a stage in historical evolution or to a question of social habits and cultural style.

At this point, Ingarden brings up a differentiation relevant simultaneously to the explanation of both: the *fictitious* status of the represented events and persons within a text, and the reader's split experience which consists in a response to represented objects 'as if' they take place within the actual reality and simultaneously, as if they were doubling it and yielding the awareness that they do not belong to reality, but consist in a mere play of fancy. There is, in point of fact, the distinction to be made in the ways of enunciating reality: whereas represented states of affairs, as belonging to the real world, are accepted as such because of the *affirmative* mode of the phrases employed for their expression, the contrary is true of phrases in which the states of affairs in a literary work are enunciated, since they are merely *quasi-affirmative* (i.e. affirmative only in appearance). Hence, we infer that they are merely fictitious (e.g. from the description of Dublin in James Joyce's novels we are not to form conclusions about the real town of Dublin, but only in so far as the work has recreated it).[72]

In this way, we owe to Ingarden's conception of the work of Art as an intentional, meaningful structure, the already mentioned insights into the *noema* of real individuals as transcending their constitutive acts *via* the new approach to constitutive analysis which focuses upon the relation between the objects represented and their real correlates.

In fact, the stratum of objects represented unfolding the dimensions and perspectives of their specific circumstances does not make them as fully determined as, for example, their real, existing correlates. The 'real', 'existing' Othello had a complete set of fundamental human properties, including all such individual features as a specific size of shoe, color of eyes, and so on. Death, as a real, concrete event, always has a complete set of circumstantial features, among which none of its causes or manifestations is lacking. In a work of Art, however, we face objects, events, situations not fully determined, but only displayed from some significant point of view. Objects which, in a work of Art are present as mere intentional constructs, appear in their *noematic* contents in chosen schematic patterns in clear-cut situations or developments which, as Aristotle would say, imitate nature "for better or for worse".

These shapes, views or appearances, perspectives, and clear-cut situations or developments, in which the presented objects appear, constitute the fourth stratum emerging from the third as an irreducible *novum*, concerning which we will say more later. At this point, it is appropriate to confront the specific structural features of the represented objects with the subjective process of their reconstruction in the 'active' reading of a work considered, in contra-distinction to the 'passive' submission of the reader, to be 'co-creative', since it activates the attention of the reader to the point of 'transporting' him into the realm of *represented objects.*[73]

In point of fact, to the specific features and assignments of structure of objects represented intentionally by the concatenations of meanings corresponds, on the side of the recipient, a complex, cognitive process of 'objectivization'. This process operates, first of all, the passage from the intentional correlates of enunciative phrases (purely intentional states of things) or interrogative phrases ('problems') to the *objects represented.*[74] No matter what is the degree of correspondence between objects represented and eventually existing things and beings (e.g. Napoleon in real history vs. Napoleon in a romanticized or legendary story), significant in a work of Art are those purely intentional objects established there by means of the purely intentional correlates of phrases for their own sake. They are established in the structure of a novel, a drama, an epic poem in order of succession (discription or presentation of situations, persons, or chains of events within 'objective situations' through the entanglement of events, intricacies of problems and their aspects in the unfolding of a plot, repetitions or fluctuations of mutual relations among persons, elements or events), through which a complete universe with its own dynamism of action and its own specific emotional atmosphere emerges. This dynamic concatenation of events and conscious processes through which objects represented are moulded, completed and endowed with life, is meant to be acknowledged – grasped in its transformation from one phase of development to the other – as a 'world apart'. The reconstruction or incarnation of this 'world apart' established in its intentional structure in the work of Art necessitates a system of specific subjective processes. It is accomplished by the reader, performer or spectator, according to Ingarden's analysis, in the process of 'objectivation', which solicits his active involvement, drawing upon and bringing together the complete set of his experiential capacities in a conscious pattern of an *intentional synthesizing activity.*[75] It is due to this synthesis in which the reader or spectator responding to all the intricate elements of the work grasps intentionally the *noematic* sphere of the work – differentiating it in its meaningful complex – that the layer of represented objects emerges as *quasi*-independent from the semantic layer. And yet it is from the semantic layer that it draws its consistency and rigour, and it is the semantic layer upon which the subjective aesthetic perception (or reconstruction) of the work relies. Its deficiencies, which would permit the subject to rely more on his own personal devices and invention and free him from this network of intentional references, hinder or make impossible a correct perception of the literary work of Art. The semantic layer of the objective structure of the literary text, comparable to the musical pattern in the musical score, or to the arrangement of colourful shapes in painting, establishes the unshakable foundation for a rigorously strict experiential response of the art perceiver, indispensable for a correct art perception.

It might be objected that some flexibility and opening up in this strict correlation between the structure of the work and its reconstruction by the reader seem to appear, however, when we consider some particular points of this synthesizing process in the concretion of the represented objects corresponding to the feature of *schematism* in the structure of the work of Art. Indeed, the literary work does not offer *all* its factors to be reproduced intentionally in a strictly pre-determined fashion from the semantic basis onward. For in regard to a literary work of Art, in Ingarden's view, the essential level of represented objects, toward the constitution of which the preceding strata converge, is distinguished by a specific 'schematic' mode of 'representation'.[76]

Not all the events of the plot appear on the stage in *Macbeth*. We learn about some of them through excerpts of reports given by the protagonists. There are others which we simply infer, as, for example, supposed links within a chain of the same action. Nor are all features describing the protagonists indicated, nor are all their actions produced or envisaged – not even by the authors or dramatists in question. In fact, life, people, intrigues, all are present in the structure of the work only through a set of carefully selected and established elements and in shortcuts, in certain specific perspectives, and from certain angles. It is left to the recipient to fill up this gap in his experiential process in order to bring about the represented objects, otherwise merely outlined. To this purpose he is called upon to bring in concrete gestures, emotions, evaluations, and to become, in this sense, the co-author of the work.[77] The space and time perspectives in which objects are represented in the structure of the work – distances between represented events, as well as the schematic viewpoints and other means by which a character is revealed – have in this subjective synthesis a particularly important aesthetic function: through their specific selection they instigate the style of the characters, events and overall atmosphere; they may also play a purely decorative role.[78]

This structural mechanism of the work of Art, to which the subjective process of its cognition is geared, enables us to see more clearly the specific, intentional nature of the work of Art as such. In the work of Art itself objects are given only schematically, fragmentarily, in prespectives purposely chosen by the artist. It is up to the individual – to the subjective experience of the reader, spectator, or performer – to make them complete in the form of a concretion. This need, intrinsic to the nature of the work of Art for turning the sketch into a complete form in the concrete with the help of individual experience, is nothing other than its 'intentionality'. This 'intentionality' is two-sided: objective and subjective, ontological and experiential. It explains how various concretions of the same work of Art can be interpreted, appreciated, and evaluated disparately by different spectators, while at the same time the work of Art offers an indisputably identical nucleus of intersubjective elements and values which permit people to recognize it as 'the same', as well as to recognize its inherent, historically established value. On the side of the cognitive or receptive process, this structural schematism leaves room for innumerable and vastly diversified individual differences. Would this flexibility speak for an opening in the obviously tight straitjacket of correlation: "structure of the work of Art – intentional process"? However, that is not the case, because not only does the completion of the discontinuous sequences have to be effected by intentional processes, as Ingarden insists, but it also constitutes the very process of the *intentional systhesis*.

In fact we are warned that in order to accomplish the *correct* art perception by filling in the calculated gaps of the structural skeleton with our subjective life-experience we are obliged: (1) to keep within the limits of the established texts or another type of art structure; (2) to maintain conformity with the semantic layer; (3) to choose from the whole range only the one variant to be actuated in experience, and to conform to the range indicated in the structure and determined from different angles of the whole indicated situation. The 'fidelity', so conceived, of the aesthetic perception to the work of Art imposes such strict limitations upon the author-reader cooperation that it is doubtful whether it may, in any sense, merit the term 'co-creative', with which Ingarden qualifies it.

3. *Is the Pluridimensionality of Experience Hinted at by the Polyphonic Harmony of the Multilayered Structure of the Work of Art and Its Correlate, the 'Aesthetic Object', Adequately Acknowledged?*

The apex of the correlation between the structure of the work of Art and the *intentional synthesis* in its concretion by the receptive subject can be seen in the way in which, on the one side, the multi-layered structure forms an 'organic unity' which amounts to an overall effect of the 'polyphonic harmony'. On the other side, it finds its cognitive concretizing correlate – as the summit of a possible and the only adequate art perception – in the formation of an intentional *aesthetic object*.[79]

The thoroughness with which Ingarden distinguishes all the nuances of elements entering into play on both sides allows him, on the one side, to show, at least through some types of works of art, their diffusion throughout the major domains of the objects he has distinguished within his ideal universe of possibles, and on the other hand, the nature of the cognizing concretizing subject, man, in a pluri-dimensionality of experience.

In this two-fold perspective elaborated to its ultimate conclusions, can we not hope that man may appear as breaking through the border of the automatized constitutive processes, transcending his universe and himself? In fact, each of the four strata previously mentioned, if taken separately, merely exists for itself, yet they are all most intimately interwoven in the work of Art to form an 'organic unity'. However, their intimate interplay would not result in a work of Art but in a mere construction, if they did not also function as aesthetic values. A work of Art, considered in its aesthetic sense, displays a specific, intangible glamor, resulting from the merging of its constitutive elements. The work of Art as an *aesthetic object* is the consequence of a "polyphonic harmony" of "aesthetically valuable qualities".[80] Although the recognition of the purely aesthetic significance of a work of Art is contingent to a considerable extent on subjective, individual differences in appreciation, this recognition finds an 'objective' foundation in the objective realms of the strata mentioned.

As a matter of fact, the apex of the aesthetic value in the work, emerging as a product of the previously mentioned aesthetically valuable elements and in particular from the objects represented, is the specific atmosphere wherein the represented events, persons and circumstances, together with their specific aspects, move in their own affective flow and fragrance. This atmosphere has an overall representative 'metaphysical quality' (or qualities): of the sublime, the tragic, the terrible, the demoniacal, the sinful, the holy, of the "indescribable brightness of happiness", the comic, the ugly, and so on.[81] Metaphysical qualities are not properties of objects and events represented, or of the psychical acts concretizing them. On the contrary, the outburst of metaphysical qualities is rooted mainly in the stratum of the objects represented, although they draw upon the aesthetically valuable qualities which permeate all the constitutive elements of all the remaining strata. It is in the manner in which metaphysical qualities come about that the most genuine artistic achievement lies. Their emergence within the work of Art is built up and often announced by various phases in which it glimmers momentarily before its point of culmination is reached. In the line of concretion, individual subjective experience has to culminate, correspondingly, in the synthesis of processes comprising the concretion of all the strata, in order to release the metaphysical qualities.[82]

The metaphysical qualities play a salient aesthetic role in the work of Art. The "polyphonic harmony", Ingarden says in summary, "is precisely that 'aspect' of the literary work which, together with the metaphysical qualities emerging as constitutive elements of the work, makes it a work of Art".[83]

On the part of the percipient this structural unifying 'polyphony' of all the elements of the work is matched by what we may consider the crowning point of art appreciation or of the aesthetic concretion: *the aesthetic object.*[84]

Indeed, the correlation, 'structure – intentional constitution', culminates in Ingarden's masterly and careful analysis of the way in which the progressing synthesis of the work's concretion by the percipient's reaction, at the point at which a complete object, subjectively identified with the work of Art, is constituted. The intentional synthetic process proceeds by a series of cognitive operations which first, however, have to lead to the recognition of elements in their concatenations in order to be reconstructed in the subjective experience in their aesthetically valuable aspects. Differentiating extensively *possible* aesthetic values (and distinguishing them from 'artistic' or ethical ones) Ingarden seems to see the process of the constitution of the aesthetic object as the ideal limit of the *identification of the work of Art with its cognition simultaneously as referring to the complete set-up of the individual subjective experience and the interpretation of their noematic content* with reference to values. Leaving aside, at this point, the intrusion of evaluation in the aesthetically constitutive process with its reference to values as *ideal* entities, we will stress the relevance of the *extension* of the correlation "structure of the work of Art – intentional process" to the philosophical questions which guide our investigations.

In fact, the ultimate form of this correlation, the polyphony of the work of Art, extending through a number of otherwise existentially heterogenous domains of beings – the constitution of the corresponding aesthetic object drawing upon the pluri-dimensionality of man's experience – may allow us to expect that, comparable to the distinctive ontological-existential rights attributed in Ingarden's formal ontology to the domains of objects, the different dimensions of man's functioning (motor, sensitive, affective, imaginative, rational) will come into their own rights, as they enter in their specific fashion into our experience of art.

As stated in the formulation of our initial concern, we subscribe to this expectation, with all its possible consequences, and, indeed, such an anticipation seems to be supported by the role played in reverse by different experiential dimensions of man, relative to many features of the very structure of the work of Art.

In fact, not only in the correlation under discussion does the cognition of the work of Art follow the structure of the work, but, in reverse, it would seem that different types of works of art, by their very 'substratum' or medium – which belongs to a certain domain of objective reality – are correlated with a type of cognition and, by means of this specific type of cognition, are conditioned, in turn, in their structure.

The work of Art, which is existentially rooted in the intentional act of the author, as well as in the virtual acts of the recipient, in its multi-layered structure makes reference to its subjective concretion – first of all to the cognitive faculty, different for each layer as its structurally conditioned parallel. For instance, the basic and unique fundamental layer of sound in the musical work determines for both sides of this correlation the specifically irreversible temporal succession in the structure as well as in the concretion, whereas the essential concentration of the plastic art (especially painting) in the visual sphere brings about a structural pattern contrasting with both the musical *and* the literary.

Concerning the distinction between these latter two, we find that they differ essentially at the point of their respective *constitutive bases* and *means of representation* of objects. This stratum (whatever may be the adequacy of correspondence between the *artistically* represented objects and objects of the real world, since at its limits we have an objectless and totally non-representational art) is, as we have emphasized, still the fundamental point of reference for art perception. In the literary work of Art the meaning in its concatenations intentionally brings forth the appearance of represented objects. In contra-distinction, in painting the intentionally represented object emerges from visual appearances selectively established by the painter.

Hence, in their function of bringing about what in the interplay between the spectator and the work of Art has to be constituted as an articulated object, ultimately rising in subjective concretion to the level of an aesthetic object, their structures are differently formed with reference to the respective cognitive faculty which plays the preponderant role in the layer distribution.

For instance, in the literary work where meanings play the major role, represented objects appear in the language fold in successive arrangements of temporal phases, in which the characters of the protagonists, the events, the situations, unfold their inward conflicts, with their transforming effects. In painting, on the contrary, rooted in visual perception, the perceptive act, although itself a process, catches once for all a momentary and passing view of its represented object, and establishes it as a fixed instantaneous datum (e.g. the portrait of a person as he is at a given instant in one or another mood – the 'Self Portrait' of Rembrandt; states of affairs or an event – 'Embarkment upon Cithera' by Watteau or 'The Night Watch' by Rembrandt). Even if some perspective of past history or of the future is implied in this representation, yet, it does not allow, unlike a literary work, for the successive unfolding of the plot or for a lyrical progression of emotion. "The temporal continuum" as Ingarden calls it, of the literary work, spreading through the successive phases of duration, corresponds directly to the plurality of phases in which the percipient, the reader, is obliged, accordingly, to concretize it in his profiles of represented objects.

The indispensable, strict correlation between the work and the continuity of the subjective concretizing phases of experience implies that its distortion will preclude the accurate formation of the intentional aesthetic object.

The most significant result of Ingarden's inquiry should now be stressed. The outstanding feature of his analysis consists in demonstrating that several heterogeneous strata, which in the history of thought have been considered as belonging to divided and irreconcilable realms – extending from the physical and psychic, through the meaningful up to the metaphysical qualities of the spiritual – not only can enter into a composition with one another, but can even constitute the organic unity of a homogeneous object. As our investigation shows, this unity is obtained by bringing them together under two general categories: objectivity (comprising the domains of being), and subjectivity (meant to comprise various dimensions of man's experience). The diverse elements subsumed by these common denominators do not appear there in their own right and functional specificity, but in the guise of their purely intentional moulding. In fact, going all the way with Ingarden's analysis to its ultimate conclusions, we may venture to say that it is only in the virtual concretion of the aesthetic object by the percipient – or at least in the *possibility* of actualizing it through *communication* between the author and the recipient – that the work of Art consists (e.g. a play is meant to be performed, a poem or a novel to be 'read', a painting or a movie to be 'shown', etc. Each of these references implies a recipient and a medium of correspondence between the work of Art and its reception). The structure of the work of Art guaranteeing this correspondence appears as its necessary constitutive matrix, in fact, *ideal* nature; whereas in its nature *per se* the work of Art is purely intentional in the sense that this ideal pattern of structure indicates and determines the intentional pattern of experience to be actualized in the individual consciousness of the percipient and has been concretized first in the work of Art also through intentional processes of the artist. Only as long as in the actual historical progress of the actualization of the ideal pattern into the fullness of an intentional aesthetic object in individual experience remains possible, is this intentional object 'alive' in the sense in which we talk about a cultural trend or an 'institution'. In the contrary case, although the ideal pattern can be actually preserved in time through cultural documents etc., we speak about a 'dead language', a 'dead culture'. Yet, in the prospective of this closed-upon-itself correlation we do not reach a point to transcend the historicity of man and civilization.

Of course, we know that it was precisely the anticipated aim of Ingarden's extensive aesthetic inquiry to show the purely intentional status of the work of art. If we have devoted so much attention to this already well-known point, it is in order to see the consequences of the way in which Ingarden establishes this point in relation to the great philosophical questions he ultimately plans to envisage. Indeed, does this novel, two-fold objective-subjective perspective of inquiry into the status of beings *do justice to the distinctive rights of man's experiential faculties?* Shall we in this way break through the *sovereign rule of reason, of ideal structure and objectivity*?

To answer these questions, essential to our inquiry, we have to formulate them with more precision and within the complete framework of our investigation.

4. *Basic Flaws in Ingarden's Approach Concerning the Problem of 'Transcending' the Transcendental Circle*

It has to be granted to Ingarden's inquiry into the formation of the *noemas* of objects in their structural and 'material' composition within the subjective intentional process, that, firstly, a distinctive approach – as over against Husserl – showing a feature of 'transcendence' of the *noema* of a real individual rooted in its ontic structure – with respect to the intentional acts in which it is constituted, is established. In contradistinction, it is revealed that this 'transcendence' is not reached by the 'purely intentional' work of Art, whose existential status is inseparable from and totally determined by the corresponding intentional process. Secondly, as we have already pointed out, the intentional activity of man seen by Ingarden as the vehicle of art, but also of social institutions, science and culture at large, makes man in his conviction overcome the stage of animality and reach beyond the bondage of nature.

But did we advance through the simultaneous approach, ontologico-experiential, conceived in the Ingardenian fashion, one step further toward the disentangling of the initial knot of difficulties inherent in the Husserlian-Ingardenian foundation of phenomenology which underlies and pre-determines the formulation of the problem concerning the status of the real world and man in it?

If such an advance can be claimed, it consists, not in disentangling this knot, but in making it apparent. We would venture the conclusion that the way in which Ingarden has conducted it, the approach to the intrinsic *noema* of the work of Art in correlation with its intentional process-concretion has, on the one hand, only tightened and inseparably united the ontic with the intentional aspect into a two-fold, but indissoluble mechanism, weaving the rational texture of the aesthetic object by rooting it in the structure of different types of works of Art in various media (the literary work in its sound material, the plastic work in the medium of canvas, paint etc., the architectural work in stone, marble, metal etc. – shown to belong to physical reality as their initial 'objective bearers').

Ingarden believes that he has established a definitive explanation of its existential status. But, does not this intentional status absorb any distinctive existential feature of other domains of beings entering into it? However, this question is not yet the basic issue confronting the relation Art-Reality, which, if taken into consideration, could have modified the above approach. The intentional analysis might camouflage rather than give access to it.

In fact, the question after the origin of the system of means of expression which must and does arise with respect to every great work of Art (especially visible in the limit-case of poetry and lyric expression) is and always has been: "What are the sources – in what commerce of man and Nature lie the hidden springs of a selection that a poet makes of each word, its sonority, meaning, power of evocation; a painter of various nuances of colour, their configuration, the style of design into which they should enter, etc.; an architect, a figured expression of his functional purpose; a musician, a key to a melody, its sequence etc. – where an expression for artistic vision can be found? According to what regulations is a certain linguistic, visual, sonorous or three-dimensional form articulated in a particular work of Art and in no *other*? With the help of what guidelines does the deliberation and selection in the concrete constitution of the aesthetic object proceed?" These are questions which concern not only Art, but the 'art language' through which Art is currently approached. It seems that only through these questions – and not through those that can be answered by the intentional transmutation of levels of experience and by the establishment of its intentional fragments into concatenations of processes or through the intrinsic interlockings of ideally conditioned structures, can we approach the formation of the *noemas* as involving realms *transcendent* with aspect to objectivity. Can Ingarden's strictly "structure – intentional process correlation" system give access to these questions? The treatment of the existential status of the work of Art in his approach appears insufficient.

Indeed, it seems that in his strictly immanentist-structural perspective there is no need – nor place – to bring up the question of the *actual concrete effort of man to bring about the work of Art by his inter-worldly activity*. Questions concerning the reasons for such an undertaking and regarding man's initiative as stemming from his inter-worldly status, cannot be raised in this approach since all that mattered for Ingarden's ontologico-cognitive purpose is present, and has to be solved on the basis of already present data. Hence, these questions are replaced by one question: "How does the artist communicate with the recipient through the work of Art?" This question is treated in terms of establishing the previously analyzed correlation.

Yet the precise point at stake in this relation, work of Art – its recipient, is whether, indeed, there is not something beyond and prior to the established *noema* of the work of Art? It may be that this *noematic* structure is but the medium of a 'message', as it is usually called, which the author wishes to 'communicate' to other men, and for the sake of which the work of Art in its specific, concrete and unique correlation has been devised as such and no other. Discussing the final 'purpose' of the work of Art, Ingarden, however, emphatically excludes any other aim of Art but the concretization in the work of Art of the aesthetic object for the sake of the percipient's specific recognition and experience of aesthetic values. Yet, in line with the allusion we have just made, there may be more to a work of Art that, on the one hand, calls for deliberation and calculation regarding such and no other structure as the appropriate vehicle for the message that the artist chooses to convey to the recipient as its purpose or aim. And, on the other hand, is it not through this message 'transcending' the everyday objective world, that the recipient of the work of Art expects to reach *beyond* the aesthetic object?

Could we account for such a 'transcending élan' of the spectator by the ultimate transcendence of aesthetic values seen by Ingarden as nothing but *ideal objects*? Or do we see values as Husserl did, as belonging integrally to the transcendental realm? Or in the manner of Ingarden, do they not appear precisely in the Husserlian-Ingardenian framework of aesthetic analysis *simply as basic factors of the constitution of objectivity, bound to it in their function rather than opening up a trans-objective perspective*?

It may be objected that the apex of the aesthetic object, namely, the 'metaphysical qualities' releasing an 'elevated' type of experience in the percipient, take care of the 'transcending élan' of man. Indeed, they account within Ingarden's pattern for the presence of the 'highest' or most 'elevated' aesthetic elements as founded in the aesthetic values: the beautiful, the sublime, the elevated etc.; yet they are understood in themselves as 'qualities'. However, to have conceived of them in terms of 'qualities', that is, intrinsic constituents of the structure of the work and of its correlate-system of intentional experience of the recipient reduces them to the *noematic* content of intentional constitution. Can they, as 'objective' qualities, enclosed within the structure-concretion correlation account for that élan transcending this very system? Aristotle, also caught up into the merely structural approach to the work of Art, proposing the correlated notion of *Catharsis* as the essential way of response of the spectator to the tragedy, likewise falls short of understanding the basic significance of Art.

Whereas, as we have shown elsewhere, the ultimate aim of a work of Art is not to encircle the recipient in the narrow sphere of the work, merely enlarging or enriching his *life-world* horizon, but to *raise him above its limits and to open him to new modalities of experience.*[85]

Is it not precisely within the very significance of Art to achieve not only the dramatic *catharsis* of our conflicting pressures that the everyday submersion into the necessities of existence causes, but first and foremost, to bring about the unfolding of our latent potentialities of experience, allowing us to *transcend* in the full sense of the word, that is, both the work of Art and ourselves, toward new and unprecedented perspectives of the world and of our own being?[86]

Artistic accomplishment can be measured precisely by releasing experience *capable of breaking through the intentionally enclosed framework, man-world, and opening it toward a radically unobjectifiable perspective.* Can the aesthetic object, as conceived by Ingarden, alone account for the orphic elevation of a Gérard de Nerval or of a Nietzsche, which causes the narrow dullness of life to explode into a universe of Beauty? Can it account for the lyrical swing of man's emotions into metaphysical élan in the poetry of a John Donne, or for the sublime inward call of the poems of William Blake? They all indicate at first sight another type of vehicle than those Ingarden has considered, transcending objectivity as such. Can we not conclude that behind this apparent inadequacy of Ingarden's two-fold approach, by means of which he expected, but failed, to avoid the Husserlian trap of the one-sided exfoliation of reality, there lurks, as of crucial importance for the appropriate approach to the status of the real world, the issue of the *unity of beings*? Indeed, it may well be that the key to the gate leading out of transcendental objectivity may serve also to establish the unity of heterogenous domains of objects.

5. *The Missing Factor in Ingarden's Aesthetics: the Dynamic Modalities of Action*

Throughout our critical investigation of Ingarden's attempt to establish the new formulation of the *Idealism/Realism* issue, we have tried to outline an argument that would show the basic point of his difficulties, revealed in so far as how the nature of the articulations of the different heterogenous domains of objects would guarantee to each its own specific rights.

In fact, as we shall see, Ingarden, in his last period of reflection, must have become aware of the insuperable difficulties of his position, for seeking how to reconcile unity and discontinuity, structure and dynamism, he introduces a new approach into his framework which we might interpret as an eventual attempt to envision the above mentioned problems: the approach through *action.* First, he scrutinizes physical action through the mechanisms of causal relations on the physical level of the real world. Then he seeks in the moral action of man a model integrating into one continuous set of articulations ideal values, spiritual and psychic processes, as well as the physiological functioning of man as rooted in physical Nature.

But the crucial question arises: "What conditions should the notion of action fulfil in order to play this key role with respect to the total project of phenomenological reconstruction?"

Before we advance to introduce in our reflection the two ways in which action *is* conceived by Ingarden, we must first point out that in the aesthetic perspective under discussion – and it may prove to be the essential one – Ingarden's approach prevented him from seeing and acknowledging the role of modalities and conditions of action in establishing the aesthetic *noema* through the work of Art. Should we not, at this point, recall Leibniz' postulating in the "genetic definition" that for an adequate knowledge of something we have not only to consider the essential features of what it is, but also the *ways in which it actually or possibly comes about?*

The essential limitation of the otherwise incomparably nuanced and correct conjunctive approach to art – the work of Art as a *receptive* experience – appears, indeed, to be that it cannot take into account, nor does it allow an approach to the work of Art directly from the point of view of the *act of creation* of the work. In fact, centering upon the structure of the intentional content of the work and of art experience it misses altogether the ultimate perspective: that the work of Art is a product of a specific *act of creation*, and as such it stands, as we have already indicated, for something *beyond and prior to its objective content* of aesthetic values. As we have pointed out in an earlier work, if we refer the work of Art to the modalities of its genesis, we discover on the borderline of the accomplished structure and the *teleological* orientation of the creative process, an essential factor of continuity. It cannot be – and here we agree with Ingarden – identified as a piece of information, nor as an idea nor ideology, nor is it an attempt by the artist to present an educative principle. These latter elements – often taken respectively as 'aims' of a work of Art – belong exhaustively to the objective content of the work of Art as its intrinsic constituents. But the analysis of certain works of art reveals that there are essential factors, which, at the same time, belong to and encompass them, to which the whole work of

Art is subservient, and which cannot be grasped along the lines of the Ingardenian structural-intentional analysis.[87] To bring about its emergence or revelation in the aesthetic experience of a work of Art, we have to *transcend the work itself and consider the vision which presided over its creative process.*

Indeed, we cannot reach the vision of earth presiding over Cézanne's creative effort to convey it through his paintings, nor can we grasp his artistic message without reaching beyond corresponding 'aesthetic objects' which in the Ingardenian analysis would incarnate it. On the contrary, the aesthetic object, pinnacle of intentional perception and enjoyment, has to be broken into pieces in its structural skeleton, in order that this vision may emerge. In point of fact, Cézanne's vision of the earth is alien to our experience in the current life-survival oriented intentional system, and calls for a unique *trans-objective plane in* order for it to be revealed. It is just such a unique *trans-objective* situation of experience that Schongauer attempted to evoke in his representation of the encounter between the resurrected Christ and Mary Magdalen, and the inexorable ferocity of life which Zola sought to reveal through his novels. There is then at the border-line of a work of Art its *creative process*, the *Vision* of which contains *a message to* be *communicated* by the artist to the percipient. The structure of both *the work of Art and the intentional correlate of its concretizing appear as mere objective means of this communication.* The message, which in itself is trans-objective-ineffable as the above examples show, cannot be grasped nor represented by intentional means.

Ingarden did not fail to touch upon the problem of creativity in his analysis. He brings up several points relevant to the phenomenon of creativity, especially in his analysis of the musical work of Art as revealing specific structural differences from other types of works of Art shown through the 'creative behavior' of the composer. However, Ingarden introduces them only in so far as the analysis of the immanent structure of the work of Art indicates. Consequently, the *break-through toward the creative process with its decisive progress, sources, regulative principles, etc., is precluded.* As shown above, within his framework, creative activity is deliberately submitted to the rules of the intentional system since his ontological categorial scheme with the supreme rule of ideal *genera* does not allow for original and novel objects to enter the real world.

We have seen that it was not enough to approach it in the structural-intentional correlation between the objective and the subjective 'neomatic' intentionality. It has enclosed us within the narrow frame of objectivity definitely encircled within the three-dimensional network: pre-given ideal structures – rules of *noematic* constitution – (in strict relation to the first) – subjective 'reconstructive'/cognitive intentionality – all three tied up within a rational network representing some of man's functions and accepted with apodictic certainty. However, having brought this approach to its final conclusions, Ingarden has revealed its flaws and thereby, in fact, prepared the ground for undertaking anew the investigation of the whole issue. Ingarden's intentional-structural approach closes the issue instead of taking into account this crucial point concerning the work of Art and its reception. In fact, having taken up elsewhere on our own, the issue of the limitations of the transcendental position, approaching it directly in the perspective of the *creative experience*, we submit that *message* and *vision* are precisely those factors of the work of Art that not only give art its specific significance as another type of communication than that of objective information, but also that the constitution of the work of Art is subservient to them. Seen through the prism of the creative process, are they not factors determining the work of Art *by prompting creative endeavors toward introducing into the constituted world a radically novel and original object?*

To conclude our criticism of Ingarden with an alternative proposal to his (to understand the work of Art, starting with its structure) the emphasis should fall upon the search for its vision and message, that is, from the state of affairs, we are directed toward the process of their production: *creation.*[88]

If the creative process, as we have established it elsewhere, can be seen as a *chain of human acts* which runs through all the dimensions of objectivity, constructing a novel object and establishing it in the intersubjective, real world (simultaneously breaking the system of objectivity as such) we propose that the issue of continuity of Being and that of transcending objectivity should be seen in relation to the investigation of the *modalities of action.*

Will Ingarden's hint of an approach through *causal* and *moral* action do justice to these issues?

Chapter III

ACTUAL EXISTENCE AND 'THE PLENITUDE OF FORMS'
The Switch to Metaphysics of a Pluralistic Universe?

Ingarden's formal-ontological investigation which has at its center of interest the domain of the real world and that of the monad-soul has, as we have just seen, culminated in mapping the territory for the disentangling of the relations between the soul and the body. It has also narrowed considerably the possible significance of the eventual confrontation between real world and pure consciousness. In fact, according to the formal-existential laws, the real world and the human monad/soul as established in their respective ontological structures can be with respect to each other only in one of the two relations: the world remaining in its components existentially autonomous as totality would be existentially independent in its essence as well as in maintaining itself in existence from pure consciousness. It would be existentially derived from it. Ingarden calls this relation 'absolute creationism' in contradistinction to its variation 'realistic dependence creationism' in which the world would be also existentially dependent of pure consciousness.[89]

And yet this confrontation remains still extant since the approach to the soul and body in immanent perception fell short of offering an access to the material nature of both. In spite of the wealth of difference in point of detail with Husserl and in spite of its autonomous state, (the ontological transcendence of the real individual, etc.,) the real world is in the final analysis disclosed as existentially derived from pure consciousness and pure consciousness stands out in an absolutely privileged position. The solution at first sight does not lie too far away from Husserl's transcendental idealism. Does the term 'creationism' with which Ingarden accentuates the difference in perspective (not constitutive but ontological) stand for an essential change with respect to the prerogatives of pure consciousness? This ultimately privileged position of pure consciousness which, unexpectedly, Ingarden has to acknowledge is for him, on the one extreme, the guarantee of freedom from the bondage of Nature. On the other extreme, however, is it not from material dependencies on the part of the bodily functions, representing the subintentional interweaving between the real world and consciousness (and mediated in Ingarden's conception by the soul), from the 'absolute' bondage of pure consciousness that we have to seek freedom? As long as this part of the elucidation was out of sight we did not in principle advance much by replacing the term 'constitution' by that of 'creationism', otherwise than changing the epistemological for the ontological way of explanation. Since 'creationism' in Ingarden's ontological perspective falls short of the classic metaphysical considerations of its modalities, *it is, like 'constitution', synonymous with 'production'.*

In fact, should pure consciousness originate the world as a totality, what would be the modalities of this origination? According to what rules would it proceed? In Ingarden's emphatically expressed assumptions the ontological constitution of the components of the real world and their network falls, as we have stressed, without exception under the *jurisdiction of the Aristotelian system of types with the sovereign rule of the highest genus. Consequently the bringing about of the world would not involve the selection of the possibles towards their actualization in concrete existence.* Thereby the *deliberation/choice feature of cosmic creation* is *a priori* eliminated; as the possible mode in which pure consciousness could originate the world only a predetermined production is left.

Nevertheless, only the material investigation can possibly (1) indicate with precision whether it is with respect to pure consciousness or maybe to another factor – still unexplored in this respect – that the existential derivativeness of the world is to be interpreted; (2) to complete the linkage system among the different domains of objects and thereby indicate the modalities of their existential ties with final precision.

Should we establish the means of the material investigation and discover the modalities of the eventual passage between the soul and the body, the solution of the controversy might be confirmed by the option of one of the two proposals; it might indicate still another factor to be considered, or it might as well, in an unforeseeable way, turn upside down the constructed ontological edifice and make us revise the details of the formal ontological results. In any case, however, the material investigation can be expected to reveal the knot of the crucial linkage among a number of domains of objects differentiated by Ingarden.

In fact, the conception of the soul outlined above appears to fall into the Aristotelian pattern as being the boundary line between the corporeal and the incorporeal; it seems to constitute simultaneously the highest member of the *genus corporeum* and to be at the bottom of the series of the mental/intentional *genus*. As such, we could interpret it as the possible point of convergence in which the formal rational order of intentional organization of life finds its counterpart in the material to be transformed by its functional organization into arteries and channels of motion; it grows in one direction, and outgrows it through the higher intentional constructivism of man, under the auspices of ideal prototypes of values in the other direction.

Yet even having obtained the knowledge of the material nature of things and beings we would be short of solving the problem of the status of the world and of consciousness; we are still missing the existential statement whether, as ontologically conceived, *things and beings actually exist*. The clue indispensable to assess the *actual existence* is not visible. As long as we miss it all remains provisory.

Nevertheless, the soul/body territory seems promising as an artery of the linkage which Ingarden seeks to find between the different domains of objects, essentially involved in the *Idealism/Realism* issue.

However, Ingarden's gigantic effort finds a striking development in which the phenomenological trend of reflection reaches in a powerful swing radically beyond the constitutive schemework of Husserl. The problem of the relation between the real world and pure consciousness is ultimately brought to the question of the *interweaving* between the domains and types of objects. Facing their *pluralism* this complex issue cannot be pursued in isolation nor in a fragmentary singling out of some of them without considering others. In point of fact, before the status of the real world among them may be appropriately acknowledged, the *unity* of the spontaneously delineated complete sequence of objective domains must be established first.

Is not the question of *'connexio rerum'* already essentially inherent in the differentiation of the types of beings and their corresponding domains? Ingarden did not remain unaware of the eventual "unity of the All of Being". Continuing the Husserlian line of thought he envisaged the eventual quest after the unity of all objects as the quest after *one* principle, which according to him, if initiated too early – as by Husserl –

might compromise the whole undertaking by bending the inquiry to reduce the existential heterogeneity of objects or beings to one homogeneous type. He seems to have overlooked that the ways and means through which he has been defining the distinctiveness of one type of objects over against the others might have constituted already a thread of common principles applying to all of them, although in a different way, and accounting for their irreducible distinctiveness.

The thread of unity which runs through the differentiation of types of objects is evident already in their natural falling into the hierarchical articulation of a *sequence*. Instead of being merely chaotic and inconsequential, they are divided first along the line of the *absolute* and the *relative* existential status. Continuing the principle of *gradation* in existential *original/derivative, autonomous/heteronomous* and *independent/dependent* sections different instances of the types of objects and respective domains seem to outline the complete scale of the rational discourse, from the most abstract to the concrete. This existential gradation is rooted in the differentiation in complexity and internal compacity of structure of the types of objects. The gradual progress in structural complexity proceeds as follows: (1) the 'pure qualities' as building blocks of structures; (2) the 'individual objects', which vary in intrinsic complexity and cohesion of their constitutive moments (and which serve as a basis to establish the existential scale of 'temporal objects' with various degrees of intrinsic independence from external conditions); (3) the 'a-temporal objects', reposing in themselves and not subject to change; (4) the 'existential optimum' of the perfectly coherent, self-reposing, self-enclosed and consequently responsible for its own origin 'Absolute Being'. The *great chain of being* of the classic philosophy seems to be retrievable through the Ingardenian sequence of objects.

As we have seen, there is a special effort made to specify further the essential thread of continuity among the elements of this sequence; this is done in terms of specific mechanisms or ties of existential interweaving between the domains of objects through the existential *functions* they accomplish towards each other. The tightest network of such a linkage we have discussed above is present among the cluster of the formal elements functionally interlocking and existentially interwoven within the monad/soul. But there is still to be added the correlation between the intentional/*noematic* structures and subjective intentional processes; the specific linkage between the works of Art, as purely heteronomous objects and conscious acts in which they are constituted; the correlation between the aesthetic ideal values and the concrete values concretized in Art perception; at last, and not least, a functional correlation between ideas and concrete objects 'mirrored' in their 'contents'. The two last ones, at this point – and even till the end of Ingarden's research – remain enigmatic and yet undoubtedly the complete edifice of Ingarden's program stays and falls with them. In this brief enumeration we cannot omit the specific doublesided immanence/transcendence ontological feature of some types of objects, which – like the person rooted in transcendental acts and yet transcendent with respect to them – throws the bridge between the domain of pure consciousness and the otherwise separated soul.

Some of the major existential domains are not yet investigated and their linkages are so far missing in Ingarden's analysis – the *Idealism/ Realism* solution remains to be discovered – and yet a meta-ontological thread of unity running through the established sequence of objects seems to bind them like an iron chain together. Every one of them appears as an existentially indispensable moment of the complete orderly substructure they outline: would disproving of its validity not lead to the collapse of the validity of all? But conversely, can we not see in the turn that Ingarden's investigation took in making the solution of the *Idealism/ Realism* controversy ultimately dependent upon the modality of ontological interweaving between different domains and types of objects (or their constitutive moments) a possible shift from the cognitive to the ontic – undertaken in order to find the *conditions of the passage from the possible to the actual existence*?

Should the ontological investigation prove capable of accounting for the complete spread of the *universal sequence of objects* outlined above; that is if we were to grasp the still missing empirical realm of the body, would we not reach the metaphysical condition of actual existence known in the philosophical tradition of the great chain of being as *the plenitude of forms*?

Following the Aristotelian-Medieval tradition, revived by Leibniz, could we not see in the complete sequence of possible forms from which, according to the initial *a priori* laws, no segment could be missing in the actual universe of things and beings devised as necessarily containing their full scale according to the principles of *continuity* and *gradation*, the sufficient condition for the possibles to be actualized in concrete existence?

Thus the key to the passage from the universal to the concrete, from the potential to the actual would be identical with the key to the system of the intrinsic interweaving running through various segments of the universal sequence of forms. Abandoning the spurious quest after a specific type of cognition as means to assess the actual existence of the merely possible things and beings we would, in this roundabout way, find such means in the *a priori* existential postulate intrinsic to the universal order of Being; by the same stroke the traditional metaphysics would be once more vindicated.

Ingarden does not evidence awareness of this striking development inherent to his research yet, following his avowed line of investigation that is seeking to approximate as closely as possible the situation of the real world and consciousness, both this line as well as its subjacent metaphysical thread of inquiry into the universal sequence of forms evolve towards a concern with actual existence. They seek access to it in the empirical realm.

In the first line of the argument we have now to ask how the real world's intrinsic progress of change and becoming is organized. What are its determining factors? Is it in its components predetermined from within or does it allow the intrusion of external influences (e.g. pure consciousness) and to what degree? Since, according to Ingarden, the network of the causal mechanism of action is promoting and regulating motion and change, that is, the progress – constructive and destructive – of reality setting its borderlines, he will approach the question of the intrinsic determinism/indeterminism through the investigation of the causal structure of the domain of the real world. Through the bias of physical action Ingarden expects to venture directly into the material realm of actual existence. From this perspective can the "body as experienced" (*Leib*) rejoin "external body" (*Körper*) and reveal itself in its "essential state"?

In the second line of the argument the question arises whether the universal sequence of objects has to be understood as the *inventory* of a static skeleton or as the *program* of the universe. In other words, can this rational substructure serve for the universal becoming of which the domain of the real world seems to be the center?

The question of freedom having attained the focus of attention, it will have to be pursued further in the specifically human type of action: the moral action.

Founded simultaneously in both, the real world and the human monad/soul, referring essentially to ideal values, the moral action appears as the most promising approach, but also as the last resort, in investigating the links between Nature, pure consciousness and the ideal realm.

Thus, first gropingly, then deliberately, Ingarden switches from basic objects to ACTION as the eventual key to the universal interweaving of the domains of objects and to the conditions of actual existence.

PART III

ACTION AS THE KEY TO ACTUAL EXISTENCE

Chapter I

IS THE MECHANISM OF EMPIRICAL ACTION IN INGARDEN'S CONCEPTION THE KEY TO THE UNITY OF BEING?

1. *Can the Causal Structure of the Empirical World Count for a 'Material Ontology?'*

It seems that Ingarden's inquiry into the causal structure of the empirical world is meant to constitute a counterpart of the purely *eidetic* analysis of the 'possibles', as well as to establish the basic ground for the interlocking of different types of objects within the real world.[90]

Ingarden's expectation underlying his investigation of the causal structure of the real world, hinted at in the 2nd volume of the *Controversy*, seems to be that through the *mechanism of empirical action* within the material domain of the world we may establish the unity of the heterogenous domains of objects present within it. Furthermore, he attempts to account for the dynamic undercurrent of the real world and its progress in terms of this mechanism of empirical action as seen in the causal *nexus*, a new conception of which is elaborated. This dynamic undercurrent appearing in the form of events and processes may be seen as the 'material' content of the real world.

We may expect to come closer to the concrete, actual existence and to the problem of the status of the real world which is at stake. A crucial breakthrough for Ingarden's formulation of the *Idealism/Realism* issue may be hoped for.

Indeed, Ingarden's reflection following his ontological analysis of formal structures of beings and of the region of the world culminates, as we have seen, in his *aporetic* rather than definite treatment of the possible junctions among different domains of heterogenous types of beings. Let us recall that in this consideration three types of problems are objects of concern: (a) whether there can be a sufficient intrinsically established unity among and between divergent domains of beings to enable their entry into *one* world; (b) whether the possibility of several 'worlds', each containing some of the domains is to be considered; (c) whether we can establish the distinctive unity of the one real world. The treatment of this question is only hinted at in the *Controversy*. Furthermore, in Ingarden's distinctions among types of beings the basic division falls between autonomous beings and intentional objects. This division corresponds to one aspect of the existential status of the real world with respect to conscious acts. Consequently, the possible relations between the domain of real objects and conscious acts constitute the key to Ingarden's formulation of the problem *Idealism/Realism*. The concern which predominates in this reflection remains the same: "Is Husserl right in assuming that the world is existentially totally and uniquely dependent upon transcendental consciousness?"

As we have seen, this investigation of possible relations between the real world and consciousness has been concluded in the 2nd volume of the *Controversy*, by Ingarden, in proposing by elimination three solutions as *a priori* possible. But, we are still far from any real progress in the actual formulation of the *Idealism/Realism* issue so long as, firstly, the unity of the region of the world is not investigated from the *material* point of view, that is, so long as no concrete mechanism of its dynamic network is established. It seems that the emphasis which Ingarden – over against Husserl – puts upon transcendent reality leads him to consider such a possible mechanism of reality as an eventual foundation for the concatenation of different domains of beings. Secondly, we cannot make any decisive step towards confronting the real world and consciousness so long as we do not know whether the intrinsic concatenation of the world's dynamic processes is radically self-determined or allows for a flexibility.

Lastly, since as we will show, the phenomenologically unreduced conception of the causal *nexus* in Ingarden's thought is bound up with his analytic conception of the intrinsic ontic structure of the real individual, the decisive question is whether in this *material* ontological structure of the world a matching basis and guideline in the real individual necessary for a dynamic sequence of action can be found. These questions present obviously the radical challenge to Ingarden's causal analysis: can it fulfil the role which would in this framework be attributed to 'material ontology'?

Ingarden, in beginning his inquiry into the causal structure of the world, assumes it must be possible to formulate certain concrete questions that could be answered on the basis of the 'empirical knowledge of the world' and which, in this way, complete our knowledge of the world gained from the pure formal ontology, so far discussed. It seems as if such a completion was expected by him to fulfil several tasks. The foremost one would be to decide whether his ontological *a priori* form of the region of the world has a bearing upon, or remains in relation to, the empirical world of everyday experience. This question, that, on the one hand, takes several specific forms, appears as the apex of the inquiry into the stratified ontological structure of beings – on the other hand, it constitutes the crucial question concerning the nature of the world. Indeed, the specific point of the structural opening towards the exchange of properties within the real individual and thereby to interior processes, on the one side, and the connectedness of the direct causal *nexus* as the ordering system of the world (*Zusammenhang*) on the other, is seen by Ingarden as the possibility of a unifying concatenation system of being (*Seinszusammenhang*).

In this respect Ingarden, following Leibniz, understands the causal relation firstly, by restricting its validity exclusively to the real world of the previously described type; secondly, again in the traces of Leibniz, in so far as the members of this connection are concerned, he seems, from among various types of connectedness in which one being is seen as 'the reason' of another, to consider as 'causal' exclusively a specific type of cause-to-effect relation valid only among real individual beings. This relation cannot occur between different types of beings (e.g. the poet and his poem). In the causal network of the world Ingarden sees first the main foundation for the unity of the world. Secondly, he ventures an affirmation, which within the above outlined scheme of his analysis appears strikingly unexpected – if not unwarranted by any evidence previously produced; at issue is whether the causal network as foundation of the real world *accounts for the fact of this world's diversification into a manifold of beings*; that is, can the causal network be the means of distribution and the occasion for the existence of a variety of types of beings within the world which make it an 'objective sphere of beings' rather than one single object?

This initial assumption by which, in fact, Ingarden precedes his inquiry into the causal relation appears as a reverse of his previously, not only methodological but, what seems more significant, ontological assumptions. First of all, it would seem, surprisingly, indeed, that it is the empirical observation as used also in the sciences that is called to complete and even support the *a priori* ontological results. But the most baffling shift in Ingarden's thought is that he identifies the empirically conducted causal inquiry as the appropriate method to treat these major problems.

Shall we find in this shift a phenomenologically valid way out of the ontologico-intentional circle? But in doing so, shall we not either fall into the trap of a 'naive' pseudo-scientific empiricism or remain with a radical dichotomy within the scheme of Ingarden's philosophical reconstruction between all the domains of objects referring existentially to the naive empirical foundation and the transcendent ideal objects?

2. *The Conception of the Causal Network within the World as the Basis for Necessary Links among Facts*

We start our investigation by giving all possible credit to Ingarden's proposal. In fact, the opening statements made by Ingarden lead us to believe that it is with the *material* content of the 'objectivity' distinguished by him previously in the *formal* analysis of the structures that he will deal. Furthermore, we might, as we have already mentioned, expect here a methodological conversion from the *apodictically* certain but only 'possible' to the actual by finding an access to the *empiria*, and by digging into the specificity of nature; by some stroke we might be able to assess its concordance with the actualy existing world in another way than that postulated first by Ingarden.

If such an access were accomplished we might even expect an indication of a link between the *actual existence* of things and beings and the material nature or *empiria*. Indeed, some new factors emerging from such an inquiry could emerge that would either reveal this specific mode of cognition which Ingarden postulated as necessary to assess the actual existence of the merely possible. Or the nature of the linkage among the disparate domains of objects might prove itself capable of establishing the actual existence through some modality of Being other than of cognition. This is to say that Ingarden's proposition to investigate the causal *nexus* in this new way may raise high hopes for the advance of the major controversy of *Idealism/Realism*, hopes so high as to find the unknown key to a hidden door of metaphysics. It is in the diversified perspectives of these expectations that we follow his progress in the investigation of the causal *nexus* in the light of the assumptions and methods which he applies.

Ingarden formulates the problem of the causal relation by claiming that in opposition to the classic and current approach which takes *cause* and *effect* as isolated pairs of events remaining in a specific interconnectedness – an approach which according to him is artificial – the causal relation should be envisaged within a larger set of inter-relations of which such an isolated two-member couple is but a part of a larger system of similar cases. For this initial claim he gives no other support than that it 'must' be so within the real world. From the start he proceeds thus throughout his inquiry, partly on the ground of commonsense observation, partly on the ground of the results, problems, and concepts of technical empirical science. He proposes to bring to light some new features of the causal *nexus* as they appear within a *complete chain of causal relations* and have remained hidden in the hitherto performed investigations in which the causal *nexus* was envisaged *in isolation* from its other founding interrelations. We recall, however, that already in Kant the transcendental dialectic envisaged the causal relationship as an element of a chain of an interconnected series. Ingarden points out, however, that his approach is different from Kant's, who has been mainly concerned with the problem of the beginning of the world – that is in its linear progress from the beginning of this chain through its continuation in space, whereas he proposes that causal relations develop spreading within the world in *various directions in space as well as in time*. It is in the form of such a spread that Ingarden sees in them the essential formal element of the world system.[91]

In this way Ingarden believes, on the one hand, he has avoided the trap into which Kant fell, namely that to limit the spread of the causal chain to linear form means to conceive of causality merely as an *a priori* form of pure reason. This conception corresponds to Kant's splitting the notion of Being into two basically different types of becoming: one within the transcendental world and the other of 'things in themselves'.

On the other hand, however, there still remains the question which we have already brought up, whether Ingarden's abstractions from the epistemological perspective will suffice to overcome the type of dualism between the ontological and empirical layers of reality. Indeed, the major intent of his enterprise is to show that the causal relation is strictly connected *with the form of the real world* as revealed by formal ontology.

From this statement of facts that the causal nexus is spread 'in millions of cases' in all directions within the world, Ingarden draws two proposals: one, to establish the concept of distribution of the causes and effects corresponding to each other, of an event occurring within the real world; second, to establish the concept of the reach (*Bezirk*) of the causes and effects that belong to one and the same event.[92] The basis of his inquiry, its groundwork, so to speak, consists in the treatment of various aspects of these issues. Ultimately the antithetic issue of the determination/indeterminism situation lies within the real world which is in the offing.

The essential new factor which Ingarden brings into this investigation which then constitutes the foundation to establish the necessity of the causal *nexus* – over against Hume's conception of its arbitrariness – and as the foundation of the spread within the world of causal relations as larger segments of chains or nets, is the statement that the causal *nexus* would reside in some *formal relations among the material content of the respective facts* in which the causal relation consists. Then certain elements or *state of affairs* of this 'material content', which call for their counterpart as an *indispensable completion in being* (*Seinskomplement*) would be essential factors of what he calls 'direct cause'. Through this incompleteness and an essential need to fill it out, 'the cause' calls into being the so-called 'effect'.

This constitutes its 'force' or 'activity'. It is worth emphasizing that this 'force' or 'activity' is understood, on the one hand, as expressing

– or residing in – the material incompleteness of the world-factors. On the other hand, it shows the specific relativity of each and every possible cause being in its very being a factual element of the world taken as a whole.[93]

It is upon this formal relationship among the elements of the material content of the factors of the world that Ingarden establishes his conception of the causal network with which are connected and wherefrom follow all his further considerations.

3. *The Physicalistic Notions of 'Force' and 'Action'*

The notions of 'force' and 'action' are introduced into the causal consideration as partly common-sense, partly physicalistic concepts of the positive science. With the progress of the inquiry, we might ask whether the notions of 'force' and 'action' do not reside in the ideal mechanism of which the empirical facts and observations with which Ingarden carries on his quest are nothing but empirical exemplification of ontological structure of the causal *nexus*. With this in mind we will approach Ingarden's intention which was to establish against tradition that there is a *necessary type* of connectedness in the causal *nexus*. The need of complementariness within the material content of facts is introduced as *a possible* foundation for establishing the necessity of the causal relationship and of the causal network. Ingarden seems to presume that the *necessity* of this type of interconnectedness among events is of primary importance to account for the unity of the otherwise chaotic conglomerate of aggregates within the world. A search for the foundation of the necessity of some interworldly linking of natural facts seems according to him to underly also the investigations of positivistic-empirically oriented comtemporary physics.

In this direction already from the very start a familiar distinction is introduced albeit in a new guise: the distinction between the problem of necessary connection between two objects – a connection that would refer to *essential laws* – and the *factual occurrence* within the world of cases in which such a state of affairs would be actualized. The second does not follow from the first. Furthermore, a repetitive occurrence of facts coupled together does not indicate the *necessity* of the causal relation within the couples; it may reside in the causal relations of these factors taken individually with other factors interrelated within a larger set. What should we then consider in order to establish the necessity of the causal *nexus* even between two factors? We need, says Ingarden, to assume an *underlying scheme-work of the regularity of nature itself.* Such an assumption seems to Ingarden indispensible also for the discovery and formulation of strict empirical laws in science. Here, however, Ingarden makes a crucial distinction by means of which he directs his investigation and its status to the side of the phenomenological, *essential* analysis, as over against the purely scientific approach. He affirms, namely, that "As long as the statement about the 'regularities' of nature is not explicated (*erwiesen*) in a way independent of the laws of experience, the so-called 'universal' laws of nature (which are causal only in name) are nothing more than extrapolations from purely statistical laws which limit themselves to the statement of facts and couples of facts so far stated."[94] Thereby a reference to essential structures of beings and state of affairs is emphasized.

The investigation, thus outlined, and aiming at the establishment of the necessity of the causal *nexus*, is then carried on first by what we cannot fail to identify as the *formal essential* investigation of all the 'possible' relations between occurrence (*Vorgang*) and event (*Ereignis*) in various permutations and combinations taking them in relations.[95] Then, a distinction is introduced and exemplified between the type of 'cause' in the original (*ursprünglich*) and 'derived' (*abgeleitet*) sense (e.g. when we take into consideration the whole process of the architectonic planning of a building together with the actual activity of constructing this building in a derived sense. An 'originary' can be, in contradistinction, considered only as the singular cause-effect segments which bring about/cause the actualization concretely step by step of the whole system of planning and constructing). These singular strictly and directly linked cause-effect segments are affirmed as the foundation of the complete system and of its actualization. Their connectedness is then stressed by Ingarden as the *connectedness in being of the interworldly facts themselves.*[96] This inquiry is carried on obviously on two different levels, first as an *eidetic* quest of necessary connections among empirical concepts which are taken from radically divergent levels *partly from the* procedures of scientific results and partly from the concrete reality. We should wonder about the legitimacy of the relevance of the one to the other as well as about the justification of the empirical concepts as representing a common-sense description of the empirically given reality. There is no question of seeking its legitimacy in the content of ideas and yet, as we shall see, not only no other clarification is provided but it is essentially ideal connectedness (or in what we probably could consider as *ideal types of complex interconnectedness* – in contradistinction to the simple ones established in the guise of existential connectedness, which Ingarden derives from his 'empirical' analysis, or rather, perhaps, introduces), that furthers the advancing inquiry. Indeed, this previously treated formal analysis of the *material content of events incomplete in their endowment demands with necessity to be complemented* and we are led to draw conclusions about a major point concerning the causal *nexus*. Since on this analysis the second event is necessarily called into existence by the first, due to the insufficiency in being of the latter, the so-called 'effect' occurs simultaneously with the actualization in being of the first one. That is, since an event in order to be a cause has first to come to be it has in its material content to be completed by another event which it calls forth *into being* as its necessary completion. In this sense the causal *nexus* in 'direct causality' opposed by Ingarden to its classic and current conception implies, instead of their succeeding each other, the simultaneity in time of cause and effect.

Such a conception of the causal *nexus* considered as a separate relational unity reposing in itself would amount to nothing more than some sort of intrinsic existential connection between two elements. They are seen to be dependent in their being upon each other in such a way that the one could not constitute the unit that could exist alone without the other, had it not been for the assumption previously made by Ingarden that the direct cause-effect nexus is but a segment of a complete causal set within which the different founding modes and ways of their unifying interlocking are distributed; it is precisely this mechanism of the direct causal relation which in turn is the basis of the set itself.

4. *Formal Concepts of 'Activity' and 'Actuality'*

Ingarden develops further concepts of 'action' and of 'actuality' by way of the formal-empirically exemplified analysis. Opposing the specifically 'static' type of what appears as a 'causal relation' but what in the perspective of his *Leitfaden* is not, namely, between state of affairs among mathematical objects (in which the element of 'effect' is merely a complement 'of an insufficient condition') to a causal relation between two concrete occurrences (*Vorgänge*) (the encounter of which brings into being (*Ins-Sein-Rufen*) another state of affairs), he emphasizes the 'dynamic existential' feature of causality by relating it to becoming and action. Such a case of the causal nexus releasing an action or instance of becoming is possible only within the realm of real objects. The *direct cause* is only the final member of a set of circumstantial occurrences, and is made 'active' through the mechanism of material links among empirical factors coming together in a certain way. That is, without this larger spread of interconnected elements in such a way that they are interlocked in a chain of a mechanism, not only the element becoming the 'cause' could not generate an active claim for its completion but it would also remain incapable of bringing about the 'event' as its 'effect'. The 'activating' and 'actualizing' potential-mechanism and its situation is a causal cluster as its final member.[97]

This realization of the event by the cause is what Sigwart understands by "the activity of the cause." Ingarden prefers, however, to call it *'effect'* or *'result'* (*Wirkung, Effekt*).[98] It is worth noting that this causal conception of action remains in direct correspondence with the notion of 'action' and its 'radius'. Ingarden has introduced it in connection with the question of various ways of interlocking among heterogeneous realms participating in the world domain although belonging to different domains, e.g. of heteronomous types of beings (e.g. social beings). It seems, in fact, that there is in question a type of intentional action, due to which the intentional sphere would be essentially transformable and changeable while the real individual was to remain in a net of causal relations of his being – which by remaining virtually complete allow also his structural essential stability.[99]

However, with the assumption of the simultaneity of the cause and effect arises the difficulty of which Ingarden is well aware, namely, that without a provision to be found within the foundation of the causal relation of the temporal, succession within the real world itself would vanish. Should we then take the Heraclitian position on the nature of the world, namely, that the whole world-process is played all at once? If the temporal structure of the world has to be negated would we not have to abandon all the previously gained results of formal ontology concerning the nature of types of beings and abandon totally the program of our phenomenological, eidetic and transcendental inquiry? To save the situation Ingarden, obviously, can only make a complete turn backwards. Indeed, not only does he refer to the chain extension of the non-direct causal segments within one and the same causal set, to guarantee the temporal spread – whereas simultaneous is always the last segment only – but first of all, he makes direct recourse to formal ontology by maintaining that perdurance of processes which empirically establishes the sequences of temporality in the world, instead of seeing the world as only one instantaneous event – is guaranteed by the *identical* factors (objects) perduring within the world process from one temporal phase to another. That is, identity in perdurance of things and at other times of resisting objects is the foothold of temporal and causal extension.

The same reference to the intrinsic ontological structure of real objects as allowing externally conditioned properties – but first, of all whose intrinsic nucleus of essential identity has to be assumed – permit Ingarden to bring forth further concepts necessary for the exfoliation of the causal relationship, such as the one of the 'state of an object' as its successive, that is time extended, determination (*Folge-Bestimmtheit*). He identifies it with the TA SYMBEBEKOTA of Aristotle. This should not be confused with the cluster of matters that, already present within a real object, invariably persist in time; neither should it be identified with the object's 'individual nature' as has been described in formal ontology proper.

The so conceived state of things persisting in a succession of temporal phases is meant to serve as the ultimate point of explanation for being and becoming as expressed, partly at least, by the chain mechanism of the causal relationship.[100]

The reference to the formal structure of objects necessitated by the analysis of the causal linkage chain gives, on the one hand, the suspicion that their introduction at this point is but the extension of the analysis of those structures. Indeed, either this reference, obviously indispensable, makes us wonder whether we are not continuing the inquiry carried along the lines of *eidetic* insight into structural interconnectedness of relations and things with only the order of the exposition being reversed through a start made seemingly from the empirical observation, which in fact is now demasked as a mere way of exemplification. Or are we dealing, as it seemed at the opening stage, with two different levels at once, the *eidetic* and the empirical, philosophically *uncritically* accepted level, while bringing both into parallel, drawing from this parallel a philosophically illegitimate or at least unjustified procedure and consequently being left in the dark.

5. *Is the Causal Network as Foundation of the Dynamic Mechanism of the Real World Sufficient to Account for the World-Progress?*

Ingarden does not lose sight of the major issue concerning the empirical world of aggregates: the world order. It remains to be seen how he accounts for it. Even assuming that the causal mechanisms uniting the aggregates into dynamic fragments could be considered sufficient as the basic approach to the microcosmic process – to use Whitehead's expression – activating otherwise stationary elements, nevertheless, we did not approach, in that manner, the great question of the macrocosmic *organization* of the aggregates leading to an explanation of the universal world-process. In fact, can we in terms of such a fragmentary structural approach reach the very ground of this kernel of questions concerning the imperturbable flux of coming to be and passing away which carries the tiny and fragile fragments of objective constructs bringing them into being and destroying them at ease? That is one of the basic questions which will have to be addressed to Ingarden's enterprise. For the time being we must show how Ingarden has, at least in part, attempted to face it in his predelineated way.

The question is formulated by him along the antithesis continuity/discontinuity, and assuming that *there is* a unity within the real world Ingarden raises the question of the types of this unity. His formulation and discussion of this issue draw again upon the inquiry of physical science. Should we assume – here again his method of procedure is not clear – that the world would be one closed system in which everything therein remains bound with everything else in the same way within one system or whether there would be several systems within the world.

To begin with, he proposes an assumption the explanation for which will be given later on, that there are reasons to believe in a conception of the world as composed of several 'relatively isolated systems'.[101] This conception allows Ingarden to draw several important conclusions concerning the problem of the world, e.g. from an *eidetic* analysis of all the possible combinations and permutations which on the basis of science can be drawn about interworldly relationships, Ingarden distinguishes several types of interworldly determinations of a relative nature lifting thereby the antithesis of absolute determinism or indeterminism positions, etc.

Nevertheless, what is essential for our purpose, namely, the relevance of this conception of causality as the basic mechanism of the real world to the problem of the status of the real world in the perspective of the *Idealism/Realism* formulation within the framework of investigation outlined and pursued by Ingarden is the recognition of the fact that this discussion *did not devise any new method, but its ultimate ground remains a formal ontological inquiry*. The unity within the world is sought with reference to the *formal concepts* of the world extended to relational links and mechanism. They are established with final reference to the ontologico-formal structure of the individual object.[102]

Although the hopes raised by introducing physical action as a possible link between the ideal and physical realms are disappointed, action reappears in Ingarden's reflection in a more complete modality. Will it prove up to the occasion?

Chapter II

HUMAN ACTION, FREEDOM AND VALUES

There is still another major perspective in which Ingarden may be interpreted as seeking intuitively a key to the various problems which confront his gigantic enterprise and have in the so far discussed investigations found no adequate formulation. This perspective may be seen in his rather fragmentary and sketchy but penetrating addition to his already presented attempt to see in what way the *human individual* would be a specific type of the real autonomous individual. In fact, we have already seen in his early works, a critique of the psychophysiological theory of knowledge, which in itself presents only a preparatory step towards establishing the need for phenomenological analysis of intentionality, but it brings marginally and by way of exemplification a larger extent of human experience. It is only natural then in the analysis of Ingarden that turning his attention directly to man he will attempt to go beyond the realm of consciousness.

And, in fact, seeking to find a way out of the circle of the Husserlian transcendentalism towards a 'realistic' status of the real world that is *transcending* the reach of pure consciousness, it is to the specific nature of man that he might turn his attention. Should man appear in a direct analysis a specific type of being combining not only the constituting consciousness responsible for intentionality, but at the same time transcending this very system of constitution as a real individual, could he not reveal also the key to the other great issue confronting Ingarden's framework as his analysis progressed, namely, that to the *unity of the heterogeneous domains of beings?* – that is, the ideal realm of structures, of intentional objects, of the empiric realm still unaccounted for and of ideal values.

That means, however, that the key sought should combine the answer to the specific demands of the static structures and dynamic empirical unfolding – which so far might have appeared correlative through the ontological mechanisms but which remained discontinuous – of the values as ultimate ideal standards of aesthetic work structure, and of the intentional process of receptive experience of which only the structural correlate has been established. But the status of intentionality with respect to its source in the complete empirical set of experiences, breaking into the intentional synthesis at every point, remained suspended in the air, and the relation of values although founded in structure still remained mysteriously aloof from it. Whereas it seems to have been introduced to account for the unity of the heterogeneous domains within the real world and man's place in it. So far, all these elements have remained in part interlocking, but in part are discontinuous and some even disjoined from the others.

Lastly, we should not forget that there is still not the slightest hint of a possible specific 'experiential' modus that could claim to be envisaged as a possible opening towards the actuality of things and beings, which within the Ingardenian framework of inquiry are merely possible: that is, towards metaphysics as programmed by Ingarden without which the great controversy about the existence and status of the real world and man can be neither completely formulated nor decided.

It might well be within the investigation of man, that we could discover the key to account for this homogeneous continuity of the human universe which we experience in everyday life.

It seems, indeed, that it is in the investigation of the modalities and roots of ACTION, SPECIFICALLY HUMAN action, that Ingarden's hints of an approach to man converge. We will attempt to bring them together in an interpretation to this effect. Can the notion of 'action', as it appears in the Ingardenian approach, fulfil this key role?

Throughout his investigation runs the thread concerned with freedom. He introduces it directly in the conception of man, first, in a number of occasional lectures concerning the conception of man which have been collected and posthumously published,[103] and then in his booklet on responsibility.[104]

Maybe the so-called "transcendence of the person," as that of a "free moral being," can break through the iron chain of intentionality, or, is it only a further extension into the moral realm, neglected by Husserl, of the *life-world*? Will Ingarden, in the footsteps of Kant, retrieve through moral action the actual reality, which reason hides?

1. *Time, Action and the Identity of Man*

The basic question that arises again is: "In what further way would the human being be a specific type of an individual?" First, Ingarden (who in the first volume of the *Controversy* emphasized the specific existential status of the living being, especially of man) has, as we have seen, elaborated it, in the formal-existential analysis of the various elements entering into the cluster of consciousness, and shown man to be a peculiar type of structure, monad/soul, unifying several autonomous but existentially interdependent moments.

Second, the analytic conception of the individual, autonomous and atemporal being of the ideal objects, which Ingarden introduces in the second volume of *The Controversy*, is meant by him as the break through the transcendental universe of Husserl.[105] But previously in the *Literary Work of Art* Ingarden already emphasized the transcendence of ideal values, ideal qualities and ideal concepts, opposing the attitude of Husserl in *Formal and Transcendental Logic*, which, except for the ideas, Husserl seems to have introduced into the transcendental circle. In point of fact, Ingarden already stresses the importance of the ideal existential status of the above-mentioned entities in the preface to the first edition of the *Literary Work of Art*, insisting that without the ideal mode of existence no intersubjectivity of words would be possible. Their heterogeneous type of being which maintains the system of objectivity opposes the absolutism of 'pure consciousness'.

Thirdly, the notion of 'transcendence' is corroborated through the emphasis he puts upon the nature of beings existing in time. The fragility of their existence and the narrowness of the span of the actual present applied to the nature of consciousness itself – which he establishes in the *Controversy* as an object rather than a region of 'irrealities' in the Husserlian sense and as essentially a flux of temporal acts, oppose the Husserlian claim of the *absolute* existential status of consciousness, but shows simultaneously the persistence of pure consciousness above the passage of the acts.

What appears as a new and unexpected development in Ingarden's reflection is the corroboration of the notion of the specifically human aspect of the human individual through *human action* as rooted in the *acts of free will* and performed *against the natural temporal course of world-events* and *against* the temporarily articulated stream of his spontaneous conscious acts.

It aims obviously at establishing the third point of transcendence of the person,[106] with respect to spontaneous *life-world* constitution: the *moral man*. We would consider, as the first step in this direction, Ingarden's conception of man in relation to *time and freedom*. But this step already implies the relation to *absolute values*. Indeed, a 'free' action is, in Ingarden's view, first of all a 'responsible' action with reference to absolute values – in contradistinction to impersonal, mechanical mobility – 'activity'.

Therefore, the second step towards the investigation of man from the standpoint of action – digging deeper, penetrating the different domains and attempting to get a provisory look at least as to "how it works" – is to establish the *ontological foundation of responsibility*.

We will first attempt to approach the above stated issues in the perspective of the first viewpoint taken by Ingarden.

To initiate the investigation into the specifically human aspect of man as a moral man, Ingarden raises the question of his identity.[107] Indentity immediately introduces the problem of time. Indeed, there is an important reason why the notion of man is so intimately linked with temporality. And it is not without a reason of paramount importance that the identity of man, which is revealed through Ingarden's reflective sketchy fragments rather than in an analysis of an argument and rather than through a phenomenological type of investigation, is essentially linked to various ways in which temporality is the continuous thread of interest running through different realms of the Ingardenian universe. In contradistinction to Husserl's conviction in *Ideas I* of the absolute status of the transcendental temporality, Ingarden distinguishes basically the temporality of intentional processes as radically different from the temporality of real beings persisting in 'objective time', etc. Do they reunite now?

In point of fact, time and motion are convertible notions and they enter into different structural patterns in various ways which are decisive factors relative to the internal consistency of beings as well as to their subsequent continuous or instantaneous existence. And is not action a specific modality of motion?

Consequently, the question of identity comes first when we ask ourselves from what side to approach the human individual, to see in which way he is a peculiar variation of the real autonomous being. As we have seen, as such, he may have different degrees of ontological intrinsic consistency which to a greater or lesser extent allow for externally conditioned motion to corrode his intrinsic tendencies and to open him to a play of circumstances. Then, as a conscious being, he follows the flux of time. Yet, the striking observation which Ingarden makes initiating his reflection upon man's identity is that "feeling myself always the same man, I feel simultaneously myself in my most profound essence *independent* of time."[108]

Following Ingarden's reflection, if I ask myself what does my identity consist of, I distinguish myself first of all as repeatedly identical through the course of my experience and action.[109] More than that, I myself, am a persistent, individual being, which is none else but a *real person.*[110] In contra-distinction to the passing flux of experience which occurs spontaneously, I build myself as a person through my 'human' activity. My activity is constructive, in so far as, on the one side, it is directed towards the *transcendent* reality of the world. On the other side, however, it is *caused* by transcendent forces of the world. In this mode of self-experience, although I am aware of my identity, I develop myself within the three phases of time: the past, which bears heavily upon the present, the present which is oriented towards the future. In respect to the problem of man's identity, two types of time-experience are delineated.[111]

In the natural flow of time, in which our survival as an individual within the texture of the actual world progresses onward with the cyclic process of nature, we unfold what is virtually foreinstalled within us so that the great anonymous scheming of Nature may be fulfilled and accomplished. Having played our insignificant part in it, after all our resources are spent, we vanish into oblivion.

If we go counter to this otherwise irreversible flux of events, when through our dedicated and self-denying effort, we choose to enact another part in human existence than that of nature, we may, indeed, choose to devote our life, so inexorably passing away, to tasks of our innermost concerns in which we believe. We are then indifferent whether they find their way into gregarious acceptance, or whether they will enliven the practical existence of the individual's primitive needs. We believe in their own intrinsic worth which verifies itself at 'higher' levels of the personal life. And we put all at stake to serve this call from within – even if it appears in the actual world as a lost cause. In doing so, we reverse the inexorable flux of change.

By these most intimate decisions, step by step, man becomes *free* to make further decisions about his innermost concerns and to commit himself to them, no matter what life is (that is, 'normal' life with the usual pressures, as strong as they may be).

Man is countering the inexorability of time working within himself in his own moral life, as a recluse of freedom, and a source of unbreakable strength of purpose, and thus giving a new significance to his existence.

Instead of letting – as Heidegger says – *'das Man',* the human, common doom take over, we have to keep constantly awake, aware of what there is in us. But, and here already the critical point lurks: how do we discover it otherwise than in this perpetual immersion in the *'Man'* of common doom? Without feeling it down to the marrow of our bones, how could we distinguish, distill from all this anonymous material of Nature our uniquely, innermost concerns? How could we, being in the midst of the immeasurable and yet anonymously futile chaos of the onrushing flux of life, discover by sifting it through our complete system of functioning? What is it that truly matters to us and which is unique in our own task and calling?

Indeed, it is clear from his sketchy reflection that Ingarden has not remained unaware of this great moral and metaphysical issue of the paradox of human freedom. The crucial point of his reflections about man lies precisely in his conviction that time, the very pulp of man's life and man's intimate freedom to choose for himself, are an axis of existence.

Should we follow this hint given by Ingarden and assume this perspective – should it in fact be possible to establish philosophically the concept of human freedom as he has outlined it – would we not be vindicating – although in a much more elaborate fashion – the Kantian set-up of philosophical recontruction in which metaphysics enters the field of transcendental schematism of the self-enclosed circumference of reason, on the one hand, and the 'absolute' realm of transcendent 'things in themselves' on the other hand, precisely through the gate of freedom of will?[112]

But the immediate question arises, whether within the Ingardenian framework the freedom of will, as rooted in action, is altogether possible. Will moral action as conceived by him do what physical action failed to do, namely, to break both the ideal and the transcendental scheme towards the empirical world?

However, as we have mentioned, the much sought after identity of the *specifically human* aspect of man reaches deeper than the ontological substructure of the real individual. *Action*, specifically to 'moral' action, is related more specifically to the personal identity; they are in Ingarden's thought reversible; one comes about through the other. We may follow the natural unfolding of our stream of consciousness and remain immersed within it; that is, carried along the temporal sequence of temporality, submitting in our natural fragility to its laws. We may, on the contrary, undertake to master its course ourselves, and the impact it has upon us through the performance of *free decisions and deeds*.[113]

Thus action and the now envisaged *human action*, qualified as 'moral', appears first as a constructive factor.

As we have stressed above, Ingarden interprets the notion of the 'human person' as 'transcending' first, the actual acts and the dimensions of pure consciousness as well as affectivity in which it is constituted;[114] then also those acts in which it experiences itself as perduring in time.

Also, Husserl saw that the person, built in the complete, constitutive process, through a manifold of 'habitus', which maintain themselves in a specific unity throughout the advancing flux of the streaming acts, 'transcends' their ever passing flow. But, as extending into the *life-world*, the so conceived personal being of man is in Husserlian thought its integral part. Is there, in this respect, an advance over Husserl in Ingarden's treatment of the transcendence of the person? Could not Ingarden's intention be interpreted as an attempt to assess the transcendence of the person over the *life-world* as well? That is, he would have liked to find in this conception the point of a 'realistic' break-through from the transcendental circle, a breakthrough which the aesthetic transcendence of the *Work of Art* failed to offer.

It could be a valid claim with respect to his *own* conception of the real world, which in fact, as long as its material analysis is extant and the fundamental unity among the different heterogeneous domains of beings is not established, remains ultimately a *physicalistic*-empirical conception, philosophically thematized only through the ontological structures. – In Ingarden's pluralism of separated ontological sets of domains of beings, there is missing, in fact, the acknowledgement of the now common good of phenomenology, that is, of the world seen as *homogeneous* transcendental *life-world.* And yet, whatever limitations we might set to the Husserlian claim of its absolute validity, a claim which has been progressively disproved by thinkers such as Sartre, Merleau-Ponty and Husserl's own investigations interpreted anew, it remains evident that the continuity of human existence, development and action is due to this homogeneous all-embracing unity of the *life-world.* And yet, if first we consider that in Ingarden's view all cultural and social phenomena, like the works of art, are purely intentional and that even the person might 'transcend' the individual conscious acts – which still appear in the analysis as 'objects', that is, as correlates of intentional acts – we might wonder whether it is not merely at the abstract ontological level that the Ingardenian domains of objects may be differentiated. In the intentional concrete flux of experience do they not appear – as in Husserl's thought – in the homogeneous transcendental unity?

The 'transcendence' of the person cannot then, in Ingarden's thought, be considered as a point towards the overcoming of the transcendental circle, as long as, firstly, Ingarden did not come to confront it with the conception of the *life-world.* It is not only by conceiving man as transcending his founding functions in their mere operations but in their *operative reach* – that is, as transcending the limits of the transcendental *life-world* – that we could speak about reaching the gate to an epistomological realism. But, so far, Ingarden remained at the level of the physicalistic universe as a phenomenologically unreduced product of scientific and common-sense speculation. We may ask whether the unity which he attempts to establish does concern, in fact, the world as such, as well as the unity of the All, of the complete universal schema of the human and world condition?

Can the notion of the person as countering the temporal constitutive sequence through the 'moral Action' find an access to the very conditions of reality?

To take up again our previous hint of criticism, this counter process, instituting the moral 'freedom' of action, does not unfold out of nothing! Neither does it seem to be pre-installed nor pre-given; nor does it appear to be flowing nor to be wrought out of itself.

On the contrary, it seems to be a fruit of a conquest over ourselves in a constant struggle with our own nature, our congenital passivity to flow with the flux of life, our congenital turpitude to immerse ourselves into the great ocean of natural progress; to let ourselves be lulled to sleep, and to sleep deeply, letting things take their course. Here lies the paradox of conscious 'freedom' in the polarity of two opposed forces: constraint-liberation.

Even at this critical point at which man becomes the master of his own being, over against all the other elements of the actual world, he has to wring it from the very same elemental realm which threatens his fragile system of functions at every point: disease, accident, cataclysms, life routine, social contraints and obstacles to his tendencies, etc. And yet, it is through this system alone he can wring out his moral freedom. Where then does the impulse to go against the spontaneity of our acts come from? How is the sequence of the action countering the routine of the constitution articulated?

We do not find in Ingarden's thought delineating man as an 'organic unity' of isolated, rational, or biological sets of operations the way to account for this moral act, effort, progress as stemming from and working in the empirical spontaneous flux of his own and the world's natures and yet rising above it. Ingarden will attempt within a larger network of relations, involving values and personal experience, to conjoin the two types of action: the physical with the moral one. So the question is not yet envisaged to its full extent. In fact, the question of freedom, seen in the polarity, constraint-liberation, might prove insoluble. Maybe it should be sought below the levels of organized biological systems and above the sets of fundamental rationality of intentionality and of ideas and ideal structures?[115] Its difficulties, just hinted at, may indicate that it should be raised to a different level which could account for not only reason but also feeling. Maybe from the closed system of objective conditions which make the *actual* human world possible, we should attempt to rise towards the constitution of the manifold of *possible worlds* which might prove convergent – if not synonymous with – lifting the paradoxes of human freedom. However, there still remains open the necessary relation of moral action to absolute values.[116]

2. *Values in the Moral Modality of Action*

As we have seen, man has been present from the start in Ingarden's investigations as the percipient of the work of art as well as its intentional founder. In the above discussed system of correlation, values have also been present in both the structure of the work of art and in aesthetic intentional experience.[117] As such they played the central role of a vehicle between the ontological structure and the subjective experience. However, it was not then that we raised the question of the relation between the existential status of values founded in the intentional structure and values as concretized in subjective experience. We cannot fail to raise this question now as values reappear playing a dominant role within the system of *ontological foundation of responsibility*, with reference to which Ingarden seems to attempt again to bring together through the angle of *freedom of action* the disparate domains of objects into which he has so far abstractively dissociated the homogeneous universe of man. First, following Ingarden we will attempt to establish the ontological system of responsibility, free decision and action, as fundamentally dependent upon ideal values. Then we will venture to try out his conception with respect to the embodied nature of the person. Lastly we will introduce man's personal conduct within the causal network of the world.

It would seem that in this network of interrelations all the issues of freedom could appear and be solved. It seemed to be prepared by the eventual indeterminism of the physical world. And is not, in fact, the great issue of freedom and man's free action at the heart of the controversy about the status of the world and of man? Attempting by so many avenues and angles to approach the question of the status of the world, do we not have, ultimately, to find out whether man is *bound* to the *one actual world*, *chooses it* from among several prescribed ones, or *creates* it? It is no more the question of the universal condition, discussed before, of the basic-external-dependencies real-world-pure consciousness, but of the specifically human prerogative within this condition, that – from within – might change its conception.

Consequently, we could venture to submit that the treatment of the issue of freedom and free action should be, in each and every approach to this controversy, its *leit-motif* running through its scheme of investigation. It decides whether man has just this one and unique possibility – as Husserl emphatically stressed – of his *actually* existing world to which he remains doomed, or whether, on the contrary, *man in his condition* is open to a variety of possible worlds.

Does Ingarden's proposed but undeveloped indication of an approach towards this most complex issue appear capable of coping with its intricacies? Let us follow their articulations.

First of all, 'free human action' is identified with *responsible* action. Then, all its modalities are brought back to the ontological foundation of responsibility which, in turn, is conceived as consisting of a network of necessary, ideal relations. This network serves as a rational, absolutely 'clear and distinct' and apodictically certain platform, in which all the directives for the concrete action are to be sought and into exemplification of which are drawn concrete experiences and interrelations within the real world/man understood as an embodied *psyche*. This system of reference is presided over by the realm of ideal values transcendent with respect to all the other factors entering into the system of responsibility (that is, to the embodied person, the world, experience and action).

As a matter of fact, in Ingarden's reflection, 'responsible action', following Liebniz' attitude, is necessarily bound to deliberation and decision; that is, to the *rational mode of human cognition*. More specifically, in opposition to the current tendencies in philosophy, which like behaviorism, pragmatism, materialism and other types of relativism, reduce the nature of human conduct to 'conditioning' by Nature, culture, and history of mankind, Ingarden sees responsible action as the result of the individual's 'own' decision. Hence the conception of the specifically human individual: man, capable of his 'own' decision. But one capable of his own decision can be only a 'concrete fully developed person', who, on the one extreme has to be a 'spiritual' (*geistiges*) being, on the other extreme has to be rooted in the complete scheme of the bodily system where the factors of action are supposedly founded. Nevertheless, 'responsible action' cannot, like breathing or digesting, be identified with mere bodily acts. It differs from mere bodily acts precisely through its essential relation to deliberation and decision which bring in the ultimate relation to values.

Moral values in Ingarden's thought appear to be more than just a reference to principles guiding deliberation and decision, either by supporting or countering our natural inclinations, as is the case in the Leibnizean scheme of free will. They seem to play the role of *depositors* of the *qualitative contents of moral experience*, the modalities of which might be, and must be, in various degrees and nuances *actualized in the personal subjective experience of the individual man*. They are assumed to have an ideal existential status. They are expected by Ingarden to be universal and intersubjective cornerstones of moral experience and conduct *in the role of the ontological principles*. They are seen as the foundation of the modality of responsible action. They remain, however, transcendent with respect to actual conduct.

As we have already pointed out, values, as ideal exponents of ideal qualities, have previously occupied important positions in the aesthetic and ethical realm. However, it is a specific type of values, as qualifying the specific type of 'objects' (*Gegenständlichkeiten*) that enters into the consideration of the necessary ontological network of responsible action. They may qualify their 'objects' in a 'positive' or in a 'negative' way (functioning as *Werte* or *Unwerte*).[118] Ingarden differentiates values relative to action in two categories: (a) values of the *result* of an action of the action *itself*, of the *will* or of the decision made by the acting person, of the acting person as determined by the action. We may see in Ingarden's reflection a provisory effort to see whether it could not be conceived as the final outcome of the conjoined human faculties distributed along the line decision/movement and accounting for such antithetic modalities as will/inclination, passive submission/active resistance, etc. But he does it only in a tentative manner while drawing all the elements relative to these problems into the discussion of the ontological structure of responsibility. Within this system of interrelations, values meant as ontological foundation of relations as well as of moral experience, are in the Platonic fashion seen by Ingarden as interconnected in a hierarchically organized ideal realm. As the pinnacle of this array of values relative to moral action, Ingarden considers the antithetic value justice/injustice.[119] Consequently, within this ontologic-relational schemework of responsibility, the failure to actualize the appropriate values calls necessarily for 'restitution' (*Wiedergutmachen*). On the contrary, their appropriate actualization calls for 'reward'. Therefore, the first category of values is coupled with a second. This category comprises (b) values relative to restitution, to repentance, to merit, etc.

Within this relational system, the evaluation of the 'success' or 'failure' of an action – and subsequently of the acting person – is to be seen as the result of an existential interplay (*generative Seinzusammenhänge*) between and among the values of these two categories, in their positive or negative actualization in the respective actions.[120]

However, while attempting to establish this abstract relational scheme of responsibility, on the one hand, by referring to the ideal system of values, and, on the other hand, as the psychophysical system of mobility of man as the monad that is incorporated into the autonomous individual within the real world, we have to draw upon the investigation of the empirical realms in all their extension. First, it is the renewed question of the identity of the person over against the temporality of nature, then its extension through embodiment, and finally the integration of moral action into the mobility of the real world, that have to enter into consideration. However, in spite of its fascinating inspiration, at the borderline of the purely ontological-rational system of responsibility and its concrete, empirical bearers, Ingarden's philosophical reflection breaks down.

It is apparent to the careful observer that the network of responsibility has been established with direct reference to the ideal status of values, whereas the concrete, empirical material has no other status but that of an exemplification of this ideal system.[121] This system, indeed, does not seem capable of conferring on it either methodological or philosophical interpretation. In point of fact, the empirical *psyche*, the notion of the 'soul', the extensive discussion of the body have, in the work of Ingarden which is under discussion, no other status than this established by formal analysis and illustrated by concrete situations taken directly from a popularized version of biological science.[122] Undoubtedly, the discussion of the organism and of the several biological systems which Ingarden enumerates as maintaining life and guaranteeing the continuation of the species, offers basic hints towards our philosophical investigation. We can grant to his venture that his outline of possible research, if philosophically interpreted, may prove relevant to the problems under discussion. But, can it turn out to be an appropriate approach to the problem of action? No doubt, human action is, in the basic questions which it poses, referring to the complete system of man's existence within the world. However, the major doubt arises whether the fragmentary hints of Ingarden's reflection about action, and the specifically human action, indicate the right direction to take in order to discover its specific articulations, its source, and to find regulative principles as delineating the thread of unity running through the totality of objects.

What conditions would it have to fulfil to prove itself as the factor of the interplay between the structural articulation and dynamic forces and the gate leading out of objectivity into the All?

3. *Can Moral Action be Considered as the 'Specifically Human' Type of Action?*

To conclude, let us first attempt to evaluate Ingarden's approach to moral action with respect to his idea of man, then to see its relevance to the *Idealism/Realism* controversy.

In Ingarden's undoubtedly original proposal of an approach to man, we cannot fail to distinguish at least two basic hints for the reformulation of perennial questions. One of them concerns the role, and the existential status, of values, the other introduces actions as the link unifying man and the world.

Firstly, it would seem, indeed, that through the pattern of responsibility, moral values as ideal objects, comparable to aesthetic ones, enter into the concrete domain of experience. Secondly, as we have been unfolding our theme, action appears as a prospective link between the human functioning and the causal concatenation of the world, bringing both together. They join upon the issue of freedom, freedom from both the bodily constraints of nature and hegemony of pure consciousness, bringing it into the light as the central issue of the *Idealism/Realism* controversy.

The question has to be raised whether the way in which the conception of man, action and values is formulated allows 'action' to fulfil this role.

We have, in the course of our critical inquiry, prepared several points concerning the postulates which the conception of action should answer in order to account for both freedom and order.

In fact, within the Ingardenian system of human action, deliberation and decision – the vehicles of its alleged 'freedom' with respect to the (to use Husserlian concepts) spontaneous flux of constitutive genesis which counter the anonymous flux of natural life, representing here this *twofold bondage* – are dependent in two ways upon the system of unchangeable ideal values. First, with respect to the line that moral conduct may take. Second, going deeper, with respect to the quality of experience which is 'modulated', we would say, as 'moral' again in relation to values. Strictly related to the ideal system of values the notion of a responsible conduct allows, of course, for a *flexibility of choice* within the ontological foundation of action. However, man's choice is caught in the net of ideal regulations into which nothing of his own *initiative* can be introduced. Would emergence of action expressing man's own initiative be altogether possible within this network? And is man, on the contrary, in opposition to other real individuals, not 'specifically human' because of his virtualities which allow him to undertake unprecedented and unforeseeable initiatives without which the progress of culture, and for that matter, of specifically human life, would not be possible? The ontological foundation of responsibility as the system of reference for human 'free' action does not seem to account for the specific source of the initial impulse which, if it has to generate a course of development going in reverse to the constitutive 'spontaneous' sequence of time must surge in a different way and be triggered by another mechanism of human functions than that of the intentional genesis of the natural *life-world*. Finally, in order to account for the manner in which such an impulse finds its way into an articulated chain of acts, so that it may ultimately result in moral deliberations, selection and conduct, should we not approach the phenomenon of action first in the articulation of the dynamisms which would be released in order that various functions of man may prove themselves capable to enter into a network of operations?

Indeed, action, in contradistinction to singular, spontaneous *'act'* (in the Husserlian sense of 'passive spontaneity' of conscious acts) – which itself already poses questions concerning the conditions of its emergence, its initial impulse, etc. – as we have already pointed out with respect to the postulates of the aesthetic investigations – cannot be envisaged otherwise than as a complex set of processes consisting of a concatenation of singular acts, articulated in its progress, in specific and varied ways, by their own improvised *telos*. It articulates human functioning into the complete network of interworldly situations. Ingarden, setting the ontological structure of responsibility as the system of reference to investigate action in its moral modality, draws a concrete documentation of his analysis from empirical factors, which make several openings into the various dynamisms of man. However, to approach them in this perspective does not allow us to outline the origin of the action from its source and in its articulated progress. A conception of matter itself is missing.

To conclude our critical account of Ingarden's approach to man and action – which might have been also expected to open the gate to metaphysics – let us formulate two constructive postulates concerning the role and conception of action:

1. Should action be the factor of the 'specifically human' aspect of man, it would have to be a type of action that has an appropriate target to 'transcend', and yet be capable of bringing together in an articulated, methodologically justifiable philosophical interpretation of facts the *complete sequence of things and beings in the specific modalities of their functioning*.

2. Should action reveal itself as the factor of freedom it would have then to 'transcend' the system of the *constitutive ideal – intentional regulations and principles*.

Chapter III

RECAPITULATION

The Idealism/Realism issue in the phenomenological investigation, its impasse and its assumptions

To conclude our succinct critical investigation of Ingarden's philosophical endeavor – and for that matter of the two classic phases of phenomenology: the *transcendental* one, which after having prepared the 'subjective' foundation for the investigation of man and his world, has run into essential difficulties, and the *eidetic*, which has picked up their challenge to answer it upon an 'objective' ground, we observe that:

(1) Although phenomenology has laid a new foundation for the intentional two-line constitutive and ontological formulation of the issue *Idealism/Realism* and has considerably advanced its treatment by the newly perfected tools of investigation and a great wealth of insights concerning the two protagonists, the real world and human monad over the philosophical tradition, its investigations came to an impasse before term. Could this impasse be overcome along the same line of inquiry?

(2) The Ingardenian inquiry itself has unfolded surreptitiously another line of approaching the question of the status of the real world and man and introduced an essential transformation into the very conception of metaphysics as a decisive part of Ingarden's philosophical program: to reach the conclusive decision about the actual existence of such or other state of affairs as possible according to ontological laws, lacking the postulated 'specific type of cognition', the ontological investigation itself has switched to the UNIVERSAL SEQUENCE OF OBJECTS, which it has unfolded, for its intrinsic regulations as clues to the conditions of actualization.

(3) The failure, however, of Ingarden's attempt to reach the conclusive evidence of the conditions of actualization along this line by establishing the unity of the Sequence leads us to unravel the assumptions of the phenomenological framework as responsible for this impasse on both fronts: the transcendental and the eidetic. Both of Ingarden's lines of approach as well as that of Husserl break down at their common failure to account for the empirical realm, the 'infinitely small' in Pascalian terms, which they themselves indicate.

(a) *The Missing Segment of Experience*

Ingarden's initial project of the investigation of the *Idealism/Realism* issue, in which he proposes to take an approach radically different from the epistemological one of the Cartesian/Kantian tradition, as we have seen, has at its center the two protagonists: the real world and pure consciousness. The lines of research which he presents are meant as various paths to account for the multitude of aspects in which each of them and their possible relationships have to be envisaged before we can reach the synthetic formulation of their relation and to ascertain what is the status of each with respect to the other. Ingarden enters into this labyrinth of questions, as we have seen, deliberately through the ontological bias of an apodictically certain inquiry into the permanent structures of beings and relationships among their elements as principles of structuration through which, it is assumed, reality may be represented in its rational skeleton as mirrored in the contents of ideas. Does the allegedly radical turn of emphasis from the epistemological to the ontological allow him to reach a definitive reformulation of the *Idealism/Realism* issue?

We have followed Ingarden's painstaking effort at the establishment of the ontological status of these two regions, each in its own right.

The ontological investigation has proved very fruitful in bringing to light the basic structure of both, the real world and the pure consciousness in its formal-existential aspect and has thereby clarified on several fundamental points the formulation of their relationship. And yet neither the transcendence of the real autonomous individual with respect to pure consciousness nor the autonomous form of the domain of the world suffice to guarantee it the freedom from the hegemony of pure consciousness. Neither through the double transcendence of the person in one direction and through the soul in the other, does it in fact transgress the transcendental circle of intentionality. Ingarden's extensive inquiry into the formation of the aesthetic noema has definitely bound – instead of opening – the intentional process with the otherwise transcendent work of Art, that is with the intentional system of the *life-world.* Ultimately, as we have pointed it out previously, the real world would be existentially derived from pure consciousness.

The material analysis programmed by Ingarden as not only specifying the possible modes of the world's origination but also as capable of introducing new factors into this cluster of formal dependencies, brings into focus of attention the 'essential state of the body' in its interlacing with the soul. And yet Ingarden did not succeed in grasping this missing link in the cluster of interrelationships either through the investigation of the 'body as experienced' in its structural relation to the soul or by shifting to physical action as the eventual linkage system among them all.

Neither the differentiation of the monad into a specific soul/body territory nor the emphasis which Ingarden, in the third and last volume of the *Controversy*, places upon the causal network of the physical world dynamism – the emphasis that served Leibniz so well in setting up a reconstruction scheme of reality grasped at two levels, aggregate/causality – order/individual substance – opens the scene to the material dimension of reality, essential to Ingarden's undertaking. Although the conception of the causal relation as interlacing the spread of events within the region of the world is meant primarily to account for the network of order by means of which the 'dynamisms' of the material world-content would be distributed, one wonders, first of all, what philosophical significance Ingarden would give to the key-term 'dynamisms' of nature, taken directly as a conception of popularized science. This term remains alien to a philosophical reconstruction of order. Indeed, if the so-called 'dynamisms' are seen by him as the 'material' content of the world, could we consider causality as the key to 'material ontology'? It appears doubtful, since neither are the 'material' aspects of nature thematized nor does the causal nexus provide a system of reference to draw them into a direct investigation in their *own specific rights*. Moreover, the manifold of specific causal networks, on the one hand, and the equally discontinuous 'dynamisms' on the other hand, did not lead Ingarden to find within the 'region of the world' itself a material unity embracing the entirety of its components. The unity of the world remains strictly formal; first, of its ontological structure; second, of the spread of the causal network. Therefore no final result of the exfoliation of its dependency or independency; its originality or derivativeness from consciousness or any other factor could be reached.

(b) *The Implicit Grand Metaphysical Design*

In spite of the impasse in which the *Idealism/Realism* controversy seems to be stuck and of the fact that seen in itself his ontological approach does not revolutionize the Husserlian conclusions, the great metaphysical *sequence of forms* stands out from Ingarden's investigation as the major fruit of the ontologico-phenomenological investigation.

Both of the lines of inquiry, the one elaborating the modalities of the controversy and the other projecting plans for a great metaphysical design, have the question of the existential status of the real at the center of their interest and flow together at the point of their common concern with the means to approach the empirical realm and retrieve it for the linkage of the sequence of domains of objects. The switch from the structure of objects to Action in its two forms, first the basic physical action and then the moral action, as a complex network of processes meant to exhibit the binding links among the various mechanisms of interlacing disparate domains and objects and bringing together – allowing for their variety – the pluralism of being, failed to accomplish it. Although in the conception of 'moral action' all the segments of the great sequence seem to be in principle present, the body represented by a number of discontinuous sets of semi-closed 'dynamic systems' (*nota bene*, recalling Nicolai Hartmann's *Satzgefüge*) does not reach the level of a phenomenologically reduced philosophical interpretation, nor does it meet the 'body as experienced'. 'The organic unity of the body' which is claimed with reference to the structure of the 'responsible action' is not substantiated and remains enigmatic. Action did not provide us with the key to the material realm 'in its essential state', one of the major segments of the universal sequence of forms. We failed to gain the plenitude of forms, the access to actual existence.

These results are not surprising. Having differentiated the ontological structures of types of objects on the basis of their separation from the empirical pulp of existence can he now using the same tools immerse it back into it undistorted? Could he, indeed, with his restricted phenomenological apparatus, reach beyond the *eidetic* structures of mechanisms and relations, of causal order, on the one hand, and of the ontic rationale of responsibility, on the other hand? Can we understand all the 'material' elements which entered into his investigation otherwise than exemplifications by common sense observation and popularized science of his *eidetic* analysis? Is it likely that Ingarden would take these excursions into science as philosophical reflection in its own right? Would this not lead to the conclusion that he abandoned the phenomenological postulates altogether? Were we to take his sketchy fragments of the action inquiry into man as a decisive scholarly work, would we not have to draw the unlikely conclusion that he decides for a primitive empirical realism as the solution of the *Realism/Idealism* controversy?

Having in the last analysis brought all the differentiated static and dynamic factors of the world-man relation back to the ideal realm, Ingarden did not propose the key to the unity of the *All*, but revealed merely the *grammar of objectivity*. Regulated by the 'transcendent' ideal principles of values, only 'flexibility' of action – and not 'freedom' – can be accounted for by its 'syntax'.

Ingarden's development, which can be interpreted as a shift from the initial project in which the ontological structure of the existential conglomerations – real world and consciousness – was expected to yield sufficient evidence of their possible relations to action shows that not only is he led by the demands of the state of affairs themselves to abandon his initial conception of metaphysics but also that he cannot get away without probing below the rational schematism of the correlation 'structure-intentional process'.

Approaching at the start only provisionally the controversy within the Cartesian framework in which the real world is opposed to pure consciousness and expecting to transform it from within the concrete research, did he not, in fact, become victim of this framework?

The framework itself appears to have come into an impasse. In fact, could we not venture the supposition that this impasse might have its roots in some presumptions that classic philosophy bequeathed to the Cartesian formulation?

To conclude, it can be said that Ingarden's failure to reconstruct conclusively the great issue within this framework – having shown its limitations and difficulties rather than having solved it – constitutes his everlasting contribution to the history of philosophy. We will probe deeper in our criticism by summarizing now what appears to us as the three *basic fallacies* underlying the whole of his and for that matter also of Husserl's undertaking. We may venture to say that it is these fallacies which are responsible for the fact that his quest turned out to be incapable of overcoming the flaws of its historical inheritance. By the same token, however, we acknowledge our debt to our Great Master, enumerating several constructive points differently oriented, of our own effort regarding the same issue.

(c) *The Basic Fallacies Concerning the Status of Reality Present in the Idealism/Realism Issue*

The three fallacies which we detect in Ingarden's perplexities seem to stem from the Cartesian criticism of sense-perception as the incentive to approach the status of the world and man in a way that later on took the form of the *Realism/Idealism* controversy.

The first of these is the assumption about reality, which in phenomenology interpreted in the form of the *noetico-noematic* intentional system of structures and processes, is the essential and ultimate exponent of objectivity. The second is that reality is essentially represented by this intentionally constituted objective system instead of by its intrinsic dynamisms endowed with its own rules of operations of constructive progress. Thirdly, as the consequence of these two assumptions, the criterion of the 'bodily givenness' which is meant to guarantee the authentic access to the real is identified with and restricted to the objectifying intuition of things and beings.

These three assumptions appear fallacious in two respects. Firstly, the Cartesian doubt in the adequacy of sense-perception data in presenting reality 'as it is' has in subsequent corroborations allowed conclusions of a metaphysical nature to be drawn from the epistemological assumption, and inversely. In the point at issue, the Cartesian and Husserlian quests after apodictic certainty of cognition is responsible for the metaphysical conception of reality; and inversely, identification of the real with its objective level implies criteria of its cognition, restricting in turn its reach. Secondly, concerning the metaphysical thesis about reality which emerged from the epistemological quest after certainty, the following objection should be raised.

With the new insights gained in our times on the complex mechanism of man's vital functioning, Bergson's view that the world's presence to us in the form of an 'objective' scheme is a result of the most complex and long-winded processes going on 'below' the rational evidence of direct intuition seems to be confirmed. In such a complete operational system of man's vital functions, objectivity could hardly occupy a role other than that of the culminating stage of man's *rational orchestration* of them as the vehicle of life as well as the basis for the higher organization of his existence. However, although it is within the reach of our direct recognition through the 'media' of our own functioning that objectivity, as it is ground through the mill of these media, 'appears', yet in view of this deeper perspective, does it not seem vain to search for the *ultimate* conditions of the origin of objectivity and the rules of its modalities in the scrutiny of these very media (or in the modes of their operations as correlated through the ideal structures obtained from the tacit epistemological assumption about the reality of aggregates for which a thematizing framework is lacking)?

In fact, the three assumptions under discussion appear fundamentally fallacious on account of their illegitimate involvement with the metaphysical conception of reality assumed as essentially 'objective'.

We challenge this thesis by submitting that 'objectivity', or, for that matter, its counterpart 'subjectivity' are the last stage of the pluridimensional and plurifunctional process of man's simultaneous *autogenesis* and *existence*. They appear in their formal-material manifestation at that stage alone. Whereas, the privileged status attributed to them by classic phenomenology is relative to its *eidetic-transcendental* framework of reference. This framework, however, cracking under the pressure of present-day intuitive research, is being superseded by a vaster one reaching deeper into the NATURE-OF-MAN-AND-HIS-CONDITION.

PART IV

THE CONTEXTUAL PHASE OF PHENOMENOLOGY AND ITS PROGRAM

Creativity: Cosmos and Eros

"Ma devi scendere per comprendere
quando l'uomo non contende piu al tempo la sua poca vita
perche i duellanti non siano divisi ma concordi nell'odio che li abbracia
perche gli amanti non siano mescolati ma disgiunti dal suono della parola
Devi apprire con la mano questo muro di vento
che ti separa dai sentieri azzurri delle folaghe
per comprendere che v'e un anello nuziale
che stringe insieme le lontananze
afinche il vivente riconosca il vivente
e l'animale l'uomo..."

FERRUCCIO MASINI
'Caccia' dedicated to the painter
Livio Orazio Valenti

Chapter I

THE CONTEXTUAL FRAMEWORK OF THE RENEWED PHENOMENOLOGICAL PROGRAM

1. *The 'Overturn' towards the Contextual Approach*

We would venture to say that phenomenology in this gigantic monument of an analytic approach to man and his world in its *eidetic* and transcendental program rests on two assumptions. One of these assumptions, as we have previously tried to show, is that the fundamental level of reality – of the reality of man's world and of man himself – consists in its 'objectivity', seen as autonomous in virtue of its system of fixated 'objective' structures. 'Objectivity' stands for the system of orientation enabling man to enact his existence, a system representing both the world as self-contained and self-sufficient and man himself. The second assumption is that the relationship man – world – consciousness – external reality, also lies within the single network of rational relationships either among the elements of ideal structures – (according to the ontological inquiry) or among the elements of constitutive genesis (in the line of transcendental analysis). Both of these rational networks, complementing each other, are supposed to evolve according to the principles of rational ties and to be carried on by their rational intrinsic mechanisms.

Presuppositionlessness from the *theoretical* and *common sense* assumptions claimed by phenomenology was meant as a guarantee to the "things to speak for themselves," without distorting biases. And yet, could a philosophical program of inquiry start out and advance without some assumptions? Both programs – that of the transcendental constitution, as well as that of ontological structuralism – both 'presuppositionless' in the above sense – break down mainly on account of these assumptions. They break down through the intrusion into analytic investigation of the rationality of the factors of man's interworldly existence which are alien to and challenge these tight rational work schemes. Moreover, the thorough and profound investigation of man and his universe carried out by these great programs has also prepared for the independent emergence of unforeseen dimensions of experience whose specific rights call for consideration. These intruding elements into the phenomenological systems of investigation, for which no ready thematization is available, show them encircled by the system of the rational functions of man. But they also indicate 'vital' dimensions of the interplay between the 'specifically human' functions and Nature – ignored and unaccountable for by the classic phenomenological approach – as the *groundwork* from which the process of which 'objectivity' is the last stage, is being carried forward.

This disintegration from within and falling apart of the two great schemes of the classic phenomenological program can be seen in the spontaneous emergence of the pre-rational, unthematized, subliminal dimensions of experience which demand entrance in their own right into the new approaches to the great philosophical issues. In fact, it is the *vindication of real existence* outside the constitutive framework of the transcendental schema of conscious genesis.[123] The conception of moral experience as having its source in the 'subliminal' ties between the 'Oneself' and the 'Other',[124] the introduction of *Imaginatio Creatrix* and of the *creative function of man*,[125] challenge the primacy of the intentional, on the one hand, and of the structural grasp, on the other. This interior dissolution and need for an enlarged reconstruction of the phenomenological field of inquiry is to be seen also in the recent disorientation and criticism.

We are already witnessing the need to enlarge the framework of phenomenological inquiry in the new attempts at interpretation of the two great masters. It now appears, as if from a distance of preparatory interpretation of their efforts, that we are ready to see what they were actually accomplishing and actually struggling with in spite of what *they* thought they did.

Under this pressure of original insights coming from within the phenomenological research and of intuitions provoked by criticism, new aspects of seeing the procedure of the masters themselves come to light. We may now see, in fact, the upcoming overturn of the phenomenological inquiry into man and his universe, already to a considerable degree prepared by these two giants, Husserl and Ingarden, who have explored the classic phenomenological program to its final possibilities.

In both of the approaches the task is the same: to grasp the universe of knowledge and ultimately the universe of our human life in its basic forms, prior to their particularization and diversification in individual experiences influenced through theoretical knowledge, the inheritance of which penetrates our consciousness.

Let us recall that Husserl seeks the human experience as it springs forth spontaneously, and attempts both to follow it up in its temporal genesis, going through all the stages of man's conscious unfolding, and to account for the human universe by elucidating its genesis in human consciousness; while Ingarden proposes the original and authentic foundation of the human universe in its possible rational structures. Each mirrors the universe of human discourse in its own way, one making it relative to human consciousness, the other referring it for its objective possibility, order and progress, to a system of *a prioric* ideal laws.

I have repeatedly shown elsewhere the various limitations of Husserl's enterprise.[126] We may recall that two of its basic flaws (stated above) simultaneously open possible perspectives to engage our query further. First of all, Husserl's claim that he can account by means of the transcendental constitutive system for the complete *life-world* is untenable. In his analysis Husserl has followed constantly the procedures of the universal, *normal* psychic life. Whereas extensive research, accomplished in the last decades in phenomenologically inspired psychiatry, shows that neither the constitutive genesis as described by Husserl, nor its intentional system of reference (together with its horizon supposedly complementing the reservoir of constitutively possible models) can account for some sectors of the psychotic phenomena, which, nevertheless, do appear in the field of reduced consciousness and are open to intuitive inspection in their immediate presence.[127] The absolutism of the constitutive analysis, with respect to its completeness, while accounting for human discourse, is thus dispelled.

Ingarden's absolutism of the rational *a priori* structures has, as we have seen, reached a similar obstacle. Both thinkers seek in vain to rejoin the vital dimensions of experience and nature from which they separated themselves while setting up their respective methodological frameworks. Their probing into those dimensions, even if unsuccessful, never stopped. Neither did they disavow their essential postulates.[127a]

Our conclusion is that within these two clearly delineated and conceptually elaborated classic frameworks of research, a much vaster framework of inquiry, claiming no *apodictic* type of certitude nor *absolute* ideal foundation, was at work in virtue of the *irreducible elements of the human condition*. It advanced slowly through concrete data, preparing its own role as the framework of provisory *contextual* phenomenological inquiry. We will approach our formulation of its program under several headings.

Before we single out, to submit to the reader, two concrete openings enlarging the phenomenological field of research, (one answering the demands put forth by *real existence coming into its own within the actual context of the world; the other, man's creative effort*, both of them vindicating these pre-objective realms of man, "beyond essences", as Mr. Levinas has put it), we shall engage in a brief discussion of the very possibility of such an inquiry.[128] We will then discuss the problems which these above mentioned developments raise and the new program of phenomenological framework of inquiry they postulate. This framework should completely embrace the previously considered field and stretch further between the two extremes of the seeming antithesis of the *dynamic/subliminal* and the *articulated/irreducible*.

2. *Contextual Phenomenology*

In fact, should the narrow frame of our discussion allow us to enter into the historical intricacies of the issues with which we propose to deal in a succinct fashion, substantiating our contention with some striking examples, we could show that there is nothing basically new in what we have called the 'over-turn' of the phenomenological orientation which, after having elucidated the *rational* levels of objectivity, is ready to reach deep down to their dynamic springs.

Neither should we see it foreign to the methods and techniques taken in their full extent, of the two classic stages of phenomenology, that its initial rallying cry "back to the things themselves" may now deliberately take on a less restrictive and more poignant formulation: "Retrieve the irreducible whatever its form." Nevertheless, such a proposal in order to be plausible has to offer adequate answers to some typical questions like, for instance: "How can we circumscribe 'phenomenological inquiry'?" "Wherein lies the decision regarding the legitimacy of an inquiry as a contribution to this field?" And finally: "How can we reconcile within the same field masses of analytic work and theories as diversified as those of Husserl, Scheler, Heidegger, Ingarden, Sartre, Merleau-Ponty, Ricoeur and Levinas?"

(a) *Presuppositionlessness or 'contextual reference'?*

The strength and unity of the phenomenological field of research, in spite of its diversification in different approaches and techniques, consists now as before in its explicit, or at least implicit, allegiance to the clarification of its initial postulates concerning the objects and methods of research. Furthermore, if we probe deeper into the unifying links pervading apparently disparate philosophical efforts, we will find that these assumptions are supposed to be linked together through their genuine ties with the places which they occupy and the roles they play within a larger framework. This framework reveals itself slowly for explication as a vast future project in the phenomenological reconstruction of MAN-IN-HIS-CONDITION.

In the first period of the gigantic phenomenological endeavor, allegiance to the *eidetic insight* meant, first of all, the sweeping away of all that which, in principle, lacks direct rational clarification and methodological justification. This was intended to be the answer to the claim for a radical clarification of the postulates.

And yet this postulate of rationality interpreted as the key to the ultimate 'truth' about things and being is extended already by Husserl himself. In *Analysen zur Passiven Synthesis* Husserl is no more satisfied with the *eidetic* nucleus of the *noema* as the genetic criterion of adequacy but extends the problem of 'adequacy' to the verification of truth of the singular noemata with respect to their *'Bewahrheit'* with the complete constitutive system of the *life-world.*[128a] This verification of the singular with respect to the complete system is, however, – and here we might oppose the tendencies of the hermeneutic interpretation of Husserl – going back to the originary autonomy of the singular nuclei of structure it refers to the complete pattern as to an underlying *eidetic* system of the *a priori* possible models. With the absolute status of the rational structure – as representing the ultimate explanation of things and beings – lifted and replaced by the insight into the *functional orchestrations* as *generative* of things and beings with reference to each other and to their complete context, the emphasis of the investigation falls upon the context as a whole, understood as responsible for the generic nature of the singular.

Thereby a radical shift of emphasis is reached: in order to grasp the nature of the singular in the modalities of its origin, we must investigate it within the *context* in which it emerges as both its constituent as well as its product.

(b) *The explosion of this self-enclosed circle: presuppositionlessness not an absolute but a relative criterion of validity*

Yet it is precisely the monumental development of phenomenological inquiry into man and his world, pursued on so many methodological fronts that seems to have proved that the ideal of seemingly absolute presuppositionlessness formulated by Husserl and accepted by Ingarden as a *correlation between a specific intellectual type of rationally distilled intuition* and a *specifically rational representation of the human world and man constituting it*, is restrictive with respect to the great task which Husserl prescribed for phenomenology. Although at each stage of his development he expanded and enlarged its meaning, it still appears far too narrow to meet his own intuitive requirements. On their own account, those requirements of the subject matter could not fail to break through.

As a matter of fact, the range of evidence that Husserl himself was capable of interpreting philosophically with reference to the framework he established progressively for his inquiry is restricted to the level of the correlation between "intentional genesis – rational structuration" with its temporal horizons at one extreme and the horizon of possible types of structures and relations at the other.

Whereas, we propose that this human dimension, embodying the complete emotional-empirical system of functions, is the very foundation and sustainer of the whole system of man as element of nature within the *world-context*.

But in the course of his later reflections (*Crisis* and *post-Crisis*) Husserl obviously is struggling in vain to reach further than his framework allows.

His attempt to investigate 'empirical consciousness' leads him far beyond the *life-world* and *kinesthetic* intentionality into reflection on the body (*Leiblichkeit*),[129] approached from the angle of systems of natural instinct, in which he sees the 'primordial' factor (*das Primordiale*) radically preceding the constitution of the *ego* (*das radikal Vor-Ichliche*).

His attempt to philosophically interpret these new factors, drawing them into his previously established framework fails.[130] However, the examination of Husserl's development in relation to the expansion of the philosophical scope in his ever progressive quest, undertaken by J.N.

Mohanty[131] seems to indicate, in fact, that a sharp division among several phases of development previously distinguished by his interpretors (e.g. Landgrebe, Funk, Farber, etc.), should be abandoned. The continuity of Husserl's evolving reflection seems to be already laid down with the germination of his project in his first writings. And yet, as Paul Ricoeur stated recently, the subject matter upon which Husserl draws in pursuing his alleged purpose (*Logical Investigations*) includes more than the material thematized by him.[132]

We have already drawn a similar conclusion concerning Ingarden's evolution from the critical investigation of his thought.

In the first place, as we have tried to show as Ingarden progresses, his philosophical development parallels that of his master. In his attempted investigation of man through the relation to his functional system of action, Ingarden is led to plunge into empirical science, for which his framework of inquiry obviously cannot offer principles necessary for the philosophical interpretation of its data. Either they remain as mere illustrations of his *eidetic* system of relations and mechanisms, or they stand on their own apart from this system.

Secondly, we have sought to show to what extent, in fact, the prescribed *schema* of the Ingardenian phenomenological program is responsible for his discontinuous domains of ideal or intentional objects and for his failure to bring them into the "unity of being", as well as to assess their relation to actual things and beings.

We have seen that a larger set of assumptions than those admissible by the interpretation of the postulate of presuppositionlessness in terms of *eidetic* reduction would be indispensable for the accomplishment of the intrinsic demands of the inquiry.

It seems that Ingarden, in paralleling Husserl, follows the programmed line of evidence; yet by intruding into other than *eidetically* accessible types of intuitive insights he breaks through the framework of phenomenology, and for that matter, of philosophy devised by him.

The presuppositionlessness of *eidetic* phenomenology also appears to be too onesided to account for the unfolding of its great implicit scope, and has served merely its limited aim in the investigation of objectivity.

Challenged by the results of its own research it may now leave room for other no less demanding criteria. In fact, while the general phenomenological debate, especially since World War II, has at its center questions of method, clarification, reduction and *apodictic* evidence, the progress of phenomenological research, in spite of the claims for the ultimate philosophical value of the results raised by the respective thinkers, has been bringing before the eye of the critical philosopher the limits of their results. Crevices appearing in the midst of results obtained came to reveal *other aspects of man's situation within the world, situations of conflicts* tearing asunder all the beautiful universal schemes within which the classic phenomenological framework of reference tried to tie the givenness. The irreducible *subliminal* factors and *elemental* forces which came to light caused the harmoniously outlined framework of rational givenness built by Husserl-Ingarden to recede from its assumed role, the 'absolutely given' reality, to the mere level of *a rational* schema *unfolding within the set of man's virtualities.*

Thus, the 'objective-subjective' *rationale* has shown itself as describing only *one* of man's functioning systems, articulating his situation within life and the world on one side, and on the other side, representing the schematism of man's 'typical' individual existence. As we have pointed out above, this classic phenomenological framework is rooted in epistemological assumptions determining the formulation of the method.

In fact, the opening of new approaches to man which have appeared within the phenomenological field recently, as well as the most recent trends of ideas, are a radical reaction to these epistemological assumptions.

Although these signs of reaction might also be inspired by various extra-phenomenological trends of thought, they all come together in expressing a defiance of the absolute sovereignty of reason over the other functions of man. In the light of our analysis, this amounts to a rejection of the assumed presuppositionlessness either of the *eidetic* insight or of its corollary, the *transcendental* approach to man and his situation in the world.

Phenomenological presuppositionlessness, involved as it is with its apparatus of *apodictic* evidence, *eidetic* insight, 'pure' act of consciousness, the irreducible stream of time, ideal prototypes of objective structures, the grouping of ideal relations as the ultimate articulations of human reality – all these cornerstones of the classic framework of reference of the Husserlian-Ingardenian formulation of the phenomenological program – seems outlived. This apparatus appears as a methodological framework open to re-examination in the face of the findings of reality; scrutinized in their own field, these findings no longer fit into this framework, which falls short of providing a basis for the appropriate interpretation of their role within man's situation.

3. *The Dilemma and the Irreducible*

Bringing our reflection to some alternative points, we submit, first and foremost, that there is much more to the *eidetic-transcendental* program than its postulated methodological framework of reference indicates and embraces. We propose that the scope of the authentic phenomenological aspiration is not to be restricted by a framework of method to the intentional-eidetic correlation but that with respect to the full extent of the investigation of *man-and-his-condition*, this framework may still remain instrumental as a *centralizing rational dimension* wherein all the other dimensions of man's functioning converge. In fact if we wish, following the aspiration of phenomenology, to grasp man at this *very foundation*, this rational life-organizing function of intentionality, as Bergson saw it, recedes from its alleged priority, first of all, with respect to *other orchestrations* of human functioning. As has become apparent from the phenomenologically reoriented study of creative experience, which the present writer reached after having broken through the Husserlian-Ingardenian straitjacket, man's *creative orchestration* of function has the upper hand in the *human condition*, decisive for his and his world's origin, since it is capable of *renovating* the world, rather than simply *perpetuating* it.[133]

Secondly, going deeper, it recedes in priority because of the crevices in its constitutive schemata, according to recent psychological findings, referring to the functional orchestration of *elemental Nature* with its pre-synthetizable flux of life, with *Subliminal* articulations of their own, with the *spontaneity* from which man's genetic progress springs. They seem to constitute, in their non-automatized and conflicting upsurges, the gist of man's existence. To understand man, not one-sidedly at the level of his rational life organization only, but *in his very condition, to reach his genesis as man, as he unfolds his telos and pursues his destiny*, we have to find a way to these dynamic dimensions of man; Husserl's and Ingarden's attempts failed to do it. Their upsurging claim to be accounted for seems to require first a break with, and second a reinstatement of, new criteria of both clarification and presuppositionlessness.

A dilemma seems to arise: "Could the Elemental dimension of man, breaking through the abstract levels of reason so vehemently, still enter into the phenomenological field as the continuation of its vast program, since to effect this entrance the whole Husserlian-Ingardenian methodological framework of philosophical reconstruction would have to be broken apart?"

"Or should we then grant to the Subliminal its pretention to a complete autonomy from reason, and hastily conclude that the only way to do justice to its ingeniousness is to leave it out of the scheme of philosophical reconstruction in its own 'pre-rational' status?"

The second position is very much in vogue at the present moment of radical contestation of the abuse of reason; yet would it be legitimate for philosophy to adopt it?

On the contrary, philosophical inquiry, whether it is understood exclusively as the quest after *truth* about man and his world or as probing into the ultimate conditions of man's life and destiny, expected eventually to reveal the key that may serve an otherwise blind man – to orient him in his conduct – cannot ignore, in fact, whatever may be the ultimate resources, anonymous forces, or even unforeseeable directives which manifest themselves at all stages of man's unfolding as a unity, that is, as *pluridimensional* and *plurifunctional*, articulated at all levels. These articulations, different according to the orchestrations into which they enter, are not mere abstract schema of combination and permutation devising a repetitious vital mechanism, but, first and foremost, due to their ingeniously dynamic, *generative* spontaneity, they constitute the very vehicle of human *progress*. They are springs of man's origin, growth, existence and destiny. In virtue of this dynamic concatenation of functions and their distributive nature the 'Subliminal' entering into the game of individual existence takes on a vital significance in the existential complementariness among the modalities of the rational articulations within the same functional orchestration.

Indeed, if in an anticipatory way, we follow the seemingly discontinuous, sinuous and ever changeable course – intermingling with everything else – of 'pre-given' 'pre-constitutive' or 'Subliminal' elements of affection or passion when it manifests itself within the articulated *life-*

context, we find it already 'distilled' and 'formed' at each step; but nevertheless, we see its transformation in 'reaction' to already intentionally established life-coherence. Through this or another intentional pattern it enters its delineated course, which to start with, we may merely guess at. Following these 'reactions' throughout, these directly ungroupable elements make themselves seen in the midst of one or other concatenation of rapport with 'the rest', performing this and not another role in this and no *other functional context* within which it becomes oriented.

If we then wish to exfoliate the subliminal we may pursue its modalities through the way it is integrated by the specific 'reaction' within a respective functional orchestration and its *telos*; these two are necessarily corollary. Making an analogy with Kant's aesthetics, although we transfer it to a level *prior* to that at which he establishes his balance in the complementariness between the "receptivity of impression" (*Receptivität der Eindrücke*) and "spontaneity of concepts" (*Spontaneität der Begriffe*) we may say, in fact, that one amplifies, intensifies and qualifies the other. One constitutes the decisive step of advance and expansion of the other, the first being blind and meaningless without the second, and the second empty and dead without the first.

Were we then, in order to vindicate the 'Subliminal' and make it come into its own, to give up the *rationale* altogether, we would have to renounce retrieving it and would then later bypass its specific function. Wittgenstein might have been right saying: *"Worüber sich nicht sprechen lässt, darüber soll man schweigen"*. Nevertheless, is it not the task of philosophy to find an access to the real even indirectly, and have we not already seen "through the glass darkly"? Furthermore, through the flaws of the classic framework, have we not seen lurking some material to lead us like a *filum Ariadnae* toward the establishment of a new framework of investigation?

The postulate of rationality interpreted as the assumption that the key to the ultimate truth about things and beings may lie in an absolutely distinctive rational nucleus of "things in themselves" as separated each in its own nature genetically groupable or directly through the *noematic* content also is extended already by Husserl himself. Indeed Husserl in *Erfahrung und Urteil* is no longer satisfied with the *eidetic nucleus* of the *noema* as the criterion of genetic truth but extends the verification of the 'truth' of singular *noemata* to their *'Bewahrheit'* within the complete constitutive system of the world.

The absolute status of rational structures as representing the ultimate explanation of things and beings linked together with the *noemato* into *functional orchestrations* as generative of things and beings with reference *to each other and consequently to the whole pattern*, requires that the emphasis of the investigator falls not only upon the whole system, but specifically upon the system understood as responsible for the genetic nature of the singular that is a specific context.

This verification of the singular to the complete system is however centered in the original autonomy of the singular nucleus of structure; it refers to the whole pattern or to the system of relations among *noemata* occurring according to their original specific nature.

Therefore a radical shift of emphasis is needed: in order to grasp the nature of the singular in the modalities of its origin we must refer to the *context* in which it appears as both its constitutive and by its constituted element.

Replacing the abstract ideal essences with the notion of the 'irreducible', the combinatorial system of ideal relations with various types of *articulations*, the rational system of intentionality with the insight into various *orchestrations* of man's functions, and more importantly, approaching man as the real autonomous individual not in separation from but within the concrete concatenations of the *actual context of the real world*, we have the *contextual framework of reference* appropriate to do justice to this new dimension, without in any way giving up the acquisitions of the classic ones.

Let us now see how the fundamental principles of the classic phenomenological framework of method may be considered simultaneously as maintaining the final inspiration with respect to the basic tendency of phenomenology, and being transformed in their interpretation with respect to the full-fledged scope of reality it aims now to encompass in the proposed *contextual framework of reference*.[134]

Chapter II

CONTEXTUAL ANALYSIS: SOME OF ITS METHODOLOGICAL PRINCIPLES

1. *The Rational Postulate: The Irreducible: Its Profiles with Reference to Various Dimensions of Experience.*

To start with a decisive question: "How can the rational postulate of an ideal cornerstone of reality be abandoned without falling into the pitfall of naturalism?" It admits obviously in its primordial allegiance to "things themselves" of several ways in which they may be interpreted, were we to admit that all of them converge in retrieving the irreducible elements of the real from the relativistic biases of arbitrary cognitive approaches.

The privileged position of *eidoi, essences*, ideal structures as the ultimate in verification of the 'adequacy' (if not 'truth') of the genetic progress of the intentional constitution or of the structuration of possible objects having exhausted itself in phenomenological inquiry and having failed on its own to reach actual reality, the question at hand is whether we are not in danger of falling into the trap of *reductionism* – over against which phenomenology arose. The reductionistic tendencies now expressed in more elaborated forms than at the beginning, are prevalent in current philosophical thinking. Stemming from social anthropology, evolutionary biology and historical hermeneutics, they propose to draw ceaselessly *man in his condition* into their explanatory theories, ultimately reducing man to Nature. Having given up, first the absoluteness of ideal structures, then the *apodicticity* of intuitional *noetic-noematic* models of givenness of the real, and finally having reached below the *objective* rules of the givenness itself into the folds of *Elemental Nature* – where the natural science of man claims to have established its privileged telescopic and operational explanatory models – are we not then bound to see man as reducible at his roots to one or the other, or maybe in part to each of these onesided approaches? Are we not bound to relegate man's specific 'humanity' and its *condition within the context of the universe* – as well as his 'authentic' experience of nature and himself – to the socio-cultural evolutionary trend of history or a blind? Are we then to see him either as an anonymous product of this domineering dynamics, a mesh in a gigantic texture void of pattern, or a wheel in a blindly operating gigantic machine, which could hardly be called 'humanity'? We would, on the contrary, submit that the crisis of the strict and over-refined *rationale* may have shown, on the one hand, its role, as restructured *artifact*.

On the other hand, however, the claim of the Subliminal and the Elemental realms of man emerging through each crevice of this rational inquiry and claiming to come to its own right, has affirmed itself in a not altogether haphazard and irrational fashion. The very claim of passions and affectivity, to be considered as playing a crucial role in life's great conflicts tearing man apart between his resigned submission to the system of life survival and his nostalgia to rise above it, has affirmed itself in the *orchestration of the creative function* as well as in basic *ethical modalities* underlying human acts as manifestations[135] of the *irreducible elements*. This new conception of the *irreducible* as cornerstone of order and distinctiveness resists an exfoliation according to the methods of a rational quest for an intrinsic structure or pattern, and yet, manifests itself not as altogether disarticulated. It projects, on the contrary, its own contexts of inquiry where its functional articulations may be thematized and philosophically interpreted. To deny the presence of the *irreducible* elements in *man-and-his-condition* before investigation would, first of all, mean a negative pre-decision about the 'specifically human' existence of man by assuming man's total inclusion into the anonymous progress of nature. Second, it might also be a reductionistic pre-decision about the complete system of Nature's order and its ultimate *telos*. Now more than ever is it the calling of philosophy to let the real speak for itself!

2. *'The Principle of All Principles' and the Pluridimensionality of Experience*

"How can the real speak for itself?"

Away from the cognitive unity of the ideal structures as cornerstones of cohesion, the alternative conception of the 'irreducible" elements of reality indicates in opposition neither a conjoined privileged type of cognition nor a single objective criterion to determine it.

Already in the development of the phenomenological movement it came clearly to light, in fact, that the principles intended by Husserl to safeguard the methodological rigor of the phenomenological analytic procedure (e.g. the three or four 'reductions' which Husserl tried to elaborate with progressive precision) were not rigorously maintained by philosophers like Sartre and Merleau-Ponty. They have been interpreted by different thinkers, and although consequently the respective conceptual schema of analysis may have undergone considerable change from the one proposed by Husserl and by Ingarden, allegiance to the basic postulates of phenomenology was maintained.

The subject matter itself to which these methodological principles apply admits obviously, in its primordial allegiance to 'things themselves' of several ways of interpreting them. Were we to admit that all of them converge in retrieving the irreducible elements of the real from the relativistic biases of arbitrary cognitive approaches, we may consider all other methodological devises of phenomenology and its postulates of methodological legitimacy as means to reach this 'authentic' state of things.[135]

First of all, however, we have to recall the 'Principle of all Principles', from which phenomenological methodological aspirations flow, acknowledging definite cognitive validity to all 'objects' that present themselves in their 'bodily selfhood'. The intent at the retrieval of things in their authentic state is coupled with their presence in 'bodily selfhood' in cognition.

The distinction of *regions* of beings in Husserl, to which corresponds in Ingarden's ontology the distinction among types of beings, goes back to this double principle. According to this twofold methodological assumption, objects of each region present themselves as different in their 'bodily selfhood', and in their own type of experiential evidence, whereupon, their distinctive features have to be acknowledged (e.g. the region of mathematical objects is determined as being constituted in a specific genetic process of ideal cognition as distinct from the region of the real world, as being constituted in processes of outer-perception; of the region of the works of art, which Ingarden brings to light against Husserl as a region of pure intentionality, etc.)

We may conjecture that the 'Principle of all Principles' presiding over the concrete line of progress even of the two great masters, may explain Husserl and Ingarden, while trying to bring the results of their research back to their methodological system, yet borne along by the thirst to uncover the state of things and complying with its demand, were evermore carried away into circles for which the pre-established conceptual frame proves too narrow. As we have previously emphasized, even these two masters of phenomenological orthodoxy maintained their quest *in spite of*, rather than *according to*, their pre-established precepts.

Indeed, it seems in the first place, that the 'Principle of all Principles' has found within reality the response of the pluri-dimensionality of experience, which outlines a *universal framework* of research. Unrestricted to one type of cognition, or experience, as singled out for its assumed unique compliance with absolute criteria of validity and thereby giving an absolute priority to one dimension, it allows for the acknowledgement of each of them in its own right. Instead of reducing their various systems to one, it proposes an *open system, a universal context* in which each specific context of their functional articulation finds its proper place with respect to all the others.

3. *Levels of Analytic Visibility; Presence in the 'Bodily Selfhood' Revisited*

Within the various attempts at clarification and attaining a precise grasp of the way in which we may, and do, obtain 'clear', 'distinct', and *apodictically evident* 'ideas' the correlation between a more or less clearly articulated notion of an *eidos* and a conscious act remains always in focus. Husserl seeks to explain the coincidence of both by distinguishing elements and nuances at the *noetic-neomatic* level of conscious genesis with the *hyle-morphe* distinction. Ingarden attempts to establish their correlation by pushing to its extremity the analysis of the structure of the *eidos* and its constitutive intentional act, and yet the efforts of both meet at the same level of *analytic visibility*.

Indeed, the intentional 'purity' of conscious acts, as reduced from all empirical and socio-historical aspects, in their genetic unfolding as well as the unchangeable, ideal structures retrieved artificially as the basic pattern of objectivity – the model and the reproduction – owe their analytic distinctiveness to the same *eidetic* intuition. We witness throughout the field of phenomenological research a *variety of analytic levels*, at which alone other aspects and types of elements of the given could in their 'bodily selfhood' come to light. They bring to our attention modalities of experience in other articulations than those of the *eidetic* intuition. Already the aesthetic experience in Ingarden's analysis appears in a net of articulations far more diversified than a work of art – Affective modalities, progressive development, spiritual acts, experience of the communication with the other selves, may present themselves in their specific nature – each in its own type of ordering network – only at an appropriate level of analytic visibility. The distinctiveness of the many levels of analytic visibility with their *own mode of bodily selfhood*[137] is correlated with a specific type of experience. Focusing upon the *irreducible* element within their objects, each projects its own analytic framework; each level of analytic visibility – insofar as it makes its objects accessible to cognition – is projected on the basic of a *referential network*. As such, a network serves as the framework for issues concerning the complete spread out of concern with *man in his condition*; and it emerges with immediate reference to the specific aspect of his condition to which the particular function of experience pertains.

The criterion of the *presence in bodily selfhood* reinterpreted as founded in the *irreducible* at large rather than restricted to its specific modality of the *eidoi* refers ultimately to the complete framework of inquiry into *man in his condition*, laying down simultaneously one of its basic methodological guidelines. Its principal methodological counterpart remains the classic *postulate of irreducible givenness*. Without it we would have to renounce the "return to the things themselves," because we would have to give up the *self-explication of the givenness in its own right*.

Without revealing the *irreducible* as the guarantee of its firm and unshakeable foothold in the ultimate ground of givenness, phenomenology would become helpless against speculation of all types based upon false evidence of mere rational constructs in which the human mind delights, in disparagement of speculation or multiplying and introducing *ad infinitum*, arbitrary and unfounded abstract distinctions in the frequent abusive practice of the analysis of 'ordinary language'.

Chapter III

CREATIVITY: COSMOS AND EROS
Some perspectives of the contextual investigation of MAN-AND-THE-HUMAN-CONDITION

In our proposal of two avenues of phenomenological research within the *contextual* framework of analysis – of which we will outline the one and just introduce the reader to the second – we will take a twofold perspective with respect to our basic purpose: we will make some specific critical remarks on pivotal points regarding our previous treatments of the classic *transcendental* and *eidetic* frameworks of reference; we are introducing them as new constructive ideas toward finding a way out of the above denounced dilemmas in which both of the previous phases of phenomenology remained caught. These two avenues of *contextual analysis*, previously established elsewhere, might merit a renewed interest insofar as we may, following our thread of argument, interpret them as contributing, albeit from different perspectives, toward a reformulation of the *Idealism/Realism* issue; this is meant to avoid the denounced pitfalls of the Cartesian inheritance. First, going beyond the narrowness of the constitutive and ontological approach to the status of the real world and man, we might find them as perspectives simultaneously reaching deeper and into a vaster network of existential interdependencies of *man and his integral condition*. Second, we might accomplish a break and a passage between the closed intentional horizon of the *given world*, as the only possible one, to the open *phenomenological realism of the 'possible worlds'*.[138]

1. *From Constitutive and Structural Analysis to Conjectural Inference*

Ingarden's monumental analytical world offers us the universe and consciousness ultimately to be brought back to their objective rational and ontologico-intentional structures, in their fundamental rational skeleton. Simultaneously, the elaboration of ontological principles and relations brings to light the substructure of human rationality.

Furthermore, it appears that such a universe of *eidetic* possibilities is the counterpart of Husserl's constitutive genesis of consciousness. Indeed, it seems to present its objective 'possibilities' and limitations. As we well know, the constitutive analyses of Husserl are always meant to proceed in terms of the *eidetic* research, which also have the genesis of man's psychic life as their main objective, dispell from another point of view some of the explicit and implicit claims of constitutive phenomenology. For example, the relativity of the factual organic nature of existing reality to the constitutive procedures of transcendental consciousness appears problematic. In fact to the question which arises:

"Can nature be reduced to its meaningfulness for man's existence?" (and by existence is meant an intentional phenomenon) we have to answer emphatically: *No!* Taking again into account recent psychiatric research we find that (a) consciousness is extended through various levels of psycho-somatic activity terminating in the dimension of *physis*, which is no longer conscious, that is, no longer pervaded by intentional linkings with the present field of consciousness; it remains inaccessible even to our farthest extended intentional inspection and cannot be 'transmuted' into direct 'lived experience'. Thus consciousness reveals its alterity from but also its dependence upon the heterogenous dimension of nature. (b) Furthermore, we discover that the borderlines of the *psyche* in its autonomous activity are limited to the levels wherein the human being, presented with fundamental intentionality, is constituted together with his life-world, whereas in its vital operations, the same consciousness extends below the level of its functioning. Likewise its constitutive pattern as well as its ultimate commitments and regulations, seem to be sought below the threshold of its activity in the *inner workings of nature.*[139] Thus as we have emphasized above, the shortcomings of constitutive phenomenology indicate a much vaster field of research to be considered. The philosophical demand for ultimate reasons does not terminate in the quest for the first authentic form of experience. On the contrary, it only opens further avenues.

Coming back to the pivotal flaw of the Husserlian approach we can say that it is the one that Ingarden has aimed at with his criticism of Husserl's closed circle of transcendental reduction as the vehicle of transcendental inquiry, *namely the separation between the 'pure', or 'reduced' and the empirical consciousness*. What is at stake is the unreduced reality, which itself is the necessary starting point for the reduction that is supposed to lead to the domain of pure consciousness. It is precisely from this point of criticism that Ingarden, in order to avoid the necessity in which Husserl got caught, of endlessly seeking further justification of cognition, has started his own inquiry.

But with the issue of the reduced empirical consciousness, as I have already mentioned concerning Husserl, the crucial problem is brought to light. In fact, it is in order to account for this empirical, temporal, singular and fleeting reality that we are in need of a foundational philosophy. It is for the purpose of accounting in evident and certain principles for this fleeting, changeable, ever escaping flux of nature and of the real world that basically a *mathesis universalis* is required. We cannot forget that empirical sciences in need of a foundation were the inspiration of the phenomenological quest.

In other words, what should be the central philosophical concern is the fleeting nature of reality, its enigma of being simultaneously in a spontaneous and apparently incalculable process of change while still manifesting an intrinsic order, the striking evidence of the concrete existence of things, of beings and of their seemingly ungraspable nature.

Is it not because of the singular uniqueness, temporal and fleeting, of the real existence of things and beings that our philosophical marvelling assumes a poignant form?

Having now before us, the two fully elaborated ways which phenomenology has taken, the constitutive and the structural, the transcendental and the *eidetic*, (regardless of the flaws of their frameworks of inquiry in further reaching realms of evidence, and the problems in grasping their methodological apparatus and assumptions) we ask yet another question: "What about the problem of real existence?" Should we not reverse the order of orientation and instead of seeking a key to it through the rational order, start by acknowledging the modalities of existence of the actual individual as establishing the order?

There is no doubt that in Ingarden's position of what was for him the central issue of the *Realism-Idealism* controversy the real existence of the world as it is experienced in its fluctuating, unique, concrete becoming is at stake. Does he, however, come to grips at all with the fleeting reality, which is in our experience as well as in the inner workings of nature an indivisible flux of events?

Is the mechanism of *eidetic* structures to which the empirical mechanism of the world is to be ultimately brought back, capable of grasping the elements of this flux, which appear in sketchy outlines and which we distinguish as 'objects' in their innermost dynamic essence, being and temporal evolution within the universal world-process? The dynamic process of reality is not composed like a puzzle of segments of mechanism among individual structures which it then inflates by its spontaneity. On the contrary, the elements of reality *acquire their distinctive nature and are formed within this universal stream of forces*. Their spontaneous confluence forms them, the projected net of relations making them persist a while, captivating them and individualizing them for a moment, and then the freeing of these forces leads to their dissolution. The being of objects of nature formed in the midst of infinite nets of relations as a distinctive unit is carried by them in its limited persistence. When we marvel about the actual real existence it is not the change, mobility, coming to be and passing away of an essentially static being that is the cause of surprise, but rather it is the persistence of the real thing through the waves of change that appears puzzling.

However, this persistence through a segment of time which makes the span of existence of the real being, is rooted in an infinite number of singular, unique, incalculable moments of the universal flux. These moments are precisely those from which the *eidetic* reduction has to abstract in order to reach the unchangeable, ideal essences or models; neither does the model of the causal nexus with its necessary link spreading as it may in all directions and even transmitting on its own the forces of nature, account in any way for the incalculable play of forces in which the individual or distinctive being emerges.

On the contrary, is not the existence of reality, this persistence through changeable, passing, concrete, singular moments within the infinitely expanding network of the world-process?

The abstract reduction of the *eidetic* moments to which the mechanisms of action are to be brought back as well as the *transcendental* approach, aim at the universal types and *eidoi* and suspend, be it temporarily, these concrete relations, thereby cutting the original ties of being, without being able to retrieve them.

It can be argued that this suspension is only provisory, and that the artificially distinguished and elaborated concepts both by intuition and rational analysis are replaced in their original network of relations in the transcendental analysis of the *life-work*. But is this retrieved relation-system representing the natural 'contexture' of the real world, or is it projected by the transcendental consciousness? As we have attempted to show, when this relational system breaks under the pressure of expanding intuition, this intuition remains blind and calls for a new framework to be interpreted in its own right.

Finally, can the relational mechanism of a universally distributed causal relation touch even the problem of this existential/ontological *individuation* of the actual real being within the world process and its specific unfolding? On the other hand, do we find in Ingarden/Husserlian conception of the essence, *eidos* or structure of the real ('transcendent') individual anything that would correspond to this specific individualizing process and its unfolding from within? Without it as the intrinsic self-governing agent responsible for *constructive* progress, causal mechanisms of action and physical action itself are merely a mode of universal mobility.

Both phenomenological approaches, the *eidetic* and the *transcendental*, are guilty in this respect of the same manhandling of reality. On the one hand, Ingarden performs his analysis at the level of structures, themselves fruits of the cognitive constitution, already at least partly prepared by conscious procedures and by the artful workings of consciousness, i.e., sharply delimited structures; in so doing he stays at the same distance from the factually existing reality as Husserl does in his radical distinction between the transcendental and the *mondane* (empirical) consciousness.

The common effort of both the later Husserl and of Ingarden from the beginning of his career (as well as that of their followers) was to overcome the Cartesian split between consciousness and the world. In spite of the fact that Ingarden believed he had found in his ontological grounding of the totality of philosophical reconstruction of the universe of discourse a way out of the epistemological circularity, yet, as it is usual in attempts to overcome a set of difficulties by taking an opposite point of view, both of these phenomenological 'radical beginnings' reveal, as we have attempted to show, in the completion of their programme, essential flows to be interpreted as the residue of the same Cartesian inheritance they had intended to overcome; this related to the common aim of both, namely, the establishment in an indubitable way of the extential status of the real world, and man's role in it.

It seems to have appeared that an expansion and reconstruction of the investigation framework is required, in order to do justice to the wealth of evidence being discovered even in the narrow limits of the classic conception. This new framework goes together with an *inversion* at the heart of the phenomenological assumptions themselves: it appears that only by shifting the emphasis from the universal to the concrete, from structures to the pulp of existence, from the rationalization about the possible to the plunge into the actual, that we can avoid the classic prejudices and attempt to retrieve at least some of the lost roots *of man-in-his-condition-within the world.*

However, the twofold limit which the phenomenological inquiry has reached in its twofold approach, not only reveals their basic limitations, but opens the door to several basic points for a new attempt. Away from the one extreme of the fundamental rationality which we have to take up again, our quest after the status of reality will be made by moving toward the investigation of *contingent existence*. It is the nature of contingency, which the *eidetic* structures were called to fixate, that is now to become the focus of attention. The limits of the transcendental world being fixed at the explication of the human *life-world*, it is the *real world of nature*, in all its concreteness, in its inner workings, which accounts for the emergence of consciousness as such, its final rules and regulations extending unto the *Cosmos*, which, in turn, appears as one of the tasks of the third phase of the phenomenological endeavor.[140]

The accomplishments and limitations of both the structural and the genetic methods need to be complemented by the *conjectural* procedure.

2. *The World-Context-of-Actual-Existence*

To paraphrase Whitehead's expression, we might have been lifted to our view of things upon the shoulders of giants, and yet such is the radicalism of philosophical reflection that in order to make a decisive progress we have to start all over again.

As a radically new start we propose the *cosmological* inquiry of the *actually existing real individual within the context of actual existence*, or within *the world context*.

The paradoxical situation is that the real, existing individual appears not as the outcome of, but as the key element within, the system of human experience. As Bergson has pointed out, we orient ourselves in the world by distinguishing real individual beings, first, and then by taking them as points of reference to distinguish an order; but, when we direct our attention to the nature of the real individual and want to grasp it, not as 'a bloodless monster' of *eidetic* perception, but as a concrete being in its specific dynamism of constructive unfolding, we cannot do so unless we put him back into the vital network of ties with the whole. Not only is it the dynamic unfolding of the real world that carries the individual along in his career, but it is also through vital ties with the rest of concrete reality that its pulsating being acquires a distinctive shape; the individualization, the distinctiveness of each real being is, in fact, to a considerable degree, the result of his position within the vital network of the real world. Can we think of taking a real individual out of the worldly framework? In all its universal features it exhibits the scheme of the world; in all its specific, concrete endowment it is determined in action-reaction by the rest of the world's vital current. Thus its actual existence cannot be distilled to an abstract artifact differentiating it radically from the rest; on the contrary, we may approach it adequately only through the *context of the world.*[141]

The most significant feature of the real individual is his *insertion* into the totality of beings. It is as the segment of this totality that he actually exists. His actual existence is the resultant of this insertion. Thus marvelling with Wittgenstein how extraordinary it is that something should *actually exist*, we posit into the focus of our attention the real individual *within the world context.*

So much for the preliminary experiential approach, but the intrinsic examination of the specific nature of the real individual actually existing will bring us again to a consideration of its place in the world.

3. *The Pluridimensional Referential System of Nature: The Living Body*

The most distinctive instance of the real individual is undoubtedly the human being. His distinctiveness affirms itself, above other features common to man and all living beings, by a most complex and reflectively graspable world stretching the universally shared, anonymous stream of the natural *dynamis* over a uniquely personal, *world-life* within which the human individual is simultaneously the creator and the living observer.

Indeed, it is from this uniquely central position that man has the insight into the workings and operations of the *world context* in its depth, extending in various dimensions.

Transcendental inquiry has revealed a marvellous schema of man's constitutive powers by showing how through the various layers of man's conscious, intentional operations the infinitely rich and self-enclosed personal life-universe of man unfolds. With the analysis of intentionality we may retrace its steps to the incipient phase of reflection, the structuration in temporal phases of the flow of the experiential *dynamis* of man. But by the same stroke that we distinguish and determine the almost complete outline of the constitutive regulations with the reservoir of its intrinsic and self-regulative structurizing principles (e.g. the original *eidoi* and the world-horizon of possible associative-structurizing incentives) we discover its limitation.

Indeed, psychiatric research reveals structurizing principles other than constitutively traceable, that is, other than those belonging to the transcendental constitutive system. We find in the actual field of *reduced* consciousness instances of structures, which did not follow the regular constitutive scheme, for which the world-horizon of the past stages of the constitutive genesis can not account. We find *noematic* contents of acts which, in fact, present distortions of the regular structural 'models' of the constitutive genesis of things and beings. A considerable section of abnormal, psychotic states can be taken as an example.[142]

Indeed, the descriptions of the constitutive genesis have followed the 'normal' condition of man's development, that is of his regular functioning at the empirical level. Through comparison, however, with the 'abnormal' as *empirically* established condition, we discover serious divergences in the actual working of the structurizing constitutive system. There is obviously not simply factual, but 'essentially', reductively scrutinizable reference of the constitutive agency to some other conditions, which themselves do not belong to the self-given reflective system.

Along the same line, we may trace a referential link which the dynamism of the performance, the intensity, lucidity, expansiveness or shrinkage of the intentional activity indicates in the unreduced empirical functions of man. In fact, tracing the origin of sensory experience we extend its organization over an organized system of motoric 'intentions', with which as in the 'sensory organ' we identify ourselves as in some aspects of our 'body'. Their working in its efficiency and its vicissitudes points further to regions which are no longer reflectively inspectable in the field of reduced consciousness, and which belong to the empirical realm of living nature.

We could still bring out several more ways in which the intentional constitutive system extends for its vital condition into a *referential network*. It is, in fact this dimension of ourselves which we constitute as 'our body' that seems to be in the first place the basis at which all these references aim. Indeed, if we take into consideration that these *referential* pointers seem to indicate what science studies as the functional system of the organism, we would venture that in this perspective body is referred to as the *original condition* of living and of actual consciousness. On the other hand, we could hardly stop in our progress following the *postulates of the immediately given*. In fact, once engaged in the dimension of the workings of the organism, we must consider it further. How else does the organism appear to us if not as a most inventive living system which, however, functions with material not contained within itself. On the contrary, it has to rely upon the reservoir of what we call 'inorganic nature'.

In this perspective we discover the dimension of nature disclosed to us through the very function of our *life-world* as the great *agent* of dynamic transformations in which the amorphous, unindividualized blind and brute nature emerges within the same line of *inferential* quest. The perspective upon body as the original condition of consciousness and *as the center of convergence in the pluridimensional linking of nature* opens up.[143]

4. *The Contingency of the Real Individual and the World Order*

Already in the perspective of the intrinsic incompleteness of the transcendental system and its flaws postulating further explicitation of its conditions than the one it may itself offer, we have seen that from the constitutive dimension we are led to that of empirical nature, starting from the field of reduced consciousness itself. It is there that we find those *postulational references* beyond its self-enclosed system of immediate evidence. What they indicate is a network of links among the various functional elements which enter into the system *constituting the real human individual, his being and his actual existence.*[144]

Seen within the *world-context*, the real individual being exhibits an intrinsic *self-governing agency* which simultaneously directs its *inwardly* and *outwardly* directed series of operations. In opposition to traditional ontologies and to the phenomenologico-ontological analysis, his boundaries are neither territorial nor structural. As Ingarden maintains, his boundary cannot be defined by 'the spread' of his 'specifically own matters and properties'. Although the ontological structure presents his rational skeleton in its *ideal* form, in the *actual* becoming which means his existence, in his *actual* real existence, he does not enjoy at any point a guarantee of complete privacy. This does not mean that he is an inert, inconsistent body that could be at random infiltrated by exterior forces, helplessly disintegrated and carried away in the universal flux of nature. Neither does he offer resistance only in a passive way. On the contrary, he is a self-contained *agent*, perfectly consistent in his mechanisms and distribution of functions, radiating *self-outlined spontaneity* beyond his own intrinsic becoming. If he may be the self-governing agent partly transmitting the universal influx of forces, partly generating new ones, it is in virtue of his *Intrinsic Teleological* organization different from both the Ingardenian conception of ontological structure of the real individual and the Husserlian constitutive analysis of the 'transcendent' object.[145] Through his self-unfolding entelechial nucleus he becomes the center and transformation agency of the interworldly dynamism in its complex and varied functions of which the causal nexus is but one of the basic formal mechanisms. Without such teleologically organized nucleus which on the one hand brings together the dynamic elements of the world-context, and on the other, distributes them into channels or purposive chains of action, the constructive world-order could not be grasped and accounted for; neither would we find in it an approach to physical action as the vehicle of the world's dynamisms. That is, the world as a relatively consistent domain of objects could not be established nor a foundation be laid down for the specific immersion into the 'material' world of *human action.*

In other words, were we to seek the key to a *material ontology*, it is in the entelechial *nucleus* of the real being that it and its subsequent teleological orientations would consist.

In point of fact, the real individual exists in temporal phases of an *inward becoming*. First, his generation, then his growth and deterioration, which are exponents of the cyclic organization of the universal flux of nature, exhibit a purposefully oriented particular route; as a self-governing agent, the real being regulates the interplay of the inwardly generated and of the outgoing energies toward the fulfilment of this purpose. It is through this consistently and purposefully organized route, an individualized segment of the universal strife of forces, that the real being is the factor of relative stability within the world context. He appears, in fact as the only self-sustaining factor within the flux of change. Furthermore, he appears as the center in which the universal stream of forces and shaping energies converge. Due to his self-devised and autonomous organization, converging in the purposive system serving his teleological progress, he may serve also as the basis for *processes*, that is, segments of the stream of the universal flux purposefully organized, but not for their own, intrinsic purpose.

As such, the real individual offers not only the basis, the forming center but also the purposive orientation for the real world as it emerges from the universal play of forces. It is only through the real being as point of reference that we may approach the world. And yet, in spite of his specifically autonomous nature, the real being exhibits in his *intrinsic pattern* fundamental features, which have been always vaguely experienced and stated as the features of his *real mode of existence*.

Indeed, the real individual in the two complementary features of his existence – *relative perdurance* and *change* – establishes himself as 'temporal'. His specific temporality allowing him to unfold the curve of his career directed onward upon the irreversible progress of events, in which at all levels – organic, bodily and intentional – each occurrence is instantaneous, unique and makes him *existentially transitory*, this 'coming to be' and 'passing away' which summarizes it, is rooted in his intrinsic ontological skeleton.

But concerning his coming to be no matter how far we would pursue interpretatively the genetic activities of embryology as proposed by natural science, the fact remains that whatever be the material, the specific *spontaneity* and the code of operations, in the philosophical analysis the originating structure presents a radical novelty with respect to the producing factors. That means that not containing at any stage of his origin the factors necessary for his coming to be as it is, in his specific nature the real being is not self-originating, but existentially derivative. But the pattern of ontological structure which becomes the central point of convergence in the generating process and which accounts for its organization is nowhere to be found among the generating elements. Consequently, the real being does not possess within himself a complete existential foundation: this foundation originates from a non-induced convergence of forces. These forces are operating according to a pattern, preestablished and serving it but for reasons which are not intrinsic to the originating being. Consequently neither does he possess within himself the means to explain his *ultimate reason*, nor his *final aim* or *telos*.[146]

Thus the intrinsic analysis of the real individual brings us through the three features of his *contingency* to the level of the *world order*. It appears, indeed, that in order to account for the generative process of the real individual, his ultimate reasons, we must *postulate the existence of a universal order* of beings among which he emerges and unfolds. It is his directly inspectable intrinsic structure as grasped through the *eidetic* analysis that contains intuitively given references to levels of consideration other than those immediately given in a *reduced* procedure. And yet the *eidetic* structure of the real individual as presented by Ingarden does not correspond altogether to the one which the contextual inquiry reveals. Should we confront it with the structure revealed in the content of the idea it still diverges from it on another basic point: the ideal, rigid and relational structure of the real individual in Ingarden's analysis may well present a principle of rationality for the structuration of the real at the most abstract level, but the 'permanent' foothold of rationality in the concrete is *flexible organization of function*. Only as such it may serve as the principle of action and becoming.

In fact, in phenomenological procedures neither the *eidetic* analysis of ideal structures nor the analysis of constitutive processes of consciousness can amount to anything more than an elucidation of what has already always been visible, however dimly, that is, to a tautology. Its twofold procedure, of analysis and synthesis cannot contribute to an authentic progress in cognition of the universe and man's place in it otherwise than as a springboard for further inquiry.

5. *The Two Stages of Conjectural Inference*

The intrinsic analysis of the real individual as well as the system of interconnectedness in which he stays postulates the world order. In point of fact as a question already implies an answer, so indication implies the *objective correlate* which it is aiming. Our attention is in principle directed toward the aim to be accomplished. From the anticipatory intuition of the aim, or *anticipatory evidence*, flows a project of a route to follow, of aims leading to this end.[147]

If we consider the shortcomings of the individual structures which are offered by the phenomenological analysis we find questions which transcend the self-explanatory power of analysis. These questions, aiming at the final ends and reasons of individual beings, coincide with a particular configuration. Indeed, does not the fragmentation of individual structures on the one hand, and the undeniable continuity of the total world process on the other, indicate the universal ordering, the project of the totality?[148]

The factual world order is, of course, an object of science. Science is seeking to establish factual interconnections and relations among singular beings, forms, substances in the dynamic succession of forms. But such a succession of forms, even if we were to agree with Bergson that it is spontaneously self-projecting, contains a *constructive design.*[149]

And yet upon scrutiny of this design itself, which encompasses the outline of world progress indicating its succession of forms and types, we find that the world order itself is contingent and transitory. It accounts neither for its origin nor for the selection of types, their genetic unfolding, their *initial spontaneity* nor the final aim of the beings it orders in their actual existence. These open questions bring us forward. Indeed they demand a further level of inquiry: a conjectural transition to the ARCHITECTONIC PROJECT OF THE COSMOS.

From now on the real individual being, man and the universe will appear in a novel perspective of the *cosmic constitution,*[150] in which all the previous dimensions of phenomenological inquiry converge, finding their proper place of assessment and new ways to treat their unanswered questions. But, without venturing further in this direction, the above approach, even in its brief outline, seems to situate the question of the status of the real world and man's beginning at the most concrete level of consideration and stretches it toward the principles of their constitution, transcendent to both, within a vast network of conditions.

6. *The World and Man's Creative Endeavor: Originality and Novelty of Types*

In our criticism of the Husserlian-Ingardenian approach to the world and man we are led to contest its preliminary, pre-philosophical conception of the world, basically one-sided and restrictive. This conception seems to have remained, however, surreptitiously guiding classic phenomenological research.

In point of fact, in the Husserlian-Ingardenian line of though the world and man were assumed to be 'given', where 'givenness' meant not only the cognitive delimitation of the legitimate borderlines of meaningful questioning but also contained a perspective upon the world itself. The investigation of the world and of man was delineated by a quest after the world in its cognitively recurring, stereotypic universal forms that are assumed to persist in the constitutive genesis of the *life-world* in Husserl's thought as well as in Ingarden's rational substructure of physical reality, which so far in this perspective remained inaccessible to a proper philosophical explication.

It cannot be denied that it is the view of the world and of the real individuals in their rational skeletons that accounts for their persistence as the same: their identity seems the first condition for ordering their progressive development in such a way that life and human intersubjective existence can be possible. But singling out this specific aspect of the world as the object of investigation meant for phenomenology, as it was emphasized above, to commit it to ultimate Platonic and Aristotelian principles of the highest ideal values and the highest genus.

By the same stroke the possible role and function of man with respect to the world and with respect to his own being and existence has been surreptitiously restricted. The genesis of his being, his personal unfolding, and all his endeavors entered naturally into the same line of an, if not altogether predelineated, then at least pre-ordained course. Moving invariably within the borderlines of prescribed universal types and ideal, unchangeable values, without means to evoke anything novel from out of himself by his own invention and will man could enjoy a merely relative freedom since he remained ultimately stifled within his rational jacket. The universal types of possible forms of beings and values, installed as absolute *a priori* limits, would not allow man to 'transcend' objectivity by his own initiative either with respect to the world or to himself. Let us recall that it is by seeking various forms of 'transcending' that Ingarden hopes to discover an escape from this rational web. But as long as we remain bound by this narrow preconception of the world and man, we will search in vain.

Yet the question occurs: "In our fundamental wonder about the world and ourselves do we not recur at first to the universal and rational factors because we have to struggle constantly with the difficulties to organize and to assimilate in our experience and action the ever changeable, the strange and seemingly unpredicted?" "Are the novel and original elements intruding into the assimilated and established framework not a constant challenge to it?"

In point of fact, as much as the world and man may in their unfolding depend upon the basic cohesion and identity necessitating the recurrence of types, they depend as much in their progress – crucial to life and human existence – upon their renovation. Thus, in challenging the classic approach I have proposed (in my prequoted writings) that the occurrence of new, original, and unforeseeable objective types and modalities of human experience within the constituted world belongs to the basic factors of its genetic unfolding. I submit that only by approaching man and the world simultaneously from the perspectives of their constitutive unfolding and of man's *creative function* may we lay bare and work out the apparatus for the philosophical assessment of the elements pivotal for the specific existential situation of both.

The first one stands for the world-man situation in its perduring and intersubjective identity; while the second, by intruding upon the settled and recurring course, disrupts it; and through the upheaval which it causes, and which has to be dealt with, prompts a radical renovation.

Pursuing the ensuing interrogation of "how the novel and original types of reality emerge" we reach 'beneath' and 'beyond' the rule of the constitutive *rationale* and thereby open the gate to their ultimate conditions: *the elemental springs in Nature and the subliminal springs in the specifically human condition.* Without repeating my earlier analysis of the creative approach (in *Eros et Logos*) or anticipating investigation (now in progress) I will merely outline the major lines it offers toward solving the crucial issues presently under discussion.

The analysis of creative experience at its incipient point opens up the issue of the status of the real world in relation to the human individual. Indeed, the wonder which evokes it yields two lines of questioning. One of them follows from the exceptional role played by the product of human creative endeavor within the *context of the real world.* The second line of questioning results from the unique type of experience which, in order to produce an original and unique type of object, compels us to break with the routine of life and the established *world-context.* We begin to wonder whether it is not man's creative action that is the motor of advance within the stereotypic genesis of the man-world constitution.

How can this advance be accomplished? How may man constructively challenge both the settled current of existence and the established *world-context*?

Indeed, the exfoliation of the sources, ways, and means of the creative action of man shows how, when once awakened from the 'dogmatic slumber' of the passively unfolding constitutive function, man can activate his powers and resources under *his own* guidance toward a new orchestration. What are the pivotal points of this undertaking and their significance?

7. *The Creative Context for the Full-Scale Investigation of the Condition of Man and the World*

Let us recall that in order to do justice to the full-fledged situation in which the world and man jointly unfold their originary existential entanglements, we have to switch from the constitutive to the creative approach. The reason given for this is that, in emerging, the creative process alone reveals the *condition of man and the world.*

In point of fact the creative effort of man surges from the radical conflict tearing man apart at the point at which his world disintegrates and has to be reconstructed. In the natural state of things man is a congenital element of his world. And yet a deep-rooted dissatisfaction with the world as already established prompts an overwhelming longing to overcome it, to free oneself from it at all cost. This impulse to 'transcend' the world is aimed specifically at the given society and culture, with their established moulds of feeling as well as seeing life, human ideal, and nature. Ultimately this urge to transcend has as its target the laws of life and of human destiny itself. However, the actual world against which we revolt is present in every fiber of our personal being. We cannot fail to inhale it with each breath. It intrudes so intimately upon our innermost self that to evade it we have to part from ourselves. Our longing for a world that would give a more truthful, more authentic expression to the reality which we intuit is identical with the longing after a more authentic form of our self. Thus our longing to transcend the frontiers of the constituted world is identical with a longing to transcend ourselves.

However, this revolt against the established expression of reality is not limited to the striving to 'free' oneself from its bonds; it is essentially a longing to reach deeper into reality by giving to it a more authentic expression in constructing a new universe and a new self. The creative impulse carries not only the revolt but the *will to invent and to act.* It surges within *one phase* of the already constituted world which disintegrates under its destructive promptings while it carries forward toward the *next phase* of the world into which it will bring the fruit of its inventive action.

Indeed, the creative endeavor of man consists ultimately in dealing with reality. In order to create, it does not suffice to invent fictitious objects that will remain in the state of unrealized possibles. 'To create' means to invent forms original with respect to the already present ones and then, by incarnating them within an objective existent which has a foothold in physical reality, to bring them into the interworldly objective network.

The creative process, which is incorporated in a consistent course of chain-actions, projects antennae between the disintegrating phase of the constituted world, from which it proceeds, and the new phase which it proposes to create. However, in its inner workings it is rooted *in neither*. The new orchestration of the human faculties and operations which the creative process elicits from both, the already developed and the virtual resources, is suspended above a gulf which opens between the two. In its progressive formation, accordingly, the creative process not only lays bare – like disintegrating psychotic states – the unintelligible primeval chaos of the elementary dimensions to which it ultimately returns and upon which it draws in its working, but, in addition, it ascertains them in their latent virtualities which man may and, indeed, does, draw upon to unfold his being and beyond that to create it according to *his own designs*.

The task of philosophy – unlike that of psychiatric science – is not confined to assessing the existence of the brute preconscious fact and thereby to showing how, from the disintegrated interworldly being, the same schema of *man-in-the-world* is again passively to be brought about. Indeed, in order to explicate the human and the world's condition it would not suffice to discover the elementary chaos from which it springs in its brute beingness. Man's condition, allowing him to emerge as an individual real being and above that as a specifically 'human' being, consists essentially in his *constructive* and *creative* potentialities.

From the preceding cursory account it should appear that the creative process is in a uniquely privileged position to serve as the guideline of such an investigation. Its progress brings to light all human faculties and resources in their virginal state, before their entry into the constitutive system of operations, and shows them in their respective associative, molding, discriminating, and generative capacities. It may disclose not only other structurizing factors and principles than those constitutive ones – as both possible and at work – but, beyond that, it may permit the retrieval of those primeval pulsations, spontaneities, and forces by revealing their dispositions for other constructive functions of man.

The creative orchestration of human functioning outlines, indeed, a context for man's full-scale expansion in this interworldly ties of being. Its elements are brought together not according to the formal-ontological rules proper to the constitution but come into their flexible connectedness – to be ever renewed – according to their mutual relevance for cooperation toward the presiding aim: *the invention and incarnation of a new vision of the human universe*.

Thus the *creative context* offers itself as a new framework of phenomenological investigation. Drawing upon the wealth of insights into man's constitutive functions and its ontological underpinnings, on the one hand it transcends radically the limits of objectivity. On the other hand, plunging into the empirical and physical dimensions and binding them within the common constructive network, it assesses them philosophically, first with respect to the originary condition of the real individual, as the 'elemental Nature', and second in respect to the specifically human individual, as his 'subliminal' factor.

8. *The Creative Function and the Freedom of the 'Possible Worlds'*

To complete my argument I submit that the approach to man from the perspective of his creative effort – effort operating by its agent's *own* discriminative and selective judgment – contradicts the Aristotelian-Husserlian position concerning the status of the real world with respect to consciousness in a radical way.

Impelled by the elemental spontaneities of Nature, devised within the subjective inwardness of its agent, and making its entrance into the actual phase of the world-context through a chain-action of man, the work of man's creation originates at a turning point which is decisive for the issue of man's freedom in its two-fold aspect: first, in man's bondage to Nature and second, to the ideal *rationale* of a universal order.

In fact, in the foregoing criticism of Husserlian-Ingardenian thought

I have attempted both to emphasize how the question of freedom runs through the heart of their concerns and to show that within their assumptions the view of man cannot be other than that of a captive to the passive flux of his own unfolding. Even if, as in Ingarden's conception of the ethical action, man is granted the choice and the possibility to counter its course, his 'free' decisions seem utterly committed to the rule of absolute values. At the utmost man may realize within a subjective 'concretion' the ideal pregiven which the limits of the intentional bondage do not permit him to transcend.

The inquity into man's creative endeavor challenges the radicalism of this twofold bondage.

Let us stress again that, inasmuch as the creative impulse stems from the revolt against the constraints imposed upon man by the preestablished order, it is oriented neither toward destructive action nor toward freeing man from his life-attachment for the sake of contemplating – such as in some quarters of existentialist thought – the void which then appears within and in front of him.

On the contrary, is it not the constructive and inventive prompting to act within the creative impulse that dominates its dynamic charge? To undertake the creative action means then to begin all over again; it means, using Livingston Lowes expression, to delve into the deep well of our innermost resources; it means to initiate a new project from the odds and ends of the dissolved pattern of the hitherto life-subservient function; most importantly, it means to bring forth the capacity to invent, to generate the unprecedented, and to judge and to select by *self-proposed criteria*. It is, in the first place, the spontaneous surging of the *imaginatio creatrix* from the *creative orchestration* that responds to this demand. In the quest after new forms apt to frame this innermost *vision* of the authentic reality, the creative agent draws upon the spontaneously generative workings of this agency which proposes ever new material for discrimination and selection. This material, free from the constraints of formal structurizing, carries germs of novel principles and patterns to be progressively selected to adjust to each other and to preside over the building of new forms.

What else does this 'freedom' not only to select within a given framework of possibles – but to invent these possibles themselves – mean for man but his privileged capacity to radically transcend the two-fold bondage?

To conclude: In the creative effort man transcends the absolute rules of rationality toward the freedom of action. The creative process as the course of chain-action draws upon the full scale of human resources vindicating the powerful wealth of the primeval *Eros*. Hence these resources unified in a specific orchestration become accessible to a philosophical interpretation. Finally, through the new orchestration and with the reservoir of ever newly generating forms proposed by *Imaginatio Creatrix* man may raise above the constraints of the anonymous world – that appeared in phenomenology as the only and unique possible – to envisage the variety of 'possible worlds'.

Within the perspective of the creative endeavor of man, the protagonists remain the same: man and the world. Nevertheless, the situation in which they are proposed for a reopened phenomenological investigation shows them joined along lines quite different from those furrowed by the classic tradition. Although they appear inextricably bound together and thus inseparable, the very motor of their existence lies as much in their essentially *conflicting* roles as in their interdependence. In their own respective rights they arise from this originary correlation not as passive counterparts in the preestablished progress of the totality of things and beings but as partners whose revolt-within-a-union carries the meaningfulness, the progress, and the *telos* of both.

NOTES

[1] Pp. 247–250 have been reprinted by permission of Nijhoff from 'The second phenomenology' by the present writer, which appeared in: *For Roman Ingarden: Nine essays in Phenomenology*, ed. A-T. Tymieniecka, 1960.

[2] Alfred N. Whitehead, *Process and Reality*, p. 89.

[3] Pp. 251–281 have appeared in the *Revue de Métaphysique et de Morale*, Paris. It has been translated from the French by M. Pierre de Fontnouvelle.

[4] Cf. by the present writer: 'The second Phenomenology', in: *For Roman Ingarden: Nine Essays in Phenomenology*, ed. A.-T. Tymieniecka, Nijhoff, 1960, pp. 1–7.

[5] Cf. by the present writer: 'Roman Ingarden ou la position du probleme Idealisme-Realisme', *Proceedings of the XI International Congress of Philosophy*, Brussels, and: 'The Controversy about the Existence of the World', book review in *Mind*, 1957.

[6] At least in Husserl's works published until then, and in those which Ingarden read in manuscript form.

[7] Cf. the present writer's: *Essence et Existence, étude à propos de la philosophie de Roman Ingarden et Nicolai Hartmann*, Aubier, 1957 (later referred to as: *Essence et Existence*), Chap. IX and X, pp. 96–106.

[8] Ingarden emphasizes that Husserl has been the first to have brought out that idea, or *species*, as he calls it, is something altogether different from an individual being (*Vereinzelung*). Consequently, in order to grasp it, it is not enough to make abstraction from certain elements to the benefit of others (as it has been accepted in the tradition of philosophy); a specific operation of 'ideation' has to be performed. Ingarden introduces a precision that is lacking in *Kategoriale Anschauung*, which on its own, can neither penetrate within the field of the idea into its content, nor grasp the idea in its distinctiveness from the individual being. Only the distinction introduced by Ingarden within the structure of the idea among the 'constants' and the 'variables' allows us to understand in which way 'ideation' is a specific type of cognitive operation: it allows us, in fact, to pass from the one-sided constitution of the individual objects to the contents of respective ideas in which the variables represent their specific type. (Cf. *Spór*, first ed., Vol. II, p. 289.) Ingarden's analysis of the structure of ideas is present already in *Essentiale Fragen* (1924) and came at this time to Husserl's knowledge. In discussing with Ingarden in 1927 this conception of idea in *Essentiale Fragen* Husserl showed him a manuscript dated 1925 devoted to the problems of *'Variationen'*, that concerned the operation of 'variation' and that should allow access to what Ingarden calls "the content of ideas". Certain details of this reflection are present in *Formal and Transcendental Logic* (1929). According to Ingarden, the complete text is incorporated in *Erfahrung und Urteil*. Ingarden himself has devoted the final chapter of his work to this problem; cf. *The Foundation of the Theory of Knowledge (U podstaw teorji poznania)*, under the title: 'The problem of the eidetic cognition and its use in the theory of knowledge' ('Sprawa poznania "eidetycznego" i jego użycie w teorji poznania'), PAN 1971.

[9] Cf. *Spòr o Istnienie Swiata*, t. 1 Krakòw 1947 PAU; t. 2 Krakòw 1948 PAU; II ed. t 1. Warszawa 1960, Dzieła Filozoficzne PWN, vol. 2 Warszawa 1961 Dzieła Filozoficzne PWN. Quotation from the 1st ed., Vol. II, p. 289. The two first volumes of this monumental "controversy about the existence of the world" have been published: vol. I, 1945, PAN, vol. II; 1946. Since then, they both appeared in a second edition among. Ingarden's 'collected works'; a revised and expanded version of both has appeared in German: *Der Streit um die Existenz der Welt*, 3 vol. by Niemeyer 1964–65 and 1974, and substantial excerpts in an English translation: *Time and Modes of Being* translated by Helen Michejda. Certain topics have been expanded in the German version. Consequently we will refer to the German edition.

[9a] 1939. Cf. pp. 87 ff.

[10] Cf. the present writer's: *Phenomenology and Science in Contemporary European Thought*, Farrar, Strauss and Cudahy, New York, 1961; Part I. Chap. on Ingarden's analysis of the literary work of art; also 'Studies in Aesthetics', review of Ingarden's 3 volumes of aesthetics in *Journal for Aesthetics and Art Criticism*, 1958.

[11] Cf. *Spór*, vol. II, pp. 293–297. This conception is also present in *Das Litterarische Kunstwerk. Eine Untersuchung aus dem Grenzgebiet der Ontologie, Logik und Literaturwissenschaft*, 2. *verbesserte und erweiterte Auflage*. 1931, Max Niemeyer; *Anhang:* 'Von den Funktionen der Sprache im Theaterschauspiel'. Max Niemeyer, 1960.

[12] Cf. by the present writer: 'Eidos, Idea and Participation', *Kantstudien*, Bd. 52, Heft 1, 1960/61.

[13] Cf. Hedwig Conrad-Martius, 'Zur Ontologie und Erscheinungslehre der realen Aussenwelt', *Jahrbuch für Philosophie und Phänomenologische Forschung*, Bd. III, *ibid.*, Bd. VI, 'Realontologie'.

[14] Cf. Nicolai Hartmann, *Der Aufbau des realen Seins*, de Gruyter, Berlin, 1938.

[15] Cf. E. Souriau, *Les Différents modes d'existence*, Paris, P.U.F., 1945.

[16] *Essence et Existence*, pp. 108–113.
[17] Thomas Aquinas speaks of *created beings* and *non-created beings*; in this conception, however, it is the idea of the 'Creator' and 'creation' which comes into play, while the concept of *original being* and *derived being* is strictly limited to the internal nature of beings, ascribing some particular origin to each of them. This difference at the start shows up again in the final conception of possible relations between the real world and consciousness. When Ingarden uses the term 'creationism' he forgets that he had earlier separated his ontological conception of relations from aspects relevant to the problem of 'creation'.
[18] Cf. *Essence et Existence*, pp. 110–118.
[19] Cf. E. Husserl, *Vorlesungen zur Phänomenologie des inneren Zeitbewusstseins*, Part II, p. 7, *Jahrbuch f. Phil. u. Phän. Forschung*, vol. IX, 1928.
[20] Cf. Chapter 2, Part III of the present work.
[21] *Essence et Existence*, pp. 118–128.
[21a] Cf. Roman Ingarden, 'Les modes d'existence et le problème idéalisme-réalisme', *Library of the Xth International Congress of Philosophy*, Amsterdam 1948.
[22] *Essence et Existence*, pp. 126–136.
[23] *Essence et Existence*, Chap. XV, pp. 137–163.
[24] Cf. *Spór*, vol. II, p. 78.
[25] Cf. *ibid.* p. 82.
[26] *Essence et Existence*, Chap. XVI, pp. 144–159.
[27] Cf. *Spór*, vol. II, p. 465.
[28] Ingarden considers processes as outlines of beings taking shape through the progressive phases of their development. The latter, however, are necessarily grounded in distinct individual beings or their elements.
[29] Roman Ingarden, *Der Streit um die Existenz der Welt*, Vol. II/2, Max Niemeyer, Tübingen, 1965, p. 97.
[30] *Ibid.* pp. 21–23.
[31] *Ibid.* p. 53.
[32] *Ibid.* pp. 40–55.
[33] *Ibid.* p. 99.
[34] *Ideas* I c. p. 30, quoted by Ingarden, *Ibid.* p. 119.
[35] *Der Streit*, vol. II/2, p. 252. *"Wenn nämlich des Gebiet immer durch die oberste material bestimmte Gattung konstituiert wird, dann können sich dem Gebiet keine neuen, durch die andere oberste material bestimmte Gattung konstituierten Gegenstände, ansschliessen. Innerhalb einer Welt z.B. können keine völlig neuen Gegenständlichkeiten auftreten."*
[36] *Ibid. "...als ob das ursprüngliche konstituierende Bewusstsein selbst der Individualität bar sein sollte."* Ingarden refers here to conversations with Husserl in the year 1927 about Husserl's research in Bernau 1917/1918.
[37] *Der Streit*, vol. II/I – *Spór*, vol. I, § 46; also *'Die Vier Begriffe der Transzendenz und das Problem des Idealismus in Husserl,' Analecta Husserliana*, vol. I, 1971.
[37a] *Der Streit*, 326.
[38] *Ibid.* Chap. XVI, Section 79.
[39] *Ibid.* p. 369.
[40] *Ibid.* p. 263.
[41] *Ibid.* p. 282.
[42] *Ibid.* pp. 278–284.
[43] *Ibid.* p. 285.
[44] *Ibid.* p. 297.
[45] *Ibid.* p. 301.

[46] *Ibid.* p. 294.
[47] *Ibid.* pp. 324, 325.
[48] *Ibid.* pp. 322–325.
[49] *Ibid.* p. 327.
[50] "...*welche innerhalb unseres (genauer: meines) Leibes so auftreten, als wenn sie sich in ihm ausbreiten.*" *Ibid.* p. 328.
[51] *Ibid.* p. 329.
[52] *Ibid.* p. 335.
[53] *Ibid.* pp. 333, 334.
[54] *Ibid.* p. 334.
[55] *Ibid.* p. 334.
[56] *Ibid.* p. 341.
[57] *Ibid.* p. 371.
[58] Ingarden concludes the second volume of the *Spór* by an inventory of the results obtained in formal analysis concerning the *a priori* possible solutions of the controversy (Section 81). We will discuss the issue below.
[59] 'Ingarden's letter to Husserl', *Analecta Husserliana*, vol. IV.
[60] *Analecta Husserliana*, vol. II, Discussion, Part I.
[61] The prequoted *Das Literarische Kunstwerk* and *O poznawaniu Dzieła Literackiego (O poznawaniu)*, 2nd ed. in *Studia z Estetyki*, vol. I, 1957 (also in German: *Vom Erkennen des literarischen Kunstwerks*, 3 vol. edition, Niemeyer, 1963).
[62] The 'transcendence' of the work of Art which Ingarden claims is supposed to be of the ontologico-structural nature, means it emerges from their manifold as a distinctive and irreducible construct in spite of the fact that the work of art as a purely intentional object is constituted entirely by acts of consciousness. Cf. the previously quoted passage in the *Spór* (Vol. II, p. 46) as well as Ingarden's essay: *'Transzendenz und Idealismus in Husserl'*; also Ingarden's letter to Husserl.
[63] Cf. P. Leon, 'Critical note on Ingarden's *Das Literarische Kunstwerk'*, *Mind*, vol. XLL, 193; also by the present writer: *Phenomenology and Science in Contemporary European Thought*, Part I.
[64] *Das Literarische Kunstwerk*, pp. 25–30.
[65] Roman Ingarden, 'Aesthetic Experience and Aesthetic Object', in *Journal for Philosophy and Phenomenological Research*, vol. 2, 1960–1961.
[66] *Das Literarische Kunstwerk*, Chap. 4, pp. 30–61.
[67] *O poznawaniu*, Chapter I, pp. 12–30.
[68] *Das Literarische Kunstwerk*, Chap. 5 and 6.
[69] *O poznawaniu*, p. 24.
[69a] *Ibid.* Chap. 5, 20, and 21.
[70] *Ibid.* Chap. 1, pp. 12–30.
[71] *Das Literarische Kunstwerk*, Chap. 7. Also *O poznawaniu*.
[72] *Das Literarische Kunstwerk*, Chap. 5, 25 and 26.
[73] *Ibid.* Chap. 7 and 8. pp. 228–291.
[74] *O poznawaniu*, 10–12, Chap. 1.
[75] *Ibid.* pp. 12, 13, 14.
[76] *Das Literarische Kunstwerk*, Chap. 8 and 9.
[77] *O poznawaniu*, Chap. II, and 12–19.
[78] *Ibid.* Chap. II.
[79] *Ibid.* and 24.
[80] *Das Literarische Kunstwerk*, Chap. 10, and 48, 49. Although the emergence of every

specific object in terms of values tends to make it appear as a work of Art, Ingarden insists that it is only the "aesthetically valuable" formation that makes the literary work a "work of Art". *O poznawaniu*, Chap. IV.
[81] *Ibid*, Chap. 10, Sections 48, 49.
[82] *Ibid.* Section 50.
[83] Roman Ingarden, *O budowie obrazu*, 1st ed., PAN 1946, p. 56.
[84] Ingarden distinguishes carefully between the cognitive (scholary, literary, etc.), intimately personal (e.g., erotic), and properly aesthetic approach to the objects represented in a literary text attempting to show the specific constitution of the seathetic object. (*O poznawaniu*, pp. 119–140.)
[85] Cf. the present writer: *Eros et Logos, esquisse de la phénomenologie de l'experience créatrice (Eros et Logos)*, Nauwelearts, Paris-Louvain, 1972, where from the criticism of the strict limitation of classic phenomenology to the intentional circle of the *life-world* and a partial rejection of its assumptions, an alternate approach is proposed founded in the phenomenological investigation of creative experience.
[86] The present writer has opposed Ingarden's structural approach to the work of Art (expecially to the literary work of Art) as insufficient to grasp its preculiar significance, in an essay which appeared in *Festschrift* offered to Ingarden for his 70th birthday; this essay appeared under the title: 'The Undivine Comedy, Structure versus Creative Vision', *Studia Filozoficzne Romanowi Ingardenowi w darze*, PWN 1964.
[87] *Ibid.*
[88] Cf. the previously quoted *Eros et Logos* as well as the present writer's 'Imaginatio Creatrix', *Analecta Husserliana*, vol. III, 1974, in which the *creative function*, seen as shaking the hegemony of the intentional system, is proposed toward a complete grasp of the work of Art.
[89] *Der Streit*, vol. II/2, p. 384.
[90] *Über die Kausale Struktur der realen Welt, Der Streit um die Existenz der Welt*, Bd. III, Max Niemeyer, Tübingen 1974.
[91] *Ibid.* p. 3.
[92] *Ibid.* p. 5.
[93] *Ibid.* p. 6.
[94] *Ibid.* p. 24.
[95] *Ibid.* p. 28.
[96] *Ibid.* p. 35.
[97] *Ibid.* pp. 5–53.
[98] *Ibid.* p. 69.
[99] *Der Streit*, vol. II/2, pp. 245, 248.
[100] *Ibid.* pp. 96–97.
[101] *Ibid.* p. 102.
[102] Cf. about the formal concept of the world Ingarden's own formulation: *"Eine Welt ist ein einheitliches System höchster Stufe von vielen seinsselbständigen, aber voneinander in mancher Hinsicht seinsabhängigen (und eventuel gegenseitig seinsabhängigen) Gegenständen, die entweder selbst relativ isolierte Systeme sind oder Glieder solcher Systeme bilden... Jeder in der Welt seiende individuelle Gegenstand, welcher Ordnung auch immer, ist mit irgendetwas in dem jeweiligen Rest der Welt irgendwie real verbunden... Er ist immer mindestens under einer Hinsicht 'offen' d.h. er empfängt 'von aussen her' Wirkungen entsprechender Art...' Ibid* p. 140; also in the same way one object exercises an impact upon other objects.
[103] *Książeczka o człowieku* Wyd. Literackie, 2 wyd. 1973.

[104] Roman Ingarden: *Über die Verantwortung, Ihre ontische Fundamente*, Reclam, Stuttgart, 1970.
[105] Cf. the present writer, 'Idea as the constitutive *a priori', Kantstudien*, 1953 where an attempt is made to show how the transcendent ideal status of ideas is indispensible to function as regulative principles of transcendental constitution. Cf. also Marie-Rose Barral: 'Continuity in the Perceptual Process', *Analecta Husserliana*, Vol. III, p. 168.
[106] As we remember, the notion of the 'person' is basically established by Ingarden as transcendent to pure consciousness (pure ego) and the body, infra pp. 294–300.
[107] 'Człowiek i czas' *Ksîażeczka o człowieku*, p. 44.
[108] *Ibid*. p. 47.
[109] *Ibid*. pp. 67–72.
[110] *Ibid*. p. 52.
[111] *Ibid*. pp. 69–70.
[112] Ingarden considers Kant's conception of time as precluding the possibility of a responsible action; however, he does not enter into discussion the way that Kant proposes to solve this issue, *Über die Verantwortung*, Polish translation, in *Ksiażeczka o czlwieku*, pp. 171–172.
[113] *Ibid*.
[114] Part II, Chap. 1.
[115] Cf. by the present writer: *'Liberatione Creatrice: Quatri paradossi della Libertà', Incontri Culturali*, Roma, 1976.
[116] *Über die Verantwortung*, p. 58–99.
[117] Cf. 'Uwagi o względności wartości'; 'Czego nie wiemy o wartościach' as well as 'Wartości estetyczne i wartości artystyczne' in *Studia z Estetyki* Vol. III.
[118] *Über die Verantwortung*, p. 31–35.
[119] *Ibid*. p. 35–39.
[120] *Ibid*. p. 28–34.
[121] *Ibid*. p. 35–39. 'Ideal', radically opposing Golaszewska's thesis in this volume.
[122] *Ibid*. p. 67–124.
[123] Cf. by the present writer: *Why is there Something rather than Nothing? Prolegomena to the phenomenology of Cosmic Creation*, Royal Van Gorcum, Assen, 1965.
[124] E. Levinas shows that man's encounter with his fellow man not just as an other individual but *'un autre soi-même'* belongs to the irreducible ground of man's specifically human existence.
[125] Cf. the previously quoted *Eros et Logos*.
[126] *Ibid*.
[127] By the present writer: *'Der Leib in der gegenwärtigen phänomenologischen und psychiatrischen Forschung', Analecta Husserliana*, vol. I.
[127a] Cf. the present writer: *'Dem Wendepunkt der Phänomenologie entgegen', Philosophische Rundschau*, Heidelberg, 1967.
[128] Emmanuel Levinas, *Autrement qu'être, Au délà des essences, Phaenomenologica*, Nijhoff 1974
[128a] Ed. M. Fleischer, 1973, Nijhoff 1966, p. 101–102.
[129] Cf. Strasser, 'Grundgedanken der Sozialontologie Edmund Husserls', in *Zeitschrift für Philosophische Forschung*, Bd. 29, Heft I, 1975 p. 14, 17.
[130] *Ibid*. p. 17.
[131] J. N. Mohanty, *Edmund Husserl's Theory of meaning*, Nijhoff, 1966.
[132] Paul Ricoeur, 'Phénoménologie et Hermeneutique', *Phänomenologische Studien*, 1975.
[133] The present writer has developed a descriptive theory of the 'creative function' of

man in radical contrast to the 'constitutive function' of Husserl and Ingarden in the previously quoted *Eros et Logos*.

[134] The present writer has first introduced into phenomenological inquiry the conception of the 'contextual framework' of analysis in her book: *Leibniz' Cosmological Synthesis*, Royal Van Gorcum, Assen, 1964.

[135] The conception of originary ethical modalities to be retrieved within the creative context is introduced by the present writer in: 'Initial Spontaneity', scheduled to appear in *Analecta Husserliana*, vol. V.

[136] For pluridimensionality of experience see the previously quoted: *Phenomenology and Science in Contemporary European Thought*.

[137] For 'phenomenological techniques' *Ibid.*, and also by the present writer: 'Conjectural inference and phenomenological analysis' in *Contributions to Logic and Methodology in Honor of J. M. Bocheński*, ed. A.-T. Tymieniecka, North-Holland Publishing Co., Amsterdam, 1965.

[138] Cf. the previously quoted 'Imaginatio Creatrix'.

[139] By the present writer: 'Cosmos, Nature and Man and the Foundations of Psychiatry', in *Heidegger and the Path of Thinking*, Duquesne University Press, 1970.

[140] *Why is there Something rather than Nothing?*

[141] *Ibid.*

[142] Cf. the previously quoted: 'Cosmos Nature and Man...'.

[143] Cf. the previously quoted: *'Der Leib in der gegenwärtigen phänomenologischen und psychiatrischen Forschung'*.

[144] *Why is there Something rather than Nothing?*

[145] The present writer has proposed an entelechial conception of the real autonomous individual – in radical opposition to Ingarden's analysis – in the previously quoted: *Why is there Something rather than Nothing?*

[146] *Ibid.*

[147] Cf. the previously quoted: 'Conjectural inference and phenomenological analysis'.

[148] *Why is there Something rather than Nothing?*

[149] *Ibid.*

[150] The following approach to the creative function of man relies upon the basic analysis of the previously quoted *Eros et Logos* and 'Imaginatio Creatrix'.

ROMAN INGARDEN

THE LETTER TO HUSSERL ABOUT THE VI* [*LOGICAL*] *INVESTIGATION* AND 'IDEALISM'

When I was in Końskie in 1918 on some private teaching assignment, I wrote a lengthy letter to Husserl on some scholarly matters. After the war in 1945, I learned from H. van Bredy, the director of the Husserl Archives in Louvain, that all letters, to Husserl addressed, mine among them, were burned during the war when the bank, where they were deposited in a safe, was struck by a bomb. Since the rough copy of that letter happened to survive along with my other works, and since it contains my first criticism of Husserl's idealism, I take the liberty of publishing a Polish translation of that letter.

(*Końskie*, end of July, 1918)

Dear Professor [*Sehr geehrter Herr Professor*]:

Above all I beg your pardon for not writing you for so long a time. In Cracow I was very occupied because I wanted to send off the completed section of my work before vacation time.[1] And I was successful in so far as I completed what I still had to do on it. That I did not dispatch the text in spite of its completion had only one reason, namely, that I could not find one person in Cracow willing to copy the text in an orderly fashion for a decent price. I did, of course, give the first 50 pages to somebody for a test, but it did not yield a favourable result. I therefore made up my mind to send the text to *Freiburg* to this young lady who has assisted me before to have it copied by her. For that purpose, however, it became necessary to first of all copy the changes I had made over again, since the existing handwriting is not legible enough. I have already partly done this, but since I am occupied several hours a day with my students and furthermore do work as much as I can, this mechanical work could not as yet be finished. All this made it impossible for me to also find time for the proper carrying through of my correspondence.

You probably already know about my external affairs from Miss Stein. I am going to Lublin in the fall. As the situation has presented

Tymieniecka (ed.), Analecta Husserliana, Vol. IV, 419–438.

itself lately, there are possibilities of moving to Warsaw, but in all probability it would not be earlier than during the next year. I want to use the time at Lublin to write in all peacefulness a work about the method and the meaning of epistemology. My activity in Cracow has had a certain success.

Miss Stein wrote to me a few weeks ago that you are working again on the problem of 'Idealism'.[2] I immediately sat down to work since I am especially interested in the subject. Unfortunately, my finishing touches on the last part of the Bergson-thesis had to suffer from this, but the working hours of the last weeks will actually be for the thesis' benefit. I have once more very thoroughly studied the 5th and 6th *Investigation* besides having thought over everything essential in this respect from the *Ideas*.[3] Certainly, and unfortunately too, I cannot say that I have come to a conclusion. But at least I know what I cannot hold as defensible.

Perhaps it will be of interest to you, dear Professor, if I write something about it.

Let us begin with the VI *Investigation*! I believe it should be newly published in the *same* form as it is now.[4] However, it should be supplied with a series of comments in which attention would only be drawn to the weak passages and on the reasons for their being weak. At suitable passages one should find only an intimation of the *deeper* lying problems disclosing themselves and leading into *new* series of observations already carried out to a great extent in the *Ideas*. This way what is questionable would be provided with a question mark by the author and the problems pointed out. For the reader this would be a valuable suggestion indicating the paths and relationships to the position of the *Ideas*. Such a presentation of the new edition would have the advantages of demanding relatively little work, of offering a great deal pertaining to the subject matter, and leaving at the same time the character of the work completely untouched. Also, so far as the terminology is concerned I would not change anything or hardly anything.

Speaking strictly theoretically, the VI *Investigation* can not satisfy me in the following points (not to emphasize again the positively valuable and truly beautiful): (1) first of all, the problem of knowledge is seized at a moment when the actual 'getting to know' [das *'Kennenlernen'*] has already taken place and the question is really of re-cognition [*Wieder-*

erkennen] only. We *do have* already 'an idea' of the object, and the question is whether the intuitively appearing object agrees (i.e. fulfills the intention) with the 'idea' (the signitive intention); respectively, whether the intention is in conflict with the given. It seems to me that the analysis of the VI. *Investigation* should be underpinned through a consideration of the original knowledge, where we first learn to 'grasp' [*'begreifen'*] the object, where we do not yet have any idea of it and are just forming the 'idea' and furtheron possibly re-shaping and 'adapting' [*'anpassen'*] it to the object. The origin of the signitive intention, or better, the comprehension of the idea of the (to begin with) individual object should be shown and subsequently of the significant concepts. (This should also be carried out in respect to the analysis of perception in the *Ideas*.) And this reflection would only be completed with an examination of the relationship between 'intuition' [*'Anschauung'*] and 'thinking' [*'Denken'*] which is already essentially accomplished. The noetic difference of the intuitive and the signitive intentions should be more exactly exposed, and also a purely noematically (respectively, in a certain sense, 'ontically') directed consideration of 'significance' [*'Bedeutung'*] carried through.

(2) The VI. *Investigation* is ailing (and that is the most important deficiency) from a consideration of the essence of the 'object' resp. being (more precisely, of 'reality'). At bottom 'being' is treated dogmatically. Here lies the great improvement of the *Ideas* in having attacked this problem. (I will write about the solution presented there a bit later when I come to the problem of Idealism). In connection with this, the problem of demonstration [*Ausweisung*] and, where this is possible, that of the *last* demonstration could not find an exhaustive solution. Such a solution of the problem of reality as under consideration in the *Ideas* naturally required also a different position of the problem of knowledge itself. In this case, certainly, the problem of knowledge of ideal objectivities [*Gegenständlichkeiten*] would have to be raised separately and completely different from the former.

(3) The interpretation of the categorical acts as founded [*fundiert*] (acts) seems to me not sufficient. There exist, indeed, many founded acts which are not "categorical" at all.

(4) I should emphasize more the separation between objective and logical categories. Furthermore, I should also what you name "sensible unity" [*"sinnliche Einheit"*] consider as a *categorical* structure and work

out the latter more precisely. In this direction Aristotle would be of great help. Also, Hume's problem of the demonstration of the categories should be solved in this context.

(5) I can not become friendly with the idea that in the case of categorical acts as intuitive representatives (in the sense of the VI. *Investigation*) the moments of the *acts* would serve the categorical functions. It seems to me that various reminiscences of Hume have contributed here. Especially considering the predicative categorical connections this position would exclude a *true* realization [*Erfüllung*] and would be in the final analysis sceptical. How the matter stands with respect to the authentic logical categories ('and', 'or', etc.) as well as with the categorical formings [*Formungen*] of the objectivities [*Gegenständlichkeiten*] of higher rank I do not know at the moment. In any case, the solution of the VI. *Investigation* can not satisfy me. The categorical intuition as well as the intuition of essence in the specific sense must be subjugated to a deeper lying analysis.

But to come to the problem of Idealism, about which I actually wanted to write and which has tormented me already several years. It seems to me that under this name different and fundamentally different problems are concealed. Usually in literature these problems run into one another, and often a system is called 'idealistic' which actually whould not so be named. I do not want to talk here about the equivocations, respectively about all the problems laying here, but, with respect to the things interesting *us*, it seems to me that one has to differentiate three groups of problems: (1) the ontological, (2) the metaphysical (in a slightly different sense as you use this word), (3) the epistemological problems. Naturally, between all groups essential relationships do exist.

The central ontological problem of 'Idealism' seems to be the essential community (resp. identity) between 'being' (resp. and more precise 'reality') and *pure* consciousness. The identification of the two I name 'Idealism'.[5] In this sense of the word the position of the *Ideas* is definitely *not* idealistic *at the first glance*. No one has perhaps stressed the essential heterogenity of 'reality' and pure consciousness as vigorously as you did in the *Ideas*. Nevertheless, as far as I understand you, this original position changes during the course of the investigation in a way that the essential difference is denied at bottom or construed into the division between noesis and noema. (Defining the problem more narrowly and abstracting from ideal being), this happens by defining 'reality' as something intended *only* 'and beyond that as a nothing' [6] on the one hand, on the other by extending the essence of consciousness into the sphere of the noematic. According to your view the thing, for instance, as a correlate of an infinite manifoldness of perceptions is nothing else at bottom than a noematic meaning (and 'beyond that it is a nothing'). With the entrance into the constitutive consideration this view becomes even more dominating. 'Thing' does not mean anything else there but a system of layers of noemata resp. a layer in this system so far an intuitable thing is in question. At the end we arrive at the equation:

Thing=a particularly built noema-consciousness. This still comes out very distinctly in the sentence of the *Ideas* which touches a somewhat different point: "Reality... essentially lacks... independence. It is not something absolute in itself and binds itself only secondarily to an other; in an absolute sense it is nothing at all, it has no absolute essence, it has the essentiality [*Wesenheit*] of something which principially is something intentional, something conscious *only*." [7] (Here 'independence' is touched, to which I come back in a moment). At the same time you are saying that reality is something given through shadings, through manifestations but not so consciousness. This can be considered as an internal contradiction in the system if one adheres to the original theses of the essential heterogenity. If one denies the essential heterogenity [between reality and consciousness] this assertion can be held firm, since, idealistically speaking, it says nothing else than that there are differently built noemata in the domain of consciousness as well as various contexts of meaning between noemata resp. between different layers of noemata as well as various connections between act (noesis) and noema. There is then no need of talking about something essentially alien to consciousness. The noemata themselves are immanently given and they are absolute. The noematic contexts of meaning are of a kind, for instance, that a manifoldness of perspective noemata are belonging to *one* different noema. ([At the same time], those perspective noemata are more fulfilled than the thing-noema encompassing them by *one* meaning). This either means that the [one] noema encompasses the manifoldness [of perspective noemata] corresponding to its meaning or that it constitutes itself as a new (and eventually removable) layer of meaning upon perspective noema[ta] as a higher meaning permeating the whole and transcending the lower layer in relation to the contexts of [its] fulfillment. (Vaguely speaking, a higher meaning staying in the relationship of that which is shaded to what is shading). This I naturally give as *one* example only out of the vast manifoldness of such contexts of meaning. The constitutional problems resp. an essential part of them (i.e. the noematic constitution) are nothing else than the system of questions concerning these various contexts of meaning in their mutual dependency.

If Idealism be in this meaning tenable, then the theory of constitution would be identical with metaphysics, and a part of it identical with the metaphysics of the external world resp. with the science of nature.

I cannot bring myself to agree with this [kind of] idealism. The essential heterogenity between consciousness and reality (resp. more generally: 'being') I cannot give up. To be sure I relatively clearly perceive the essential difference only in this confrontation: real external world – consciousness. How it stands with the contrast: psychic subject – pure consciousness, I do not see quite clearly. By confining the problem to the real external world I believe that I can assert the following sentence: "Everything real is spacial or grounded in that which is spacial." Pure consciousness, on the other hand, is essentially spaceless, which does *not* mean a positive determination but a complete privation. If pure consciousness alone existed, no one would come upon the thought of attributing spacelessness to consciousness. One would exclusively characterize it by different positive determinations completely heterogenious to space. The essential fact of the extendedness of sensedata does not imply any difficulty for me, since it is the great question, indeed, whether sense-data ought to be considered as 'consciousness'. I consider the difference in the *mode of being* as a basic heterogenity between the real external world and consciousness. The difference in the mode of being given I certainly take into consideration, too, but this belongs to another group of problems. As a consequence of the first sentence, assertions result such as: "everything (in an outerworldly sense) real and autonomous can be cut into pieces and eventually destroyed by separation or" – insofar as something autonomous is in question as being based in space alone – "is destructible by cutting into pieces that which is basing it", (i.e. all processes are dependent). The difference in the mode of being consists in the fact that the outerworldly real is essentially a 'mute' (dark, quiet, 'unconscious') being, whereas consciousness exists only in being conscious of itself, that it is a glow glowing through itself or a meaning *living through* itself (without reflection). Being of consciousness lies in the *fulfilling* of this *intuitive* meaning, a meaning which regarding its 'brightness' can assume different degrees (if one admits this expression) to the highest, most perfect consciousness. (This, of course, is a question of qualitatively heterogenious differences). This consciousness can never be completely missing and has to be present as the founding layer in *every* experience [*Erlebnis*] (compare Brentano and *Logical Investigations* V).

This fundamental difference in the mode of being I am not able to remove. I readily admit that this view, (by the way, it is not new at all), has to struggle with various difficulties. Amongst other things it must be asked what these various noemata are (so far they are an intuitable plenty) [*Fülle*]. I would hardly be able to attribute them to consciousness in an authentic sense; on the other hand, they are not 'things' of the real outer-world. But do they necessarily have to be *either* this *or* that? Regarding this, only the noematic-constitutive consideration can give a definite answer. However, such a consideration can not put the original sentence just layed down into question.

And now some remarks to the discussion. Certainly, any real thing can be an 'intentional object' but this does not exhaust its essence. Moreover, it does not belong to its essence at all that it *is* an 'intentional object'. Without being perceived or in some other way intended it can exist; but a consciousness which would not be a living-through-itself, not being in some way *present-for-itself* just in the carrying out of the intuition (which only means another word for consciousness) is nonsense. This way it could not be. *That* is the reason we 'know' something of our 'living-through' without having reflected upon it. The essential fact that in reflection the experience [*Erlebnis*] always appears as something having been already is only an expression, a consequence which could not be brought about without the essential mode of being of consciousness.

Pardon me, dear Professor, for all these heresies but they have to be expressed. Besides, it is this internal fermentation that does not allow me to finish my work about Bergson. It has to be lived through. There must be much incorrectness in all I am writing but one can free oneself from the false only in setting it against oneself first as truth.

Reality exists only insofar as it is something 'in itself'. That for what it can be intended [*vermeint*] is actually irrelevant to it. It is that what it is 'in itself' and as such. It is a being completed at all times, and universally determined [*bestimmt*]. There is no indeterminedness in the world, except as indeterminedness of a potency which itself would be *totally* determined. For this reason alone I can not take the thing as the infinite perceptual manifoldness of thing-noemata demonstrating and motivating itself as consonant [*einstimmig*], nor can I take the thing as the meaning (as 'idea' in Kant's terminology) homogeneously ruling through this manifoldness. The *Ideas* do say identically the same in some passages ('Transcendence of the thing') and yet when they reduce the thing (implying that it is something intended and something intended *only* and 'beyond that a nothing') the *Ideas*, indeed, are not denying the transcendence expressively but they re-interpret it to such an extent that it actually comes to this denial. In this case then 'transcendence' signifies only *either* a certain construct of the perceptual noema resp. a certain relationship between the meaning intended in the perception and certain intuitable components of the noema serving as substructure, *or* 'transcendence' signifies a certain relation between noematic meanings belonging to different layers of objectivation. But can this really be taken as transcendence? I know, 'transcendence' does have a 'meaning', as everything has in epistemological consideration, and this meaning consists in the indicated relationships, resp. demonstrates itself in them, but *is* transcendence a context of meaning?

The standpoint of the *Ideas* in the discussed questions leads to a problem which is unsolvable insofar as one does not presuppose *real* being *alien* to pure individual consciousness. Strictly speaking, from the standpoint of the *Ideas* only one single consciousness exists as being *absolute* and not even to be named 'mine.' For that reason the more direct designation 'individual' should be crossed out completely. I do not see at all why the being of consciousness of the other [*anderes Bewußtsein*] should be something *more* than 'intended' only the more as 'emphasis' [*Einfühlung*] is founded in external perception. As the *Ideas* assert quite correctly it does not belong to the essence of consciousness that a world would have to constitute itself in it. Therefore the question for the principle of the *factually* found world has still to be raised. From the point of view of the *Ideas* it certainly can not be searched for in the world itself. This way one hits upon the idea of a teleology with the positing of the deity given through different 'intuitive' manifestations. To begin with nothing is to be objected against this, although it would be only a shifting of the problem without the addition of some *ethical* principle. (But then the *ethical* values ought to be transcendent and *absolute*).

Notwithstanding that, there are two possibilities: *either* Descartes is right and God is a *clara et distincta perceptio* (idea) then he can *not* be excluded in the reduction, he is *immanent* and nothing else at The end than the 'reason ruling in consciousness'. This way, though, the problem is not solved but only posited in different terms (or it is a seeming solution). *Or* Descartes is not right, God is transcendent and can be excluded. But then I do not see why God should be an *absolute* being, a 'being-in itself' and not something intended *only*. I understand very well that there can be different transcendencies but is the God-transcendence a *transcendence* (and one keeps the standpoint of the *Ideas*) then God as well is something intended only and there is no necessity that he would have to be an 'in-itself', an absolute being.

At this place an objection can be made against me. Perhaps you would say, the reason that the world resp. 'the real' can not be something 'in-itself' in an absolute sense does not lie in transcendence as such, but in the definite *kind* of world transcendence.

In the first instance I would not answer anything to this, but the objection comes very conveniently for me. It makes aware of the question, why can not the 'real' be 'in-itself' in an absolute sense? What makes it so? (Whereby 'real' in an absolute sense shall *not* mean 'immanent' since this would be quite self-evident.)

According to the meaning of experience, the (eventually and supposedly) [*eventl. vermeintlich*] given is 'reality' only then when it is not *my* 'imagination.' In this context 'imagination' does mean more than 'insufficiently motivated 'intendedness'. On the other hand 'reality' does mean more, eventually something else than 'sufficiently motivated intendedness by the course of hitherto existing experience'. Sufficient motivation of an intendedness in objective reason does not only say that there is no conflict in the syntheses of experience, but above all, that in every link of the syntheses of experience something announces itself that is 'in-itself'. It also says, I encounter something in the respective acts of experience that is 'non-*ego*' and not consciousness, something alien to consciousness and something staying apart [from it]. 'Objectively valid' on the one hand means 'motivated by reason', and on the other, 'corresponding to being in itself'. Epistemologically considered, truth is certainly the adequation of two meanings. But it belongs to the 'meaning' of a real object's meaning that it is the meaning of this object; that it is *incarnated* 'in' it. At the same time, when this object does not exist this meaning also does not. This means that according to the meaning of experience, as well as of truth, reality is a being which is *different* from consciousness, from any kind of *noematic* meaning and which is an entity existing 'in itself'. This being different from consciousness resp. of *noematic* meaning defines one signification of 'transcendence'. In this sense transcendence of a real object does not exclude its 'being in itself', much more it *demands* it, insofar as the object should exist at all. Speaking strictly ideally, the void possibility exists, of course, that all 'intendedness'' are nothing more than 'intendedness'' i.e. the possibility of some 'transcendental delusion' à la Vaihinger's 'as if' (the reality of which would have to be demonstrated by the way). In this case, then, the *meaning* of reality as being, held firm here by me, does not change. It is rather presupposed in this case – and just because of this it is named 'transcendental *delusion*'. On the other hand, these 'as-if-meanings' themselves are *not* transcendent at least in the above mentioned sense. Evidently they are transcendent as ideal 'objectivities' which is another problem. But should there be a reality then necessarily it would have to be principally different from these 'as-if-meanings'.

There is, however, another meaning of 'transcendence' splitting itself into two subsignifications. (1) with reference to a *single* perception: the meaning prevailing upon the perception resp. the perceived as such, i.e. the highest in a certain sense, all comprehending meaning transcends what is truly fulfilled in different multilayered modes so as to say, and it does so not only factually but essentially. (2) The second subsignification of 'transcendence' is that the meaning of reality (i.e. the real object) necessarily *transcends* the meaning of fulfillment of any *finite* manifoldness of perceptual syntheses.

Does this meaning of 'transcendence' perhaps exclude the 'being-in-itself' of reality? It seems to me that this meaning of transcendence either is without significance to the question of interest for us or that it demands a solution of the problem according to *my* idea.

I. If this transcendence concerns a characteristic [*Bestimmtheït*] of the *noematic* construction only, then it is irrelevant for our question. The same is true if the 'meaning of the real object' in the sentence (No. 2) above is conceived as something significant resp. as concept (or as essence). In this case, namely, it concerns a relation between two different *meanings*, and no matter how this relation might look, in any case, it is without significance for the question whether reality is a 'being in itself'.

II. Or if the (expression) 'meaning of the real object' signifies the meaning *incarnate* in the real object, then this transcendence demands that the real object would be 'in itself', since only then the 'meaning of the real object' can exist, and exist in the relation of transcendence towards the manifoldness of fulfillments.[2]

I consider the questions of demonstration [*Ausweisung*] obtruding at this place as principally different problems. That means in a concrete case, what gives us the right to posit the incarnate meaning of reality, resp. reality itself? This question leads to a new meaning of transcendence and is connected with a new series of problems, questions of demonstration and epistemological questions. We will comment upon these later. The only thing that should be noticed here is that one is not allowed to confuse the following two different subject matters.

The new meaning of transcendentence we just referred to is that the mode of being of reality (*Seinsmodus der Realität*) reaches beyond the *positional value* (*Setzungswert*) demonstrable (accessible) in the *finite* manifoldness of experience. Without occupying ourselves at this place with this essentially epistemological sentence I notice that one should not confuse the mode of being with the positional value. If one avoids this confusion, the meaning of reality as aimed at by me will be secured. But if this confusion takes place, resp. if one identifies consciously the two on the basis of the presupposition 'reality = noematic meaning = consciousness' then one has to admit that actually no reason for setting up transcendence III would exist. Or, if the respective sentence about transcendence III should be correct one had to admit that one would run into a quite unheard of nonsense within the context of meaning of consciousness. On the other hand this sentence does not imply any nonsense of a principal nature at all if one avoids the (indicated) confusion.

By this means I do not see the reason which would exclude the 'being-in-itself' of reality (i.e. the being more than intentional being) at least according to the consideration hitherto prevailing. The only question remaining now is whether [anything] and what could shake this result? I could, of course, be mistaken. But, provided the case that the above propositions are evident, the question remains whether a possibility exists of putting into question that what has been said. What we have done has been an inquiry regarding the meaning resp. the essence of the meaning of reality as being *constituted.* Our investigation is correct if an 'essence' exists [*wenn es ein 'Wesen' gibt*] adequately corresponding to the assertions made.[8] What does guarantee this existence, (presupposed the givenness)? The essence [*Wesen*] itself naturally is alien to consciousness. In this sense it is transcendent. According to the proposition about *the apriori* knowledge there exists *one* corresponding act in which this essence is inadequately intuitable. The transcendence II and III thus does not occur any more. (Being given through shadings is not to be considered here, naturally. A *quite precise* analysis of this state of affairs would be necessary, but it has not been achieved as yet.) According to the sentence about the *apriori* this knowledge (*Erkenntnis*) is unshakable. Expressed in a different way: the proper essence does 'exist'. It is thus possible to have an absolute positing knowledge of a transcendent (I) object. Then the thought arises, does everything remain the same in case a constitutive consideration is carried out?

First of all, what does 'constitutive consideration' mean? It seems to me that there are sets of problems of a different kind which could be subsumed under this name.

Above all: (1) Constitution as *static structure* of the act and of the *noema*; the bringing out of different moments of the *noema* and the act; the grasping of the function individual moments fulfill, as well as the bringing out of the contexts of meaning and dependencies existing between the moments resp. between *noema* and *noesis* (act); concretely, [the consideration] of how a *pre-given* act-*noema* is constructed (*eidetically*).

(2) To this a deeper going consideration attaches itself with the guiding thought: which way *must* an act-*noema* be constructed in case the principal [*oberste*] meaning of the *noema* should be a definite one (in order that it could be)? That means: what has to be contained in the moments forming the lower strata (resp., how can the limits of variability per-

taining to the individual moments run) so that the principle [*oberste*] meaning of the *noema* could appear as a given one (at the same time, what has to be contained in the moments of the act)?

With (1) we stand on the ground of absolute facticity, although our consideration is an eidetic one. The principal [*oberste*] meaning (the complete set [*Satz*])[9] of the noema is presupposed as valid (as legitimate); the same way as the existence of the act, and the question only inquires into the essential-factual [*wesensfaktisch*] structure. In the second case the complete meaning of the noema is pre-supposed and the question is about the necessary as well as sufficient conditions of possibility based in the structure of the noema and of the act. A noematic and complete principal [*oberste*] meaning actually becomes coordinated to a sphere of 'possible' noemata and acts. The variabilities which thus appear are also to be conceived in a 'static' manner; or differently expressed: we consider a single noema-act seized out of the stream of consciousness resp. stream of noema. At this place we neither pursue the continuous syntheses which can come about between several act-noemata nor the eventual dependencies of the meaning of a certain noema from other noemata (acts) and from synthetic connections.

(3) It follows a consideration of the continuous syntheses between noemata-acts, and further on of the laws [*Gesetzmaessigkeiten*] prevailing at this place regarding the conditions of possibility of intuitable sense data (of the noemata).

(4) Constitutive consideration of legitimacy [*Rechtsbetrachtung*]. Here is the abode of the last epistemological decisions. The course of consideration is a reversed one to the cases before. *Not* the principal, complete noematic meaning (of a plain act in the first place, then of the higher built, grounded etc. acts) is presupposed as 'valid', but the last, original, ('lowest') elements of the noema (not any more 'constituted' in themselves) have to be established as *absolute* facticities and investigated in their content and form according to their *essence*. Further on, it has to be investigated whether the content (and the form) of these elements, as well as the further structure of the whole noema, as well as of the corresponding act are of a kind that a noematic principal meaning to be posited would *necessarily* have to be given with the containedness of those elements in the noema.[10] Serving as a guideline at this place is an original opposition between 'subjective' (consciousness-like) and 'objec-

tive' (a 'being-in-itself' foreign to consciousness); and serving as a starting point is the *absolute comprehension* of the *essence* of *consciousness* (the act). On the other hand, the last (lowest) original elements of the noemata in their absolute facticity have to be established and investigated in their essence, as previously mentioned. Finally, the content of the (objective) noematic meanings one anticipates to be posited has clearly to be grasped, also the meaning of 'objectivity' has first to be investigated in a pre-constitutive manner; in order then to become established as that what ought to be posited [*um dann als das Anzusetzende und zu Setzende hingestellt zu werden*]. (Provided, certainly, that it demonstrates itself as valid in the constitution). The principal [*oberste*] meaning of the noema (object-noema) proves itself as 'valid', if, as said, the content and the form of the last original elements (moments) are of a certain kind. In their containedness in the noema, each of the strata (built on top of each other up to the object-noema of the respective experience of knowledge [*Erkenntnis-erlebnis*] (i.e. act plus noema)) must be present resp. given *necessarily*. But this necessity can still be understood differently. For example, one could mean that the noematic meaning be 'necessary' insofar as a corresponding act (resp. component of an act) does exist. However, this necessity is not the point in question. There certainly exists a necessary correlation between noesis and noema in a way that something quite definitely intended (as such) would correspond to a definite intention. However, the statement of this connection would not help us in our aim to bring out the validity of the respective knowledge as well as the existence of that which is lastly 'objective'. The point in question here is much more a necessity, not being grounded in the acts exclusively. More precisely said: each act is carrying with itself something intended. On the other hand the acts (resp. *many* of the acts) are essentially motivated by elements of the noema. The question is whether the acts to be demonstrated in a constitutive way, resp. the noematic meanings correlated, are necessarily motivated just through the last original noematic elements, or whether their presence is *relative* in respect to other extra-noematic elements so that also the principal noematic meaning would participate in this relativity. Each act signifies activity and in many cases this activity is indispensable for comprehending the object. Yet in the domain of this activity one has to distinguish between a constructive and 'arbitrary' activity possibly conditioned by other than pure motives of knowledge, and the activity which would have to be characterized as a *passive* one, an activity *succeeding* the last noematic elements according to their meaning. Each noematic element is succeeded [*folgt*] by an 'apprehension' [*Auffassung*] (act) and correlatively to it by something apprehended as such. If this 'succeeding' is of a kind that the 'act' follows the noematic elements passively-actively and if the 'act' is *exclusively* motivated by last [*letzte*] noematic elements (resp. by meanings already proven as valid) then the principal noematic [*oberste*] meaning is *necessarily* given and the object demonstrates itself as existent. (Thereby numerous constructions one upon the other [*mehrfache Übereinanderbauung*] would be possible: the noematically original elements – apprehension I, – that what is apprehended I – apprehension II, – that what is apprehended II – up to the principal [*oberste*] noematic meaning.) This above mentioned necessity certainly is not a pure one. It is tainted and conditioned by the absolute facticity of the original noematic elements. In the opposite case the meaning does not demonstrate itself constitutively, it does not exist 'in-itself'; it is in some way 'relative' (although in the pre-constitutional consideration the meaning may be presumptively [*vermeintlich*] given).

The constitutive consideration of legitimacy [*Rechtsbetrachtung*] is subdivided into two groups of problems: (1) the demonstration of the material meanings [*der materialen Sinne*], i.e. the material constitutive consideration of legitimacy (metaphysics resp. its foundation,[11] and (2) the demonstration of the categories, i.e. the formal constitutive consideration of legitimacy (formal doctrine of justification of the categories).

(5) Constitution as ideal [*ideelle*] genesisf the noemata. Many noemata of a series belonging to an identical object condition the meanings of the other noemata in a way that they have to be conceived of as 'earlier' than others. With regard to this fact one can understand the connections existing between the individual noemata (manifested in the different layers of objectification) in the sense of a succession. The manifoldness of noemata encompassed by identical object-meaning could then be conceived of as a developmental series (resp. continuum) of the finally constituted noematic meaning. The bringing out of the respective laws [*Gesetzmäßigkeiten*] as well as of the possibilities given at this place would establish an ideal [*ideelle*] genesis of the noematic meanings. (The laws naturally not only encompass the sphere of noemata but also that of

acts). Such an investigation, noetically directed but essentially related to the noematic sphere and taking into account individual differences resp. types would constitute an ideal [*ideelle*] developmental theory of possible types of subjects of knowledge [*Erkenntnissubjekte*] (instinct, intellect, etc.). All that would be in the sphere of immanence. Here part of the apriori-theoretical foundations of genetic psychology would have to be searched for.

A precise sketch of the problems of the above indicated spheres of investigation as well as of the conditions of possibility of any such investigation is one of the most important thematic tasks which would have to be completed as soon as possible.

Now we can come back to our specific theme. The question has been: could anything call into question our result about the essence of reality (presupposed that we can exclude 'mistakes' in our investigation)? The answer is now suggesting itself, but in order to make it complete the following has to be noted. One has [to distinguish] between absolute *pure* essences, to which principally no realizations could correspond (for instance geometric entities), and essences allowing realizations (essences in the realization). The former exist insofar as they are conceivable in a homogeneious sense of intuition [*einheitlicher Anschauungssinn*]. The condition of their existence constitutes the lawfulness [*Gesetzmäßigkeit*] of the corresponding intuition. The others on the contrary are conditioned through the essence of concrete being as such and exist as essences only insofar as they fulfill the conditions layed down by the essence of concrete being. On the other hand, there are essences which *have to* exist in case other quite definite essences do exist. In an entirely *radical* meaning of the word there is not one such essence at all which would *have to* exist *necessarily*. Somewhere we necessarily have to encounter a *fact* of existence. Among those facts now there are such that, once they do exist, are insuspensible (excluding any doubt), 'absolute' in their thesis of being, and other ones where this would not be the case. Among the essences allowing incarnations in concrete being there are at the same time those whose incarnations demonstrate an absolute thesis of being. Among the latter ones some again which would have to exist autonomously, and others which would have to exist *necessarily*, *in case* the former would exist, (and that because of the earlier discussed constitutive contexts of legitimacy [*Rechtszusammenhänge*]). By means of the immanent, respectively absolute comprehension of the incarnations of the former, the existence of the other would be ascertained at the same time.

We can now say what a constitutive consideration could give us after having understood the meaning of reality. A comprehension of the meaning (resp. essence) is indubitable as an *apriori* knowledge provided that it would be a strict comprehension. But not all what is 'given', is legitimately, 'really' given. The constitutive consideration I-IV and above all the IV. constitutive consideration of legitimacy can tell us: first, whether the intended comprehension would be a real one. Secondly, it can tell us whether the meaning (the essence) of reality does exist *necessarily* (scil. objectively in the above indicated sense), and whether it would be legitimate or not (*in case* the original elements of the noema would be established absolutely). If this should really be the case, then our result regarding the essence of reality would be ascertained. In the other case there would be two possibilities:

(1) The comprehension was not a 'true' one. Then we would have to demonstrate that this is the case and why. At the same time another, that is, the 'correct' meaning of reality would have to be exposed provided that the idea of reality would not in itself be an absurd one (which would have to be demonstrated as well, if...).

(2) The comprehension was a 'true' comprehension, the meaning of reality is the one intended by us, but it is not 'necessary', it is relative to something. The meaning of reality is a 'construct' and exhausted by this characterization. In this case it could not legitimately be 'established' that reality *is* a 'being-in-itself'. It would certainly pretend to be just that (to have this meaning) but this would be a relative intendedness [*Vermeinung*] only. At the same time it would then have to be established, how it happens that it could come to this pretension, to a transcendental 'as-if'.

This way the ontological problem of the beginning ends in an epistemological consideration. But before we change over to it, we want to point out other ontological problems of the 'inquiry of idealism'.

Presupposed, to begin with, that the meaning of reality is actually to be conceived as I have done, and that it also would be maintained in the constitutive consideration; (in other words, that everything real would be a 'being-in-itself' and the real external world something essentially alien to consciousness). First of all an ontological question arises: is the essence of reality an autonomous essence and especially an essence autonomous over against the essence of consciousness – as *essence* –, or not?

Principally spoken, four possibilities are given:

(1) Reality (as essence) is dependent and the essence of consciousness is autonomous, i.e. the latter could exist without the essence of reality.

(2) The essence of reality and the essence of consciousness are autonomous.

(3) The essence of reality is autonomous. Consciousness is dependent.

(4) Both are dependent and dependent on each other. So far as I can see the matter stands thus:

*Translated from the German Original by Dr. Helmut Girndt***

INGARDEN'S FINAL COMMENTS

Here the rough copy of the letter stops. I do not recall either what closing it had. It is clear that the last differentiation leads to four possible solutions of the 'realism-idealism', but the solutions that I had conceived then, I could not find among my writings. Nevertheless, whoever is acquainted with my later works, can see that together with its sketchiness and many obscurities the letter contains the germ of my various later conceptions, beginning with the investigation *About the Danger of petitio principii in the Theory of knowledge*, which I have written during the autumn and winter of 1918–1919, and a part of it I have published in German under the just-mentioned title, up to the work, *Controversy about the Existence of the World.* That letter contains also an outline of problems which I have been concerned with in a series of my works, and which I have not as yet published – that is, the *Introduction to the Theory of Knowledge*, as well as the research of many years on external perception, released merely a few times for public information in my university lectures in Lwów (1926) and in Cracow (1948–1949). Also in relation to Husserl's views this letter contains a series of critical considerations and alternate theoretical proposals which did not remain without importance for Husserl's later research. Despite the many shortcomings, and very abbreviated considerations there exists a sufficient basis for publishing this letter especially that the last redaction sent to Husserl in the summer of 1918 has been lost. The letter shows also how early my reservations against Husserl's idealism emerged. Adise from my remarks to *Méditations Cartesiénnes*, published in part in German, it is finally the proof of the fact that I never hid my critical stance towards idealism from Husserl, but I have frankly discussed the topic with him. And that took place both in many of my letters from the years 1918 to 1938, as well as in oral discussiijns, carried on during my visits with Husserl in *Freiburg* in the years 1927, 1928, 1934, 1936. After all, it was for Husserl that I began to write the *Controversy about the Existence of the World*, and it was to him that I dedicated in the second jubilee book of 1929, the first systematic outline of the problematics concerning the issue of idealism, which later was actualized albeit partly in the *Controversy*. The present letter constitutes the incipient element of that theoretical process, which has been in fact occupying my entire scholarly life.

Cracow 1961

NOTES

* Corrected by translator from 'IV'.
** (For the careful English revision the translator feels greatly indebted to Mr. Don Dana).
Editor's Note: This is the English translation of the only letter of Ingarden extant from his ample correspondence with Edmund Husserl. We owe to Prof. Dr. Helmut Girndt the credit for the translation from the German original which appeared in the *Analecta Husserliana*, Vol. II. The editor furnished an English translation of Ingarden's own introduction, conclusion and comments to the same letter which appeared in the Polish translation in the volume, entitled, *Z badań nad filozofią współczesną*, P.W.N. 1963.

INGARDEN'S ADDED NOTES AND COMMENTS

[1] It concerns my doctoral thesis on *Bergson's Intuition and Intellect* which I handed in already in the autumn of 1917, and which I had been preparing for publication after having gained my doctorate in Cracow. 'The finished part', is exactly what appeared later in *Jahrbuch f. Philosophie*. At that time, however, I was working on one more chapter of criticism which I have really never completed.
[2] The letter is dated 24.VI.1918.
[3] It concerns the Investigations of the Vol. II of *Logische Untersuchungen*.
[4] In the second edition of *Logische Untersuchung*, the sixth Investigation did not appear, for Husserl early in the printing of the book withdrew the corrected redaction and decided

to rewrite the Investigation, adapting it to the position he took in his *Ideas*. But that new redaction was never completed with the result that Husserl requested the VI Investigation to be published again with only minor changes in the redaction of the first edition. That matter was a frequent topic of my conversation with Edith Stein, the erstwhile assistant of Husserl. (1961)

[5] Obviously it is in that sense that reality becomes identified with consciousness. (1961)

[6] See *Ideen* p. 91.

[7] *Ibid.*, p. 94. Here I treat of 'Independence' (*Selbständigkeit*) which I shall take up presently.

[8] I use the word 'essence' here (in German *Wesen*) in accordance with Husserl's terminology at the time. Today instead of that word, I would use either 'idea' or 'ideal object' or ultimately 'ideal quality' – depending on the context, and also in contrast with the expression 'the essence of something' (i.e. of Adam Mickiewicz or the essence of a house in which I live at present). I have brought out those differentiations first in my qualification treatise, *Essentiale Fragen*, (1925) presented in Polish to the qualification Colloquium in 1924, which has not yet appeared in Polish (1961).

[9] It is Husserl's term 'der volle Satz', introduced into *Ideas* (cf. par. 133) only the particular case of which would be that which constitutes the equivalent of a 'sentence' and so particularly an intended state of affairs. It is impossible to develop this without a detailed reference to Husserl's texts. An acquaintance with these texts is obviously here altogether presumed, since this is a letter to the author of *Ideas* (1961).

[10] More precisely: in its ultimate foundation and in the successive build-up of constitutive noeomatic strata (1961).

[11] Today I would never understand metaphysics in this manner. See: *Controversy about the Existence of the World*, Vol. I (1961).

ANALECTA HUSSERLIANA

The Yearbook of Phenomenological Research

Editor

Anna-Teresa Tymieniecka

1. *Analecta Husserliana*. 1971, ix + 207 pp.
2. *The Later Husserl and the Idea of Phenomenology*. 1972, vii + 374 pp.
3. *The Phenomenological Realism of the Possible Worlds*. 1974, vii + 386 pp.